冶金工业节水减排与废水回用技术指南

王绍文　张　宾　杨景玲　王海东　编著

北　京

冶金工业出版社

2013

内 容 提 要

全书分为上下篇共 11 章,上篇为钢铁工业节水减排与废水回用技术指南,主要介绍采选、烧结、焦化、炼铁、炼钢、轧钢等工序的水污染特点、节水减排设计要求、措施及废水回用技术与实例;下篇为有色金属工业节水减排与废水回用技术指南,重点介绍了重有色金属、轻有色金属、稀有金属、贵金属在冶炼过程中的节水减排与废水回用技术。

本书可供钢铁工业、有色金属工业、环境工程、能源工程等的科研、设计、管理人员使用,也可供高等院校相关专业师生参考。

图书在版编目(CIP)数据

冶金工业节水减排与废水回用技术指南/王绍文等编著. —
北京:冶金工业出版社,2013.10
ISBN 978-7-5024-6372-4

Ⅰ.①冶… Ⅱ.①王… Ⅲ.①冶金工业—节约用水—指南
②冶金工业废水—废水综合利用—指南 Ⅳ.①X756.03-62

中国版本图书馆 CIP 数据核字(2013)第 233172 号

出 版 人 谭学余
地 址 北京北河沿大街嵩祝院北巷 39 号,邮编 100009
电 话 (010)64027926 电子信箱 yjcbs@cnmip.com.cn
责任编辑 曾 媛 杨秋奎 美术编辑 杨 帆 版式设计 孙跃红
责任校对 李 娜 责任印制 张祺鑫
ISBN 978-7-5024-6372-4
冶金工业出版社出版发行;各地新华书店经销;北京百善印刷厂印刷
2013 年 10 月第 1 版,2013 年 10 月第 1 次印刷
787mm×1092mm 1/16;21.75 印张;525 千字;336 页
79.00 元

冶金工业出版社投稿电话:(010)64027932 投稿信箱:tougao@cnmip.com.cn
冶金工业出版社发行部 电话:(010)64044283 传真:(010)64027893
冶金书店 地址:北京东四西大街 46 号(100010) 电话:(010)65289081(兼传真)
(本书如有印装质量问题,本社发行部负责退换)

前　言

节约水资源，减少工业废水排放量，实现节能减排，既是我国整体战略目标，更是冶金工业在其持续发展过程中在防治污染和保护环境方面不可推卸的责任和任务。

国内外近些年来冶金工业节水减排的成效和技术进步，可以总结为：其一，要从生产源头着手，直到每个生产环节，推行用水少量化，废水外排无害化和资源化；其二，以配套和建立企业用水系统平衡为核心，以水量平衡、温度平衡、悬浮物平衡和水质稳定与溶解盐的平衡为基础，最大限度地实现将废水分配和消纳于各级生产工艺的最大化节水目标；其三，以企业用水和废水排放少量化为核心，以规范企业用水定额、废水处理回用的水质指标为内容，实现企业废水最大限度循环利用的目标；其四，以保障冶金工业综合废水处理与安全回用为核心，以经济有效的处理新工艺、配套的新设备和出厂水膜处理脱盐为手段，最终实现企业废水"零排放"的目标。

基于上述宗旨，特组织编写本书，希望本书的出版，能够对冶金工业节水减排，废水"零排放"，发展循环经济，创建资源节约型、环境友好型冶金企业有所帮助。

本书由王绍文、张宾、杨景玲、王海东编著。在编写过程中，得到了中国金属学会、中国钢铁工业协会、中冶集团建筑研究总院环保分院、首钢、宝钢、武钢、济钢等单位的领导、专家、学者的帮助。邹元龙、赵锐锐、秦华、张兴华、贾勃、宋华、杨涛、王帆、张兴昕等人为本书的编写收集和提供了相关资料，在此对他们表示衷心的感谢。书中参考和引用了中国金属学会、中国钢铁工业协会、中国有色金属工业协会、中冶京诚工程技术有限公司、安徽省建筑设计研究院有限责任公司和冶金环境保护信息网的相关刊物、论文集等资料，同时参考了大量国内外公开发表的论文、专著、专利、标准等资料。编著者在此对这些文献的作者及其所在单位致以衷心的谢意。

受水平所限，书中不妥之处在所难免，敬请读者指正。

编著者

2012 年 6 月于北京

目 录

上篇 钢铁工业节水减排与废水回用技术指南

下篇　有色金属工业节水减排与废水回用技术指南

钢铁工业节水减排与废水回用技术指南

近年来，我国钢铁工业处于高速发展阶段。"十五"期间我国粗钢年平均增长22.35%，2010年全国产钢量达6.267亿吨，比2006年增长106.45%。虽然随着《钢铁工业发展政策》的出台，我国钢铁工业在世界罕有的发展速度在近期有所放缓，但仍处于快速增长时期。

由于钢材的优良性与高强特性，在目前可以预计的很长时期内，尚无新的材料与其结构性、功能性、基础性、强度可靠性及其最大用量相媲美，是现代化建设、提高经济发展必不可少的基础材料，在很长时间内将处于不可替代的地位。

钢铁工业是用水大户，但我国又是水资源严重短缺的大国，钢铁工业发展的生产用水供需矛盾非常突出，水资源安全保障任务十分艰巨。因此，要实现钢铁工业持续发展，必须强化钢铁生产工序节水减排与废水处理回用，实现最大限度的生产用水循环利用与废水"零排放"，充分发挥科技节水与减排的重大作用。

 1 钢铁工业节水减排现状与实现废水"零排放"的可行性分析

1.1 钢铁工业用水系统的节水减排与用水水质要求

现代化的钢铁企业要实现废水"零排放"的目标，必须把生产过程中产生的污染性质与程度不同的废水，分别经过适当处理后，通过循环用水系统消纳或回用到原来的用水系统或串级到其他可满足水质要求的生产工序使用，以提高用水的循环率。钢铁企业的用水约60%以上为冷却水，其冷却方式有间接冷却和直接冷却两种。前者为净循环冷却用水系统，又名为"清环"系统；后者为浊循环冷却用水系统，也称"污环"系统。此外，还有直排（流）水系统、密闭净循环用水系统、污泥处理与串级（接）用水系统等。这些用水系统的设置目的是使废水减量化、资源化和再利用，最终实现废水"零排放"。

1.1.1 净循环用水系统与节水减排

1.1.1.1 净循环用水系统形式与组成

净循环用水系统有两种形式：一是密闭式循环冷却用水系统；二是敞开式循环冷却用水系统。

A 密闭式循环冷却用水系统

密闭式循环冷却用水系统，具有十分显著的节水效果。通常该系统用水循环率设计值在99.9%以上，补水率小于1%[1]，是具有广泛开发与发展前景的节水型循环冷却工艺，近年来已在炼铁、炼钢、连铸等工序冷却设备大量采用。由于这些设备的间接冷却水是在高热负荷强度下运行、循环水质采用纯水、软水或脱盐水，以完全密闭循环冷却系统运行，其水温冷却依靠空气冷却器（即水—空换热器）或水—水换热器进行热交换冷却。

B 敞开式循环冷却用水系统

敞开式循环冷却用水系统是目前最基本的节水型净循环冷却用水工艺，可节水90%左右[1]，尤其在水资源短缺和要求较高水质的大型钢铁企业使用较多。冷却塔是循环水系统中必用的设备，是使循环水温满足工艺要求最基本的措施。因此，设计和管理好这一用水系统，对企业的节水有重要的作用。由于敞开式循环冷却系统受气象条件影响、冷却水温升值的影响有所变化，一般循环率平均值应不小于95%[1]，而在生产运行中确保循环率对节水有着更关键的作用。

1.1.1.2 净循环主要用水系统与节水减排

钢铁工业净循环用水系统主要是用于设备和机电的间接冷却，不与物料或产生的气、固、液体直接接触，故仅有水温升高，经冷却后可循环使用。但因在冷却过程中，产生蒸发与充氧，水质失稳现象是不可避免的。钢铁工业净循环冷却用水系统可归纳如下几种。

A 原料工序的净循环冷却用水与用水系统

原料工序的净循环冷却用水系统主要包括原料场电机与破碎设备循环冷却用水系统。对大型钢铁企业而言，循环冷却用水量约为0.06m³/t（原料），每次循环水温升高约8℃，因系间接冷却，仅水温升高，未受污染，常用水质为工业用水，采用冷却塔降温并进行水质稳定处理。经多次循环使用后，为保持水质，需外排少量废水，其水量约占循环水量的1/40。其排污水可作为皮带冲洗水浊循环系统的补充水或用于料场洒水。

B 烧结工序的净循环冷却用水与用水系统

烧结工序的净循环冷却用水系统包括：

（1）工艺设备低温循环冷却用水系统。主要包括电动机、抽风机、热返矿圆盘冷却器及热振筛油冷却器和环冷机冷却用水等。该系统要求水质高、水温低，经冷却后可循环使用。水经冷却塔冷却时，由于蒸发及充氧，使水质具有结垢、腐蚀的倾向，并产生泥垢。为此，需对冷却水进行稳定处理，投加缓蚀剂、阻垢剂、杀菌剂和灭藻剂等，并排放部分已被浓缩的水，补充部分新水，以保持循环水的质量。其排污水可串接用于工艺设备一般冷却用水系统的补充水。

（2）工艺设备一般循环冷却用水系统。主要包括点火器、隔热板、箱式水幕、固定筛横梁冷却、单辊破碎机、振动冷却机用水等。该系统循环水质要求较低，SS 不大于 50mg/L，水温不高于 40℃，通常由工艺设备低温冷却循环系统排污水串接使用。其外排水可用于烧结厂浊循环水系统补充水。

C 焦化工序的净循环冷却用水与用水系统

焦化厂净循环冷却用水种类较多，故冷却用水系统比较复杂，通常分为：

（1）炼焦工艺的冷却用水与用水系统。主要用于煤调湿、地面站干式除尘、干熄焦等系统的设备冷却，以及炼焦工艺的煤气上升管水封盖水封用水等。凡供设备冷却水的用水系统应根据用水特点与水质要求采用密闭循环或敞开式循环系统。

干熄焦工艺的净循环用水主要取决于对循环惰性气体所载热量的利用方式。如用于产生蒸汽则需设置供给除盐水与除盐水用水系统；如用于发电不仅有除盐水用水系统，还需设置供发电设备的循环冷却水的用水系统。

上述用水系统的排污水均可作为浊循环系统的补充水。

（2）化产品精制的冷却用水与用水系统。化产品精制主要是对煤气净化过程中回收的粗产品进行再加工，其冷却用水系统主要分为工艺介质冷却用水和工艺过程用水及其用水系统。工艺介质冷却用水有：1）不高于 33℃净循环冷却水；2）16~18℃低温地下水或循环制冷水；3）5℃左右循环深冷水（用于从排气中回收低凝固点物质）；4）－15℃左右的循环冷冻水（用于晶体结晶）；5）45~80℃温水循环冷却水（用于高沸点油气凝缩和冷却）等[2]。

工艺过程用水主要是为防止介质析出盐晶而加入的稀释水、馏分洗净用水、产品汽化冷却或晶析用水、配制药剂用水等。

上述用水系统，由于水温、水质要求各异，应根据工艺要求，分别设置不同净循环用水系统。这些系统的排污水可作为浊循环系统的补充水。

D 炼铁工序的净循环冷却用水与用水系统

高炉的炉腹、炉身、出铁口、风口、风口大套、风口周围冷却板，以及其他不与产品或物料直接接触的冷却水，都属于高炉设备间接循环冷却用水系统供给。

为了提高高炉冷却效果，延长高炉的使用寿命，节约能源，目前世界上很多大型高炉的炉体冷却系统，纷纷采用纯水、软水闭路循环冷却系统，有的使用汽化冷却（如俄罗斯、乌克兰等的炼铁高炉）。我国宝钢、首钢、唐钢、包钢、太钢等都已采用软水密闭循环冷却系统，有的采用空气冷却器散热片降温的先进技术。但是，我国多数钢铁企业乃至世界不少先进炼铁厂仍采用工业水开路循环系统。采用密闭循环或开路循环的方式，应根据实际条件来选择。但无论采用哪一种循环水系统，通常经冷却后循环回用，其排污水用于浊循环系统的补充水。

E 炼钢工序的净循环冷却用水与用水系统

炼钢系统净循环间接冷却用水是指转炉、电炉、连铸等冶炼设备进行循环冷却所使用的水，如电炉的炉门、连铸机结晶器、转炉吹氧管（氧枪）、烟罩、裙罩、烟道等冷却用水。其冷却形式有：（1）开放式直流系统与循环系统。直流式是冷却水经裙罩、烟罩和烟道冷却后，直接外排；循环式是将上述冷却后的热水经冷却塔降温，而后用泵提升返回使用。开放式直流系统，因对设备结垢、腐蚀严重，设备使用寿命短，工程中已很少使用。(2) 汽化冷却系统。汽化冷却是冷却水吸收的热能消耗在自身的蒸发上,利用水的汽化潜热带走冷却设备中的热量。我国氧气顶吹转炉高温烟气冷却大都采用这种冷却方式。其特点是用高温沸水代替温水,消耗水量减少到 1/100 ~ 1/50[1]。(3) 密闭循环热水冷却系统。该系统是近 10 多年来出现的一种新的冷却方式,采用优质的软化水和除氧水。通常采用空气冷却器散热片降温而循环回用。上述系统产生的排污水,可用于浊循环系统的补充水。

　　F　轧钢工序的净循环用水与用水系统

　　轧钢工序按轧制钢材温度分为热轧和冷轧。热轧一般是将钢坯在加热炉或均热炉中加热到 1150 ~ 1250℃,然后在轧机中进行轧制。冷轧是将钢坯热轧到一定尺寸后,在冷状态(即常温)下进行轧制。

　　(1) 热轧工序的净循环用水与用水系统。热轧工序的钢板、钢管、型钢和线材等车间的用水与用水系统,应根据水源条件、轧制工艺、产品品种、用水户对用水水质、水压、水温的不同要求以及排水水质、排水形式等条件经技术经济比较后确定。通常分为工业水(即净化水)直接用水系统、间接冷却开路循环水系统、直接冷却循环水系统、层流冷却循环水系统、压力淬火循环水系统和过滤器反冲洗水系统等。其中:

　　1) 工业水直接用水系统主要用于各种车间内各循环水系统的补充水、锅炉房用水、检验室用水、水处理药剂调配用水及其他个别用户零星用水等。

　　2) 间接冷却开路循环水系统主要用于热轧工序的各种加热炉、各种热处理炉、润滑油系统冷却器、液压系统冷却器、空压机、主电机冷却器、通风空调以及各种仪表用水等。该系统水质污染极小,仅水温升高,经冷却降温后可循环使用。为保证循环水水质,通常采用旁通过滤方法处理,其排污水可用于浊循环系统的补充水。

　　3) 直接冷却循环水系统主要用于钢板、钢管、型钢和线材等车间主体设备如精、粗轧机,连轧管机,推钢机及其他设备如辊道、穿孔机、定尺机、卷取机与轧辊和轴承冷却用水等。

　　4) 层流冷却循环水系统。

　　带钢在精轧过程中,由于轧机速度和卷取速度不断提高,冷却水强度也需相应的增强。因此,在热输出辊道上设置层流冷却装置进行温度控制。带钢的层流冷却常采用顶喷、侧喷和底喷,冷却时层流水成柱状喷淋在运行带钢的表面层上。

　　(2) 冷轧工序的净循环用水与用水系统。冷轧工序主要用水是间接冷却水,约占全工序用水总量 90% 以上[2]。除此之外,有部分机组需用工业水、过滤水、软水和脱盐水等。因此冷轧工序净循环用水与用水系统有:间接冷却循环水系统、软水用水系统、脱盐水用水系统与工业水用水系统。冷轧工序用水系统的确定,常根据该工艺要求、水源条件、产品品种以及用水户对水量、水质、水压、水温的不同要求,经技术经济比较后确定。

1.1.2　浊循环用水系统与节水减排

　　钢铁工业的浊循环系统很多,除原料、烧结、炼铁、炼钢、轧钢工序外,辅助设施也有各种各样的浊循环用水系统,归纳起来有如下几种。

1.1.2.1 原料场和烧结球团工序用水系统与节水减排

A 原料堆场喷洒浊循环冷却用水与用水系统

原料堆场喷洒浊循环冷却用水与用水系统的浊循环水，以含原料固体颗粒为主，还含有极少的渗溶物。系统水经沉淀循环使用，经渗漏润湿蒸发后，无外排废水。补充水一般为集存雨水或其他浊循环水系统的排污水。

B 烧结球团工序的浊循环水系统

烧结球团工序的浊循环水系统主要为冲洗、清扫地坪、冲洗输送皮带和湿式除尘用水系统。一般通过泵坑、排污泵收集，经废水处理后循环使用。其补充水为生产新水或净循环用水系统的排污水。

1.1.2.2 焦化工序浊循环用水系统与节水减排

A 湿式熄焦喷浇冷却浊循环水系统

湿式熄焦喷浇冷却浊循环水系统的循环中部分水进入大气和被焦炭带走，大部分水流入熄焦塔底部，经沉淀处理后再循环使用。该系统无外排水，但需有补充水。由于用水量大，其补充水可采用煤气上升管水封盖排水、熄焦塔冲洗除尘水、捣固焦的消烟车排水和焦化处理系统泡沫除尘水等。

B 煤焦湿式除尘系统浊循环水系统

煤焦湿式除尘系统浊循环水系统有：

（1）备煤系统的成型煤混煤机、分配槽、混捏机、冷却输送机和煤成型机等处产生的煤尘及焦油烟气，一般采用文丘里或冲击式湿式除尘系统。

（2）捣固焦炉装煤除尘，多采用消烟车湿式除尘。

（3）焦转送站、储焦槽的落料口、筛焦和切焦设备处产生的焦尘，通常采用湿式泡沫除尘系统。

除尘后的废水含有大量被洗涤的烟尘，特别是成型煤系统，其除尘废水含尘浓度一般为 $500 \sim 1000 mg/L$ [2]，需经处理后的出水悬浮物浓度不大于 $100 mg/L$ 后，方可进入浊循环系统循环使用。其中成型煤高温焦油烟气除尘废水为酸性，需经中和处理。其补充水可采用净循环系统的排污水或其他净循环水。

（4）化产品精制的浊循环水系统。其中包括：

1）焦油蒸馏工艺沥青冷却系统与酚钠盐分解烟气洗净浊循环水系统；

2）古马隆树脂生产系统排气洗净浊循环水系统；

3）洗油加工的 NH_3 洗涤浊循环水系统；

4）产品储存与油罐区等浊循环水系统。

这些系统的排污水可用于焦化废水生化处理系统的稀释水。其补充水可采用工艺净循环水系统的排污水。

1.1.2.3 炼铁工序浊循环用水系统与节水减排

炼铁工序浊循环用水系统包括：

（1）高炉炉体喷淋冷却浊循环水系统。浊循环水中含有周围空气内被洗涤的灰尘，经过滤后循环使用，外排废水可以作为高炉煤气洗涤浊循环水系统的补充水。而该系统的补充水可用高炉净循环水系统的排污水。

（2）高炉煤气洗涤浊循环水系统。浊循环水中含的物质较多，其中有 30% ~ 50% 的氧化铁、石灰粉、焦炭粉或煤粉，尚还有重金属离子及氰化物等。系统水必须经物理化学处理后方可循环使用。也可作为高炉水淬渣浊循环水系统的补充水。如必须外排，须经一定程度的处理方可排入厂区总下水道。其补充水可用高炉炉体喷淋冷却浊循环水系统的排污水。

（3）高炉水淬渣浊循环水系统。浊循环水水温高达 65 ~ 80℃，含有细渣棉，硬度高，总含盐量高。经沉淀过滤后循环使用。排污水可以作为原料堆场喷洒浊循环水系统的补充水，而其补充水可用高炉煤气洗涤浊循环水系统的排污水或铸铁机喷洒浊循环水系统的排污水。

（4）铸铁机喷洒浊循环水系统。浊循环水中含有石灰泥浆、氧化铁皮、暂时硬度高，经沉淀过滤后循环使用。排污水可以作为高炉水淬渣浊循环水系统的补充水、而系统的补充水可用高炉炉体喷淋冷却浊循环水系统的排污水。

1.1.2.4　炼钢工序浊循环用水系统与节水减排

炼钢工序（含连铸、铁合金）浊循环用水系统包括：

（1）转炉烟气净化浊循环水系统。浊循环水在吹炼周期时，呈高温、高 pH 值、高硬度、高悬浮物状态，含铁量高达 60% 以上。目前国内多为螺旋分离，沉淀，冷却后循环使用。排污水可以作为高炉水淬渣浊循环水系统的补充水，而系统的补充水可用转炉净循环水系统的排污水。

（2）钢水 RH 浊循环水系统。真空处理脱气除尘水中含有烟尘与铁粉，经沉淀过滤后循环使用。排污水可以作为转炉烟气净化浊循环水系统的补充水或钢渣处理浊循环水系统的补充。而系统的补充水可用转炉净循环水系统的排污水。

（3）钢渣水淬浊循环水系统。浊循环水中含有细颗粒水淬渣及浸出物，经沉淀过滤后循环使用。排污为零，补充水可用转炉烟气净化或钢水 RH 处理浊循环水系统的排污水。

（4）连铸二次喷淋浊循环水系统。浊循环水中含有氧化铁皮和油污，经沉淀过滤除油后循环使用。排污水作为铸坯冷却及火焰清理浊循环水系统的补充水。而系统补充水可用结晶器或液压系统净循环水系统的排污水。

（5）铸坯冷却浊循环水系统。浊循环水中含氧化铁皮和油污，经沉淀过滤除油后循环使用。排污水可以作为原料堆场或烧结矿洒水，而系统补充水可用连铸二次喷淋浊循环水系统的排污水。

（6）火焰清理浊循环水系统。烟气洗涤水中含有烟尘，氧化铁细颗粒，经沉淀过滤后循环使用。排污水可以作为原料堆场或烧结矿洒水，而系统补充水可用连铸二次喷淋浊循环水系统的排污水。

（7）铁合金电炉渣水淬浊循环水系统。浊循环水中含有细颗粒渣，经沉淀后循环使用。没有排污水，而系统补充水可用电炉净循环水系统的排污水。

1.1.2.5 轧钢工序浊循环用水系统与节水减排

轧钢工序浊循环用水系统包括：

（1）钢坯高压除鳞浊循环水系统。水中含有大块铁皮或粗颗粒悬浮固体，经沉淀过滤循环使用。

（2）轧辊和辊道冷却及冲铁皮浊循环水系统。水中含氧化铁及油污，经沉淀过滤除油冷却后循环使用。

（3）轧材层流或穿水冷却浊循环水系统。水中含细颗粒铁皮及油污，经沉淀过滤除油冷却后循环使用。

以上轧钢三个浊循环水系统的排污水均可以作为原料场、烧结矿洒水，而补充水可用轧机、设备或液压油冷却净循环水系统的排污水。

1.1.2.6 全厂辅助设施浊循环用水系统与节水减排

全厂辅助设施浊循环用水系统包括：

（1）全厂机修浊循环水系统。水中含有加工时废料、润滑油、酸碱等物质，经物理化学处理后循环使用。补充水可用全厂性工业水。

（2）煤气站冷煤气净化浊循环水系统。煤气站浊循环水系统又可分为竖管热循环废水系统和洗涤塔冷循环水系统。该系统的补充水可采用净循环水系统的排污水，也可用生产新水。

（3）乙炔站乙炔发生浊循环水系统。水中含电石渣、S^{2-}、C_2H_2、COD、H_3P，pH 值为 13~14，经二级沉淀后循环使用。无外排污水，补充水可用工业新水。

（4）锅炉水力冲渣以及水雾除尘等浊循环水系统。经处理沉淀后循环回用。

1.1.3 净、浊循环用水系统的水质要求

1.1.3.1 净循环用水系统的水质要求

现代钢铁企业净循环系统用水的种类很多，通常分为原水、工业用水、过滤水、软水和纯水等。

原水是指从自然水体或城市给水管网获得的新水，通常用于企业的生活饮用水。

工业用水是经过混凝、澄清处理（包括药剂软化或粗脱盐处理）后，达到规定指标的水，主要用于敞开式循环冷却系统的补充水。

过滤水是在工业用水的基础上经过过滤处理后，达到规定水质指标的水，主要作为软水、纯水等处理设施的原料水；主体工艺设备各种仪表的冷却水（一般为直流系统）；水处理药剂、酸碱的稀释水；以及对悬浮物含量限制较严，工业用水不能满足要求的用户。

软水是在通过离子交换法、电渗析、反渗透处理后，其硬度达到规定指标的水，主要用于对水硬度要求较严的净循环冷却系统，如大型高炉炉体循环水冷却系统，连铸结晶器循环水冷却系统以及小型低压锅炉给水等。

纯水是采用物理、化学法除去水中盐类，剩余盐量很低的水。主要用于特大型高炉、

大型连铸机闭路循环冷却水系统的补充水；大、中型中、低压锅炉给水；以及高质量钢材表面处理用水等。

通常将水中剩余含盐量为 1~5mg/L、电导率不大于 $10\mu S/cm$ 的水称为除盐水；将剩余含盐量低于 1mg/L、电导率为 $10~0.3\mu S/cm$ 的水称为纯水；将剩余含盐量低于 0.1mg/L、电导率不大于 $0.3\mu S/cm$ 的水称为高纯水。

现代化钢铁生产工艺，对水质要求越来越严，追求高水质是现代钢铁工业用水发展的趋势，只有高水质才能有高的循环率。因此，现代钢铁企业按工序不同水质要求，设置了工业水、过滤水、软水与纯水等四个分类（级）供水管理系统，这四个系统的主要用途可依次作为软水、过滤水、工业水循环系统的补充水。这是实现按质供水、串级用水最有效的办法，其结果是水量减少了，吨钢用水降低了，用水循环率提高了，设备寿命延长了，经济效益增加了。

国内绝大多数企业由于基础状况不同，用水系统采用工业用水、生活用水两个系统居多，但高炉间接冷却系统采用软水已有共识，新建大型高炉大都采用软水。

根据国内外钢铁生产用水经验，结合国内大型钢铁企业用水情况，现将这四种供水系统用水水质列于表 1-1[1~4]。

表 1-1　四种供水系统用水水质

水 质 项 目	工业用水	过滤水	软 水	纯 水
pH 值	7~8	7~8	7~8	6~7
SS/mg·L^{-1}	10	2~5	无法检出	无法检出
全硬度（以 CaCO$_3$ 计）/mg·L^{-1}	≤200	≤200	≤2	微量
碳酸盐硬度（以 CaCO$_3$ 计）/mg·L^{-1}	①	①	≤2	微量
钙硬度（以 CaCO$_3$ 计）/mg·L^{-1}	100~150	100~150	≤2	微量
M 碱度（以 CaCO$_3$ 计）/mg·L^{-1}	≤200	≤200	≤1	
P 碱度（以 CaCO$_3$ 计）/mg·L^{-1}	①	①	≤1	
氯离子（以 Cl$^-$ 计）/mg·L^{-1}	60（最大 220）	60（最大 220）	60（最大 220）	≤1
硫酸离子（以 SO$_4^{2-}$ 计）/mg·L^{-1}	≤200	≤200	≤200	≤1
可溶性 SiO$_2$（以 SiO$_2$ 计）/mg·L^{-1}	≤30	≤30	≤30	≤0.1
全铁（以 Fe 计）/mg·L^{-1}	≤2	≤1	≤1	微量
总溶解固体/mg·L^{-1}	≤500	≤500	≤500	无法检出
电导率/μS·cm^{-1}	≤450	≤450	≤450	<10

注：工业用水的悬浮物含量可根据钢铁厂实际情况放宽到 20~30mg/L。

① 不规定限制性指标，但实际工程中需有指标数据。

1.1.3.2　浊循环用水系统的水质要求

钢铁工业生产工序比较复杂，一个大型钢铁联合企业，有数以百计循环用水系统，分布于生产各工序中，且各工序浊循环冷却用水系统的水质要求各异。我国钢铁工业的发展，具有自身特色，各厂发展历程也完全不同，大都由小变大，经历逐步改建、扩建、添平补齐以及用水系统逐步完善与配套的改、扩、新建等过程。且因各地区水资源、矿产、能源、生产设备与技术水平等因素的差异，我国钢铁企业各工序浊循环用水系统水质差异较大。但是随着水资源短缺制约钢铁企业的发展，为了节约用水，提高用水循环率，对钢铁生产工序不断完善循环用水系统与废水处理循环回用。关于各工序浊循环冷却用水系统的用水水质要求（标准），目前国内尚无统一规定与标准，根据国内外钢铁企业用水水质要求，结合宝钢与国内有关钢铁企业各工序浊循环用水系统的水质要求，见表 1-2[1,3,4]。

表 1-2　各工序浊循环用水系统的水质要求

工序名称	循 环 水	悬浮物 /mg·L⁻¹	全硬度 /mg·L⁻¹	氯离子 /mg·L⁻¹	油类 /mg·L⁻¹	供水温度 /℃
通 用	间接冷却水	≤20	≤150	≤100	—	≤33
	直接冷却水	≤30	≤200	≤200	≤10	≤33
原料场	皮带运输机洗涤水	≤600	—	—	—	—
	场地洒水	≤100	—	—	—	—
烧 结	原料一次混合	无要求	—	—	—	—
	原料二次混合	≤30	—	—	—	—
	除尘器用水	≤200	—	—	—	—
	冲洗地坪	≤200	—	—	—	—
	清扫地坪	≤200	—	—	—	—
高 炉	炉底洒水	≤30	≤200	≤200	—	≤36
	煤气洗涤水	100~200	—	—	—	≤60
炼 钢	煤气洗涤水	100~200	—	—	—	—
	RH 装置抽气冷凝水	≤100	≤200	≤200	—	—
连 铸	板坯冷却用水	≤100	≤400	≤400	<10	≤45
	火焰清理机用水	≤100	≤400	≤400	—	≤60
	火焰清理机除尘	≤50	≤400	≤400	—	—
轧 钢	火焰清理机用水	≤100	≤400	≤400	—	—
	火焰清理机除尘	≤50	≤400	≤400	—	—
	冲氧化铁皮用水	≤100	≤220	—	—	—
	轧机冷却水	≤50	—	—	≤10	—

注：本表摘自宝钢和国内有关资料以及国外考察或谈判资料，供参考。

1.2　钢铁工业废水排放现状与节水减排分析

1.2.1　废水排放现状

2000~2010 年是我国钢铁工业以科学发展观统领全行业发展，为建设和谐、节约型社会，提高钢铁企业自主技术创新能力建设，推行资源节约、资源综合利用，推进清洁生产，发展循环经济，实现和谐和环境友好型社会的关键时期。

中国钢铁工业的环境保护,从20世纪70年代中期开始,经历了30多年的发展历程,已发生了巨大的变化,污染物排放量不断减少,这是保证中国钢铁工业持续发展的前提和条件。特别是宝钢环保技术的引进与创新,为我国钢铁工业环境保护树立了榜样。就宝钢而言,钢铁工业环境保护已达到了世界先进水平。但是,就钢铁工业全行业而言,由于地区差异、水平高低、技术优劣、经济强弱以及其他种种原因,与国外发达国家先进水平相比,存在着不同程度的差距。所以,目前钢铁行业仍是我国工业用水和污染的大户,节水减排仍是当今极其重要的任务。

1.2.1.1 废水减排与处理状况分析

近10年来,我国钢铁工业外排废水量、废水处理率与外排废水达标率如图1－1～图1－3所示[5~7]。

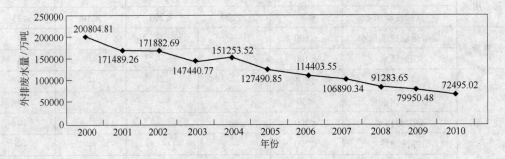

图1－1 近10年中国钢铁工业外排废水量变化

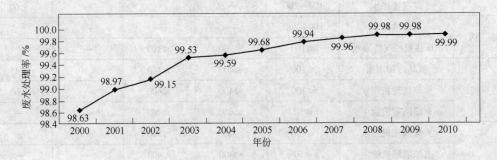

图1－2 近10年中国钢铁工业废水处理率变化

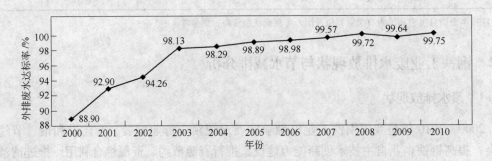

图1－3 近10年中国钢铁工业外排废水达标率变化

由图 1-1～图 1-3 表明,近 10 年来,中国钢铁工业外排废水量逐年减少,从 200804.81 万吨/年下降到 72495.02 万吨/年,下降率为 63.39%,废水处理率和外排废水达标率均逐年上升。

1.2.1.2 废水排放污染物的分析

近 10 年来,钢铁工业废水主要污染物如 COD、SS、石油类、氨氮、酚、氰化物(以氰根计)等的排放情况见表 1-3[6~8]。

表 1-3　2000～2009 年钢铁工业废水中主要污染物排放情况

年　份	COD/t	悬浮物/t	石油类/t	氨氮/t	酚/t	氰化物/t
2000	115147.59	356730.97	7663.43	—	318.62	279.28
2001	85520.04	155506.54	6244.8	2709.92	181.61	218.88
2002	87261.25	146667.06	5906.75	1910.42	153.84	169.53
2003	83735.41	170397.11	5446.33	6584.25	192.71	127.82
2004	79825.85	137072.55	4677.71	5703.74	128.25	122.04
2005	65386.63	143509.73	4107.05	6272.99	123.08	84.47
2006	64924.45	98609.86	2986.94	7321.96	84.33	71.16
2007	54892.31	82631.59	2427.52	5207.71	63.51	52.97
2008	43293.52	62132.42	1885.52	4416.94	50.51	41.50
2009	35234.27	46651.74	1446.50	3232.24	37.20	46.84
减排率/%	69.40	86.92	81.12	-19.27①	88.32	83.23

①"-"表示上升。

从表 1-3 看出,从 2000 年到 2009 年,我国钢产量由 1.17 亿吨增加到 5.74 亿吨,增加 4.9 倍,但废水中排放的污染物,除氨氮外,不增反减,其中以酚和 SS(悬浮物)减排量最多。COD、SS、石油类、酚和氰化物的减排率分别为 69.40%、86.92%、81.12%、88.32% 和 83.23%,氨氮比 2001 年增加 19.27%,说明由于钢产量增速过快,焦化废水处理设施未能同步配套,故产生增高情况。

1.2.2　各生产工序排污状况分析

1.2.2.1　废水中主要污染物的工序分布与吨产品分布状况分析

根据工序排污专题调研统计,钢铁工业废水中主要污染物如 COD、SS、石油类、氨氮、酚、氰化物(按氰根计),在生产工序中的分布情况见表 1-4[7,8]。

表 1-4　废水中主要污染物在各工序中的分布情况

工序名称	COD/%	悬浮物/%	石油类/%	氨氮/%	酚/%	氰化物/%
焦化	43.68	21.72	27.61	93.68	87.87	85.65
烧结	2.40	7.75	0.22	0.44	0.10	0.03
炼铁	21.33	23.97	14.57	0.43	7.61	11.46
炼钢	12.72	23.29	17.93	4.39	3.84	1.59
轧钢	19.87	23.27	39.67	1.06	0.40	1.27

　　由表 1-4 可知，中国钢铁企业各工序排放的 COD 量按大小排列依次为焦化、炼铁、轧钢、炼钢和烧结；对悬浮物而言，只有烧结工序排放较少，其他工序排放量相近；各工序排放石油类污染物量以轧钢最多，其次是焦化、炼钢和炼铁，而烧结产生量最少；氨氮主要来源于焦化工序。焦化工序是废水中氰化物的主要产生源，其次是炼铁，烧结排放的氰化物很少。废水中 COD、氨氮、酚、氰等有毒物，均以焦化工序最为明显，说明焦化工序是钢铁企业的污染最为严重的工序。

　　按各工序吨产品分析，中国钢铁工业废水主要污染物如 COD、悬浮物、石油类、氨氮、酚、氰化物（按氰根计）排放情况，见表 1-5[7,8]。

表 1-5　废水中主要污染物在各工序吨产品中的排放情况

工序名称	各工序吨产品污染物排放量/g				
	COD	悬浮物	石油类	氨氮	氰化物
烧结	6.96	27.10	0.05	0.02	0.00
焦化	495.59	296.95	22.33	18.38	1.62
炼铁	91.40	123.78	4.45	0.03	0.08
炼钢	46.61	102.89	4.68	0.28	0.01
轧钢	80.95	114.20	11.51	0.07	0.01

　　由表 1-5 可知，各工序吨产品排放的 COD、悬浮物、石油类、氨氮、氰化物量以焦化最大，烧结最小；石油类排放量比较大的还有轧钢工序；悬浮物和 COD 的排放情况，除焦化工序外，炼铁、炼钢和轧钢工序排放量都比较大；氰化物和氨氮的排放除焦化工段外，其他各工序排放量都不大。

1.2.2.2　钢铁企业各工序 COD 排放情况分析

　　COD（化学需氧量）的排放大小，表明废水中受有机污染物的污染程度与状况，是一项重要指标。

　　根据 2006~2008 年《中国钢铁工业环境保护统计》有关资料分析，我国钢铁企业各工序 COD 排放情况详见表 1-6[6~8]。

表 1-6　2006~2008 年钢铁企业各工序 COD 排放情况

年份	项目名称	选矿	烧结	焦化	炼铁	炼钢	轧钢	电力和锅炉
2006	排放量/t	771.58	1408.87	15607.37	11026.74	5073.49	6601.30	933.14
	占总量百分比/%	1.86	3.40	37.68	26.62	12.20	15.84	2.40
	吨钢 COD 量/mg	2.50	4.60	514.10	363.20	167.10	217.40	3.10
2007	排放量/t	638.75	1389.74	12906.83	10710.80	5051.46	6369.12	820.08
	占总量百分比/%	1.69	3.67	34.07	28.27	13.33	16.81	2.16
	吨钢 COD 量/mg	1.38	3.88	360.57	299.22	141.12	177.93	2.23
2008	排放量/t	494.05	928.69	10423.29	7796.61	3688.04	4431.79	679.25
	占总量百分比/%	1.73	3.26	36.65	27.42	12.97	15.58	2.39
	吨钢 COD 量/mg	1.40	2.60	286.80	214.60	101.50	122.00	1.90

　　注：2006 年、2007 年和 2008 年的粗钢产量均以《中国钢铁工业环境保护统计》（2006~2008 年）的统计数据为准，即为 30356.18 万吨、35796.06 万吨和 36336.72 万吨。吨钢 COD 数据据此计算得出。

由表1-6可知，2006～2008年我国钢铁企业按工序排放的COD量的大小排序均为焦化、炼铁、轧钢、炼钢和烧结，分别占总量的37.68%、34.07%、36.65%、26.62%、28.27%、27.42%、15.84%、16.81%、15.58%、12.20%、13.33%、12.97%、3.40%、3.67%、3.26%。表1-6统计分析结果表明，钢铁企业每年各工序COD排放量虽有不同，但各工序COD排放量大小顺序是相同的。这说明：（1）钢铁企业各工序所排放的COD和主要污染物是有规律的；以COD表示和体现各工序排放污染物状况与规律是可行的，是符合实际的。（2）COD减排与污染物减排是相互关联的，是呈线性的。（3）表明我国钢铁企业各工序COD和主要污染物逐年排放情况是符合客观规律并与实际排放情况相一致的。因此钢铁企业废水的污染物减排采用COD减排指标来表述是可行的。

1.2.3 用水与节水减排状况分析

"十一五"期间，钢铁行业清洁生产与环境保护水平取得较大进步。经过多年努力，通过建立钢铁清洁生产试点企业等方式，清洁生产与环境保护理念已取得共识并取得显著效果。在此期间，我国大中型企业制订了清洁生产环境保护与循环经济发展规划，除了原来试点外，首钢、邯钢、太钢、湘钢、通钢、安钢、宣钢、孝钢、宁波建龙、武钢、本钢、唐钢、梅钢、水钢、马钢等在"十一五"期间都制订了清洁生产、环境保护与循环经济发展规划。因此，我国钢铁企业用水逐年下降，废水处理回用循环率不断提高，见表1-7[8～10]。

表1-7 1996～2009年钢铁企业用水与重复利用率

年份	钢产量/万吨	吨钢耗水/m³	吨钢新水/m³	重复利用率/%	企业用水总量情况
1996	8789	231.92	41.73	82.01	203.83亿立方米(厂区191.93亿立方米,矿区11.9亿立方米)
1997	951.929	220.46	37.63	82.93	209.86亿立方米(厂区198.09亿立方米,矿区11.77亿立方米)
1998	10444.45	213.25	34.17	83.97	222.73亿立方米(厂区212.64亿立方米,矿区10.68亿立方米)
1999	11128.07	192.82	28.79	85.07	215亿立方米(厂区206亿立方米,矿区10亿立方米)
2000	11697.89	191.12	24.75	87.04	223.57亿立方米(厂区214.11亿立方米,矿区9.46亿立方米)
2001	14656.30	161.01	17.78	88.85	235.97亿立方米(厂区227.66亿立方米,矿区8.31亿立方米)
2002	16860	147.79	14.89	90.32	249.18亿立方米(厂区241.19亿立方米,矿区7.99亿立方米)
2003	22000	114.52	13.73	90.63	254.24亿立方米(厂区245.56亿立方米,矿区8.68亿立方米)
2004	27300①	111.06	11.27	92.15	303.19亿立方米(厂区293.19亿立方米,矿区10亿立方米)
2005	34936①	111.56	8.6	94.04	389.75亿立方米(厂区378.86亿立方米,矿区10.90亿立方米)
2006	30356.18	150.09	6.86	95.38	455.62亿立方米(厂区444.10亿立方米,矿区11.52亿立方米)
2007	35796.06	150.16	5.58	96.23	537.52亿立方米(厂区526.41亿立方米,矿区11.12亿立方米)
2008	36336.72	152.36	5.18	96.64	553.64亿立方米(厂区547.78亿立方米,矿区5.68亿立方米)
2009	38884.28	151.80	4.50	97.07	590.27亿立方米(厂区567.61亿立方米,矿区5.16亿立方米)

注：除①外均摘自《钢铁企业环境保护统计》（1996～2009年）有关数据。

①摘自《中国钢铁工业年鉴》（2008年），《中国钢铁工业年鉴》编辑委员会。

从表1-7可以看出，钢铁企业吨钢耗水量由1996年的231.92m³下降至2009年

151.80m³，下降 80.12m³，下降幅度为 34.55%；吨钢新水耗量由 41.73m³ 下降至 4.50m³，吨钢新水用量下降了 37.23m³，下降幅度为 89.22%；废水重复利用率提高了 15.06 个百分点。

如以 1996 年钢产耗水量为基数，在同等产钢量条件下，2009 年一年内要比 1996 年节省新水 112.04 亿立方米。说明近年来我国钢铁工业用水与节水成效显著。但是，由于钢产量增加，用水总量仍呈上升趋势，用水短缺问题有增无减。

1.3　钢铁工业节水减排基本原则与技术措施

钢铁行业生产全过程几乎都离不开水，从选矿、烧结、焦化、炼铁、炼钢、轧钢的各工序以及生产辅助车间各部分都需要消耗大量水资源，故必须全过程统筹强化节水减排工作。钢铁工业节水减排的核心是提高用水效率和废水回用率。因此，钢铁工业用水，应节约与开源并重，节流优先，治污为本，取消直流水，提高用水效率；实现多级、串级使用，提高水的循环利用率；改变过去"按需供水"的旧观念，要科学供水和治污，按水质、水温进行优化组合，实行定量供水；要按企业的用水系统要求，建立多种循环用水系统，不搞企业大循环，实行专用、专供，最大限度减少废水处理量和排放量。

1.3.1　节水减排基本原则与对策

钢铁工业节水减排的基本原则与对策有：

（1）因地制宜制定合理用水标准。我国钢铁企业在区域上布局与水资源分布很不协调。根据统计[11]，丰水地区华东、中南钢产量总和约占全国钢产总量的 40%，但新水用量约占总用水量 50% 以上；东北、华北、西南和西北 4 个地区的钢产量总和约占总量 50% 以上，而它们的新水用量仅占总用水量 40%。这种南方用水高于北方用水的形成原因，就是因为吨钢用水量大的企业在丰水地区居多，到目前为止仍有不少企业还用直供直排系统，这种情况必须改变，要合理控制。

（2）抓好大型钢铁企业是落实节水工作的最重要环节。根据近年《钢铁企业环境保护统计》分析，大的钢铁企业（集团公司）节水，对行业和对地区节水都是重要的。例如宝钢的用水指标属国内最先进企业，且钢产量又占该区的 1/3 ~ 1/2，它为该地区节约行业用水量和改善该地区用水指标起了重要作用。据 2008 年中国钢铁工业协会统计，年产 1000 万吨粗钢以上企业由 2004 年两家（宝钢、鞍钢）发展到 2008 年的 10 家，即宝钢、鞍钢、武钢、沙钢、莱钢、济钢、马钢、安钢和唐钢等。年产 500 万 ~970 万吨粗钢企业有 14 家，300 万 ~ 500 万吨粗钢企业有 24 家。其中年产粗钢 500 万吨以上企业，2008 年粗钢产量合计 2.04 亿吨，占全国粗钢产量 3.63 亿吨❶的 56.2%，可见抓好大型钢铁企业的节水工作是非常重要的。

（3）完善循环供水设施，消除直流或半直流供水系统，提高用水循环率。循环系统设施不完善、不配套是钢铁企业供、排水系统通病；直供和半直供系统是丰水区钢铁企业弊病，是造成企业用水量大，补充水量多的直接原因。这种供水系统和循环设施不完善状况，在全国钢铁企业相当严重，不仅中小型企业普遍存在，大型企业如南方和沿江企业也

---

❶ 2008 年纳入《中国钢铁工业环境保护统计》的数据。

普遍存在。因此，这些供水系统如不改造和完善，很难提高全行业用水循环率，行业节水规划也难实现。

（4）提高用水质量，强化串级用水与一水多用是节水的有效措施。现代化的钢铁工业对水质要求越来越严。例如宝钢根据工序对水质要求不同，实行工业水、过滤水、软水和纯水4个供水系统，这4个系统的主要用途是作为循环系统的补充水。以铁厂为例，高炉炉体间接冷却水循环系统、炉底喷淋冷却水循环系统、高炉煤气洗涤水循环系统的"排污"水，依次串接使用，作为补充水。而高炉煤气洗涤循环系统"排污"水，作为高炉冲渣水循环系统的补充水。水冲渣循环系统，则密闭不"排污"。这种多系统串接排污，最终实现无排水的供排水体系，是宝钢实现95%以上用水循环率的有力措施，值得借鉴[12]。

（5）寻求新水源，改善工业布局，缓解水危机。制约钢铁工业发展的矿产、水资源、能源、运输、环保等五大因素目前越显突出，以矿产资源而言，2010年我国原铁矿量已达3.3亿吨以上，可支撑生铁产量1.05亿吨，这与2010年我国钢铁产量已达6亿吨的需求极不匹配。水资源状况也不例外，仅靠节水以保证钢铁工业发展用水也将困难很大。解决途径必将从调整和改善钢铁工业布局和寻求新的水源找出路，如美国钢铁工业采用海水冷却和用淡化海水。中水回用与城市污水回用等也是可选择的新水源。钢铁工业的发展与用水规划也应予以考虑。

钢铁工业由于受地区和原有体制的影响，有不适合发展钢铁工业的地区，仍在继续扩大发展，新建和扩建钢铁企业，由于受到上述五大制约因素影响，必将处于举步维艰的困境。由于铁矿石资源变化，必将对布局产生重大影响。进口矿、煤便利，又处于销售中心的地区，将是钢铁工业布局最佳选择。宝钢建设的成功就是发挥了这个优势，是适应市场需求的结果，曹妃甸钢铁联合企业建设也是发挥这种优势。但要做到这一点，环境保护工作的高标准是最为重要的。

（6）加强节水技术与工艺设备的开发研究。我国加入WTO后，促进了我国钢铁企业组建大型企业集团，提高整体优势，加速开发高附加值的产品和品种，如特殊钢、冷轧不锈钢、镀层板、深冲汽车板、冷轧硅钢片和石油管等产品，以适应国际竞争和提高经济效益。这些新产品、新材料的生产，既提高了工业用水量，也排出复杂程度各异的废水，如各种类型乳化液的含油废水、含锌废水、各种有毒有害废水、各种类型含酸（碱）废水、重金属废水等。这些废水处理与回用有些仍有难度，有些未能回用或达标外排。因此，需加强开发研究解决达标与回用问题。

钢铁工业应根据生产发展与节水规划等规定要求，制定钢铁行业节水目标，按钢铁企业生产规模确定用水指标与用水指导计划。对节水型先进技术、工艺与设备，应加强开发、完善、配套与研究。例如干熄焦技术、干式除尘技术、焦化废水处理与回用技术、含油（泥）废水回用技术、高效空气冷却器、节水型冷却塔、串级供水技术、环保型水稳药剂与自动监控等。这些技术与设备，有些已在工程应用，但需完善与配套；有些要进一步研究、开发；有些需在工程中应用考核，方可推广应用[11]。

1.3.2 节水减排技术措施

钢铁工业节水减排技术措施与要求有：

（1）钢铁工业节水减排工作思路要清晰，措施要得力。钢铁工业节水工作要方向明确，有指标、有措施，节水思路要清晰；要实行用水超前管理、用水要预算规划，而不能用了再说。为此应该：

1）制订企业的用水制度和发展规划。改变过去"按需供水"的概念，实现科学供水。将钢铁企业用水指标分解到各工序、各岗位，建立优化用水指标体系与节水减排要求。

2）依靠科学技术进步，提高技术创新能力，加大对节水工作的技术改进。设备改造要强化节水力度，改造要高起点、高标准、高要求。

3）要开展废水资源化的深入研究。建立科学、合理的串级用水与实现废水零排。

4）优化钢铁工业布局，要合理利用水资源与非常规水资源，要限制缺水地区的钢铁企业发展规模及其取水量。钢铁企业应向沿江、沿海丰水地区发展。

5）充分利用市场经济中经济杠杆的作用，适度、阶段性提高供水价格，降低废水处理后回用价格，提高回用积极性；加大对节水工作的投入（包括科技开发和资金），促进节水技术进步；建立净水、中水、废水回用不同价格机制，鼓励使用中水、废水回用，减少新水用量。

6）建立完善节水工作制度和指标统计体系。钢铁企业要有专职管理水资源的部门，该部门的工作任务是规划用水、监督用水、节制用水和高效用水，并要有具体措施和手段。例如，用水仪表设施齐全，计量及时、准确、稳定，对各工序用水情况、产生问题与协调要有明确技术措施和有效手段。

（2）最大限度地实现废水资源化与废水处理最少量化。具体要求如下：

1）最大限度地实现水的串级使用，实现废水处理量的最小化。针对各工序对水质要求的不同，可以实现水的多次串级使用，提高水的重复利用率，还可以减少污水处理的费用。如冷却水可以用于煤气洗涤除尘所用水，之后再可用于高炉冲渣水或给原料场防尘的洒水等。一些处理后的浓缩水也可以用于高炉冲渣水，可实现废水"零排放"。一般钢铁联合企业，需要处理的废水量在总用水量的30% ~40%[12]。净循环水和排污水一般可以作为浊循环水的补充水。

2）钢铁联合企业应当建立多种水质的不同循环系统，实行分级供水，不搞全厂的废水处理的大循环。建立若干个软水密闭循环系统、生活水循环系统、净水循环系统、浊水循环系统等，每个循环系统之间应能有衔接。这样可实现专水专供，系统布局小，管路短，需处理水量也减少，运行费用也低，进而减少了投资。要研究好开路循环和闭路循环的各自特点，结合企业的实际情况进行优化。

3）针对废水的不同性质（含油、尘、有机物、无机物和夹杂物等），采取不同的处理办法，处理后的水还可以供给不同的部门。这样做可以减少处理量，也减少了处理的难度和相关费用。

4）提高水处理的浓缩倍数是衡量节水的一个重要措施。浓缩倍数越高，所需补充的新水就越少，外排废水量也就越少，净循环水中的药剂流失也会减少，节水效果也越好。《中国节水技术大纲》中提出"在敞开式循环冷却系统，推广浓缩倍数大于4.0，淘汰浓缩倍数小于3.0的水处理运用技术"。目前，我国钢铁企业大多数浓缩倍数低于2.0[12]。济钢在使用高硬度水质情况下，高炉煤气洗涤系统浓缩倍数为9.4，转炉除尘系统为5.4，其他系统为 2.5~3.0，实行了"小半径循环，分区域闭路，按质分级供水"的技术措施，节水减排效果显著，很值得推广借鉴[13]。

（3）大力推广几项节水工艺、技术、装备。具体包括：

1）大力推广"三干"等节水技术。即大力推广高炉煤气、转炉煤气干法除尘、干熄焦技术，以及高炉渣粒化、转炉钢渣滚筒液态等处理技术，可使废水最大限度地减少，相应也就减少了处理量和外排废水量。干法除尘可节电 70%，节水 9m³/t 铁，回收煤气显热（标煤）11.3~21.7kg/t 铁，提高煤气温度可节能 8~15kg/t，除尘效率在 99% 以上，出口煤气含尘浓度为 10mg/m³（标态）左右，节水、节能与环保效果显著[12,13]。

2）冷却过程节水采用高效制冷技术、加热炉汽化冷却技术、节水喷雾型高效冷却塔等（可节水 4%~7%）。目前，首钢、唐钢、包钢、邯钢、太钢等企业使用实践表明，节水效果良好。

3）软水密闭循环系统应消除循环过程中水的跑冒滴漏和蒸发时水的损失，可节约约占总水量 1.5% 的损失。

（4）建立用水与废水回用系统在线监测。要建立钢铁企业浊、净循环水系统和废水回用系统的在线监测工作制度，这是节约用水、实现节水减排与废水"零排放"的重要手段与措施。要针对不同工作目标，采用不同的监测方式、手段和内容，实现节水节能和使水资源得到充分合理的利用与减排。据统计，目前我国钢铁企业在线监测应用率约为 20%[12,13]，因此，建立健全钢铁企业水质安全保障体系任重道远。

1）在线监测的范围与内容包括：

① 水量监测。生产总水用量、循环用水量、排水量、耗新水量、处理再生回用量、重复和循环用水量等。

② 水质监测。新水水质、使用后水质、处理后水质、外排水质与循环回用水质等。

③ 设备运行状态监测。安全保护与是否正常运转的状态监测等。

2）在线监测设备包括：

① 常用水质监测设备。pH 计，COD、BOD、DO、NH_3-N、TCN、TOC 等单项或多项监测设备。

② 水质综合分析仪。分光度计、色—质谱联机等。

③ 水质自动采监（测）系统。自动采样、自动测定、自动记录等，以及由遥测系统将现场监测数据传递或由计算机运算显示与保存等。

1.4 钢铁工业节水减排潜力及其技术水平与差距分析

1.4.1 工序耗水状况与节水潜力分析

我国钢铁工业近几年来，对节约用水重要意义的认识有较大提高，对节水设施的投入力度也有所增加，钢铁企业在节水方面取得了显著成绩。2009 年与 2000 年相比，钢产量由 1.17 亿吨增加到 3.89 亿吨，增加了 3.32 倍❶，而用水量只增加了 2.64 倍；吨钢平均

---

❶ 为中国钢铁工业环境保护 2009 年统计数据（86 家钢铁企业），实际全国钢产量已达 5.736 亿吨，增加 4.9 倍。

新用水量由 24.75m³ 下降到 4.50m³，下降率达 81.82% 以上；废水重复利用率提高了 10.03 个百分点。如按 2000 年吨钢新水用量折算，仅 2009 年，约节约新水 67.29 亿立方米，节水减排效果极其显著。

1.4.1.1 工序耗水与工序吨钢耗水情况

为了掌握和分析节水减排途径，某特大型钢铁公司连续 3 年从原料、烧结到冷轧钢管开展了系统的水平衡测试分析，包括输入水量、输出水量、冷却水量、进出水量、循环率、新水补充量及排污量等进行了水量平衡测试。其各工序用水量与工序耗水量分析结果见表 1-8 和图 1-4[14]。

表 1-8 各工序用水量结果 （万吨/月）

用 户	No.1	No.2	No.3
化工公司（焦化）	56.29	57.70	53.4
炼 铁	118.74	114.07	102.7
炼 钢	80.24	86.98	82.53
条钢轧	10.01	7.64	6.33
钢 管	8.59	6.93	3.69
热 轧	50.20	45.81	44.67
冷 轧	61.53	62.61	61.06
能源部	50.45	58.98	54.98
其他部门	24.07	25.58	25.79
施工用水	9.73	8.31	5.01
损 失	43.03	42.93	32.49
合 计	512.39	517.55	472.65

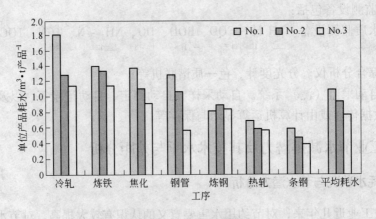

图 1-4 各工序耗水情况

根据表 1-8 数据分析，说明炼铁工序用水量最大，占总用水量的 25%；炼钢工序次之，占总水量的 17%；其他大部分用户的用水量占总水量的比例大致在 5%～15%；条钢和钢管工序用水量较小，占用水量的 2%；系统水的损失漏水率较高，占总用水量约8.3%。

中国钢铁工业协会从30家重点企业抽样调研结果,其吨钢耗新水量见表1-9。

表1-9 30家重点企业工序吨钢耗新水情况   （m³）

工序	工序吨钢耗水量最小值	工序吨钢耗水量最大值	工序吨钢耗水量平均值
焦化	0.32	3	1.694
烧结	0.09	1.776	0.635
炼铁	0.5	7.559	2.598
炼钢	0.5	6.87	2.15
轧钢	0.3	6.78	2.09

表1-9表明,耗水程度依次按炼铁—炼钢—轧钢—焦化—烧结递减。采用干熄焦、高炉煤气、转炉煤气干式除尘的企业其相关工序的新水消耗指标有明显优势,如宝钢的焦化和转炉炼钢、莱钢的炼铁与转炉炼钢工序耗新水指标都位居调研企业的领先水平。以特钢和以板带材为主要产品的企业其轧钢工序新水耗量更多一些,节水难度更大一些,如图1-4所示。其工序耗水量(从大到小)依次为冷轧—炼铁—焦化—炼钢—热轧等。这也是国外按板材和长材制定不同用水标准的原因。

1.4.1.2 节水减排的潜力分析

我国钢铁工业的节水减排仍有很大潜力。仅从吨钢取水量和重复利用率这两个指标衡量和分析,无论从国内企业之间来比较,还是与国外企业比较,均存在着较大差距,这反映了节水减排的潜力之所在。

根据钢铁企业用水指标分析,年产钢量大于500万吨的企业,吨钢取水量最低值为5.31m³,上下值相差约6倍多;年产钢量在400万~500万吨之间的企业,吨钢取水量最低值为10.07m³,上下值相差2.5倍;年产钢量在200万~400万吨之间的企业,吨钢取水量最低值为4.54m³,上下值相差6.2倍;年产钢量在100万~200万吨之间的企业,吨钢取水量最低值为4.68m³,上下值相差7.2倍;年钢产量在小于100万吨的企业,吨钢取水量最低值为4.29m³,上下值相差达11倍以上。吨钢取水量接近高限的企业基本上位于丰水地区。各企业水的重复利用率最低为65%,在缺水地区的企业基本上均大于90%,与国外一些钢铁企业比较,国内缺水地区企业比国外低1~8个百分点,在丰水地区企业比国外低8~33个百分点。这说明我国钢铁工业节水潜力还有较大空间,同时,加强节水意识教育与节水统一管理也是非常重要的。

我国钢铁企业节水减排现状的分析结果表明,串级供水技术在炼铁工序中的利用率最高,在烧结、焦化、炼钢工序中的利用率相差不大,而在轧钢工序中利用率最低;生产废水回用技术在炼钢、轧钢工序中利用率最高,而在焦化工序中利用率最低,如图1-5所示[3,15]。同时也表明,我国钢铁工业节水潜力尚有很大空间,特别是串级供水技术、废水回用技术等节水技术的应用使钢铁企业水的重复利用率大幅提高。但是这些节水技术的有效运用有一个前提,那就是必须对钢铁企业各工序废水进行有效处理,以满足工序用水要求与水质标准。

据纳入《中国钢铁工业环境保护统计》的94家企业以及未纳入该统计的11家钢铁

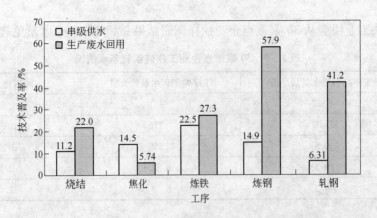

图 1-5 钢铁企业各工序中的用水与节水潜力分析

企业共 105 家的统计结果表明，各工序水耗和耗新水量平均值见表 1-10[16]。

表 1-10 钢铁企业各工序水耗与耗新水情况

项 目 名 称	选矿	烧结	球团	焦化	炼铁	炼钢	转炉	电炉
工序水耗/m³·t⁻¹	7.06	0.54	1.13	5.91	29.65	17.06	12.29	38.99
耗新水/m³·t⁻¹	0.88	0.26	0.42	2.09	2.38	2.05	0.93	2.27
项 目 名 称	钢加工	热轧	冷轧	镀层	涂层	钢丝	铁合金	耐火
工序水耗/m³·t⁻¹	19.44	18.28	30.46	20.90	8.61	26.10	21.40	9.83
耗新水/m³·t⁻¹	2.02	2.47	1.61	0.89	0.73	6.54	17.62	2.07

2009 年，全国重点钢铁企业用水重复利用率已达 97.07%[7]，大型高炉采用先进工艺技术装备节水效益显著。例如，攀钢的 2000m³ 高炉耗新水为 0.12m³/t，首钢迁安 2560m³ 高炉为 0.27m³/t，太钢 4350m³ 高炉为 0.35m³/t，宝钢 4706m³ 高炉为 0.56m³/t，天钢 3200m³ 高炉为 0.49m³/t，邯郸 2000m³ 高炉为 0.58m³/t，马钢 4000m³ 高炉为 0.63m³/t，鞍钢 3200m³ 高炉为 0.65m³/t 等。上述结果表明，我国钢铁企业节水减排已取得巨大效益，特别是耗水最大的炼铁工序的节水减排已取得历史性突破。上述分析结果表明，我国钢铁工业节水减排潜力还有很大空间有待开发利用。

1.4.2 节水减排技术水平与差距分析

1.4.2.1 节水减排技术发展状况与差距水平

2000～2010 年是我国钢铁工业以科学发展观统领全行业发展，为建设和谐、节约型社会，提高钢铁企业自主技术创新能力建设，推行资源节约、资源综合利用，推进清洁生产，发展循环经济，实现和谐和环境友好型社会的关键时期。

中国钢铁工业的环境保护，从 20 世纪 80 年代开始，经历了 30 多年的发展历程，已发生了巨大的变化，污染物排放量不断减少，这是保证中国钢铁工业持续发展的前提和条件。特别是宝钢环保技术的引进与创新，为我国钢铁工业环境保护树立了榜样。就宝钢和首钢京唐等企业而言，钢铁工业节水减排已达到了世界先进水平。但是，就钢铁工业全行业而言，由于地区差异、水平高低、技术优劣、经济强弱以及其他种种原因，与国外发达国家先进水平相比，存在着不同程度的差异。所以，目前钢铁行业仍是我国工业污染的大户。据有关资料介绍，钢铁工业废水排放量仍占全国重点统计企业废水排放量的10%左右，二氧化硫排放量占全国工业二氧化硫排放量的6%左右，烟尘排放量占5%左右，粉尘排放量占12%左右[6,8]。

"十五"期间，我国钢铁企业在先进环保技术和环保工程的实施上进行了成效显著的工作，如在资源回收利用、控制污染、废水处理和循环利用、废气净化、可燃气体回收利用和含铁尘泥，钢铁渣综合利用等方面都取得了重大进展。包括焦化废水脱氨除氮技术、循环与串级用水技术、全厂综合废水处理与脱盐回用技术、煤气净化回收技术、电炉烟气治理技术、冶炼车间混铁炉等无组织排放烟气治理技术，以及焦炉煤气脱硫技术和矿山复垦生态技术等一大批环保技术的有效实施，使得我国钢铁工业节水减排的主要指标取得长足进步，见表1—11[7,9]，但国内重点钢铁企业之间发展也不平衡，差距还较大。总体而言，我国钢铁企业与国外同类企业之间差距在缩小，有的指标甚至处于同等水平，但总体水平的差距还是存在的。

1.4.2.2 节水减排技术水平与差距分析

A 钢铁企业用水系统现状与存在问题

我国钢铁企业大都经历由小变大、逐步改造、扩建、填平补齐的过程而发展起来的。因此，我国钢铁企业用水系统与节水减排存在如下弊病：

（1）不少钢铁企业原来未设循环用水设施，近年来由于环保与用水要求，将间接冷却水与直流冷却水采用同一系统处理，造成间接冷却系统不能循环使用而用新水；浊循环系统又不能全部回用而必须外排。

（2）循环系统设施不够完善，造成补水量大。不少钢铁企业原设有用水循环系统和设施，但是不完善或设施不配套，有的缺冷却设施，有的缺过滤或沉淀设施，有的缺污泥处理设施，造成有的水温不能达到用户要求，有的水质不能满足要求，有的因污泥排放造成二次污染并带走大量的废水。例如某钢铁厂高炉系统因无冷却系统，或因未设沉淀池而大量补加新水。

（3）水质稳定设施不完善，造成补水量大。很多钢铁企业已建成循环系统与设施，但因水质稳定处理系统不够完善，或因水处理药剂选择不当，使循环水质失稳，或SS增加或硬度增大，而必须加大补水进行稀释。这在钢铁企业经常发生。

（4）生产工艺落后，致使工艺用水量大。生产工艺落后，致使用水量大，这是钢铁企业存在的通病。例如高炉冲渣，如采用转鼓法粒化装置工艺，则1t渣只需1t水；若用水冲渣1t渣需要10t水，且为目前钢铁行业采用最主要的冲渣方式[1,2]。又如高煤气和顶吹转炉除尘，目前一般均为湿式洗涤工艺。一座300m^3高炉，煤气洗涤水一般为300m^3/h。水中仅SS含量超过2000mg/L，且含有酚氰等有毒物质，处理系统较为庞杂。如采用干法除尘，不仅节约用水，而且杜绝水污染。

（5）老企业仍存在直流供排水系统，且供排水管网老化，跑冒滴漏严重。一些老企业至今仍有直流供水系统，特别是在丰水地区老企业，这是造成用水与排水量大一个不容忽视的问题。由于我国老企业比较多，供水系统改造任务重、难度大，通常采用将有污染的废水经简单处理后与其他废水汇流后达标排放的方法，不仅造成水资源浪费，而且污染

表1-11 2000～2010年重点统计钢铁企业节能环保主要指标

指标	2000年	2001年	2002年	2003年	2004年	2005年	2006年	2007年	2008年	2009年	2010年
吨钢综合能耗（标煤）/kg	930	876	907	770	761	750	645	632	—	—	—
工业水重复利用率/%	87.04	89.08	90.55	90.73	92.28	94.15	95.38	96.29	96.64	97.07	97.19
吨钢耗新水量/m³	25.24	18.81	15.58	13.73	11.27	8.6	6.86	5.58	5.18	4.50	4.11
吨钢外排废水量/m³	25.24	12.86	10.97	7.7	7.23	5.6	3.77	2.99	2.51	2.06	1.65
废水处理率/%	98.43	98.96	99.18	99.52	99.58	99.67	99.94	99.94	99.98	99.98	99.99
废水处理达标率/%	96.66	96.57	97.37	98.08	98.25	98.86	98.98	99.96	99.72	99.64	99.76
吨钢外排废气量（标态）/m³	12384.59	13211.14	13446.42	12594.56	12004.40	11975.84	17321.61	17525.29	19313.10	19501.48	18729.52
吨钢SO_2排放量/kg	6.09	4.60	4.00	3.21	2.83	3.30	2.66	2.38	2.23	2.01	1.70
废气处理率/%	97.33	97.97	98.01	98.31	98.91	99.25	99.50	99.62	99.66	99.84	99.68
废气处理达标率/%	91.58	93.98	94.5	96.01	95.91	96.93	97.99	98.79	99.07	99.44	99.33
焦炉煤气利用率/%	98	98.11	97.27	96.64	98.17	98	97.28	97.81	97.62	98.16	98.15
高炉煤气利用率/%	91.52	91.89	93.13	91.61	95.85	96	92.07	93.50	94.01	95.01	95.30
转炉煤气利用率/%	40.68	74.66	82.55	87.07	84.08	85	77.59	90.98	83.82	85.94	89.86
尘泥利用率/%	97.86	98.69	98.63	98.46	98.66	98.5	98.76	99.17	99.42	99.47	99.79
废渣利用率/%	46.79	54	57.96	58.07	60.48	62	67.43	71.50	72.97	77.01	80.70
高炉渣利用率/%	86.18	89.24	89.67	92	95.68	96	93.41	93.18	95.36	97.43	97.68
钢渣处理与利用率/%①	85.36	80.45	86.41	87.39	90.05	91	89.31	91.26	93.58	93.11	96.03
废酸处理与利用率/%②	91.15	96.80	96.37	90.01	95	97	94.79	99.95	99.90	99.89	99.84

① 钢渣利用率较低，堆存和填埋较多。
② 轧钢废酸多数采用中和处理，少数企业回收利用。据初步统计，其中2006年、2007年、2008年、2009年废硫酸的处理率和利用率分别为89.59%、5.2%；90.28%、9.67%；91.00%、8.90%和85.70%、14.2%。硝酸-氢氟酸废液仅宝钢部分回收利用。

环境与水体。由于管网使用较久，漏水现象严重。

（6）循环水系统水的浓缩倍数低，补水量多，排水量大。我国钢铁企业水处理运行的浓缩倍数（除个别企业逐步用水循环系统达3.0外）多低于2.0，宝钢先进企业也仅达到2.5左右[14]。浓缩倍数是节水减排重要技术经济指标。浓缩倍数越高，所需补水量越少，外排废水量就会减少，反之则补水越多。因此，提高循环水浓缩倍数势在必行。

B 钢铁工业节水减排技术与差距

我国钢铁工业节水减排技术具有自身的特色，与国外一些发达国家相比并不逊色，并已出现各类示范性清洁工厂。就钢铁行业水处理技术整体而言，差距还是存在的。主要体现在：

（1）就钢铁企业节水与回用的技术而言，已掌握了串级用水、循环用水、一水多用、分级使用等废水重复利用技术与工艺。循环用水是把废水转化为资源实现再利用；串级用水是将废水送到可以接受的生产过程或系统再使用；分级使用与一水多用是指按照不同用水要求合理配置使水在同一工序多次使用。这种串级用水、按质用水、一水多用和循环使用技术与措施从根本上减少新水用量及废水外排量，是节约水资源、保护水环境的根本途径。

（2）对于料场废水、烧结废水、高炉冲渣水、转炉除尘废水、连铸机冷却用水等，也已经掌握了处理与回用工艺与技术，并已有一些大型钢铁企业，实现对烧结、炼铁、炼钢工序的废水零排目标。

（3）用于处理轧钢乳状油废水和破乳技术，超滤与反渗透等膜技术，以及废酸回收技术、低浓度酸碱废水处理技术，已形成较完整的有效技术。但总体水平的监控仪表与膜材料上尚有差距。

（4）水质稳定技术与药剂。目前我国在药剂品质、品种上及生产工艺技术上还存在一定差距。就宝钢而言，引进的水处理药剂已经基本国产化，并已形成配套生产供应基地，其他企业的水处理药剂基本为国内供应。但在高效、低毒的药剂种类与品质上，药剂自动投加与药剂浓度实现在线随机监控上，还存在较大差距。

（5）焦化废水处理技术差距不大，但焦化废水的质与量差别很大。我国对焦化废水处理的技术研究十分广泛，据不完全统计约有20多种，如A—O（厌氧—好氧）法、A—A—O（厌氧—缺氧—好氧）法、A—O—O（厌氧—好氧—好氧）法以及生物膜法、高效菌法等[17]。但由于焦化废水中COD和氨氮含量高，通常生物脱氮处理后外排废水水质不够稳定并难以达标排放。近年来，由于A—O—MBR（厌氧—好氧—膜生物反应器）技术对焦化废水处理中的突破进展，已显示焦化废水处理回用和实现"零排放"的可能[18]。

（6）在节水整体水平上有差距，特别是吨钢耗新水量有较大差距。与发达国家钢铁企业相比，我国有代表性的大型钢铁企业与国外大型企业的吨钢耗新水量的差距见表1-12[3,8,19]。表1-12表明，我国先进的大型钢铁企业的吨钢耗新水量与先进的国外钢铁企业相比相差约2~3倍，说明我国钢铁工业节水减排潜力很大，节水减排工作任重道远。

表1-12 国内外大型钢铁企业吨钢耗新水量情况

厂 名	宝钢股份	鞍钢	沙钢	马钢	包钢	蒂森-克房伯（德）	浦项（韩）	鹿岛（日）	方塔那（美）	阿赛洛
钢产量 Mt/a	2312.43	1556.41	1461.38	1350.28	983.90	13.00	27.5	46.5	—	—
吨钢耗新水量/m³	5.20	5.47	4.56	7.26	7.79	2.6	3.5	2.1	4.1	2.4

（7）在治理深度上、内涵上存在明显差距。我国钢铁工业环保工作尚未完全脱离以治理"三废"为内容，达标排放为目标，综合治理为手段的发展阶段。以首钢京唐、宝钢而言，总体上处于国际先进水平。但与世界先进水平相比，仍存在一定差距。发达国家的钢铁工业污染治理早已完成，对第二代污染物 SO_2、NO_x 等的治理已处于商业化和完善阶段。现已致力于第三代污染物如 CO_2、二噁英、TSP（总悬浮微粒）、PM_{10}（10μm 颗粒物）的控制。在水处理方面，已更多应用微生物技术替代物化法处理技术，以防止二次污染、降低处理成本、提高净化与水资源回用程度。与之相比我国在污染控制的深度上相差较远，我国对于 SO_2 和 NO_x 的控制在大型钢铁企业已开始应用，但尚未普及；对 TSP、PM_{10} 等指标大多数企业尚缺乏认识，未能提上治理日程；对二噁英、CO_2、粉尘中重金属的控制，以及废水深度处理替代技术还处于开发研究阶段，在标准规范的制定与监控水平上差距更大。

1.5 钢铁工业节水减排目标与"零排放"的可行性分析

1.5.1 节水减排目标与实践

1.5.1.1 节水减排目标

"十一五"期间中国钢铁工业推行与落实以"三干三利用"为代表的循环经济理念促进钢铁工业可持续发展。其中节水减排与提高用水循环利用，就是要建立钢铁生产工序内部、工序之间以及厂际间多级、串级利用，提高水的循环利用率，提高浓缩倍数，实现减少水资源消耗，减少水循环系统废水排放量。具体措施包括：尽可能采用不用水或少用水的生产工艺与先进设备，从源头减少用水量与废水排放量；采用高效、安全可靠的处理工艺和技术，提高废水利用循环率，进一步降低吨钢耗新水量；采用先进工艺与设备对循环水系统的排污水及其他外排水进行有效处理，使工业废水资源化与合理回用，努力实现废水"零排放"。

根据《2006～2020 年中国钢铁工业科学与技术发展指南》中钢铁行业的环境目标要求，2006～2020 年钢铁企业节水减排的主要目标见表 1-13[20]。

表 1-13 钢铁企业中长期节水减排主要目标

指 标 名 称	2000 年	2004 年	2006～2010 年	2011～2020 年
工业用水重复利用率/%	87.04	92.41	95	96～98
吨钢新水用量/m³	24.75	11.27	8	5
吨钢外排废水量/g	17.17	6.89	5.6	3
吨钢 COD 排放量/g	985	364	200	100
吨钢石油类排放量/g	66	24.1	19	14
吨钢 SS 排放量/g	3051	610.9	300	100
吨钢挥发酚排放量/g	2.7	0.59	0.4	0.4
吨钢氰化物排放量/g	2.4	0.57	0.4	0.4

我国钢铁工业高速增长的过程中（主要是钢、铁和钢材产量高速增长），由于采用各

项节水减排技术与废水处理回用措施及其强化管理,钢铁企业用水量已从高速增长逐步变为缓慢增长,随着节水减排工艺的技术进步,钢铁工业实现增产不增新水用量,甚至出现负增长趋势是可能的。

1.5.1.2 重点钢铁企业实现节水减排目标的技术措施与实践

为了贯彻落实《2006~2020年中国钢铁工业科学与技术发展指南》中的"钢铁行业的环境目标"以及"'十一五'钢铁工业节水要求",国家科技部组织钢铁行业进行节水技术攻关、技术集成和节水新技术推广应用,已在生产实践中取得很多节水减排工作实践与经验:

(1)宝钢采用系统管理水资源方法,稳定循环水水质,进一步提高水的重复利用率。首先加强用水分析管理,制定节水目标,通过组织全公司范围内从原料、烧结到冷轧、钢管,开展了系统的水平衡测试工作。通过对用水量的分析,掌握了对用水量的分布及宝钢节水工作的重点,对供水总量影响较大的用户进行重点分析,细化单元用水情况,有针对性地提出节水措施,并取得较好的节水效果。宝钢还进行了工序耗水、系统循环率、浓缩倍数指标分析;制订节水规划,明确节水目标,消除设计上的不合理用水状况,改直流用水点为循环回用;调整管网供水压力和系统的供水方式,有条件地实行峰值供水和小流量连续补水等措施;建立厂区生活污水处理站,实施中水回用和拓展多种回用途径;开发串接水使用用户,如将高炉区原使用净循环水、工业用水改用串接水,减少新水用量,实现节水减排;对钢管废水和冷轧废水进行深度处理回用替代工业水,以及对围厂河水经处理后用于串接水和全厂用水,实现废水资源高效利用。

(2)济钢实行"分质供水、分级处理、温度对口、梯级利用、小半径循环、分区域闭路"的用水方式,促进和提高用水循环利用率。在用水过程中,根据生产工序不同对水质、水量、水温进行合理分类,从而减轻末端治理的压力;按照各工艺不同的特点,着力推行小半径循环、大幅度降低用水的循环成本;运用水资源与能源的内在联系,充分利用物料换热回收热能,依靠水技术进步带动废弃物资源化利用;通过工序过程用水的系统优化和合理的量、质匹配减少用水量和逐级减少(或改变)系统补水水源进行源头削减,进而减少废水处理和排放量。对新投产的设备全部采用了循环水水质稳定新技术,大大提高了循环水的复用率,系统补水量逐步降低,用水浓缩倍数大幅升高。例如高炉煤气洗涤系统水的浓缩倍数达9.4,转炉除尘系统达5.4。

(3)莱钢围绕节水减排实现工业废水"零排放"的目标,积极开展研究与应用,吨钢用水量大幅下降,达国内领先水平。为实现工业废水"零排放"的目标,积极采用节水新技术,改造完善循环用水系统;充分回收利用废水资源;优化供水系统,实现水的串级利用;根据各工序用水特点和厂距状况,实行废水就近处理循环回用;强化废水"零排放"考核办法,完善用水计量与监督,最大限度减少用水量与非生产用水,基本实现工业废水"零排放"。

1.5.2 节水减排与废水"零排放"的新理念

1.5.2.1 时代背景与环境友好型发展思路

我国粗钢产量2010年达6.267亿吨,已连续15年稳居世界第一,实现了大国之梦,但未能实现钢铁强国的转变。据国家统计局统计，全国共有钢铁企业 3800 余家，具备炼铁、炼钢能力的企业 1200 家，其中粗钢产能超过 500 万吨有 24 家，300 万～500 万吨有 24 家，100 万～300 万吨有 28 家。经估算，全国 48 家 300 万吨以上企业的钢产能之和约占全国粗钢比重的 45%，可见产业集中度还很低，与国家要求的 2010 年国家排名前 10 名的钢铁企业钢产量占全国比重达 50% 以上的差距还较大[21]，这是我国钢铁工业发展历史遗留的问题，也为我国钢铁工业持续发展和水资源有效利用带来致命问题。

当今国家已把 GDP 的增长作为预期性的指标，把节能降耗和污染减排指标作为必须确保完成的约束性指标，要求人们一切工作的出发点，必须是走资源节约型、环境友好型的发展思路和路线，通过清洁生产防治手段，运用循环经济组织形式，实现可持续发展战略目标。

1.5.2.2 节水减排与废水"零排放"的新思维、新理念

A 清洁生产是实现经济与环境协调发展的环境策略

清洁生产要求实现可持续发展，即经济发展要考虑自然生态环境的长期承受能力，既使环境与资源能满足经济发展需要，又能满足人民生活需求和后代人类的未来需求，同时环境保护也要充分考虑经济发展阶段中的经济支撑能力，采取积极可行的环保对策，配合和推进经济发展历程。这种新环境策略要求改变传统的环境管理模式，实行预防污染政策，从污染后被动处理转变为主动、积极进行预防规划，走经济与环境可持续发展的道路[22]。

B 循环经济核心原理是节水减排和废水"零排放"的理论基础

循环经济本质上是一种生态经济，是将生态平衡理论与经济学相结合，按照"减量化、再利用、再循环"原则，运用系统工程原理与方法论，实现经济发展过程中物质和能量循环利用的一种新型经济组织形式。它以环境友好的方式，利用自然资源和环境容量来发展经济、保护环境。通过提高资源利用效率、环境效益和发展质量，实现经济活动的生态化，达到经济社会与环境效益的双赢。其特征是自然资源的低投入、高利用和废弃物低排放，形成资源节约型、环境友好型的经济与社会的和谐发展，从根本上消除长期存在的环境与发展之间尖锐对立的局面。

从上述分析表明，清洁生产既是一种防治污染的手段，更是一种全新的生产模式，其目的是为了达到节能、降耗、减污、增效的统一；循环经济是一种新型经济组织形式，是按照自然生态系统的模式把经济活动组织成一个"资源—产品—再生资源"的物质反复循环流动过程的组织形式，是为了达到从根本上消除环境与发展长期存在的对立；可持续发展是经济社会发展的一项新战略，其核心问题是实现经济社会和人口、资源、环境的协调发展，三者是一脉相通的，其最终目标是实现经济活动的生态化、环境友好化、资源节约化，达到经济社会与环境效益的统一。据此原则和理念，我国钢铁工业节水减排工作应注入新的理念，其研究工作重点应按废水生态化的要求进行技术延伸与完善[22,23]。

C 减量化，再利用，再循环的核心原则

减量化、再利用、再循环（即"3R"）既是循环经济的核心原则，也是实现钢铁工业节水减排和废水"零排放"的基本原则。"3R"的具体内容包括：

(1) 减量化原则是属于源头控制,是实现循环经济和钢铁工业节水减排的首要原则,它体现当今环境保护发展趋势,其目的是最大限度地减少进入生产和消费环节中的物质量。对钢铁工业而言,首先应提高和改进生产工艺先进水平,使吨钢耗水最小化,如采用干熄焦、高炉与转炉煤气干法净化除尘、高炉富氧喷煤、熔融还原 COREX 炉、热连铸连轧等工艺,可大大减少热能和水的消费量。目前国内大多数企业都采用湿法净化煤气,均消耗大量用水,又产生二次污染,若用干法除尘净化可实现节水与"零排放"。

对水资源利用应统筹规划,实施串级供水、按质用水、一水多用和循环用水的措施,力求降低新水用量,削减吨钢用水与外排废水量。如冷却水可供煤气洗涤除尘用水,再用于冲渣用水和原料场的洒水等。一般钢铁联合企业、废水处理量约占总用水量的30%~40%[24]。净循环水的排污水一般可作为浊循环水的补充水,通过串接循环使用,可大大消减企业水资源消耗量。

(2) 再利用原则是属于过程控制,其目的是提高资源的利用率,将可利用的资源最大限度地进行有效利用。对钢铁工业而言,应积极有效利用水资源和多渠道,开发利用非传统水资源,以缓解钢铁工业的持续发展中水资源短缺的瓶颈问题,这是近年来世界各国普遍采用的可持续发展的水资源利用模式,也是用水节水的新观念、新途径。

1) 雨水再利用。雨水再利用是一项传统技术,在美国、德国、日本、丹麦等国得到十分重视,许多国家已把雨水资源化作为城市生态用水的组成部分。雨水作为一种免费水资源,只需少量投资就可作为一种水资源进行再利用。钢铁企业厂区面积较大,能收集大量雨水,若将厂区的雨水收集与利用将可化害为利、一举两得。目前所建的雨水工程是将雨水视为废水而外排,造成大量水资源浪费。事实上雨水经简单处理后就可达到杂用水的水质标准,可直接用于钢铁企业的原料场与车间地坪洒水、绿化、道路以及对水质无严格要求的用户。这不仅可在一定程度上缓解钢铁企业水资源供需矛盾,还可减少企业的雨水排水工程支出,缓解城市与企业的雨、污水处理工程的负荷。我国新建的首钢京唐工程已实现雨水的再利用,其节水效果显著[25]。

2) 城市污水再利用。城市污水的处理费用一般是工业废水处理费的一半,其处理工艺比较成熟。从城市污水量和水质而言,经妥善处理不仅可用于直接冲渣和冲洗地坪用水,并可作为深度脱盐处理制取工业新水、纯水、软化水、脱盐水的水源[26]。如果城市污水再利用能在钢铁行业普遍采用,既能缓解钢铁企业的用水压力,同时也能大大降低城市生活用水的压力,可将城市上游水资源用于城市的发展与开发。另外,将城市污水作为钢铁企业的水源,可将钢铁业从与城市争水转变到城市用水的下游用户,既可以极大地减少对城市上游新水的需求量,并将钢铁行业从一个用水大户、污染大户转变为一个接纳污水大户,清除污染大户。其经济社会与环境效益是非常巨大的。

3) 海水再利用。这其中又包括:

① 海水直接冷却利用。随着人类对海水认识和利用的发展,海水直接冷却已是成熟工艺。目前,在我国天津、大连、上海等沿海城市电力、石油、化工等行业均取得成功应用。在钢铁行业中日本加古川钢铁厂的海水直接冷却约占其冷却水总量的45%[24]。根据钢铁产业政策,今后新建的钢铁厂将靠近大海,而钢铁企业在生产中需大量使用冷却水,因此海水作为一种再利用冷却水资源是发展方向,这将大大地缓解钢铁生产需要的冷却水资源紧缺问题,首钢京唐工程实践表明,海水直接冷却利用可缓解水资源紧缺问题[25]。

② 海水淡化利用。开发利用海水资源，是节水的新观念、新途径，近年来在世界各国已得到普遍采用。为鼓励企业开发利用非传统的水资源，目前，中国企业自取的海水和苦咸水的水量不纳入定额计量管理的范围。利用海水淡化水与传统水资源合理使用，将大大地减轻钢铁厂生产发展需要的水资源短缺问题。海水淡化已是成熟技术，一般成本在 $4.5 \sim 6$ 元/m^3（包括取水、生产、回收、日常运行、管理及经营等方面费用）。如淡化水产量在 $80000 \sim 100000 m^3/d$ 规模时，其成本可降至 3 元/m^3 [24,26]。目前，我国年海水用量为 256 亿立方米，比日本（1200 亿立方米）和美国（2000 亿立方米）相差较大。我国一些沿海地区的大型钢铁企业正在研究海水淡化技术，解决水资源短缺的问题，首钢京唐工程已有海水淡化利用实践，宝钢的湛江工程也在积极探索中[24,25]。

（3）再循环原则是末端控制，其目的是把废物作为二次资源并加以利用，以期减少末端处理负荷。再循环应包括两个层次，其一是钢铁企业内部小循环；其二是深层次的社会大循环。

1）钢铁企业内部，实施水资源的循环利用。钢铁企业的工业废水和生活污水经过净化处理后，再作为补充水用于各个生产工序的水循环系统，这既可大幅提高水重复利用率、减少取水量和废水排放量，又可减轻各单位水处理设施压力，保证正常供水。例如，国内某钢铁企业对各生产工序均设置循环水系统，充分发挥废水处理回用功效，使得生产水、生活水、脱盐水、软水均得到充分使用，有效提高水资源利用效率，最大限度地节约用水与节水减排，使吨钢耗新水为 $3.9 m^3$，达到世界吨钢耗新水最先进水平[24]。宝钢根据工序对水质要求不同，实行工业水、过滤水、软水和纯水四个供水系统，这四个系统的主要用途是作为循环系统的补充水。以铁厂为例，高炉炉体间接冷却水循环系统、炉底喷淋冷却水循环系统，高炉煤气洗涤水循环系统等"排污"水，依次串接循环使用、前一系统排污水作为后者补充水。而高炉煤气洗涤循环系统"排污"水，作为高炉冲渣水循环系统的补充水；水冲渣循环系统，则密闭不"排污"。这种多系统串接排污循环使用，最终实现无排水，这是宝钢实现 98% 以上用水循环率的有力措施，是国内钢铁企业内循环用水的典范。

2）深层次的大循环。钢铁企业用水应与周围地区协调发展，应通过吸收城市污水和厂周围地区废水再循环，为钢铁生产提供水资源，并将经处理后水质较好的水供给周围地区，回报于社会，建立水资源的良性互动与循环。城市污水处理再循环利用就是实例[26,28]。

1.5.3 节水减排与废水"零排放"的可行性分析

随着国家对节水减排工作要求的日益提高，另外，即将公布的新的《钢铁工业水污染物排放标准》对现有企业和新建企业的工业废水排放提出了更为严格的要求，因此，钢铁企业全厂工业废水将作为非传统水资源，已经越来越受到各大钢铁企业的重视。

1.5.3.1 废水生态化原理是节水减排和废水"零排放"的技术依据与主要途径

生态工业学是可持续发展的科学，它要求人们尽可能优化物质—能源的整个循环系统，从原料制成的材料、零部件、产品，直到最后的废弃，各个环节都要尽可能优化。对钢铁工业系统而言，其生态化的核心就是物质和能源的循环，不向外排放废弃物。为了从根本上解决钢铁工业废水对水环境的污染与生态破坏，必须把整套循环用水技术引入生产工艺全过程，使废水和污染物都实现循环利用。钢铁企业把生产过程中排出的废水及其污染物作为资源加以回收，并实现循环利用，其实质是模拟自然生态的无废料生产过程。尽量采用无废工艺和无废技术是为了使这个系统不超过负荷，能正常良好运转，而工艺的自动化在一定的程度上可以起到系统的调控机能。

水循环经济就是把清洁生产与废水利用和节水减排融为一体的经济，建立在水资源不断循环利用基础上的经济发展模式，按自然生态系统模式，组成一个资源—产品—再生资源的水资源反复循环流动的过程，实现污水最少量化与最大的循环利用。即对钢铁企业用水进行废水减量化、无害化与资源化的模式研究过程[23]。

"分质供水—串级用水"一水多用的使用模式；

"废水—无害化—资源化"的回用模式；

"综合废水—净化—回用"的循环利用模式。

这个最优化循环经济过程称之为钢铁工业废水生态化，它是节约水资源，保护水环境最有效的举措。因此，最少量化、资源化、无害化的生态化用水技术必将成为控制钢铁工业水污染的最佳选择，并将越来越受到人们的重视，是我国乃至世界钢铁工业水污染的综合防治技术今后发展的必然趋势，也是当今世界最为热门的研究课题[23,29]。

1.5.3.2 新标准、新规范对钢铁企业节水减排提出严格要求与规定

我国《钢铁工业发展循环经济环境保护导则》（国标 HJ 465—2009）已于 2009 年 7 月实施，已酝酿 6 年之久的新版《钢铁工业污染物排放标准》公布实施，上述《导则》与《标准》对钢铁工业的节水减排与废水"零排放"提出明确规定与要求。

A 国标《钢铁工业发展循环经济环境保护导则》的有关规定与要求[30]

（1）强化源头控制，实现源头用水减量化。

（2）对新水与循环水应按分级分质供水原则，实现废水回用与提高水的重复利用率。

（3）全面配置循环用水技术所必需的计量、监控等技术和设备；采用节水冷却技术和设备，如汽化冷却、蒸发冷却、管道强制吹风冷却等，实现冷却水用量最小化。

（4）对烧结、球团工序、炼铁工序、转炉炼钢工序的生产废水要实现"零排放"，其中如有少量排污水非排不可时，也应收集排入总废水处理厂经处理后循环回用。

（5）对焦化工序高浓度有机废水和含有煤、焦颗粒的除尘废水应分别处理后回用，不得外排。

（6）冷轧工序废水应先分别设置单独处理设施达到车间排放标准后再排入综合废水处理厂，经处理后循环回用。

B 新版《钢铁工业污染物排放标准》有关规定与要求

新的《钢铁工业污染物排放标准》按钢铁生产过程的工序分别制订[31]。整个排放标准体系，由采选矿标准、烧结标准、炼铁标准、铁合金标准、炼钢标准、轧钢标准、联合企业水污染物排放标准等 7 个具体的排放标准组成，并把焦化工序的焦化水污染物排放，从《钢铁工业污染物排放标准》分离出来，按《焦化工业污染物排放标准》进行严格控制。该《标准》规定对现有企业的烧结（球团）炼铁工序的废水要实行"零排放"；对新建企业还要增加炼钢工序废水"零排放"。该《标准》的实施，将意味着钢铁工业要执

行更加严格的废水排放标准，必将有一批生产装备比较落后、资源能源消耗高、环境污染较重、用水量大的企业被淘汰出局；生产废水作为非传统水资源进行高效利用，已越来越受到大型钢铁企业的重视，并已有很多大型企业建立综合废水处理厂实现废水回用零排[32]。因此钢铁工业节水减排和废水"零排放"是钢铁工业清洁生产和循环经济发展的必然趋势与选择。

1.5.3.3　综合废水处理回用是实现节水减排、废水"零排放"最有效的途径与技术保障

要实现钢铁工业节水减排与废水"零排放"，要从如下几个方面配套研究和技术突破[33,34]：

（1）以配套和建立企业用水系统平衡为核心，以水量平衡、温度平衡、悬浮物平衡和水质稳定与溶解盐的平衡为主要研究内容，实现最大限度地将废水分配和消纳于各级生产工序最大化节水的目标。

（2）以企业用水和废水排放少量化为核心，以规范企业用水定额、循环用水、废水处理回用的水质指标为研究内容，实现企业废水最大循环利用的目标。

（3）以保障落实"焦化废水不得外排"为核心，以焦化废水无污染安全回用和消纳途径为主要研究内容，最终实现焦化废水"零排放"的目标。

（4）以保障钢铁企业综合废水处理与安全回用为核心，以经济有效的处理新工艺与配套设备和以出厂水脱盐为主要研究内容，最终实现钢铁企业废水"零排放"的目标。

上述四个方面是实现钢铁工业节水减排和废水"零排放"的关键，相互构成有机的联系，前者为废水"零排放"提供基础，后者是实现"零排放"的保障[15,34]。

钢铁企业外排废水综合处理回用，是我国钢铁工业发展的国情特色。由于我国钢铁企业发展历程大都是由小到大，经历改造、扩建、填平补齐等历程而逐步发展完善的，因此钢铁企业用水量大，用水系统不完善，循环率低；钢铁企业的废水种类多，分布面广，排污点分散，即使有的企业各废水产生工序设有循环水处理设施，但由于供排水系统配置、技术、应用及管理上原因，各工序水处理设施还存在溢流和事故排放，加上生活污水和工艺排污与跑冒滴漏，因此，钢铁企业产生的总外排废水都比较大。如将这些外排废水进行综合处理回用，既可提高用水循环率，又可实现废水"零排放"。

基于钢铁企业外排废水综合处理回用对钢铁工业持续发展的重要性、迫切性，国家科技部将"钢铁企业用水处理与污水回用技术集成与工程示范"和"大型钢铁联合企业节水技术开发"分别列入"十五"和"十一五"国家科技攻关计划。经科技攻关与节水实践表明，综合废水处理回用对钢铁企业节水减排与废水"零排放"意义与作用重大，效果显著。例如，日照钢铁集团公司综合废水处理厂规模为 $30000m^3/d$，经处理后，$20000m^3/d$ 回用于热轧用水系统，$10000m^3/d$ 经脱盐后补充至生产新水系统[32]。目前，首钢京唐、莱钢、济钢、邯钢和攀成钢均已实现废水"零排放"[35,36]。

2 钢铁工业节水减排技术规定及主要技术

目前全球钢铁工业有两种工艺路线，即"长流程"的联合法和"短流程"的电弧炉（EAF）法。

联合钢铁厂首先必须炼铁，随后将铁炼成钢。这一工艺所用的原料包括：铁矿石、煤、石灰石、回收的废钢、能源和其他数量不等的多种材料，例如油、空气、化学物品、耐火材料、合金、精炼材料、水等。来自高炉的铁在氧气顶吹转炉（BOF）中被炼成钢，经浇铸固化后被轧制成线材、板材、型材、棒材或管材。高炉—BOF法炼钢约占世界钢产量的60%以上，联合钢铁厂占地面积很大，通常年产300万吨的钢厂，可能占地4~8km^2。现代大型联合钢铁厂的主要生产工艺及节点排污特征，如图2-1所示[1,3]。

EAF炼钢厂是通过如下方式炼钢的：在电弧炉内熔炼回收废钢铁，并通过通常在功率较小的钢包炉（LAF）中添加合金元素，来调节金属的化学成分。通常不需要联合钢铁厂所采用的炼铁工艺较复杂的流程，用于熔炼的能源主要是电力。但目前已在增长的趋势是以直接喷入电弧炉的氧气、煤和其他矿物燃料来代替或补充电能。与联合法相比，EAF厂占地明显减少，根据国际钢铁协会统计，年产200万吨EAF厂最多占地2km^2[37]。由于生产工艺不同，故其吨钢（吨产品）用水量、取水量与外排废水量也有较大差异。

钢铁工业是用水大户，但我国是一个缺水国家，人均水资源拥有量不到世界人均水平的1/4，是全球13个缺水国之一。为此，国家有关部门相继出台了《中国节水技术政策大纲》、《工业企业取水定额国家标准》等，对钢铁工业等高用水行业实行强制性用水管理，走资源节约型、环境友好型的持续发展之路。

2.1 钢铁工业节水减排技术规定与设计要求

2.1.1 总体设计技术思路与要求

钢铁工业节水减排总体设计所追求的目标，是节约新水用量与减少废水排放量。也是钢铁工业在其发展过程中作为保护环境和防治污染不可推卸的责任和义务。在生产过程中，既要节省宝贵的地表水或地下水资源，降低生产成本、降低吨钢水耗量，同时要求生产供排水系统从水质、水量、水压等各方面均满足各主工序单元生产的要求。

钢铁企业节水减排总体规划与设计，就是在项目建设的前期规划阶段，确定合理的全厂用水水质标准、用水方式，并进行全厂水量平衡等工作。在项目建成后，随着技术的不断成熟与发展，要进行相应的调整，改变原设定的水质标准、用水方式、用水量指标、排水量指标，形成新的全厂水量平衡，通过技术改造与进步，使之更符合钢铁工业清洁生产与持续发展的需求。在此目标指导下，要确定如下主要工作内容与技术指标和问题。

2.1.1.1 确定合理用水水质指标

钢铁企业用水水质，可分为工业新水、纯水、软化水、生活水、回用水、敞开式净循

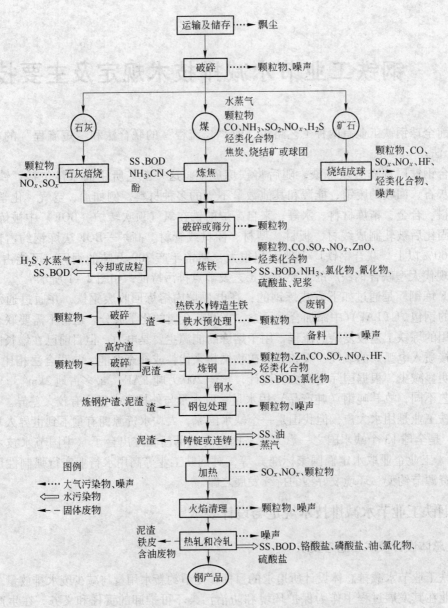

图 2-1　现代大型联合钢铁厂主要生产工艺与节点排污特征示意

环水、密闭式纯水或软水循环水、浊循环水等。

　　无论直流用户还是循环水用户，确定用水水质标准时首先应明确，给水应按用户要求的水质进行设计。纯水、软化水、生活水等，均可按照相关工艺所提出的要求确定，即按需供水是合理的选择。但对于敞开式循环水而言，应考虑用水的水质要求是否过高的问题。敞开式循环水水质决定了整个循环水浓缩倍数和工业新水的水质。

　　在进行总体设计时，通常会根据以往类似项目或企业的经验以及专业冶金设备供货商所提出的用水水质要求，确定新建项目的循环用水水质要求。敞开式循环冷却水常见的水质指标包括碳酸盐硬度（$CaCO_3$）、pH 值、悬浮物、悬浮物中最大粒径、总含盐量、硫酸盐（SO_4^{2-} 计）、氯化物（Cl^- 计）、硅酸盐（SiO_2 计）、总铁、油等。其中，pH 值、悬浮物、悬浮物中最大粒径、总铁、油等指标通过常规处理手段都较易实现。然而，如果碳酸盐硬度（$CaCO_3$）、总含盐量等一些水质指标的要求过高（要求供水碳酸盐硬度、总含盐量低），会造成循环水系统的设计浓缩倍数较低，补水量大，吨钢工业新水耗量也大；甚至如果敞开式循环水含盐量指标低于一定数值时，会要求对作为循环冷却水补充水的工业新水做进一步的脱盐处理，造成工程建设费用和生产运行成本的大幅度上升[38]。

根据生产实际情况，控制碳酸盐硬度（$CaCO_3$）、总含盐量等一些水质指标的主要目的是为了保护设备，减缓腐蚀或结垢，延长设备和配管的使用寿命，而这些完全可以通过投加水质稳定药剂实现。如果直接提高设备用水的含盐量指标，会造成水处理投资加大，工业新水补水量上升，不符合当前国家节能减排的发展趋势。

合理的确定循环冷却水含盐量指标值，可以直接提高循环水系统的浓缩倍数，大幅度降低循环水系统强制排污水量和新水补充水量，对于用水系统的节能减排有着重要的意义。

2.1.1.2 确定合理用水方式

在确定整个企业的合理用水方式前，首先必须树立所有污废水资源化思想的重要性。应该说在各种生产环节中所产生的污水和废水都是水资源，都是可以利用的。有些可以直接在另一个生产环节中利用，有些需进行适当处理后利用。在生产中，只有不合适的用户，没有不合适的水资源。在总体设计时，就是要研究合理方式，为这些污废水资源寻找合适的用户。

钢铁企业用水系统现普遍采用循环—串级供水体制、限制工业新水的直流用水、工业污废水处理后回用的用水方式，这是在总体设计中所须遵循的基本原则。

在具体实施时，要对钢铁企业主生产工艺对回用水、工业新水、软化水及纯水的用水需求进行分析，由用水需求确定用水方式。

A 钢铁工业生产工艺用水需求

a 长流程生产工艺用水需求

炼铁、炼钢、连铸、冷轧等单元如炉体、氧枪、结晶器等关键设备的间接冷却密闭式循环水系统以及锅炉、蓄热器等的补充用水一般采用软化水及纯水。

烧结、炼铁、炼钢、连铸、热轧、冷轧等工序一般设备的间接冷却循环水系统补充水一般采用工业新水。各主工艺的浊循环水系统由净循环强制排污水补水，水量不够的采用工业新水。

烧结的一次混合和二次混合用水以及渣处理等直流用户或是浇洒地坪等一般采用回用水，反渗透系统的浓水也可采用。烧结一次混合和二次混合的用水量一般为每小时十几到几十立方米；高炉炉渣粒化如采用冲渣方式，其吨渣耗水量约为 $8 \sim 12m^3$，如采用泡渣方式，其吨渣耗水量约为 $1 \sim 1.5m^3$；转炉炼钢渣量较大，如采用浅热泼渣盘工艺，耗水量约为吨渣 $1.2m^{3[38]}$。

从用水需求量来看，由于存在一次混合和二次混合用水以及渣处理等工艺用户，回用水量较大，与工业新水用量接近，甚至大于工业新水用量，其次是脱盐水、软化水及纯水。

b 短流程生产工艺用水需求

短流程工艺用水需求总的来说与长流程类似，但是没有炼铁、烧结单元，因此也没有烧结的一次混合、二次混合和炼铁的炉渣粒化等回用水用户，另外电炉炉渣处理也与转炉炉渣处理工艺不同，回用水需求量远小于长流程生产工艺。

从用水需求量来看，工业新水量是最大的，其次是软化水及纯水，回用水用水量的需求较少。

B　用水方式

a　工业新水、纯水、软化水、回用水的常规用水方式

工业新水主要用于敞开式循环水系统的补充水。纯水、软化水主要用于密闭式循环冷却水系统的补充水以及锅炉、蓄热器等的用水。回用水主要用于冲洗地坪、场地洒水、设备轴封冲洗水、煤气水封补水、冲渣等，也有作为浊循环水系统补充水使用的。

按照节水减排、工业用水串接使用的原则，由于工业净循环水质（主要是含盐量指标）要优于浊循环水，因此应当优先以净循环水强制排污冰作为浊循环水系统的补充水；但当净循环强制排污水量不能满足浊循环补充水量要求时，宜采用工业新水作为浊循环补充水。

b　工业废水回用方式

(1) 长流程生产工艺废水回用。对于长流程生产工艺的钢铁企业，鉴于回用水需求量较大，可将部分工业废水制成脱盐水、软化水或纯水用于生产，将反渗透浓水和其他由工业废水制成的回用水回用至烧结的一次混合和二次混合用水以及渣处理等直流用户或是浇洒地坪等。

(2) 短流程生产工艺废水回用。对于短流程生产工艺的钢铁企业，工业废水排放量和回用水量之间不平衡的矛盾比较突出。首先是回用水用户少，回用水需求量也少；而工业废水经过常规处理制成的回用水含盐量高，无法用于循环水系统做补充水，回用水无法有效的消耗；另外，在制取脱盐水、软化水及纯水过程中将产生含盐量更高的反渗透浓水。因此，短流程废水回用尚有难度。

2.1.1.3　用水量平衡问题

对于钢铁企业的水系统而言，应在满足生产要求的前提下，实现用水和排水之间的平衡，平衡的用水方式既不会有多余的工业污废水被排放，又可以尽量降低新水的需求量。在理论上，工业新水只用于补充因蒸发、风吹、排污、漏损等造成的循环水系统的水量损失，是一种完全理想的状态。虽然在实际应用过程中尚难以实现，但应当采取各种技术措施，使实际尽量接近理论。

水量平衡的首要工作就是确定全厂各主工艺用水量和排水量指标，在进行总体设计时，应参照相关行业以往类似工程的数据以及当前经济技术条件下对于该工艺的用水量的指标值等。该项工作需要做大量的调研工作，并应与确定合理的用水方式和用水水质紧密结合进行分析。

2.1.2　一般规定与要求

2.1.2.1　新建、改建与扩建钢铁工业项目的一般规定

(1) 新建、改建、扩建钢铁企业工程项目应采用先进的节水工艺、技术与设备、严

禁采用落后的、被淘汰的高耗水工艺、技术与设备。

（2）新建、改建、扩建钢铁企业工程项目的节水、废水处理与回用设施，应与主体工程同时设计，同时施工、同时投入运行。主体工程分期建设时，其节水、处理与回用设备应相应进行总体规划、设计、分期建设，其分期建设投产时间不得滞后于主体工程分期建设投产时间，不得缩小其设施的建设规模。

（3）新建钢铁企业必须配套建设废水处理及其回用设施。

（4）严禁新建、改建、扩建钢铁企业工程项目未达标废水排入受纳水体。

（5）新建钢铁企业厂区，除循环供水系统外，厂区应按分质供水要求设计相应的供水管网，主要分为生产供水管网、生活供水管网、消防供水管网三大类。其中，生产供水管网一般分为工业新水供水管网、软化水供水管网、除盐水供水管网、回用水供水管网和浓盐回用水供水管网等[39]。

（6）新建钢铁企业厂区应采用分流制排水方式。除循环供水系统外，厂区应按分质排水设计相应的排水管网。排水管网一般包括生活污水排水管网、工业废水排水管网、浓含盐废水排水管网和雨水排水管网等。

（7）新建、改建、扩建钢铁企业工程项目应设置完善的供排水计量与监测设施。

（8）新建、改建、扩建的钢铁企业工程项目的规划、项目申请报告、可行性研究、初步设计等文件，应有说明采用的节水工艺技术、设备、措施等，特殊情况应提出技术经济的论证与说明。

2.1.2.2 已有钢铁企业工程项目的一般规定

（1）现有钢铁企业生产设施中高耗水工艺、技术与设备应通过技术改造进行淘汰。

（2）现有钢铁企业应随新建、改造、扩建工程项目配套建设或完善废水处理及其回用设施。

（3）现有企业及其新建、改扩建项目厂区供排水管网应逐步按新建钢铁企业给排水管网供水方式实施改造。

2.1.3 设计要求

2.1.3.1 设计原则与要求

（1）钢铁企业节水减排设计，应与当地城镇、工业、农业用水发展规划相结合，合理使用水资源，保护水资源环境，确保在有限水资源条件下社会经济的可持续发展。

（2）新建钢铁企业的用水设计应优先选用地表水作为生产水水源，对现有企业已采用地下水为生产水水源的，应逐步开发地表水取代地下水；沿海地区的新建企业应采用海水作为用水水源之一[39]。

（3）钢铁企业水源设计应考虑雨水回收利用。雨水的收集、净化和储存设施设计，应满足雨水回用要求；有条件的企业应利用城市污水处理再生水作为生产水水源[39]。

（4）供排水与公用设施的节水减排的设计规定与要求如下：

1）供排水设施水工构筑物应进行防渗漏处理，调蓄水池宜设钢筋混凝土盖板，以减少用水渗漏和蒸发损失。

2）生产工艺采用蒸汽间接加热装置时，蒸汽凝结水宜回收利用。

3）生产车间、物料运输转运站等室内外地坪清洁卫生，宜采用洒水清扫地坪，洒水应采用符合使用要求的回用水。

4）生产车间和公辅设施采暖，应优先选择热水循环采暖系统，热水换热站的蒸汽冷凝水应回收利用，冷凝水回收装置应选择高效的设备，冷凝水回收率不低于95%。当采用蒸汽采暖时，蒸汽冷凝水量大于等于 $1.0m^3/h$ 时，冷凝水宜回收利用，冷凝水回收率不低于90%[39]。

2.1.3.2　循环水处理系统的设计要求

A　一般规定

（1）根据工艺设备冷却用水水质要求，直冷开式循环水系统补充水种类应按回用水、间冷开式循环水系统排污水、工业新水、勾兑水的次序选择。开式循环水系统浓缩倍数不应小于3[39]。

（2）生产用水量大于等于 $2m^3/h$ 的连续用水户，其使用后的水应循环使用或回收利用。

（3）设安全水塔的循环水系统应有收集回用安全用水的措施，不应排入厂区排水管网。

（4）循环水系统的排污水应采用压力排放，排放管上必须设计量仪表，排污水应回收利用。

（5）循环水系统应设置在线水质检测仪表，并应根据水质检测结果，控制循环水系统排污量。当循环水池设有溢流管时，水池最高报警水位应低于水池溢流水位至少100mm[39]。

（6）循环水系统宜设全自动管道过滤器、旁通过滤器等过滤设施，过滤器反冲洗水应回收。

（7）开式循环水系统吸水池有效容积不应小于5min的循环水系统供水水量，以防止系统调试、停运时，造成水的溢流损失。

（8）同一循环水系统设有冷、热水池时，补充水宜补入冷水池，热水池与冷水池之间应设溢流孔或连通孔，其尺寸应满足冬季冷却塔停用时热水流至冷水池的要求[39]。

（9）循环水系统应采取水质稳定控制措施，水质稳定药剂投加宜采用自动投加方式。

（10）过滤器的类型应根据处理水的水质确定，在技术可行的前提下应使用高效节水型过滤设备。

（11）冷却塔应采用除水效率高、通风阻力小、耐用的收水器。冷却塔进风口应采取防飘水措施。

（12）循环水系统吸水池补充水管应设2根，1根用于循环水系统快速充水，充水时间小于等于8h；另1根用于正常补水，管径按补充水量进行计算确定，补水管道应设计量仪表、自动控制阀。补水自动控制阀应根据水位高低自动启闭。

（13）水处理系统沉淀池排泥宜进行二次浓缩后再送污泥脱水设备脱水。污泥脱水应优先选用效率高、脱水效果好的脱水设备。

（14）安全水塔应设常溢流水设施，溢流水量按 3~5d 将安全水塔内的水置换一次计算。溢流水应回收循环利用，不得外排。

B 间冷闭式循环水系统的规定

（1）设备冷却用水水质为软化水、除盐水时，其循环供水系统应采用间冷闭式循环水系统。

（2）间冷闭式循环水系统的冷却，应根据气候和供水条件采用空冷器冷却方式；沿海地区宜采用海水冷却方式[39]。

（3）间冷闭式循环系统补水应设自动压力补水装置。

（4）间冷闭式循环水系统的循环率应大于或等于 99.5%[39]。

C 间冷开式循环水系统的规定

（1）当用水点多，且比较分散，输水管线较长时应采取有效的流量分配控制措施。

（2）水泵工作台数的选择应根据用户数量、用水量变化的特点、供水的重要性进行配置，必要时采用调速泵。

（3）间冷开式冷却设备的选择应根据气象条件及冷却水温度要求，采用自然通风冷却塔、机械通风冷却塔；不应采用冷却效率低、飘水损失大的冷却池、喷水池。

D 直冷循环水系统的规定

（1）直冷循环水系统应根据用水方式、排水方式、水质的不同分别设置循环水系统。

（2）厚板、热轧带钢的层流冷却水或淬火冷却水，宜单设循环水处理设施。

（3）设有多环节处理设施的直冷循环水系统，应采取保证水量平衡的技术措施。

（4）直冷循环水系统的旋流池应设计可接纳事故回水的调节容积。

（5）泥浆脱水机的滤液和冲洗水应回收利用。

2.1.3.3 废水处理回用系统的设计要求

A 新建钢铁企业废水处理回用工程

（1）新建钢铁企业工程项目（生产车间）的工业废水不应排入雨水排水管道，应设有专用的生产废水排水管网。

（2）新建钢铁企业生活排水应单独收集、输送、处理和回用；当市政建有污水处理厂时，可不考虑厂区建设生活排水处理站。当现有厂区排水管网为工业废水与生活污水的合流制排水管网时，生活污水与工业废水宜一起处理回用。

（3）新建钢铁企业的工业废水、浓含盐废水应分别排至相应废水处理站处理回用。

B 废水处理回用系统设计的一般规定

（1）工业废水回收利用系统应包括：工业废水排水管网；浓含盐废水排水管网；废水处理设施；回用水给水管网；浓含盐回用水给水管网等设施。

（2）当厂区排水管网的总排出口分散，且不能自流至废水处理站时，应分别建设提升泵站及其有压排水管道；当现有厂区排水管网为生产排水与雨水的合流制排水管网时，提升泵站应设有雨水溢流的措施。

（3）软化水、除盐水制备车间排放的浓含盐水废水及废水处理站进行膜深度处理产生的浓含盐废水，均应排入浓含盐废水排水管道。

（4）浓含盐废水应单独处理，其产品水应单独由浓含盐回用水给水管道输送至用户，形成独立的浓含盐废水回用系统。现有钢铁企业工业废水、浓含盐废水混合排放时应增设单独浓含盐废水排水管道。

（5）浓含盐回用水宜用于高炉炉渣处理、钢渣处理、锅炉房冲渣、原料场、烧结、粉灰加湿等用户。在浓含盐回用水不能被完全利用之前，上述用户不应直接使用工业新水、工业废水及其回用水、或其他系统的串级补充水。

（6）工业废水经一级强化处理产生的回用水，若回用水量大于用户可直接使用的用水量或其水质中含盐量不能满足用户直接使用要求时，应进行部分或全部深度处理后回用。

（7）废水深度处理出水水质达到工业新水、软化水或除盐水的水质时，其出水应直接接入厂区相应的工业新水、软化水或除盐水供水管网。

（8）车间或机组产生的工业废水，应根据工业废水水质特性采用分质排水。其中如一般酸碱废水、重金属离子废水、高含油废水、酚氰废水等不得直接排入工业废水排水管网，必须经单独处理达标后再排入工业废水管网。分质排水与单独处理有利于废水处理与废水回用。

（9）废水处理过程中沉淀排出的泥浆及过滤反洗水应进行浓缩、脱水处理，并应将其上清液和滤出水回收利用。浓缩渣应回收利用。

2.1.4 用水量控制与设计要求

钢铁企业吨钢（吨产品）取水量应作为钢铁企业用水主要考核指标，吨钢（吨产品）用水量指标及水的重复利用率指标作为参考考核指标。

2.1.4.1 钢铁企业吨钢（吨产品）取水量控制指标

新建钢铁企业及现有钢铁企业总体规划、设计的吨钢（吨产品）取水量控制指标见表 2 – 1[39]。

表 2 – 1 吨钢（吨产品）取水量控制指标

企 业 名 称	普通钢厂	特殊钢厂
新建钢铁企业/m³	≤6	≤8
现有钢铁企业/m³	≤7	≤10

注：表中吨钢（吨产品）取水量指标不含采矿、选矿以及自备电厂等取水量。

表 2 – 2 为 2005 年 1 月 1 日实施的 GB/T 18916.2—2002 有关钢铁联合企业的取水定额指标[40]。

将表 2 – 1 与表 2 – 2 比较表明：（1）表 2 – 1 中普通钢厂与特殊钢厂的吨钢取水量控制指标，比表 2 – 2 中吨钢取水量显著减少（普通钢厂为 2.0 ~ 2.5 倍，特殊钢厂为 1.8 ~ 2.2 倍）；（2）取消了按生产规模大小分别规定不同取水量的不合理性，对钢铁工业结构调整和提高产业集中度具有积极作用。

钢厂类别	普 通 钢 厂					特殊钢厂	
钢产量/t·a⁻¹	≥400×10⁴	$200×10^4 \sim 400×10^4$（不包含 $400×10^4$）	$100×10^4 \sim 200×10^4$（不包含 $200×10^4$）	<100×10⁴	≥50×10⁴	$30×10^4 \sim 50×10^4$（不包含 $50×10^4$）	<30×10⁴
吨钢取水量/m³	≤12	≤14	≤16	≤15	≤18	≤20	≤22

注：表中吨钢（吨产品）取水量指标，不含采矿、选矿以及自备电厂等取水量。

新建、改建、扩建单项工程项目的吨钢（吨产品）取水量控制指标，见表 2－3[41]。

表 2－3　新建、改建与扩建单项工程项目吨钢取水量控制指标

单　元	烧结	焦化	焙烧	石灰	炼铁	炼钢	连铸	热轧
	1	2	3	4	5	6	7	8
指标/m³	0.13	2.18	0.63	0.056	1.73	1.26	0.57	0.88
单　元	冷轧	型钢	高线	钢管	制氧	鼓风	锅炉	备注
	9	10	11	12	13	14	15	
指标/m³	1.65	0.61	0.32	0.84	0.28	0.018	0.098	

注：表中吨钢取水量指标不含采矿、选矿以及自备电厂等取水量。

2.1.4.2　钢铁企业吨钢（吨产品）取水量与用水量设计计算

吨钢（吨产品）取水量按式（2－1）计算[39]：

$$V_{ui} = V_i / Q \qquad\qquad (2-1)$$

式中　V_{ui}——吨钢（吨产品）取水量，m³；

　　　Q——在一定的计量时间内，企业钢（产品）产量的设计值，t；

　　　V_i——在一定的计量时间内，企业在生产全过程中设计的取水量总和，m³。

V_i 取值按式（2－2）计算：

$$V_i = V_{i1} + V_{i2} - V_{i3} \qquad\qquad (2-2)$$

式中　V_{i1}——从自建或合建取水设施、市政供水设施等取水量总和，m³；

　　　V_{i2}——外购水（或水的产品）量总和，m³；

　　　V_{i3}——外供水（或水的产品）量总和，m³。

取水量、外购水量、外供水量等参数取值均以区域设计边界进出水管道一级计量设施的设计流量进行统计计算。

吨钢（吨产品）用水量按式（2－3）计算[39]：

$$V_{ut} = V_z / Q \qquad\qquad (2-3)$$

式中　V_{ut}——吨钢（吨产品）用水量，m³；

　　　V_z——在一定计量时间内，企业在生产全过程中的设计总用水量，m³。

2.1.4.3　水的重复利用率与废水回收利用率设计计算

水的重复利用率应按式（2－4）或式（2－5）计算[39]：

$$R_t = \frac{V_Z - V_i}{V_Z} \times 100\% \qquad (2-4)$$

式中　R_t——水的重复利用率,%。

$$R_t = \frac{V_r}{V_Z} \times 100\% \qquad (2-5)$$

式中　V_r——在一定的计量时间内,企业在生产全过程中的设计重复用水量,m^3。

废水回收利用率应按式 (2-6) 计算[39]:

$$R_h = \frac{V_{Zh}}{V_{Zp}} \times 100\% \qquad (2-6)$$

式中　R_h——废水回收利用率,%;

　　　V_{Zh}——在一定的计量时间内,企业在生产全过程中的废水回用总量,m^3;

　　　V_{Zp}——在一定的计量时间内,企业在生产全过程中的废水排水总量,m^3。

2.2　钢铁工业废水特征与净、浊循环水系统用水的处理技术

2.2.1　废水来源与特征

2.2.1.1　废水来源分类与回用要求

钢铁工业用水量大,生产过程排出的废水主要来源于生产工艺过程的用水、设备与产品冷却水、设备与场地清洗水等。80%左右的废水来源于冷却水,生产过程排出的只占较小部分。废水中含有随水流失的生产原料、中间产物和产品,以及生产过程中产生的污染物。

联合钢铁企业的生产涉及一系列工序,每道工序都带有不同的投料,并排出各种各样的废物和废液,钢铁工业生产废水的分类为:

(1) 按所含的主要污染物质分类,可分为含有机污染物为主的有机废水和含无机污染物为主的无机废水,以及产生热污染的冷却水。例如焦化厂的含酚氰废水是有机废水,炼钢厂的转炉烟气除尘废水是无机废水。

(2) 按所含污染物的主要成分分类,可分为含酚废水、含油废水、含铬废水、酸性废水、碱性废水与含氟废水等。

(3) 按生产用水和加工对象分类,可分为循环冷却系统排污水、脱盐水、软化水和纯水制取设备产生的浓盐水以及钢铁企业各工序在生产运行过程中产生的废水等。

　A　循环冷却系统排污水

钢铁企业循环冷却水系统包括敞开式净循环水系统、密闭式纯水或软化水循环水系统以及敞开式浊循环水系统。浊循环水系统常用于炼铁、炼钢、连铸、热轧等单元的煤气清洗、冲渣、火焰切割、喷雾冷却、淬火冷却、精炼除尘等。密闭式纯水或软化水循环水系统一般只有渗水和漏水,基本不考虑平时运行的排污。敞开式净循环水系统的排污水一般用于浊循环冷却水系统的补水。因此就循环冷却水系统排污水而言,主要就是指敞开式浊循环水系统的排污水。

　B　脱盐水、软化水及纯水制取设施产生的浓盐水

脱盐水、软化水及纯水,常用于钢铁企业炼铁、炼钢、连铸等单元关键设备的间接冷

却密闭式循环水系统以及锅炉、蓄热器等的补充用水。

随着全膜法水处理系统造价和运行成本的日益降低，超滤加二级反渗透工艺，已广泛应用于钢铁企业脱盐水的制取。但在制成脱盐水、软化水及纯水的同时，也将产生约占脱盐水、软化水及纯水水量40%~50%左右的浓盐水[42]。

C 各工序生产过程产生的废水

各工序生产过程产生的废水可分为烧结废水、焦化废水、炼铁废水、炼钢废水、轧钢废水以及选矿与矿山废水等。其中烧结、炼铁和炼钢工序的废水主要为湿式除尘器产生的废水、冲洗地坪、清洗输送皮带，或为炉体喷淋冷却、炉渣水淬以及铸坯冷却和火焰清理等产生的废水。这些废水按现行国家《钢铁工业发展循环经济环境保护导则》规定，均应就近处理循环回用，不得外排[30]，应属于无废水排放的生产单元或工序。

焦化工序的废水为剩余氨水、产品回收及精制过程中产生的高浓度有机废水、蒸氨废水和低浓度焦化废水。废水中酚氰和COD等有毒物质较高；轧钢工序废水，特别是冷轧工序废水主要为中性盐及含铬废水、酸性废水、浓碱及乳化液含油废水、稀碱含油废水、光整及平整废液等。

随着国家环保发展要求与钢铁工业节水减排工作的发展，焦化废水和冷轧废水均应采取将废水单独处理，分别达到总排水管接纳水质要求（简称纳管控制值），经综合废水处理厂处理后回用；或是处理到直接接入全厂的循环用水系统。水中有毒有害物质以及COD等都得到有效处理与控制。表2-4列出某钢铁企业生产废水控制水质表[42]。进入全厂干管（总排水管）的各工序生产废水均应满足接纳水管水质控制要求，否则应在工序内进行处理达标后方可排入总排水管（干管），进行进一步处理或回用。

表2-4 某钢铁企业生产废水控制水质表

类别	污染物	纳管标准控制值 /mg·L^{-1}	回用水水质控制值 /mg·L^{-1}	全厂废水处理站排放 控制值/mg·L^{-1}
一类	总汞（按Hg计）	0.02	0.02	0.02
	总镉（按Cd计）	0.1	0.1	0.1
	总铬（按Cr计）	1.5	1.5	1.5
	六价铬（按Cr^{6+}计）	0.5	0.5	0.5
	总砷（按As计）	0.5	0.5	0.5
	总铅（按Pb计）	1.0	1.0	1.0
	总镍（按Ni计）	1.0	1.0	1.0
二类	pH值	5~10	6~9	6~9
	色度（稀释倍数）	60	50	50
	悬浮物	200	10	70
	生化需氧量（BOD$_5$）	40	20	20
	化学需氧量（COD$_{Cr}$）	120	80	100
	氨氮	15	10	10

续表 2 - 4

类别	污　染　物	纳管标准控制值 /mg·L⁻¹	回用水水质控制值 /mg·L⁻¹	全厂废水处理站排放 控制值/mg·L⁻¹
	石油类	30	5	5
	挥发酚	0.5	0.5	0.5
	总氰化物	0.5	0.5	0.5
	硫化物	5	1.0	1.0
	氟化物（以 F 计）	12	10	10
二类	总铜	1.0	0.5	0.5
	总锌	4	2.0	2.0
	总锰	4.0	2.0	2.0
	苯胺类	1.0	1.0	1.0
	硝基苯类（按硝基苯计）	3	2	3.0
	阴离子表面活性剂（LAS）	10	5	5

2.2.1.2　废水特征

钢铁工业废水特点为：（1）废水量大，污染面广；（2）废水成分复杂，污染物质多；（3）废水水质变化大，造成废水处理难度大。钢铁工业废水的水质因生产原料、生产工艺和生产方式不同而有很大的差异，有的即使采用同一种工艺，水质也有很大变化。如氧气顶吹转炉除尘污水，在同一炉钢的不同吹炼期，废水的 pH 值可在 4～13 之间，悬浮物可在 250～25000mg/L 变化。间接冷却水在使用过程中仅受热污染，经冷却后即可回用。直接冷却水因与物料等直接接触，含有同原料、燃料、产品等成分有关的各种物质。由于钢铁工业废水水质的差异大、变化大，无疑加大废水处理工艺的难度。归纳起来，钢铁工业废水污染物及其特征如下。

A　无机悬浮物及其特征

悬浮固体是钢铁生产过程中（特别是联合钢铁企业）所要排放的主要水中污染物。悬浮固体主要由加工过程中铁鳞形成产生的氧化铁所组成，其来源如原料装卸遗失、焦炉生产与水处理装置的遗留物、酸洗和涂镀作业线水处理装置以及高炉、转炉、连铸等湿式除尘净化系统或水处理系统等，分别产生煤、生物污泥、金属氢氧化物和其固体。悬浮固体还与轧钢作业产生的油和原料厂外排废水有关。正常情况下，这些悬浮物的成分在水环境中大多是无毒的（焦化废水的悬浮物除外），但会导致水体变色、缺氧和水质恶化。

B　重金属污染物及其特征

金属对水环境的排放已成为关注的重要因素，因此，含金属废物（固体和液体），特别是重金属废物的废水的处理已引起人们很大的关注。它是关系到水体是否作为饮用水、工农业用水、娱乐用水或确保天然生物群的生存的重要条件。

钢铁工业生产排水中含有不同浓度的重金属污染物，如炼钢过程的水可能含有高浓度的锌和锰，而冷轧机和涂镀区的排放物可能含有锌、镉、铬、铝和铜。与很多易生物降解的有机物不同，重金属不能被生物降解为无害物，排入水体后，除部分为水生物、鱼类吸收外，其他大部分易被水中各种有机无机胶体和微粒物质吸附，经聚集而沉底，最终进入生物链而严重影响人类健康。

另外，来自钢铁生产的金属（特别是重金属）废物可能会与其他有毒成分结合。例如，氨、有机物、润滑油、氰化物、碱、溶剂、酸等，它们相互作用，构成并释放对环境更大的有毒物。因此，必须采用生化、物化法最大限度地减少废水、废物所产生的危害和污染。

C　油与油脂污染物及其特征

钢铁工业油和油脂污染物主要来源于冷轧、热轧、铸造、涂镀和废钢储存与加工等。多数重油和含脂物质不溶于水。但乳化油则不同，在冷轧中乳化油使用非常普遍，是该工艺流程重要组成部分。油在废水中通常有4种形式：（1）浮油浮展于废水表面形成油膜或油层。这种油的粒径较大，一般大于 $100\mu m$，易分离。混入废水中的润滑油多属于这种状态。浮油是废水中含油量的主要部分，一般占废水中总含油量的80%左右。（2）分散于废水中油粒状的分散油，呈悬浮状，不稳定，长时间静置不易全部上浮，油粒径约 $10\sim100\mu m$。（3）乳化油在废水中呈乳化（浊）状，油珠表面有一层由表面活性剂分子形成的稳定薄膜，阻碍油珠黏合，长期保持稳定，油粒微小，约 $0.1\sim10\mu m$，大部分在 $0.1\sim2\mu m$。轧钢的含油废水，常属此类。（4）溶解油以化学方式溶解的微粒分散油，油粒直径比乳化油还小。一般而言，油和油脂较为无害，但排入水体后引起水体表面变色，会降低氧传导作用，对水体鱼类、水生物破坏性很大，当河、湖水中含油量达 $0.01mg/L$ 时，鱼肉就会产生特殊气味，含油再高时，将使鱼鳃呼吸困难而窒息死亡。每亩水稻田中含 $3\sim5kg$ 油时，就明显影响生长。乳化油中含有表面活性剂，具有致癌性物质，它在水中危害更大。

D　酸性废水污染物及其特征

钢材表面上形成的氧化铁皮（FeO、Fe_2O_3、Fe_3O_4）都是不溶于水的碱性物质（氧化物），当把它们浸泡在酸液里或在表面喷洒酸液时，这些碱性氧化物就与酸发生一系列化学反应。

钢材酸洗通常采用硫酸、盐酸，不锈钢酸洗常采用硝酸—氢氟酸混酸酸洗。酸洗过程中，由于酸洗液中的酸与铁的氧化作用，使酸的浓度不断降低，生成的铁盐类不断增高，当酸的浓度下降到一定程度后，必须更换酸洗液，这就形成酸洗废液。

经酸洗的钢材常需用水冲洗以去除钢材表面的游离酸和亚铁盐类，这些清洗或冲洗水又产生低浓度含酸废水。

酸性废水具有较强的腐蚀性，易于腐蚀管渠和构筑物；排入水体，会改变水体的 pH 值，干扰水体自净，并影响水生生物和渔业生产；排入农田土壤，易使土壤酸化危害作物生长。

E　有机需氧污染物及其特征

钢铁工业排放的有机污染物种类较多，如炼焦过程排放各种各样的有机物，其中包括苯、甲苯、二甲苯、萘、酚、PAH 等。以焦化废水为例，据不完全分析，废水中共有 52 种有机物，其中苯酚类及其衍生物所占比例最大，约占 60% 以上，其次为喹啉类化合物和苯类及其衍生物，所占的比例分别为 13.5% 和 9.8%，以吡啶类、苯类、吲哚类、联苯类为代表的杂环化合物和多环芳烃所占比例在 0.84% ~ 2.4%[17]。

炼钢厂排放出的有机物可能包括苯、甲苯、二甲苯、多环芳烃（PHA）、多氯联苯（PCB）、二噁英、酚、VOCs 等。这些物质如采用湿式烟气净化，不可避免地残存于废水中。这些物质的危害性与致癌性是非常严重的，必须妥善处理方可外排。

钢铁工业废水污染特征和废水中主要污染物分布见表 2 - 5[1,3]。

表 2 - 5　钢铁工业废水污染特征和主要污染物

排放废水的单元（车间）	污 染 特 征						主 要 污 染 物																
	浑浊	臭味	颜色	有机污染物	无机污染物	热污染	酚	苯	硫化物	氟化物	氰化物	油	酸	碱	锌	镉	砷	铅	铬	镍	铜	锰	钒
烧结	●		●																				
焦化	●	●	●	●	●	●	●	●			●						●						
炼铁	●		●			●									●			●			●		
炼钢										●													
轧钢	●					●						●											
酸洗	●		●		●					●			●	●	●				●	●	●		
铁合金	●	●	●		●			●											●			●	●

2.2.2　净、浊循环水系统的用水处理技术

为满足现代钢铁工业供排水要求（水量、水质、水温与水压），达到充分利用水能源与水资源的目的，最大限度提高用水循环率，实现废水资源化与废水最少量化，钢铁企业用水系统循环水的水处理内容应包括水、气、渣三个方面，本节仅介绍通常水处理综合技术措施。

2.2.2.1　冷却水处理与水质稳定技术

钢铁工业冷却用水量大，约占总用水量的 60% ~ 80%，分为间接冷却与直接冷却两种形式。

A　间接冷却

a　间接冷却密闭式净循环水系统

由于工艺设备的间接冷却是在高热负荷强度下运行，水质采用纯水、软水，以密闭循环冷却系统运行，其水温下降是依靠空气冷却器散热片，把热量传递至空气中，与常规使用的冷却塔设备降温比较，可节水约 4% ~ 7%。这一技术已在唐钢、邯钢、包钢、太钢高炉炉体冷却部分、天津大无缝的电炉、连铸结晶器及马钢连铸结晶器等处使用。仅以邯郸 2 号高炉炉体冷却为例，年节约水量约 350 万立方米。

密闭式循环水系统的热量交换，借助于空气冷却器（即水—空换热器）利用空气带

走热量；或采用冷媒水，依靠水—水换热器带走热量。不言而喻，密闭式循环水系统中采用空气冷却器进行热量传递最为节水。但是采用该系统应有三个基本条件：一是整个循环水系统必须密闭，任何环节不与大气相通；二是水质为纯水、软水或除盐水；三是室外大气干球温度低于供用水户的水温，其温大于15℃，即被冷却设备的供水温度高于当地最热季节的空气干球温度15℃。

b　间接冷却敞开式循环用水系统

间接冷却敞开式循环用水系统的冷却形式是国内最基本的、最有效的净循环冷却用水系统。要发挥该系统的节水减排效果，要着重注意以下三个方面问题：

（1）循环水系统的设施组成必须完善，如净环水系统除经处理后补充水外，必须由冷却、旁滤、水质稳定、杀菌灭藻、配有仪控的补水和排污。如为浊环水系统，由于用户不同，可由沉淀、气浮、过滤、冷却、水质稳定、系统排泥及污泥浓缩分离等环节组成。否则循环水系统不能长期稳定服务于工艺生产，同时造成大量新水浪费，并污染水体。这在钢铁企业中已有足够的经验教训。

（2）循环水系统中采用的水处理设施及设备，应是技术成熟可靠、参数科学合理、符合使用条件的新技术和新产品，不应把不成熟的技术应用于生产场合。否则一旦某一环节出现问题，致使整个循环水系统不能正常运行，甚至瘫痪，如水温冷却效果差、沉淀池排泥不畅等问题出现后，被迫要用大量新水替代，这种例子举不胜举。

（3）要设置自动监控系统，能有效监控和正常运行，要定期、定时进行相关项目分析，并有补救措施和预案。

B　直接冷却

直接冷却浊循环水系统是指与物料直接接触的冷却用水系统，通常称为浊循环用水系统。该系统既有水温升高，又受物料污染，因此，对直接冷却浊循环系统用水的循环回用，首先要解决废水的降温冷却问题。冷却塔是直接冷却用水系统必用的设备；其次要进行沉淀处理措施，去除废水中的悬浮杂质，使废水水质达到循环回用的水质要求；第三要进行水质稳定处理，以维持系统正常循环运转。

直接冷却循环水系统水质稳定技术问题比较复杂，最佳解决途径是去除浊循环水中的悬浮固体和溶解性盐类，但此法处理成本和运行费用较高。近年来的趋向是采用沉淀技术，再辅以化学和综合水质稳定剂，或采用串级（接）供水的方法来解决和提高浊循环水回用与水质稳定问题。

C　冷却塔的选用与要求

国外钢铁企业的浊循环水可以不进行强制冷却，靠工艺处理流程中各单元处理装置，达到温度自然平衡，而我国生产管理方式则需设置冷却塔。其主要形式有逆流式、横流式、喷水池、自然通风冷却塔等，以便在夏季最热季节，保证浊循环水水温在32℃左右。

宝钢高炉煤气冷却循环系统，根据日方设计，利用串接用水技术实现水温平衡，故未设冷却塔。在我国，通常认为冷却塔在循环水系统中是必设的设备，它是确保水系统最热季节时所需要水温以满足工艺生产要求的设备。但是，冷却塔的设计和合理选用，对节水能起到积极作用，钢铁行业的降温幅度一般均在8～25℃，基本上均采用强制抽风的逆流和横流式冷却塔。在确保冷却降温条件下，风吹飘损水量的多少是考核冷却塔优劣条件之一。冷却塔冷却效率是考核冷却塔优劣最重要的指标。

冷却处理除降温外，尚可去除部分有害有毒气体，如 HCN、H_2S、CO_2 等，同时又将进塔大气中的灰尘、细菌、盐类，甚至 SO_2、CO_2 等物质溶入浊循环水中，造成水质污染，为此，下一步要考虑旁滤处理或其他处理措施，方可保证循环冷却系统正常运行。关于冷却塔的选用与要求，请参考《环保设备材料手册》（第2版）中换热、蒸发器与玻璃钢冷却塔。

D　水质稳定处理

水质稳定处理是向净、浊循环水冷却系统经处理措施后投加经过试验确定的阻垢、缓蚀、杀菌、灭藻剂，使净、浊循环水系统的结垢、腐蚀、微生物黏泥等障碍得以消除或控制在规定的指标下，以保证系统正常运行。

浊循环水水质复杂，其水质稳定较难处理。以往大多是采用大排水量的排污法，靠全厂总排水或天然水体去稀释，再往系统中补充大量新水去改善水质。这样，新水消耗量大，外排水量多，环境污染严重，水力资源和水中的物质资源浪费多，循环水率在60%~70%左右，远远达不到95%以上的循环率要求。

目前趋向采用两级沉淀后投加水质综合稳定剂的方法来解决浊循环水水质稳定问题。

首先在二级沉淀处理时，应进行比较彻底地混凝沉淀处理，采用高效多元复合絮凝剂及其助凝剂，将浊循环水中不溶性物质尽可能地去除到接近或达到浊循环水水质要求指标。同时，将浊循环水中可溶性物质，如钙、镁以及重金属离子等，也相应地去除到控制条件下的饱和溶解度程度，而不是过饱和溶解度程度，这是浊循环水质稳定的充要条件。否则，浊循环水中悬浮物含量很高，溶解性离子处于过饱和溶解度的情况下，水稳药剂加得再多，也难以达到预期效果。因为在悬浮物过高和金属离子过饱和状态下，所投加的水质稳定剂既阻止不了沉淀结垢，又缓解不了垢下腐蚀。所以进行比较彻底混凝沉淀处理是非常必要的。

在生产实践中，根据钢铁企业的浊循环水系统水质的共性，采取了有关各工序之间串接供排水方法，一方面可以节约新水用量，另一方面控制排污量，减少外排废水处理量，同时也解决了浊循环水系统的水质稳定问题，是实现节水减排的有效技术与途径。

2.2.2.2　沉淀与除油处理

A　一级沉淀

为去除大于0.1mm粒径的泥渣或漂浮油，在不加药的情况下，可采用敞开式带有上可集油下可刮渣桁架的平流式或辐射式沉淀池，利用粗颗粒沉速快的特点，自然沉降。或者在无油废水中采用竖流式沉淀池或螺旋粗颗粒分离机。一级沉淀池水力负荷较大，约为 $2~5m^3/(m^2 \cdot h)$，占地少、投资低、管理方便。

B　二级沉淀

为避免后续处理装置被小于0.1mm粒径的灰渣和悬浮油所堵塞，可采用斜板（管）沉淀池作为二级沉淀池。当处理无油废水时，也可采用装有斜板的辐射式沉淀池。二级沉淀池水力停留时间大于2h。

采用二级沉淀池的目的有：第一是投加混凝剂和助凝剂降低废水的悬浮物含量，使

SS≤20mg/L；同时也降低碱度、硬度、重金属离子含量，使之达到浊循环水水质指标。第二是利用池表面蒸发水量，逸散热量。第三是在浊循环水水质指标达到要求之后，于处理出水中投加水质稳定剂（抗垢剂、缓蚀剂、杀菌灭藻剂），使浊循环水保证正常运行。

有二级沉淀池才能使浊循环水水质处理达到要求指标，然后才是水质稳定处理，即二级沉淀处理是水质稳定处理的充分条件。否则，水质稳定剂投加量再多，也不见得能起更大效果。有二级沉淀处理可使水质稳定剂投加量减少到最低有效剂量，相应的运行费用减少，水处理成本降低。

C　除油处理

含油的浊循环水可在一级沉淀或二级沉淀处理时，设置除油装置将其含量降至 3～5mg/L。通常使用的除油装置，有 FT 型集油器、带式除油机、浮油收集器、油水分离器、PP_2 聚丙烯吸油毡等。经除油装置富集起来的漂浮油可以输送至全厂废油处理站统一处理，也可以就近送往煤场，掺入煤中进锅炉焚烧掉。

2.2.2.3　曝气与磁化处理

A　曝气处理

如稀土铁冶炼高炉煤气洗涤水、锰铁冶炼高炉煤气洗涤水、乙炔发生洗涤废水等含有 HCN、NH_3、CO_2、H_2S、C_2H_2 等有害气体的废水，可在系统回水的始端设置曝气装置将它们去除。例如，当 pH 值≤7 时，水中氰化物可转化为 HCN，它是一种电离度很小，很不稳定，极易挥发的剧毒物质，被曝气吹入大气中，在大气中被空气稀释，被细菌、微生物、紫外线分解，夏季约存留 5min，冬季存留约 10min。又如，CO_2、H_2S 也可使用曝气从水中被吹脱，此时溶解在水中的碳酸盐达到饱和溶度积后，能在后续处理的二级沉淀池中沉降去除，减少系统形成碳酸盐结垢障碍。由此可见，曝气不只是去除 CO_2、H_2S、NH_3、HCN、C_2H_2 等有害有毒气体，而且使 Fe^{2+}、Mn^{2+} 等低价金属离子被氧化，分解 NH_4CO_3；去除臭味、降低水温、调节水质，以利循环水系统的水质稳定等作用。

用于非生化处理的曝气池，其实际供氧量要远远超过理论计算需氧量，一般确定曝气机的供氧量可为理论计算需氧量的 5～10 倍设计。

B　磁化处理

钢铁厂含铁废水的泥渣均属于磁性物质，特别是轧钢废水中的悬浮物 80%～90% 为氧化铁皮，它是铁磁性物质，可以通过磁化作用去除。对于非磁性物质和油泥，采用絮凝技术、预磁技术，使其与磁性物质结合在一起，也可采用磁力吸附去除。

磁化后的粒子（悬浮物）之间以及磁化粒子与非磁化粒子之间会发生碰撞、黏附，使得固体悬浮物凝聚成束状或链状，颗粒直径大大增加，沉降速度加快，因此，可以缩小处理构筑物的容积，磁化处理再辅以加药絮凝，则可使处理出水悬浮物降至 20mg/L 左右。实践证明，磁凝聚处理后能使化学药剂投加量减少 50% 左右。

在曝气处理后的废水管道上或沟槽上，安装产生磁场强度为 0.1～1.5T（1000～

15000GS）的磁化器，为防止铁磁性固体吸附在 S、N 极附近的沟管内壁上，甚至聚积堵塞沟管，设计时不应采用水流与磁力线正交切割的方式，而应采用水流与磁力线同向流的做法。

2.2.2.4 旁滤与反冲洗

A 旁滤处理

在冷却塔中，因大气中的物质也洗入循环水中，该物质有 4/5 的量沉积在塔底集水池中，另外 1/5 的量随水进入浊循环水系统。采用旁滤的目的就是除却后一部分的悬浮固体，保证浊循环水水质相对稳定。旁滤水量大致按浊环水量的 5% ~ 10% 考虑，多数是采用高中速压力过滤器。

B 反冲洗水处理

旁滤一定时间后，过滤器滤料层上部，甚至上层料层中，截留悬浮固体量积累增多，密实度增大，相应地阻力增大，压力损失增高，截留率降低，需用气水反冲。控制气洗强度在 $4.2L/(m^2 \cdot s)$ 左右，水洗强度在 $11.2L/(m^2 \cdot s)$ 左右。反冲洗的前几秒钟内，每升水中悬浮物的量有的为几千克，有的甚至高达几百千克，因此需要处理。处理的方法有：一种是将反冲洗水返回到二级沉淀池，再次絮凝沉淀；另一种是设置单独的反冲洗水处理池，加药混凝沉淀，处理后回浊循环水系统，底流泥浆与二级沉淀池底流泥浆统一处理。

2.2.2.5 外排水与补充水

A 外排水处理

钢铁企业的浊循环水系统的外排水，多数情况下可以串接使用，但也有极个别的系统不得不外排废水。在进入厂区总下水道之前，一般要经过物理化学甚至生化等综合处理后才能排放。如果将外排水作为第二水资源开发，可以将处理后的废水作为再生水回用于轧钢冲铁皮或烧结矿润湿及循环水系统的补充水等方面，还可以作为环境绿化、道路喷洒等用水。

B 补充水

根据各个系统的特点，尤其是系统浊循环水对其补充水水质的要求不同，补充水可以采用工业水、过滤水，还可以采用串接水，甚至再生回用水。为此，补充水就必须进行混凝、沉淀、过滤、杀菌、灭藻等单元操作处理。钢铁厂一般不设每个系统的独立补充水处理设施，而是从全厂性供排水系统考虑，采用集中或局部水处理设施，然后统一分配或平衡于各个系统。

2.2.2.6 污泥处理

烧结、高炉、转炉、连铸、铸铁机等废水中的污泥，含有氧化铁、石灰、焦粉、硫、锌、磷等物质及油污。总含铁量分别为 40% ~ 50%、30% ~ 45%、50% ~ 65%、60% ~ 70%，密度分别为 3.5 ~ 4.5mg/L，3.0 ~ 4.0mg/L，4.2 ~ 5.0mg/L，4.5 ~ 5.5mg/L。铸铁机污泥含有石灰、石灰渣、铁屑、石墨等。冷轧污泥含有各种金属氢氧化物、少量矿物油、润滑油、机械杂质。各种污泥含水率状况见表2-6[1]。

表2-6 各种污泥含水率 （%）

污 泥 名 称	预处理	浓缩	机械脱水	自然干燥	加热干燥
焦化、煤气站	99	98.0	80	堆存	
烧结、高炉、转炉、连铸、轧钢	80~95	40~80	25~40	≤15	≤10
铸铁机、乙炔站	90	过滤	疏干	堆存	
冷 轧	98~99	≤95	50~80	堆存	

注：含水率不大于10%符合烧结工艺要求，含水率不大于1%符合炼钢工艺要求。

一个完全的污泥处理过程包括浓缩、脱水、干燥、混合、造球和焙烧。由于污泥利用条件不同，有些处理过程只需浓缩、脱水或浓缩、脱水、干燥。污泥在浓缩、脱水之前，通常进行化学调质处理，对含锌、铅等有害物质也应采用特殊方法予以去除。

浓缩设备：螺旋式分级机用于烧结、转炉污泥粗颗粒分离；水力旋流器用于高炉污泥锌、铁分离和转炉及轧钢污泥粗细颗粒分离；高炉、连铸污泥二次浓缩。一般采用连续操作的中心传动刮泥机。

脱水设备：圆盘真空过滤机多用于高炉污泥；圆筒式真空过滤机多用于转炉、连铸、轧钢污泥；自动板框压滤机常用于焦化、转炉、冷轧、高炉锌泥；带式压滤机对各种钢铁污泥均适用。

干燥设备：多采用加热对流干燥的转筒干燥机。

2.3 钢铁工业节水减排与综合废水"零排放"技术

钢铁工业要实现节水减排与废水"零排放"，首先要从生产源头着手，直至每一生产环节推行用水少量化和废水外排资源化；第二要大力推广"三干"技术（高转炉干法除尘与干熄焦技术）和高炉软水密闭循环工艺，减少生产工序用水量和外排废水量；第三要建立"分质供水、分级处理、温度对接、梯级利用、小半径循环分区闭路"等新型用水模式[43,44]，改变用水方式，减少水耗，提高用水效率；第四是建立综合废水处理回用系统，确保实现废水"零排放"。

2.3.1 废水回用与"零排放"面临的问题与解决途径

由于国家对节水减排工作日益严格，以及钢铁企业生产技术与环保要求的提高，2009年我国钢铁工业废水处理达标率已达99.64%[8]。将生产废水制成回用水是目前各大型钢铁企业对生产废水的最常用的处理方式。通过干管或总排水口将生产废水收集汇总后经处理制成合格回用水，通过用水循环系统再回用于生产。

采用常规的水处理工艺，如混凝、沉淀、除油、过滤等处理后制成的回用水，原生产废水中的悬浮物（SS）和其他一些杂质均应得到有效的去除，但废水中含盐量并没有大的改变，其含盐量远高于工业净循环水和浊循环水，另外水中仍含有少量的乳化油和溶解油。表2-7、表2-8[42]分别列出国内几家钢铁企业生产废水的主要水质状况与经过常规方式处理后出水的主要水质参数。

表 2-7 国内钢铁企业生产废水主要水质状况

水质参数项目	钢铁企业 1	钢铁企业 2	钢铁企业 3	钢铁企业 4
pH 值	7~8	7.8~8.8	11.14	6~9
浊度/NTU	30~40（最大到 100）	37~244	45	200
电导率/$\mu S \cdot cm^{-1}$	<3300	614~669	—	2000
SiO_2/mg·L^{-1}	18	—	9	—
总硬度/mg·L^{-1}	1200（最大到 2200）	194~282	325	500
钙硬度/mg·L^{-1}	1100（最大到 2000）	148~214	207	330
碱度/mg·L^{-1}	130	50~120	171	200
硫酸根/mg·L^{-1}	540		878	—
氯化物/mg·L^{-1}	280（最大到 700）		464	300
铁/mg·L^{-1}	3~6	4.88~18.8	0.36	0.4
油/mg·L^{-1}	5~10	0.133~1.244	—	10
COD/mg·L^{-1}	30~40（最大到 60）	30.44~107.9	114.2	150

表 2-8 国内钢铁企业生产废水经常规处理后出水主要水质参数

水质参数项目	钢铁企业 1	钢铁企业 2	钢铁企业 3	钢铁企业 4
pH 值	6.83~9.21	7.5~8.5	7.0~8.5	6.5~9
浊度/NTU	3~9	≤5	≤5	≤2
电导率/$\mu S \cdot cm^{-1}$	576~755	—	—	1800
SiO_2/mg·L^{-1}	—			
总硬度/mg·L^{-1}	172~252		<200	350
钙硬度/mg·L^{-1}	110~186		<150	
碱度/mg·L^{-1}	30~70		<150	
硫酸根/mg·L^{-1}				
氯化物/mg·L^{-1}	—		150~361	
铁/mg·L^{-1}	0.144~0.406	0.4	—	≤0.1
油/mg·L^{-1}	0.103~0.894	≤1	3~4	≤1
COD/mg·L^{-1}	10.38~21.19	≤50	30~0	≤20

鉴于处理后回用水的上述特征，只能用于烧结、炼铁、炼钢、轧钢等工序的直流喷渣或浇洒地坪等，且其用水量是有限的。因此，近年来国内大型钢铁企业如首钢、济钢、太钢、邯钢、天钢、日（照）钢等均设有综合废水处理厂，并在此基础上增设生产废水深度处理装置采用双膜法制取脱盐水回用水处理设施，实现废水全部回用与"零排放"。

2.3.2 综合废水处理回用的技术方案选择与工艺集成

2.3.2.1 综合废水来源与要求

钢铁工业生产废水成分复杂，各生产工序所排的废水主要成分特征及其单元处理工艺选择见表 2 – 9。

表 2 – 9　钢铁企业废水主要成分特征及其单元处理工艺选择

排放废水的工厂	按污染物主要成分分类的废水								单元处理工艺选择															
	含酚氰废水	含氟废水	含油废水	重金属废水	含悬浮物废水	热废水	酸废（液）水	碱废水	沉淀	混凝沉淀	过滤	冷却	中和	气浮	化学氧化	生物处理	离子交换	膜分离	活性炭	磁分离	蒸发结晶	化学沉淀	混凝气浮	萃取
烧结厂					●	●			●	●	●	●												
焦化厂	●	●	●	●	●	●			●	●	●			●		●			●			●		●
炼铁厂	●				●	●			●	●	●	●		●										
炼钢厂					●	●															●	●		
轧钢厂			●		●	●			●		●	●										●		
铁合金	●				●	●			●	●	●	●		●								●		
其他			●		●	●			●	●	●	●		●			●					●	●	

经各单元处理的废水，通常就可回用或部分回用，但在回用过程中又会产生外排废水，或因不断循环中水中盐类增高又必须外排。由于钢铁工业生产工序多，生产废水具有复杂性，种类多、成分杂、盐类高，要实现节水减排与"零排放"难度很大。要解决废水"零排放"必须通过综合废水处理与回用系统。

综合废水是指全厂总排水，当前综合废水来源有两种：一是来源于大型钢铁企业的直接与间接循环冷却水系统的强制排污水、软化水、脱盐水以及纯水制备设施产生的浓盐水和跑冒滴漏等零星排水；二是有些钢铁企业由于采用合流制排水系统，或因改建、扩建等原因造成分流制排水系统，或用水循环系统不够完善的企业。其综合废水来源是指未经处理的全厂废水或因排水体制不够完善而造成必须外排的废水。这两类废水特征是前者废水量较少、含盐浓度高、悬浮物高，故处理难度较大；后者废水量较大，含悬浮物、盐类较低，较易处理。

但是为了保持综合废水处理系统（厂）处理水质与回用要求，焦化废水必须分开，不得排入；冷轧工序废水应先经单独处理后，再经酸碱废水处理系统中和沉淀后，方可进入综合废水处理系统。

2.3.2.2　综合废水处理回用方案选择原则与要求

根据国内外现有综合废水处理实践与运行经验及其存在的问题的总结与分析，综合废水处理回用技术方案的选择原则与要求为：

（1）科学合理地确定废水处理厂进水水量和进水水质。它是正确确定废水处理工艺流程及处理设置规模的基础。应科学合理地收集和核实企业各综合废水排出口、各季度的排水水质指标。而以往排出口的水质指标偏重于环保治理和检测污染的毒理指标，缺少工业用水水质指标，必须加以注意。否则水处理工艺不结合生产工艺，难以满足水质水量要求，乃至水处理工艺运行困难或不正常，这在实践中常有发生。

（2）钢铁企业的排水有其共性。外排废水中主要污染物为悬浮物、油等，硬度较高，表观体现为色度高、浊度较大；一般 BOD_5/COD 比值较低，可生化性较差，可不考虑生化处理工艺。故对该类污水宜采用以预处理、混凝沉淀、调整 pH 值和过滤等的物理—化学水处理为主的工艺流程。

（3）钢铁企业排水也有其个性。由于分布地区不同、生产工序差异等因素，废水水质既有相同，又有所不同。处理与回用工艺不宜完全相同，应根据各厂废水水质情况进行合理调整与增减。

（4）要考虑全厂或工序取用水的量与质的综合平衡，如水温、水量、悬浮物和盐类等。

（5）为实现处理后的废水回用作为生产补充水，在回用水深度处理中，根据废水水质要选用降低暂硬和永硬的处理工艺以及过滤、杀菌等处理技术环节。

（6）在全厂或区域大循环水系统中，若要保持水的高重复利用率，则必须考虑水质整体平衡的关键因素，防止水中盐类富集，在废水回用中要选择是否设有除盐水系统或设施。

（7）药剂质与量的选择。根据废水特性及处理后的水质要求，在综合处理工艺中需投加不同功效的水稳药剂。药剂种类与量的选择，需要通过水质稳定试验加以确定。

（8）水质监控与运行自控。综合废水处理厂必须实行严格管理、规范操作、定期检查、自动检测。因此水质监控与运行自控是综合废水处理厂运行稳定与好坏的关键。

2.3.2.3　综合废水处理回用工艺集成与技术特征

我国钢铁企业综合废水处理回用大多依靠传统工艺，例如反应沉淀系统采用混凝反应池、机械加速澄清池和化学除油器；过滤系统采用快滤池、虹吸滤池或者高速过滤器等。以上几种处理工艺属于成熟工艺，在运行安全及成本上具有一定优势。但是钢铁企业内部通常设有原料、冶炼、焦化、电力等分厂，总排水水量、水质变化幅度大、废水成分复杂，处理工艺要求条件高，因此以上处理工艺用在钢铁企业综合废水处理方面，又有以下缺点：

（1）处理负荷较低，占地面积大。

（2）对来水水量、水质变化吸纳能力不足。

（3）控制较为繁琐，自动化程度不高。

2003～2010 年，中冶集团建筑研究总院环境保护研究院圆满完成"十五"国家重点科技攻关项目中的《钢铁企业外排污水综合处理与回用技术集成研究》和"十一五"国家科技支撑计划重点项目中的《大型钢铁联合企业节水技术开发与示范》。经过对首钢京唐工程、本钢、鞍钢、宝钢、太钢以及日（照）钢、梅（山）钢、马钢（合肥）等大中型钢铁企业和特大型韩国浦项钢厂的技术调研总结与工程示范，综合集成较为完整的钢铁企业综合废水处理工艺流程，如图 2-2 所示[33,45~47]。

与传统处理工艺相比，该工艺具有如下优势：

（1）处理负荷高，其中高效澄清池表面负荷可达 $12～15m^3/(m^2 \cdot h)$，因而减小占地面积，约是通常机械加速澄清池占地的 1/3。

（2）采用高浓度的污泥回流技术，对来水水量、水质变化吸纳能力强，出水水质稳定。

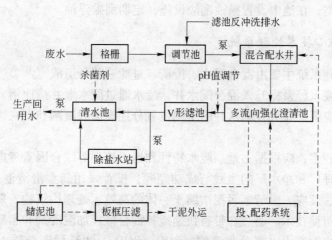

图 2-2 钢铁企业综合废水处理集成工艺流程

（3）V 形滤池滤速高、占地小、运行稳定可靠。

（4）自动化程度高，运行人工投入少。

全厂生产废水首先经收集管网汇集后送入生产废水处理厂，经粗格栅去除较大的固体颗粒及垃圾，以防止后续工艺设备如泵及管道等的堵塞。废水进入调节池宜均质、均量，缓冲因水质、水量的变化对加药及沉淀池稳定性的冲击影响。调节池设细格栅，进一步去除大颗粒固体及垃圾，再泵入混合配水井。废水按比例分配后进入多流向强化澄清池，再进入 V 形滤池。根据回用水水质与水量的需求，确定除盐水站的工作要求。污泥经板框压滤后外运。

该工艺流程特点是以加强预处理为基础，以混凝、絮凝、多流向澄清池和 V 形滤池为核心，以超滤加反渗透双膜法脱盐深度处理并辅以回用水含盐量控制技术，最终实现回用于工业循环冷却水系统作为补充水，实现钢铁企业废水"零排放"，处理技术达到世界先进水平。

2.3.3 综合废水处理回用工艺组成

2.3.3.1 预处理系统

废水预处理主要利用物理拦截去除大颗粒悬浮物和部分石油类，有利于废水后续处理设施运行及节约药剂消耗。废水预处理由机械格栅、沉砂池、调节池和废水提升泵房四部分组成。

钢铁企业多为合流制排水系统。雨水初期时 SS 最大值、最小值、平均值，据国内某城市观察分别达 7436mg/L、90mg/L、1374mg/L；国外某市 SS 为 40～1450mg/L。由于钢铁企业的地坪常有物料洒落集尘、冲洗地坪的废水又进入排水系统，故废水中固体含量较多，为利于后续处理工序，应增设沉砂池。

由于钢铁企业的排水具有不确定性和不均衡性，在沉砂池后部常设置调节池，以均质、均量。另外在调节池内设置较大功率的搅拌器，可以防止颗粒在此大量沉积，影响池体容积并增加管理难度，从另一角度讲减少了系统的排泥出口，精简处理环节。为去除废水中漂浮石油类，在池中设置撇油刮渣设施，定期刮撇浮油。

2.3.3.2　核心技术处理系统

核心技术处理系统主要由混合配水、澄清、过滤三部分组成[33,47]。

预处理后的废水经泵提升入混合配水井，废水通过配水堰并按比例分配后，进入高效澄清池的絮凝反应区。在混合配水井的不同位置分别投加混凝剂和石灰，使废水与药剂混合均匀。

澄清池类型较多，应根据占地、废水特性和运行管理等综合因素考虑，根据近几年内用于国内废水处理厂和净水厂的实践与成功经验，推荐采用新型澄清池——高效澄清池。它是集加药混合、反应、澄清、污泥浓缩于一体的高效水处理构筑物。采用了浓缩污泥回流循环和加斜管沉淀技术。通过在带有快速搅拌混合区投加混凝剂和絮凝反应区投加助凝剂和石灰乳，以去除废水中部分悬浮物、COD、BOD$_5$、油等污染杂质、暂时硬度，出水经调整 pH 值后自流至过滤池进行过滤处理。该工艺的占地面积仅为常规工艺的 1/2，减少了土建造价，节约用地。由于设置污泥回流，使得污泥和水之间的接触时间较长，一是使药剂的投加量较传统工艺低 25%，有效节约处理成本；二是能有效抗击来水的冲击负荷，可在短时间内水量、水质突变后，仍能保持较稳定的出水质量；三是从池内排出的污泥无需进浓缩池或加药，可降低污泥处理费用。国内首钢、本钢、梅钢、邯钢、宁波钢铁总厂都采用了这种工艺，并取得了满意效果。

过滤是废水处理过程的重要环节，它在常规水处理流程中是去除悬浮物和浊度，保障出水水质的最终步骤。

过滤有多种形式，需在工程中经技术经济比较后确定。其有代表性的滤池有：V 形滤池、高速滤池等，前者已在首钢、本钢等污水处理厂试用，效果良好。后者在宝钢、武钢等有关生产工序水处理中应用，两者相比，前者比后者更适用于钢铁企业综合废水处理，经对现有工程运行的相关滤池的调研和分析，推荐采用 V 形滤池较为适用。V 形滤池的特点是单池面积大，采用大颗粒均质滤料恒速过滤，周期产水质优量多。采用气水反冲洗并辅有横向水扫洗，反冲洗彻底且效果好。通过 PLC 可实现完全自控。

2.3.3.3　除盐水系统

综合废水处理工艺主要为絮凝、沉淀、过滤，主要去除 SS、COD、油类等，对盐分没有去除作用。当回用水与原工业新水混合后作为净循环水系统补充水时，使整个给水系统的含盐量升高，一方面设备的结垢、腐蚀现象严重，这将大大减少设备的使用寿命；另一方面，随着综合废水处理后回用，造成了盐分在整个钢铁企业大系统内的富集，影响废水回用，该现象在我国北方地区尤其严重。因此，钢铁企业回用水脱盐处理是极其必要的。

在充分考虑目前国内外脱盐技术、钢铁企业综合废水的特点及回用目标等因素的基础上，集成出适合于钢铁企业综合废水深度脱盐处理的双膜法工艺路线。用超滤代替传统的多介质过滤器、活性炭过滤器等作为反渗透的预处理，为反渗透系统提供更优良的进水水质。另外提出了两种回用方案，既可以将综合废水处理厂深度处理前与深度处理后的水按一定比例混合后再回用作为净循环系统的补充水，也可以将深度处理后的产水直接供给钢铁企业高端用户。二者的选用是以该企业用水要求和水质现状为依据。

2.3.3.4 回用加压系统

回用加压系统包括储水池和加压泵房两部分。

滤池出水通过出水渠汇入储（清）水池，储水池储存并保证一定的停留时间的储水量，以利杀菌灭藻药剂的投加。根据厂区供水需要和脱盐设施要求，再由回用水泵送往厂区供水管网或勾兑混合水池，或部分送至除盐水系统。

2.3.3.5 药剂配制与投加系统

根据废水特性及处理后的水质要求，在处理工艺的不同工序部位中按处理废水量及相关水质，按比例自动投入具有不同功效的药剂。其中在高效澄清池混合区投加混凝剂和降低暂时硬度用的石灰乳，在反应区投加助凝剂——高分子聚合物，在后混凝区投加 H_2SO_4 和混凝剂，在储水池内投加杀菌剂。

经试验、工程示范实践表明，经上述预处理与核心技术处理系统处理后，可将废水处理达到基本满足生产用水水质要求，见表 2-10[33,45,47,48]。如再经除盐水系统处理后其水质可达到锅炉用水标准。即可利用脱盐后出水与经核心技术系统处理后出水进行勾兑，可以达到不同水质标准，以满足生产工序的水质要求，实现废水回用的经济性、科学性和多样性，既减少新水用量，又可满足和适应各循环水系统的水质与含盐量要求。

表 2-10 经预处理与核心技术处理系统处理后进、出水水质表

序号	指标名称	单位	进水水质	出水水质	备 注
1	温度	℃	<35	<35	
2	pH 值		7.0 ~ 9.5	6.5 ~ 7.5	
3	悬浮物	mg/L	36 ~ 1000	<5	
4	COD_{Cr}	mg/L	28.5 ~ 160	<30	
5	BOD_5	mg/L	15 ~ 45	3 ~ 4	
6	油	mg/L	10 ~ 20	<2	
7	总硬度	mg/L	140 ~ 400	182.2	以 $CaCO_3$ 计
8	暂时硬度	mg/L	90 ~ 140	≤100	以 $CaCO_3$ 计
9	总碱度	mg/L	65 ~ 140	89.69	以 $CaCO_3$ 计
10	总固体	mg/L	670 ~ 1068	—	
11	溶解固体	mg/L	530 ~ 840	650	

3　铁矿采选工序节水减排与废水处理回用技术

我国铁矿采选工序节水减排与废水状况具有自身特点。铁矿采选废水量大，含有大量重金属离子、酸碱性物质、固体悬浮物、各种有毒有害选矿药剂，以及含有众多有色金属和放射性物质，具有严重的环境污染性、危害性。因此，对铁矿采选工序实行科学采矿、选矿，要强化矿产资源开发利用与生态建设、环境保护协调发展；依靠科技进步，实现采选工序节水减排与废水处理回用，特别是要充分发挥尾矿库的净化与调蓄的功能与作用。通常尾矿库的澄清水水质良好，在正常生产时水的回用率可达 70% 左右，雨季时回水率可超过 100%[2,39]，故应充分利用。

3.1　铁矿采选工序节水减排、用水规定与设计要求

铁矿采矿工序有露天采矿、地下采矿和其他采矿方法，如水力开采等。埋藏较浅且采剥比不大的矿物宜采用露天开采；埋藏较深或采剥比较大的矿物宜采用地下开采；如矿物松散，粒径小又露于地面，且冰冻期短时可采用水力开采。

铁矿选矿工序有重选、磁选和浮选等。重选是利用铁矿石与脉石的密度不同将铁矿石与脉石进行分离；浮选是借助浮选剂产生的泡沫将亲水性不同的铁矿石与脉石分离；磁选是利用铁矿石与脉石磁性率的不同将铁矿石与脉石分离。

3.1.1　铁矿采选工序节水减排规定与设计要求

3.1.1.1　采矿工序

（1）露天开采的辅助原料矿山、矿石破碎作业洗矿水应采用循环供水系统。

（2）对产尘点进行洒水喷雾降尘，应根据产尘量大小选用不同规格喷雾器，不应用供水管直接洒水。

（3）井下排出的地下水，其水质达到生产用水使用要求，应作为生产水水源。如不达要求则应经处理达标后，作为生产水水源。

（4）山坡露天矿的穿孔设备宜选用干式捕尘器。

（5）集中供风的空气压缩机站，应优先选择风冷式空气压缩机。当选择水冷式空气压缩机时，应采用循环水冷却。

3.1.1.2　选矿工序

（1）选矿的循环水系统分为直接循环水系统、间接冷却开式循环水系统。选矿厂水的重复利用率应达到 90% 以上[39]。

（2）球磨机、自磨机、浮选机、磁选机、破碎机、振动筛、分级机等主要工艺流程

用水及冲洗地坪用水、湿式除尘用水等应采用直接循环水。

（3）润滑站、球磨机、破碎机的设备冷却水应采用间接冷却开式循环水系统。

（4）选矿厂的精矿、尾矿采用管道输送时，应尽量提高浆体管道输送的浓度。提高浆体管道输送的浓度，可以达到节水、节能的效果。对于大、中型选矿厂，精矿输送的浓度宜大于50%；尾矿输送的浓度宜大于40%，当选矿厂的规模较小时，可以适当的降低浓度[39]。

在确定管道输送浓度方案之前，应做管道输送试验，以确定临界管径、临界流速及阻力损失等设计参数。

（5）当浆体管道输送采用离心渣浆泵时，宜采用机械密封的渣浆泵，以保证输送系统稳定，减少输送过程耗水量。

（6）选矿厂的破碎、筛分时的除尘，宜采用干式除尘器，以减少处理环节，节省运行费用与耗水量。

（7）精矿滤液包括选矿厂的精矿滤液和精矿管道输送终点站的滤液，应回收利用，如果滤液不能满足工艺对水质的要求，则要采取相应的水处理措施。

（8）精矿输送管道的冲洗水应回收利用，如冲洗水 pH 值高，应先处理后回用。

（9）选矿废水经处理后应回收利用，并应进行选矿试验。选矿试验除进行工艺有关内容试验外，还必须进行选矿废水处理试验，确定浓缩池容积，以保证选矿废水回用满足选矿工艺要求。

3.1.2 铁矿采选工序用水规定与设计要求

3.1.2.1 采矿工序

A 露天采矿

（1）露天采矿工序的主要工艺过程为穿孔、爆破、铲装、运输与排水等。

（2）露天采矿主要用水为钻孔机、凿岩机、水力降尘、机车运输与道路洒水、火药加工与炸药库以及工业场地服务、维修设施、储存运输与生活行政设施用水等。

（3）矿山一般都远离城市，其水源主要为山川溪水、地表水、河旁岩边地下水或矿山井下疏干水，经适当处理使用。但生活用水水质应满足生活用水水质标准。

（4）采矿场一般采用直流供水系统，管网为枝状，其主要干管为埋设，其余管道由于采矿场高程不断变化，管道经常移动而应采用明设，北方地区还应采取防冻措施。

（5）工业场地用水是矿山用水核心。通常设有机修、油库、炸药加工与炸药库、生活服务设施与居民区。其供水系统应根据矿山规模水源状况选用单水源单段式、串级供水式和调节性水源供水式。

（6）炸药加工与炸药库用水。一般矿山均设有不同规模的炸药库、炸药加工，是易燃、易爆危险性大的部位，消防用水问题应特别重视。炸药库和炸药加工厂应分开设置。消防用水应设计为200m³以上高位储水池，消防水量为20L/s，火灾延续时间为2~3h，消防水池补水时间以36~48h 为宜[2]。

（7）水力除尘与采场路面用水。为降低采矿场爆破、堆放、运输过程中产生的粉尘应洒水降尘，水力除尘用水量按一个掘进头洒水 200~300L 设计，掘进头出矿和采矿场存矿按每吨矿 20L 设计。路面洒水量按 $1.0 \sim 1.5 L/m^2$ 设计[2]。

（8）油库消防用水。油库消防是矿山生产安全的保证。必须严格按规范要求进行设计，并应根据油罐类型、油品火灾危险性、油库等级与矿山消防能力等因素综合考虑决定。

B　地下开采

（1）地下开采工序主要工艺过程为凿岩、爆破、铲装、运输、提升、通风与排水等。

（2）地下开采用水主要有：1）井下用水，主要有凿岩机、破碎、除尘与消防用水；2）井上用水，主要有机修、空压机站、火药库和行政生活设施用水等。

（3）井下用水系统有凿岩用水、降尘用水和消防用水，通常由同一供水管道并沿巷道明设供水。

（4）钻孔设备用水。井下凿岩均采用湿法。其目的是冷却钎头、捕集粉尘和冲洗岩浆。通常是按选用钻孔设备用水要求进行设计。用水水质为 $SS \leqslant 300 mg/L$，无腐蚀性，硬度不宜太高，不产生管道和凿岩机进水导管结垢堵塞。

（5）降尘用水。凿岩作业面前 $10 \sim 15m$ 内的巷道和壁应冲洗降尘；出矿作业前应向矿堆洒水降尘。矿石堆洒水量为 $15L/t$，巷道和壁冲洗水量为 $15L/m^2$，水质无特殊要求[2]。

（6）井上的机修、空压机站、火药库与行政生活设施用水与露天矿设计要求基本相同。

3.1.2.2　选矿工序

（1）选矿工序的主要工艺过程为破碎、筛分、磨矿、分级、选别与脱水等。对于特定矿石有时以自磨替代破碎、筛分和磨矿。

（2）选矿工序的主要用水为选矿、设备水封和冷却以及通风除尘等。

（3）选矿工序用水常分为 3 种：1）工业新水；2）净循环水；3）浊循环水。一般地下水和经净化处理的地表水为工业新水；尾矿库回水及设备冷却回水为净循环水；由浓缩池溢流回用水为浊循环水。未经处理的新水其水质可能是工业新水、净循环水或浊循环水。选矿用水水质分类见表 $3-1$[2]。

表 3 - 1　选矿用水水质分类

分　类	悬浮物浓度/mg·L⁻¹
工业新水	≤30
净循环水	≤200
浊循环水	≤1000

（4）破碎、筛分与通风除尘用水要求。破碎、筛分用水，一般为直流系统与循环系统。直流系统供给破碎设备的冷却、水封及水力除尘喷嘴使用。当水源为地表水时，如夏季水温与雨季时悬浮物不能满足水质要求时，应进行处理。浊循环系统一般为浓缩池的溢流水与污泥沉淀池的澄清水，可回用于除尘设备与地坪冲洗用水。

（5）选矿工艺用水。选矿工艺分为储矿仓、磨矿分级、选别、过滤、转运站胶带通廊及精矿仓等组成。其中，储矿仓主要为除尘用水；磨矿分级为选矿浓度控制添加用水与设备冷却水；选别为工艺设备用水、流程用水和渣浆泵水封用水；过滤为真空泵用水，以及转运站、通廊、平台和地坪冲洗用水。

（6）用水系统的选择与设计，既要考虑工程节省投资与经营费用，也要考虑工程系统简化，按工艺生产系列要求配置。当低压水量远比中压水量小时，可与中压用水系统合并；当中压水量远比低压水量小时，可在低压用水系统基础上局部再进行加压。

3.1.3　铁矿采选工序用水量控制与设计指标

3.1.3.1　采矿工序

露天矿采矿取水量控制与设计指标见表3-2[39]。

表3-2　露天矿采矿取水量控制与设计指标

矿山类别	单位	大型矿山	中小型矿山	备　注
铁矿山	m^3/t 矿岩	0.05 ~ 0.1	0.15 ~ 0.25	
辅料矿山	m^3/t 矿岩	0.05 ~ 0.1	0.05 ~ 0.25	含采、装、运
	m^3/t 矿岩	2.0 ~ 3.0		含采、装、运、破碎、洗矿

注：露天矿产量以采剥的矿岩量计。

地下矿采矿取水量控制与设计指标见表3-3[39]。

表3-3　地下矿采矿取水量控制与设计指标

生　产　规　模	大型矿山	中小型矿山
取水量/$m^3 \cdot t$ 矿$^{-1}$	0.25 ~ 0.5	0.4 ~ 0.7

注：地下矿产量以开采的矿石量计。

3.1.3.2　选矿工序

选矿工序的取水量控制，应根据选矿方法进行取水量控制设计，具体取水量控制与设计指标见表3-4[39]。

表3-4　选矿取水量控制与设计指标

选矿方法	磁选	弱磁选+浮选除杂	浮选	重选	洗矿
取水量/$m^3 \cdot t$ 矿$^{-1}$	8 ~ 15	8 ~ 10	4 ~ 5	15 ~ 20	1 ~ 2.5

注：1. 磁选包括弱磁、强磁、弱磁+强磁。单一弱磁时取小值，强磁、弱磁+强磁取大值。
2. 洗矿：采用筛洗、槽式洗矿机时取小值，采用圆筒洗矿机时取大值。
3. 矿产量以原矿计。

3.1.4　铁矿采选工序节水减排设计应注意的问题

3.1.4.1　采矿工序

（1）取、储水构筑物设计。当水源为地下水时，宜采用管井、大口井和辐射式大口井等；当水源为地表水时宜采用岸边取水泵或浮船等取水形式。宜采用高位储水池，储存生产、生活和消防用水，并与工业场地管网相连。调节水量按最高日用水量的 20% ~ 30% 设计[2]。

（2）供水设备。应采用节能高效水泵，如高效立式泵、自吸加压泵和潜水电泵等新型泵型。

（3）管网敷设方式设计。管网敷设方式视地形条件而定，北方宜埋设，南方宜明设（不受冰冻影响），但应避开塌落区。埋设时用铸铁管或给水塑料管，明设时宜用钢管，用柔性管接头连接。

（4）为保证生产安全，节省水资源和供水系统投资，宜设计建设大型储水池，作为生产、生活、储存消防水量和调节水量。

（5）矿区的机修、火药加工和工业场地等的生产废水，因有油类和毒性物质，应设计处理设施经处理后循环回用。

3.1.4.2　选矿工序

（1）选矿工序供水系统的设计，由于下述原因应留有余地（即未预见水量）：

1）生产用水指标和处理能力的增大，主要是设备挖潜使用水量增大；

2）给水管网漏损和未预计到的用水户，迫使供水量增大；

3）原矿品质变化，使有些作业用水量增大；

4）未预见水量大小，通常以总水量的 1.1 ~ 1.3 倍考虑。系数的大小应综合考虑上述因素，并按下述规定选取：

① 选矿厂规模大时取小值，反之取大值；

② 工艺设备能力指标较低时或有较大余地时取大值，反之取小值；

③ 复用水及循环用水所占比率较大时，新水采用大值，循环水采用小值；反之新水取小值，循环水取大值。

（2）尾矿库排出的澄清水是选矿的良好水源，应充分利用，设计时应注意尽可能利用尾矿库的静压力自流回水。

（3）选矿用水要求水压稳定。当生产与消防合用供水系统时，需储备消防用水和矿浆管道等用水，应设置高位水池解决。

（4）对供水杂质与漂浮物的清除应采取的措施：

1）地表取水时应在水源取水头设置截留设施；

2）尾矿库回水时应在溢流水构筑物设置拦污和滤网装置；

3）厂内循环水时：①在浓缩池溢流堰前设隔板；②在环形溢流槽的汇水口设滤网；③浓缩池的尾矿流槽处设隔栅，必要时设隔栅清污机。

3.2　铁矿采选工序节水减排技术途径与废水特征

3.2.1　铁矿采选工序节水减排技术途径

3.2.1.1　铁矿采选工序节水减排基本原则与要求

（1）应按分质、分压和分温的原则确定采选工序生产用水，减少用水与废水量，降低用水与处理费用。

（2）应尽量采用矿井水、循环水、复用水和尾矿库回水，减少新水用量与排放量。例如采矿的矿坑排水经适当处理后可作为全矿的生产用水和周边地区农林用水（如华北某铁矿），既缓解工农业争水，又解决农林业用水，经济、环境、社会效益显著。特别是选矿厂的新水源投资、经营费高或缺水地区，更应充分利用好尾矿库回水。

（3）提高技术装备与采选工艺技术水平，尽量少用水、少取新水、少排或不排废水；强化矿产资源回用和循环利用，从源头减少能源和水资源。

3.2.1.2　铁矿采选工序节水减排技术途径与措施

（1）控制矿区雨水进入量与废水排放量。采取一切措施尽可能减少通过各种途径进入矿山水体的水源，以减少矿山，特别是井下的水量。尽可能减少矿岩与空气和水的接触时间与面积，例如可采用在矿区的边界挖排水沟或引流渠，以截断由于山洪暴发或矿区以外各种地表水进入矿区及通过各种渗漏通道而进入井下；对已废弃的废石堆积地进行密封以隔绝空气和雨水的冲刷；对从废旧坑道流出的废水采取密封坑道、隔绝空气的方法，以预防其污染程度的增加和对其他水体的污染等。

（2）改革工艺，减少污染物的发生量。从改革工艺入手，杜绝或减少污染物的发生量，是防治水污染的根本途径。如选矿生产可采用无毒药剂替代有害药剂；选择污染程度较低的选矿方法（如磁选、重选、干选等）；选用高效、高选择性的药剂以减少药剂的投加量和减少金属在废水中的损失。如国内外已采用的无氰基浮选工艺流程，用其他药剂代替剧毒的氰化物及重铬酸盐，不仅减轻了污染，而且降低了生产成本。

（3）循环用水，综合利用废水。尽可能采用循环用水及重复用水系统，这样既能减少废水排放量，又能节约新水用量。矿山废水多数经过简单的处理就可重新使用。选矿厂是矿山的用水大户，因而重视选矿废水的循环使用意义甚大。目前许多先进矿山的水循环利用率高达95%左右。选矿废水的循环利用，还有利于废水中残存药剂和有用矿物的回收。

（4）控制污染，保护环境，节水减排。具体途径为：

1）从综合利用上控制污染，最大限度地利用矿山废物料、能源减少污染。解决矿山废物料的污染，根本措施是搞好矿山复垦与绿化，它应与排弃矿物或尾矿库坝体上升同时进行。覆土深度应根据种植物及基层土壤的特性而定，一般为0.5～1.5m，而且最好在覆土层铺0.5m厚的腐殖土；在尾矿粉中施入适量绿肥以利绿色植物生长[49]。

2）对已停用的废石场或尾矿库的干坡段，因土壤（尾矿砂粉）中氮、磷、钾含量极缺，应采取覆土并配合人工播种以促进自然植被更新。对缺土区则应考虑用客土造林方式进行植被。

3）对含有大量硝酸铵污染的露天矿外排矿山废水，为改善环境与外排废水水质，可采用回收硝酸铵的综合利用处理方法，既保护了环境，又支持了农业，实现环境与经济效益双赢。

4）利用尾矿库水养鱼也是改善矿山环境重要途径，如鞍山黑色冶金矿山院对卧龙沟尾矿库进行环评时，建议采用投饵式网箱养殖法进行渔业生产，以达到综合利用与节水减排的目的[49]。

5）加强环境管理，确保各类设备正常运行；健全生产与环境管理职责，建立明确的环境管理、环境监测手段以及经济与法制管理手段是保证企业节水减排和控制矿山环境污染最重要的措施和手段。

3.2.1.3　尾矿库回水利用的影响因素与措施

A　影响回水量因素

(1) 溢流水构筑物的形式。为了保证尾矿库连续回水和多回水，溢流水构筑物的溢流口应保证在尾矿库水位逐年上升时能够连续溢流。为提高回水量，最好采用周边开孔式专用溢水塔[2]。

(2) 季节的影响。在堆坝季节由于蓄水要不断抬高尾矿库内水位，回水量小；在非堆坝季节（一般为冬季），由于坝内水位固定，回水量大。在汛期前，因需降低坝水位准备调洪、防洪，回水量大。在北方冰冻地区的尾矿坝，因水面冰层形成停止蒸发水损失，其回水接近100%进水量（以矿浆量计）[2]。

B　提高回水量措施

(1) 将尾矿库的渗透水回收利用。通过渗水泵站将尾矿库渗透水收集起来泵入坝内回收。

(2) 设置大容积调节池，作为尾矿库回水的调节设施，保证该库回水充分利用。

(3) 尾矿库的汇水面积较大时，为提高尾矿库储水量，该尾矿库应同时具有水库功能进行蓄水。

(4) 利用尾矿库的静压力进行回水利用。由于尾矿库不断上升而形成位能，故应利用这个不断提高的位能，避免库区澄清水排出库外后再泵送回库而浪费水资源与电力等。

3.2.2　铁矿采选工序废水特征

铁矿山开采过程中，会产生大量的矿山废水，主要包括矿坑水、废矿石淋滤水、选矿废水以及尾矿坝废水等。

铁矿山废水由矿山采矿废水和选矿废水组成，其中以选矿废水量为最大，约占矿山废水总量的1/3。前者常称为矿山废水，后者称为选矿废水。

3.2.2.1　矿山废水特征

矿山废水形成主要通过两个途径：

一是矿床开采过程中，大量的地下水渗流到采矿工作面，这些矿坑水经泵排至地表，是矿山废水的主要来源。

二是矿石生产过程中排放大量含有硫化矿物的废石，在露天堆放时不断与空气和水或水蒸气接触，生成金属离子和硫酸根离子，当遇雨水或堆置于河流、湖泊附近，所形成的酸性废水会迅速大面积扩散。

矿坑水多呈酸性并含有多种金属离子，其成分随矿物的种类、围岩性质、共生矿物、伴生矿物、矿井滴水量及开采方法等许多因素的变化而使废水的成分含量波动很大，有些水中的金属离子浓度很高，并含有许多尘泥的悬浮物。酸性水形成的原因，主要是因为矿石或围岩中含有硫化矿物，它们经过氧化、分解并溶于坑下水源之中，尤其在地下开采的坑道内，良好的通风条件与地下水的大量渗入，为硫化矿物的氧化、分解提供了极为有利的条件。矿坑酸性废水的 pH 值一般在 2～5。废石场淋滤水和尾矿坝废水，由于同样的原因也呈酸性。

通过上述途径形成的污水除呈酸性外，由于矿石中伴生元素较多，所以废水中还含有铜、铅、锌、镉等重金属离子。酸性废水排入矿山附近的河流、湖泊等水体，会导致水体的 pH 值发生变化，抑制或阻止细菌及微生物的生长，妨碍水体的自净；酸性水与水体中的矿物质相互作用会生成某些盐类，对淡水生物和植物生长产生不良影响，甚至威胁动植物的生命；重金属离子大多有毒，如不处理直接进入水体，会对人和水中生物造成极大的危害。所以，矿山废水在外排过程中对环境的污染特别严重，其污染特点主要表现在以下几个方面：

（1）排放量大，持续时间长；

（2）排放地点分散，不易控制与治理；

（3）污染范围大，浓度不稳定。

采矿中产生的酸性水，由于矿山的气象条件、水文地质条件、采矿方法与生产能力、堆石场的大小等条件的不同，其水量、水质的差异也很大。特别是在雨季，堆石场的水量往往增大好多倍。酸性水的 pH 值有时在 2～4，有时在矿山废水中还会有硝基苯类化合物。矿山废水水质见表 3－5。对某些矿山废水而言，其水质变化也较大，见表 3－6[50]。

表 3－5 矿山废水水质 （mg/L，pH 值除外）

矿山编号	SO_4^{2-}	Fe	Cu	Pb	Zn	As	pH 值
1	2068	33.5	5.89	4.57	1.54		4～4.5
2		26858	6294	0.97	133	33	1.5
3	8430	3312	223	0.09	3.0		2.0
4		806	170	0.24	46	0.07	2.5
5	2149	720	50		23		2.6

表 3－6 某矿山酸性废水水质 （mg/L，pH 值除外）

项目	平均值	最小值	最大值	排放标准	项目	平均值	最小值	最大值	排放标准
pH	2.87	2	3	6～9	Cr	0.21	0.11	0.29	0.5
Cu	5.52	2.3	9.07	1.0	SS	32.3	14.5	50	200
Pb	2.18	0.39	6.58	1.0	SO_4^{2-}	43.40	2050	5250	
Zn	84.15	27.95	147	4.0	Fe^{2+}	93	33	240	
Cd	0.74	0.38	1.05	0.1	Fe^{3+}	679.2	328.5	1280	
S	0.73	0.2	2.65	0.5					

3.2.2.2 选矿废水特征

通常浮选厂每吨原矿耗水量为 3.5～4.5m³，浮选—磁选厂每吨原矿耗水量 6～9m³，重选—浮选厂每吨原矿耗水量为 27～30m³，废水中悬浮物为 500～2500mg/L，有时高达 5000mg/L[50,51]。

　　选矿废水主要包括尾矿水和精矿浓缩溢流水，其中以尾矿水为主，一般约占选矿废水总排水量的 60% ~70%。选矿废水的水质情况随矿物组成、选矿工艺和添加选矿药剂的品种与数量等不同而发生成分的变化。其危害主要是由可溶性的选矿药剂所带来的。药剂污染大致有 4 种情况：（1）药剂本身为有害物质，如氰化物、硫化物、重铬酸钾（钠）及硫代化合物类捕收剂等都能对人体直接产生危害；（2）药剂本身无毒，但有腐蚀作用，如硫酸、盐酸、氢氧化钠等，使废水呈酸性或碱性；（3）药剂本身无毒，如脂肪酸类在使用和排放过程中可增加水中的有机污染负荷；（4）矿浆中含有大量的有机和无机物的细微粉末，使受纳水体的悬浮物浓度增大。在适宜条件下，这些细微粉末如携带有有毒物质，也会被释放而造成二次污染。表 3 - 7 为某选矿废水的水质特征[51]。

表 3 - 7　某选矿废水水质特征　　　　　　　　　　　　　　　　（mg/L）

项　目	浓　度	项　目	浓　度
SS	105.6 ~5396.00	Cr^{6+}	0 ~0.0098
Cu	0.167 ~28.60	Cd	0.028 ~0.004
S	0.003 ~1.239	As	0.0014 ~0.096
Pb	0.0184 ~0.813	CN^-	0.0004 ~0.096
Zn	0.008 ~0.858		

注：pH 值为 2。

　　选矿废水常包括四个工段，即洗矿废水、破碎系统废水、选矿废水和冲洗废水。其各工段的废水特征，见表 3 - 8[51]。

表 3 - 8　选矿各工段废水特征

选 矿 工 段		废 水 特 点
洗矿废水		含有大量泥沙矿石颗粒，当 pH 值小于 7 时，还含有金属离子
破碎系统废水		主要含有矿石颗粒，可回收
选矿废水	重选和磁选	主要含有悬浮物，澄清后基本可全部回用
	浮　选	主要来源于尾矿，也有来源于精矿浓密溢流水及精矿滤液，该废水主要含有浮选药剂
冲洗废水		包括药剂制备车间和选矿车间的地面，设备冲洗水，含有浮选药剂和少量矿物颗粒

3.3　铁矿采选工序废水处理回用技术

　　处理铁矿采选废水的方法很多，有中和法、硫化法、金属置换法、离子交换法、萃取吸附法、生化法、氧化还原法以及反渗透法等[52,53]。这些处理工艺的选择，主要决定因素是废水水量与水质以及回用途径、经济效益与地区因素等。

3.3.1　铁矿采矿工序废水处理回用技术

3.3.1.1　中和沉淀法

　　（1）石灰、石灰乳投药中和法。石灰的投加方式有干投和湿投两种。干投法是将石灰直接投入废水中，设备简单，但反应慢，且不彻底，投药量为理论值的 1.4～1.5 倍。湿投法是将石灰消解并配置成一定浓度的石灰乳（5%～10%）后，经投配器投加到废水中，此法设备较多，但反应迅速，投药量少，为理论值的 1.05～1.10 倍。

一般均将石灰配制成石灰乳投放，其工艺流程如图 3-1 所示。

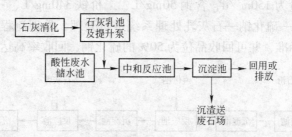

图 3-1　酸性矿山废水处理流程

酸性矿山废水中多含有重金属，计算中和药量时，应增加与重金属化合产生沉淀的药量。

例如，某硫铁矿井下涌水量在正常情况下为 50～60m^3/h。采用石灰中和法处理，石灰投加量为 5～6g/L，处理前后的水质对比见表 3-9，处理后废水回用或排放。

表 3-9　某硫铁矿井下涌水处理前后水质　（mg/L，pH 值除外）

项　目	原水水质	处理后水质
外观	黄浊	澄清、无色
pH 值	2～3	7～8
总 Fe	926	0.1～0.2
SO_4^{2-}	3660	200～250
As	1.6	0.02
F	10	1.0

（2）石灰石中和法。石灰石中和法是以石灰石或白云石作为中和药剂，根据所使用设备及工艺不同，通常有普通滤池中和法、石灰石或白云石干式粉末或乳状直接投加法、石灰石中和滚筒法及升流式石灰石膨胀滤池法。其中石灰石中和滚筒法是目前处理酸性矿山废水较为实用的方法，它可以处理高浓度酸性水，对粒径无严格要求，操作管理较为方便，但去除二价铁离子的效果较差。

（3）石灰石—石灰联合法。当酸性矿山废水中二价铁离子含量较高时，采用石灰石—石灰联合处理法比较适宜。此法是在石灰石中和处理之后，加一石灰反应池，其处理流程为：

酸性矿山废水→石灰石中和滚筒→石灰反应池→沉淀排放或回用

3.3.1.2　硫化物沉淀法

金属硫化物溶解度通常比金属氢氧化物低几个数量级，因此，在廉价可得硫化物的场合，可向废水中投入硫化剂，使废水中的金属离子形成硫化物沉淀而被去除。通常使用的硫化剂有硫化钠、硫化铵和硫化氢等。此法的 pH 值适应范围大，产生的硫化物比氢氧化物溶解度更小，去除率高，泥渣中金属品位高，便于回收利用。但沉淀剂来源有限，价格比较昂贵，产生的硫化氢有恶臭，对人体有危害，使用不当容易造成空气污染。

采用此法处理含重金属离子的废水，有利于回收品位较高的金属硫化物。例如，某矿山酸性废水，其水量为 $150m^3/d$，含铜 50mg/L、二价铁 340mg/L、三价铁 380mg/L，pH 值为 2，采用石灰石—硫化钠—石灰乳处理系统进行处理，处理流程如图 3-2 所示。处理后水质符合排放标准，并可回收品位为 50% 的硫化铜，回收率高达 85%。

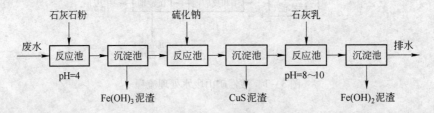

图 3-2 某矿山酸性废水处理流程

3.3.1.3 金属置换法

在水溶液中，较负电荷可置换出较正电荷的金属，达到与水分离的目的，故称之为置换法。采用比去除金属更活泼的金属作置换剂，可回收废水中有价金属。例如，由于铁较铜负电荷高，利用铁屑置换废水中的铜可以得到品位较高的海绵铜：

$$Fe + Cu^{2+} \longrightarrow Cu + Fe^{2+}$$

但是，选择置换剂时，应综合考虑置换剂的来源、价格、二次污染与后续处理等问题。因为置换法不能将废水酸度降下来，必须与中和法等联合使用，才能达到废水处理排放或回用的目的。目前最常用的置换剂是铁屑（粉），采用金属置换与石灰中和法联合处理含铜采矿废水，可取得较好的处理效果，表 3-10 为某铜矿采用此法的处理结果，回收铜的品位为 60%、铜的回收率为 77%～87%。

表 3-10 铁粉置换—石灰中和法处理效果

项 目	pH 值	浓度/mg·L⁻¹				
		Cu	Zn	Fe	Cd	As
废水	2～4.5	1～982	19～149	20～6360	0.5～7	0.1～38.75
置换尾液		20.97	17.4	260	1.83	0.03
中和后出水	7～8	0.08	0.002	0.14	0.018	0.01

3.3.1.4 沉淀浮选法

沉淀浮选法是将废水中的金属离子转化为氢氧化物或硫化物沉淀，然后用浮选沉淀物的方法，逐一回收有价金属，即通过添加浮选药剂，先抑制某种金属，浮选另一种金属，然后再活化，浮选其他的有价金属。该法的优点是处理效率高，适应性广，占地少，产出泥渣少等，因而成为处理污水的常用方法。某矿山酸性废水来源于采石场，其废水水质见表 3-11。

表3-11　废水水质指标　　　　　　　　　　（mg/L，pH值除外）

项目	Cu	Fe	Pb	Zn	SO_4^{2-}	pH值
浓度	223	3312	0.09	3.0	8341	2.0

　　由于废水中 Cu、Fe 和 SO_4^{2-} 含量高，废水处理时应予以回收，采用沉淀浮选法可实现上述目的，其处理工艺如图3-3所示。

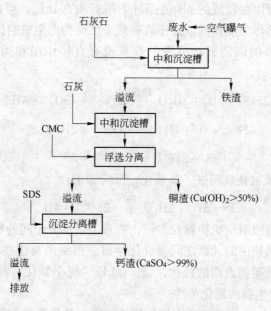

图3-3　沉淀浮选法处理废水工艺流程

　　首先，利用空气曝气将 Fe^{2+} 转化为 Fe^{3+}。接着，控制低 pH 值将 Fe^{3+} 沉淀得到铁渣（氢氧化铁）。但在较高的 pH 值下沉铜时，其他的离子也会随之沉淀。为了优先得到铜，在混合液中加入 SDS 和 CMC 进行浮选，得到含有 $Cu(OH)_2$ 50% 以上的铜渣，再接着沉淀分离得到含 $CaSO_4$ 99% 的钙渣。

　　其工艺条件为：一段中和 pH = 3.4 ~ 4.0；二段中和 pH 值为 8 左右。废水经处理后除 SO_4^{2-} 指标外效果显著，见表3-12。

表3-12　废水处理后水质指标　　　　　　　　（mg/L，pH值除外）

项目	Cu	Fe	Pb	Zn	SO_4^{2-}	pH值
浓度	0.03	0.13	0.03	痕量	3154	8.0

3.3.1.5　生化法

A　生化法处理原理

　　生化法处理矿山酸性废水的原理是利用自养细菌从氧化无机化合物中取得能源，从空气中 CO_2 中获得碳源。美国新红带（New Red Belt）矿山就是利用这种原理处理矿山废水中重金属。

目前，研究最多的是铁氧菌和硫酸还原菌，进入实际应用最多的是铁氧菌。

铁氧菌（thiobacillus ferrooxidans）是生长在酸性水体中的好氧性化学自养型细菌的一种，它可以氧化硫化型矿物，其能源是二价铁和还原态硫。该细菌的最大特点是，它可以利用在酸性水中将二价铁离子氧化为三价而得到的能量将空气中的碳酸气体固定从而生长，与常规化学氧化工艺比较，可以廉价地氧化二价铁离子。

就废水处理工艺而言，直接处理二价铁离子与将二价铁离子氧化为三价离子再处理这两种方法比较，后者可以在较低的 pH 值条件下进行中和处理，可以减少中和剂使用量，并可选用廉价的碳酸钙作为中和剂，且还具有减少沉淀物产生量的优点。

黄铁矿型酸性废水的细菌氧化机理一般来说有直接作用和间接作用两种，主要反应是：

$$2FeS_2 + 7O_2 + 2H_2O \xrightarrow{\text{细菌}} 2Fe^{2+} + 4SO_4^{2-} + 4H^+ \qquad (3-1)$$

$$4Fe^{2+} + O_2 + 4H^+ \xrightarrow{\text{细菌}} 4Fe^{3+} + 2H_2O \qquad (3-2)$$

$$FeS_2 + 2Fe^{3+} \xrightarrow{\text{细菌}} 3Fe^{2+} + 2S \qquad (3-3)$$

式（3-3）中的硫被铁氧菌进一步氧化，反应如下：

$$2S + 3O_2 + 2H_2O \xrightarrow{\text{细菌}} 2SO_4^{2-} + 4H^+ \qquad (3-4)$$

细菌借助于载体被吸附至矿物颗粒表面，物理上借助分子间的相互作用力，化学上借助细菌的细胞与矿物晶格中的元素之间形成化学键。当细菌与这些矿物颗粒表面接触时，会改变电极电位，消除矿物表面的极化，使 S 和 Fe^{2+} 完全氧化，并且提高了介质标准氧化还原电位（E_h），产生强的氧化条件。

式（3-1）、式（3-4）为细菌直接作用的结果，如果没有细菌参加，在自然条件下这种氧化反应是相当缓慢的，相反，在有细菌的条件下，反应被催化快速进行。

式（3-2）、式（3-3）为细菌间接氧化的典型反应式。从物理化学因素上分析，pH 值低时，氧化还原电位高，高 E_h 电位值适合于好氧微生物生长，生命旺盛的微生物又促进了氧化还原过程的催化作用。

总之，伴有微生物参加的氧化还原反应是一个包括物理、化学和生物现象相互作用的复杂工艺过程，微生物的直接作用和间接作用同时存在，有时以直接作用为主，有时以间接作用为主。上述分析表明，硫化型矿山酸性污水的化学反应以微生物的间接催化作用为主。

B 铁氧菌生长条件与影响因素

铁氧菌是一种好酸性的细菌，但卤离子会阻碍其生长，因此，废水的水质必须是硫酸性的，此外，废水的 pH 值、水温、所含的重金属类的浓度以及水量的负荷变动等对铁氧菌的氧化活性也具有较大的影响。

（1）pH 值。pH 值对铁氧菌的影响很大，最佳 pH 值是 2.5 ~ 3.8，但在 1.3 ~ 4.5 的范围时也可以生长，即使希望处理的酸性废水 pH 值不属于最佳范围，也可以在铁氧菌的培养过程中加以驯化。如松尾矿山废水初期的 pH 值仅为 1.5，研究者通过载体的选择，采用耐酸、凝聚性强和比表面积大的硅藻土来作为铁氧菌的载体，很好地解决了菌种的问题。

（2）水温。铁氧菌属于中温微生物，最适合的生长温度一般为35℃，而实际应用中水温一般为15℃。研究发现，即使水温低到1.35℃，当氧化时间为60min时，Fe^{2+}也能达到97%的氧化率。这可能是在硅藻土等合适的载体中连续氧化后，铁氧菌大量增殖并浓缩，氧化槽内保持着极高的菌体浓度的原因。因此，可以认为，低温废水对铁氧菌的氧化效果影响不大，一般硫化型矿山废水都能培养出适合自身的铁氧菌菌种。

（3）重金属浓度。微生物对产生废水的矿石性质有一定的要求，过量的毒素会影响细菌体内酶的活性，甚至酶的作用失效。表3-13是铁氧菌菌种对金属的生长界限范围。

表3-13　铁氧菌菌种对金属的生长界限范围　　（mg/L）

金属	Cd^{2+}	Cr^{3+}	Pb^{2+}	Sn^{2+}	Hg^{2+}	As^{3+}
范围	1124～11240	520～5200	2072～20720	119～1187	0.2～2	75～749

一般说来，铁、铜、锌除非浓度极高，否则不会阻碍铁氧菌的生长。从表3-13可以看出，铁氧菌的抗毒性是很强的。值得注意的是，铁氧菌对含氟等卤族元素的矿石很敏感，此种矿体产生的废水不适合铁氧菌菌种的生存。就我国矿山来说，绝大多数矿山废水对铁氧菌不会产生抑制作用。

（4）负荷变动。低价Fe^{2+}是铁氧菌的能源，细菌将Fe^{2+}氧化为Fe^{3+}而获得能量，Fe^{3+}又是矿物颗粒的强氧化剂；Fe^{3+}在Fe^{2+}的氧化过程中起主导作用。因此，当Fe^{2+}的浓度降低时，铁氧菌会将二价铁离子氧化为三价铁离子时产生的能量作为自身生长的能量，相应引起菌体数量及活性的不足、氧化能力的下降。但是，短期性的负荷变动，由于处理装置内的液体量本身可起到缓冲作用，因此不会产生太大的影响。

生化法处理矿山酸性废水的基本工艺流程如图3-4所示[50]。

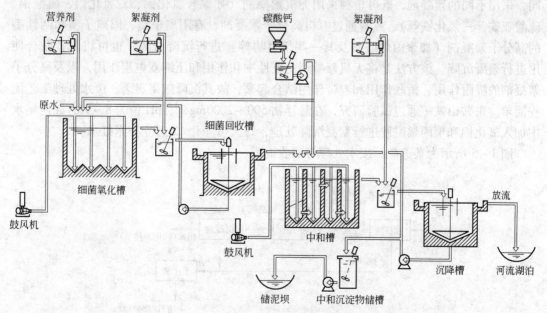

图3-4　生化法处理矿山酸性废水的基本工艺流程

3.3.2 铁矿选矿工序废水处理回用技术

选矿废水主要包括尾矿水和精矿浓密溢流水，其中以尾矿水为主。对于选矿废水，最有效的方法是使尾矿水循环利用，减少废水量，其次才是进行处理，回收有价元素，降低废水中的污染物含量。循环水中会含有一定数量的选矿药剂，一般情况下，这些残留的选矿药剂并不会影响选矿的指标，往往还可减少选矿药剂的用量。

处理选矿废水的方法很多，有氧化、沉降、离子交换、活性炭吸附、气浮、电渗析等，其中氧化法和沉降法应用最为普遍[54]。

3.3.2.1 中和沉淀法和混凝沉淀法

对于含有重金属的矿井和选矿废水，国外多采用石灰石调节 pH 值，然后再进行沉淀或固体截留。现在我国对酸性废水也多采用石灰石中和，沉淀后清液排出。而对于难自然沉降的选矿废水，为改善沉淀效果，可加入适量无机混凝剂或高分子絮凝剂，进行絮凝沉降处理。

调节 pH 值以去除重金属污染物的方法称为中和沉淀法。根据处理废水 pH 值的不同分为酸性中和和碱性中和，一般采用以废治废的原则。对碱性选矿污水多用酸性矿山废水进行中和处理。由于重金属氢氧化物是两性氢氧化物，每种重金属离子产生沉淀都有一个最佳 pH 值范围，pH 值过高或过低都会使氢氧化物沉淀又重新溶解，致使废水中重金属离子超标。因此，控制 pH 值是中和沉淀法处理含重金属离子废水的关键。

絮凝沉降法广泛应用于金属浮选选矿废水处理。由于该类型废水 pH 值高，一般在 9~12，有时甚至超过 14，存在着沉降速度很慢的悬浮固体颗粒、大量胶体、部分微量可溶性重金属离子及有机物等。在实际废水处理中，根据废水及悬浮固体污染物的特性不同，采用不同的絮凝剂，既可单独采用无机絮凝剂（如聚合氯化铝、三氯化铝、硫酸铝、硫酸亚铁、三氯化铁等），或者通过有机高分子絮凝剂，有阴离子型、阳离子型和两性型的高分子絮凝剂（如聚丙烯酰胺及其一些衍生物等）进行沉降分离，也可将两者联合使用进行絮凝沉降。该方法是将无机絮凝剂的电性中和作用和压缩双电层作用，以及高分子絮凝剂的吸附作用、桥联作用和卷带作用结合起来，故其沉降效果显著，废水处理工艺流程简单。东鞍山铁矿通过试验研究，在悬浮物 500~2000mg/L、pH 值为 8~9 的红色尾水中加入氧化铝和聚丙烯酰胺进行絮凝沉降处理，每天可净化 12 万立方米红水。

图 3-5 所示为某选矿厂废水处理与回收流程。

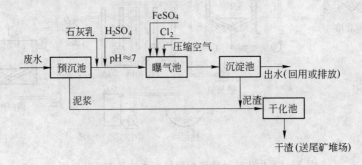

图 3-5 某选矿厂废水处理与回收流程

3.3.2.2 氧化还原法

A 氧化还原反应过程

在化学反应中，如果发生电子的转移，则参与反应的物质所含元素将发生化合价的改变，这种反应称为氧化还原反应。失去电子的过程称为氧化，失去电子的物质称为被氧化，与此同时，得到电子的过程称还原，得到电子的物质称为被还原。因此，氧化过程实际上是使元素的化合价由低升高，而还原过程是使元素的化合价由高降低的过程。例如：

$$CuSO_4 + Fe \Longrightarrow Cu + FeSO_4$$

即

$$Cu^{2+} + Fe \Longrightarrow Cu + Fe^{2+}$$

这是一种可逆反应，在正反应中，Cu 由正 2 价得到 2 电子降为零价，被还原；Fe 由零价失去 2 电子升为正 2 价，被氧化。在逆反应中，Cu 失去 2 电子由零价升为正 2 价，被氧化；Fe 得到 2 电子由正 2 价降为零价，被还原。因此，上式可以写为两个半反应式：

$$Cu^{2+}（氧化态_1） + 2e \Longrightarrow Cu（还原态_1）$$

$$Fe（还原态_2） \Longrightarrow 2e + Fe^{2+}（氧化态_2）$$

将该两个半反应式综合为全反应式，并写为一般式便是氧化还原反应式的通式：

$$氧化态_1 + 还原态_2 \Longrightarrow 还原态_1 + 氧化态_2$$

B 氧化剂与还原剂的选择与应用

选择氧化剂和还原剂应考虑如下因素：（1）应有良好的氧化或还原作用；（2）反应后生成物应无害、易从废水中分离或生物易降解；（3）在常温反应迅速，不需大幅度调整 pH 值；（4）来源易得、价格便宜、运输方便等。

废水的氧化处理时，常用氧气、氯气、漂白粉、一氧化氮、臭氧和高锰酸钾等氧化剂。

空气中的氧气是最廉价的氧化剂，但只能氧化易于氧化的重金属。其代表性例子是把废水中二价铁氧化成三价铁。因为，二价铁在废水 pH < 8 时，难以完成沉淀，且沉淀物沉降速度小，沉淀脱水性能差。而三价铁在 pH 值为 3 ~ 4 时就能沉淀，而且沉淀物性能较好，较易脱水。因此，欲使在酸性废水中的二价铁沉淀，就得把废水中二价铁氧化成三价铁，常用方法是空气氧化。

臭氧（O_3）是一种强化剂。氧化反应迅速，常可瞬时完成，但须现制现用。

利用软锰矿（天然 MnO_2）使三价砷氧化成五价砷，然后投加石灰乳，生成砷酸锰沉淀：

$$MnO_2 + H_2SO_4 + H_3AsO_3 \longrightarrow H_3AsO_4 + MnSO_4 + H_2O$$

$$3H_2SO_4 + 3MnSO_4 + 6Ca(OH)_2 \longrightarrow 6CaSO_4 \downarrow + 3Mn(OH)_2 + 6H_2O$$

$$3Mn(OH)_2 + 2H_3AsO_4 \longrightarrow Mn(AsO_4)_2 \downarrow + 6H_2O$$

例如，某厂废水含砷 4 ~ 10mg/L，硫酸 30 ~ 40g/L，处理流程如图 3 - 6 所示。

将废水加温至 80℃，曝气 1h，然后按每克砷投加 4g 磨碎的软锰矿粉（MnO_2 含量为 78% ~ 80%）氧化 3h，最后投加 10% 石灰乳，调整 pH 值为 8 ~ 9，沉淀 30 ~ 40min，出水含砷量可降至 0.05mg/L。

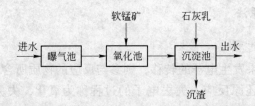

图 3 - 6 MnO_2 法处理含砷废水流程

应用氯化法处理时，液氯或气态氯加入废水中，即迅速发生水解反应而生成次氯酸（HOCl），次氯酸在水中电离为次氯酸根离子（OCl^-）。次氯酸、次氯酸根离子都是较强的氧化剂。分子态次氯酸的氧化性能比离子态次氯酸根离子更强。次氯酸的电离度随 pH 值的增加而增加；当 pH 值小于 2 时，废水中的氯以分子态存在；pH 值为 3 ~ 6 时，以次氯酸为主；pH 值大于 7.5 时，以次氯酸根离子为主；pH 值大于 9.5 时，全部为次氯酸根离子。因此，在理论上氯化法在 pH 值为中性偏低的废水中最有效。

例如，某选矿废水含氰化物（以氰根计）200 ~ 500mg/L，pH = 9，排入密闭式反应池中，投加石灰乳，调整 pH = 1，通入氯气，用泵使废水循环 20 ~ 30min，即可回用或排放，此石灰乳可再次用于废水处理。

氧化法包括生物氧化法和化学氧化法。这类方法用于消除选矿尾矿水中的残余药剂。现在处理浮选尾水时使用化学氧化法较多。在国外常采用生物氧化法处理尾矿废水，例如，英国一些选矿厂应用生物氧化法从尾矿池溢流水中消除残余选矿药剂，使有机碳含量降至 11 ~ 13mg/L。日本采用细菌氧化法处理矿坑酸性废水，效果很好。国内通常是用活性氯或臭氧使废水中黄药的硫氧化成硫酸盐；用高锰酸钾氧化黑药，使二硫化磷酸氧化成磷酸根离子。另外，也可用超声波（强度为 10 ~ 12W/cm^3）分解黄药，用紫外线（波长为 120 ~ 570nm）破坏黄药、松油、氰化铁等[51~54]。

3.3.2.3　自然沉淀法

自然沉淀法的基本原理是将废水泵入尾矿坝（或称尾矿池、尾矿场）中，充分利用尾矿坝大容量、大面积的自然条件，使废水中的悬浮物自然沉淀，使易分解的物质自然氧化，有些有毒物在空气氧化作用下进行部分降解。这是一种简易可行的处理方法，国内外普遍应用。

3.3.2.4　人工湿地法

人工湿地法的基本原理是利用基质、微生物、植物这个复合生态系统的物理、化学和生物的三重协调作用，通过过滤、吸附、共沉、离子交换、植物吸收和微生物分解来实现对废水的高效净化，同时通过营养物质和水分的生物地球化学循环，促使绿色植物生长并使其增产，实现废水的资源化与无害化。它具有出水水质稳定，对 N、P 等营养物质去除能力强，基建和运行费用低，维护管理方便，耐冲击负荷强等优点。

一般来说，要根据实际情况，诸如废水水质和废水处理后的走向来决定采用哪种废水处理方法。上述方法可以单独使用，也可联合使用。

3.4　铁矿采选工序废水处理应用实例

3.4.1　中和沉淀法处理南山铁矿采矿酸性废水

3.4.1.1　工程概况与废水水质水量

按目前的采矿规模，南山铁矿每年约有 $7.0 \times 10^6 \sim 8.0 \times 10^6 t$ 剥落物堆放在采矿场附近的排水场内。这些含硫废矿石在露天自然条件下逐渐发生风化、浸溶、氧化、水解等一系列化学反应，与天然降水和地下水结合，逐步变为含有硫酸的酸性废水，汇集到排水场的酸水库中。废水在水库中进行如下反应：

$$2FeS_2 + 2H_2O + 7O_2 \longrightarrow 2FeSO_4 + 2H_2SO_4$$

$$4FeSO_4 + 2H_2SO_4 + O_2 \longrightarrow 2Fe(SO_4)_3 + 2H_2O$$

$$Fe_2(SO_4)_3 + 6H_2O \longrightarrow 2Fe(OH)_3 + 3H_2SO_4$$

$$7Fe_2(SO_4)_3 + FeS_2 + 8H_2O \longrightarrow 15FeSO_4 + 8H_2SO_4$$

该排水场总汇水面积约 $2.15km^2$，按所在地区平均降水量 960 ~ 1100mm 计算，汇水区域所形成的酸性水量约 $2.0 \times 10^6 t$ 以上。多年监测结果酸性水的 pH 值在 5.0 以下，最低达 2.6，酸性较强，腐蚀性大，酸水中含有多种重金属离子，如 Cu、Ni、Pb 等。其水质指标见表 3 – 14[51]。

表 3 – 14　废水水质指标　　　　　　　　（mg/L，pH 值除外）

项目	pH 值	SO_4^{2-}	Al^{3+}	Fe^{3+}	Fe^{2+}	Mg^{2+}	Mn^{2+}	Cu^{2+}
浓度	2.5 ~ 3	8800 ~ 9900	880 ~ 3700	27 ~ 470	15 ~ 250	500 ~ 1300	175 ~ 214	71 ~ 176

由于该废水处理难度大，主要是中和处理后石灰渣量大，又难脱水，因此前后经 20 多年的不断探索实践才解决该废水处理与回用问题。

3.4.1.2　废水处理回用工艺与效果

A　一期处理工艺

根据当时水质情况，一期废水处理工艺采用石灰乳中和工艺，如图 3 – 7 所示。

石灰经粉碎、磨细、消化制备成石灰乳，用压缩空气作搅拌动力，进行酸水的中和反应。反应后的中和液采用 PE 微孔过滤，实现泥水分离。但是由于南山矿处理的酸水量较大，微孔过滤满足不了生产要求；同时微孔极易结垢堵塞，微孔管更换频繁，生产成本较高。因此该工艺达不到设计要求，设备作业率极低。

B　二期废水处理工艺

针对一期废水处理工程未达到预期的治理效果，南山矿决定改建酸水处理设施，重点是解决处理以后的中和渣的处置问题。该方案利用排土场近 $20 \times 10^4 m^3$ 的凹地围埝筑坝，作为中和渣的储存库，取消原有的微孔过滤系统，设计服务年限 3 ~ 4 年，工程总投资 156 万元，于 1992 年正式投入使用。实际上该中和渣储存库兼有澄清水质和储存底泥两种功能，运行时水的澄清过程缓慢，中和渣难以沉降，外排水浑浊，悬浮物超标。仅运行 1 年多时间，已难再用该库。二期废水处理工艺流程如图 3 – 8 所示。

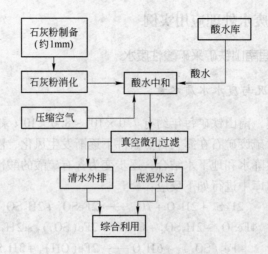

图 3 – 7　一期废水处理工艺流程

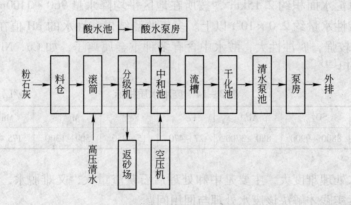

图 3 – 8　二期废水处理工艺流程

C　三期废水处理回用工艺与运行效果

在总结一、二期实践的基础上，提出将酸性废水经中和后与东选尾矿混合处理，澄清水用于东选生产，底泥输送至尾矿库的处理方案。其工艺流程如图 3 – 9 所示[55]。

工程实践表明，中和液按照一定比例加入到尾矿中，不仅不会减缓尾矿中固体颗粒物的沉降速度，反而能加快尾矿矿浆中悬浮物的沉降速度。这是因为中和液中所含的金属离子和非金属离子具有一定的吸附力，能被尾矿中的固体颗粒物吸附，增大颗粒的体积和质量，而加速颗粒物的沉降，同时改善了尾矿库的水质。

该工程实践证明，该工艺处理与回用效果十分显著：

（1）由于中和液年输送量远大于平均雨水汇入酸水库的净增值（约 $1.2 \times 10^6 m^3$），故加快了酸水库水位的下降，即使遇雨水较大的年份，酸水库水位也未达到过其安全警戒水位；

（2）确保了凹山采场东帮边坡及酸水库坝体的安全稳固；

（3）消除了酸性废水及中和液底泥外溢对周围河道农田的污染，创造了巨大的社会和经济效益；

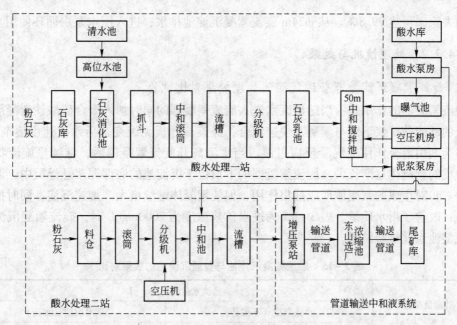

图 3 - 9　三期废水处理与回用工艺流程

（4）实现了酸性废水在矿内的循环，并将沉降后的底泥输送至尾矿坝，彻底解决了中和液底泥形成的二次污染，年节省污染赔偿费 150 万元左右；

（5）提高了东选循环水水质，增加了循环水量，按每吨 0.4 元计算，年节省水费 100 万元以上。

3.4.2　混凝沉淀法处理姑山铁矿选矿废水

3.4.2.1　工程概况与处理工艺流程

姑山铁矿选矿废水是以磁、重选矿工艺为主的选矿厂的外排废水，进水量为 1500m³/h，矿浆浓度为 5% 左右，其处理工艺流程如图 3 - 10 所示。处理工艺的技术核心是将普通浓缩池改为旋流絮凝沉淀池，并采用聚合硫酸铁作为絮凝剂，极大地提高了经旋流絮凝沉淀池出水的水质。

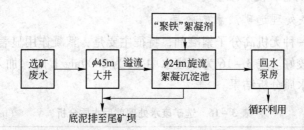

图 3 - 10　姑山铁矿废水处理工艺流程

从 ϕ45m 大井溢流水量为 1000 ~ 1100m³/h，底部排渣水为 400 ~ 500m³/h。溢流水中悬浮物高达 2000mg/L，经 ϕ24m 旋流沉淀池处理后的出水中悬浮物降至 100mg/L 以下，固体物去除率可达 99.8%。从 ϕ24m 旋流絮凝沉淀池排水，进入回水泵房循环使用。

3.4.2.2 处理情况与效果

A 旋流絮凝沉淀池与普通沉淀池处理效果对比试验

旋流絮凝器的作用是：当选矿废水进入旋流絮凝器的同时加入聚合硫酸铁絮凝剂，利用水流的动能使矿浆溶液与絮凝剂快速混合，经旋流导板无级变速后水流速度逐渐减缓，溶液与药剂由混合作用向混凝反应过渡。当水流离开旋流絮凝器后，继续呈旋流状态扩散，生成的絮凝体逐渐长大。旋流絮凝器的下口位于沉淀池的底部泥浆悬浮层中，泥浆悬浮层进一步对生成的絮凝体形成捕集作用，促使絮凝体继续增大，加速沉淀，同时捕集细微颗粒，改善了出水质量。表 3-15 为进水矿浆浓度为 7000mg/L 时，旋流絮凝沉淀池与普通沉淀池对比试验结果。

表 3-15 旋流絮凝沉淀池与普通沉淀池的效果对比

处理负荷 /m³·(m²·h)⁻¹	溢流水悬浮物/mg·L⁻¹			
	自然沉淀（不加药）		絮凝沉淀（加药）	
	普通沉淀池	旋流沉淀池	普通沉淀池	旋流沉淀池
0.5	308	—	—	—
1.0	415	—	—	—
2.0	688	343	286	156
3.0	850	509	384	223
4.0	—	682	525	427
5.0	—	857	716	574

在工业试验中，当进水悬浮物为 2000mg/L 时，旋流絮凝沉淀池的处理负荷在 2m³/(m²·h) 以上，出水悬浮物可控制在 100mg/L 以下。

旋流絮凝沉淀池有如下特点：（1）选矿废水与絮凝药剂的反应，完全依靠水力旋流作为动力，无需外加机械搅拌，节省机械和能量；（2）改建普通沉淀池为旋流絮凝沉淀池，不破坏原有的池子结构，在中心支柱和耙架之间安装一个圆台形反应筒体，简便易行；（3）设备结构简单，便于维修。

B 聚合硫酸铁处理选矿废水的效果

聚合硫酸铁是一种无机高分子絮凝剂，特征主要是：絮凝作用显著，絮体大，沉降速度较快，出水水质较好。表 3-16 为原废水中 SS 为 2000mg/L 时，加入聚铁量为 20mg/L 时，选矿废水前后水质分析结果。

表 3-16 选矿废水处理前后水质分析　　　　（mg/L，pH 值除外）

分析项目	进水	出水	工业废水最高允许排放浓度	分析项目	进水	出水	工业废水最高允许排放浓度
pH 值	7.74	7.39	6~9	Cr^{6+}	0.0048	0.0034	0.5
Hg	0.0049	0.0035	0.05	SO_4^{2-}	16.50	16.10	
As	0.031	0.010	0.5	DO	8.39	8.29	

分析项目	进水	出水	工业废水最高允许排放浓度	分析项目	进水	出水	工业废水最高允许排放浓度
Cu	0.028	0.014	1.0	COD	2.00	0.35	—
Cd	0.002	未检出	0.1	BOD_5	0.46	0.36	—
Pd	未检出	未检出	1.0	SS	502.4	48.5	500
Zn	0.034	0.032	5.0				

C 处理效果与处理前后供排水变化情况

该处理工艺对选矿废水治理的突出贡献在于一次自然沉淀虽然可去除96%的固体物质，但出水水质不稳定，固体物含量仍高到2000mg/L，若经二次絮凝沉淀便可获得良好稳定的水质。

实践表明，对尾矿浆直接加入聚合硫酸铁等无机絮凝剂絮凝沉淀，没有明显效果；对一次沉淀溢流再加药絮凝沉淀则效果显著，并且耗药量较少。

由于采用了混凝闭路循环处理系统，该矿年用水量及排水量有了很大变化，取得显著效益，年节约新水240万立方米，节电7万千瓦，详见表3-17。

表3-17 选矿废水处理前后供排水量变化情况

项目名称	用水量/万立方米・年$^{-1}$			回水利用率/%	废水排放量/万立方米・年$^{-1}$		
	总量	其 中			总量	其 中	
		新水	回水			排放尾矿坝	排放青山河
回用前	2320	573	1745	75.2	568	328	240
回用后	2320	335	1985	85.6	328	328	—

4 烧结工序节水减排与废水处理回用技术

烧结生产工序是将铁矿粉（精矿粉或富矿粉）、燃料（无烟煤或焦粉）和熔剂（石灰石、白云石和生石灰）按一定比例配料、混匀，再在烧结机点火燃烧。利用燃料燃烧的热量和低价铁氧化物氧化放热反应的热，使混合料熔化黏结成烧结矿。

烧结工序的生产废水，含有大量的粉尘，粉尘中含铁量一般占 40%～45%，并含有 14%～40% 的焦粉、石灰料等有用成分。因此，烧结工序节水减排原则是一水多用，串级使用，循环回用，对废水进行有效处理和回收利用，不仅实现废水"零排放"，而且对其沉渣也应作为烧结球团配料，实现废渣"零排放"。

4.1　烧结工序节水减排、用水规定与设计要求

4.1.1　烧结工序节水减排规定与设计要求

4.1.1.1　原料场

（1）原料场通常占地面积大，雨水汇集面大，应设雨水收集设施，雨水处理后回收利用。

（2）原料场地应采取防止污水渗漏的措施，并设废水的收集、储存、处理和回用设施。

（3）原料场生产水水源应优先采用回用水。各用水点应设计量检测仪表监控。原料场喷洒、加湿等作业用水一般被物料带走，对水质的要求是对下道工序不产生污染，可利用满足要求的回用水做水源。原料场喷洒、加湿等用水是按一定比例控制的，且用水为间断使用。因此，各用水点用水量应设计量设施进行监控。

（4）原料场给水管网和喷头应按原料场规模、地形、气象条件进行合理布置，喷头的间距和喷洒范围应能覆盖全部料堆，达到降尘效果并最大限度减少水的飘洒损失。

（5）原料场喷洒应实施分区控制作业，大中型原料场应采取主控室远程控制洒水。

（6）选用高效节水型水喷头，使喷洒水雾达到降尘的最佳效果。

4.1.1.2　烧结球团

（1）混合机、造球机物料用水是把精矿粉、燃料、溶剂等加湿混匀，其加水量应视物料含水率而定。混合机、造球机物料加湿搅拌用水应采用回用水。

（2）抽风机、环冷机、热筛等设备冷却用水应循环使用。

（3）干式除尘器灰尘转运加湿、皮带输送机转运点水力除尘喷嘴等除尘用水，宜采用回用水。

（4）混合机、造球机物料加湿搅拌用水，应设混合料含水率探头和自动调节供水阀进行控制，既保证混合料成品质量，又能实现节水节能要求。

4.1.2 烧结工序用水规定与设计要求

4.1.2.1 原料场

现代化钢铁企业，原料场功能已不仅限于存放生产原料，它已将各产地运来的不同类型的铁矿粉和钢铁企业的含铁尘泥、废渣等多种原料，通过堆料机、取料机的作业，混匀中和成为化学成分相对均匀的混合矿，然后再送往烧结工序的配料系统。由于功能的扩展，原料场的用水要求有较大的改变和提高：

（1）原料场用水为卸料除尘用水、清扫地坪用水、露天堆料与防尘喷雾用水等。

（2）卸料除尘用水主要为受料槽和翻车机卸料作业过程中的水力除尘用水。通常洒水量为每平方米每次 1.0 ~ 1.5L，采用洒水车每班一次，夏季适当增加。水质无特殊要求。

（3）清扫地坪用水。原料场的通廊、转运站等建筑面积不大，但布置分散，废水难以收集处理回用，宜采用洒水清扫保洁和就地回收散落原料方式保护环境。

（4）露天料堆防尘喷雾用水。据资料介绍，由于受风力影响造成的原料飞扬损失和大气污染，每年损失原料 0.2% ~ 0.5%，料堆附近的大气含尘最高可达 $100mg/m^{3[2]}$，因此必须重视原料场原料损失与防尘设计。通常设计采用特制喷头（或水枪）喷出水雾抑制粉尘飞扬，先进抑尘方法是在喷水中加入特别药剂，使料堆上的粉尘颗粒被加湿并形成一定硬度保护层。

（5）原料场通常不产生废水，雨水通过排水沟排入厂区总雨水管网，由于下雨时，粉料易流失，应在每条排水沟起点设小型沉淀池，定期回收粉料，减少原料粉矿损失。

4.1.2.2 烧结球团

（1）烧结球团生产用水主要为抽风机、环冷机、热筛、混合机、造球机、物料加湿搅拌与除尘等用水。

（2）烧结工序主要用于混合工艺。当以细磨精矿为主要原料时，采用二次混合工艺（简称二次混合）；当以富矿为主要原料时，可采用一次混合工艺（简称一次混合）。目前大多数采用二次混合工艺。一次混合加水主要是润湿混合料，二次混合加水是为了造球。

（3）烧结工序主要用水点的水质、水量等要求及其用水设计指标见表 4 – 1[2,50]。

（4）烧结机冷却用水。应设计水冷隔热板冷却器，通过水的流动冷却点火器，其用水量见表 4 – 1。

（5）烧结矿破碎设备冷却用水。由于烧结矿温度高，破碎机的主轴芯需通水冷却，其用水量与用水要求见表 4 – 1[3]。

（6）抽风机的设备冷却用水。常采用电动机空气冷却器和油冷却器，为保证其运行时升温冷却，均需管外通水以冷却空气降温，其用水量与水质要求见表 4 – 1。

（7）湿式除尘与地坪清扫冲洗用水。为减少扬尘保护生产环境以及节水减排，目前一般在配料、混合和烧结等生产区采用水力冲洗地坪，而在转运站、筛分等地采用洒水清洗地坪。

表4-1　烧结主要用水点水质、水量要求与用水指标

用水点名称		水质(悬浮物)/mg·L⁻¹	水压/MPa	水温/℃ 进水	水温/℃ 出水	给水系统	用水量/m³·h⁻¹ 烧结机规格/m² 18	24	50	75	90	130	180	450	备注
工艺用水	一次混合	无要求	0.20	无要求		复用水	2~4	3~5	6~10	10~15	10~17	10~25	13~30	30~55	水温高好
	二次混合	无要求	0.20	无要求		复用水	0.5~1.5	1~2	2~4	2.5~5	3~6	4~8	5~9	10~15	水温高好
	烧结机隔热板冷却	≤30	0.20	≤33	≤43	净循环水	8	8	10	10	10	16	16~20	35~55	
	单辊破碎机轴芯冷却	≤30	0.20	≤33	≤43	净循环水	20	20	22	22	22	25	40	120	
	热矿筛横梁冷却	≤30	0.20	≤33	≤43	净循环水	1	1	2	2	2	2~4			
	主抽风机电机冷却器	≤30	0.20	≤33 (≤25)	≤43	净循环水	40	40	40	52	52	90	110	150	
工业设备冷却用水	主抽风机油冷却器	≤30	0.20	≤33 (≤25)	≤43	净循环水 (或新水)	8	8	12	12	12	16	16	40	
	电除尘器冷却	≤30	0.20	≤33 (≤25)	≤43	净循环水 (或新水)	3	3	5	5	8	10	15	40	
	环冷机设备冷却	≤30	0.20	≤33 (≤25)	≤43	净循环水 (或新水)	4.5	4.5	20	20	20	47	55	75	
	粉尘润湿	≤30	0.20	无要求		净循环水 (或新水)	1	1	1~2	1~2	1~2	2	3	5	
除尘用水	湿式除尘器用水	≤200	0.20	无要求		浊循环水 (或复用水)	4~8	4~8	5~10	5~10	6~12	6~12	8~15	8~15	
清扫用水	冲洗地坪	≤200	0.20	无要求		浊循环水	根据冲洗龙头数量确定。每个龙头用水量为3.6m³/h，同时使用率为30%								
	清扫地坪	≤200	0.20	无要求		浊循环水	根据洒水龙头数量确定。每个龙头用水量为1.5m³/h，同时使用率为25%								
每吨烧结矿用新水量/m³		生产用水含空调用水					0.1~0.4					0.2		0.24	不含生活水
每吨烧结矿用水总量/m³		生产用水含空调用水					0.6~3.0					1.6		1.50	不含生活水

（8）风机等设备冷却用水均为进水水量不高于 25℃ 的水量，或以设备厂提出的水量要求为准。

（9）烧结机卸出的烧结矿温度高达 750℃ 左右，由热矿筛及冷却设备将其冷却 100℃。冷却设备一般采用环式冷却机或带式冷却机。冷却用水点为风机和稀油站润滑冷却用水，其水质水量要求见表 4-1。

4.1.3　烧结工序取（用）水量控制与设计指标

原料场用水量控制与设计指标，见表 4-2。

表 4-2　原料场用水量控制与设计指标

喷洒用水量/L·(m²·次)⁻¹	喷洒时间/min·次⁻¹	喷洒料层厚度/mm
2.8~4.6	3~5	1~2

烧结和球团取（用）水量控制与设计指标，见表 4-3[39]。

表 4-3　烧结和球团取（用）水量控制与设计指标　　　　（m³/t 矿）

生产规模	大型	中型	小型
用水量	≤2.0	≤2.5	≤3.0
取水量	≤0.3	≤0.4	≤0.5

注：烧结厂规模大小一般是按烧结机面积划分，大型为不小于 200m²；中型为不小于 50m²；小型为小于 50m²。

4.1.4　烧结工序节水减排设计应注意的问题

料场洒水喷头设计要求为：

（1）喷头的布置原则是保证喷洒作业面不留空白，尽可能的均匀喷洒。根据料场的形状和大小与气象因素，布置成矩形或三角形。

（2）当风速多变时应按三角形布置，风向变化较少时应按矩形布置。

（3）喷头布置的间距应视风力、风向而定，一般为喷头喷射距离的 0.8~1.0 倍。

（4）当料堆宽度小于 25m 时采用一侧喷头，当大于 25m 时，应采用两侧喷水。喷头距地面的高度一般为 1.2~1.5m[2]。

烧结混合工艺加水设计要求为：

（1）混合工艺加水要求水量均匀，水应直接喷洒在料面上。为防止堵塞与破坏成球，加水管上的喷口孔径一般为 2~4mm。对二次混合加水要求更严，孔径应在 2mm 以下，以产生雾化水为佳。

（2）为满足进料端喷水量大的要求，靠近进料端孔眼布置密，靠近出料端孔眼布置疏。

（3）加水水压要求稳定且不宜过高。尤其是二次混合工艺，否则将破坏造球效果。一次混合、二次混合工艺要求喷水处水压控制在 0.2MPa 左右。

（4）加水量是以二次混合后的混合矿料中的含水率来控制。以磁铁矿为主的混合矿料含水率一般为 6%~7.5%；以褐铁矿为主的混合矿料含水率为 8%~9%，含水率波动范围 ±0.5%。其中一次混合加水量占 70% 左右。二次混合加水量占 30% 左右。

（5）加水水温一般无特殊要求。但为提高料温，缩短点火时间，水温偏高为好，可直接利用烧结机隔热板冷却后的出水（水温40℃左右）。

（6）加水水质要求水中杂质颗粒直径不大于1mm，以防堵塞喷嘴孔眼，水中的悬浮物含量要求不能对原矿成分产生影响。一次混合可加部分矿浆废水，二次混合应采用新水或净循环水。

为提高水力冲洗地坪效果，设计时应注意：

（1）地坪应有坡度就近坡向地沟或排水漏斗，地坪一般有 $i \leqslant 0.01$ 坡度。

（2）排水地沟的坡度控制在 $1\% \sim 2\%$，沟宽 $0.25 \sim 0.3m$，不许用水把大量的矿粉冲入泵坑内，而应在地沟中人工清理就近回收大量矿粉。

（3）排水地沟接入集水泵坑处应设置格栅，格栅栅条的净间距小于等于 15mm。

4.2 烧结工序节水减排技术途径与废水特征

4.2.1 烧结工序节水减排技术途径

对于烧结（球团）工序，由于其工艺特点，与其他工序相比废水外排量相对较少。生产过程中产生的废水，一般不含有毒有害的污染物，通过冷却、沉淀，就可循环使用或串级利用。只要选择好处理工艺，对烧结（球团）厂废水强化处理，使生产废水可以达到"零排放"的目标。对于少数不能做到废水"零排放"的现有企业，必须尽快淘汰用水量大的湿式除尘方式，并应用串级供水、生产废水回用等节水技术，以便满足新的环保要求。目前国内外大型烧结厂多采用干法静电除尘，这样就不产生湿法除尘废水。

因此，实现烧结工序节水减排和废水零排应采取如下技术途径和措施。

4.2.1.1 改革工艺和设备，消除和减少污染

（1）取消热振筛设备，改善工作环境。过去大部分烧结厂都设有热振筛设备，其目的一是给混合配料增加热返矿，以提高混合料温度，借以提高烧结机的利用系数；二是减轻环冷风机的热负荷，提高冷却效果。但由于热返矿进入混合机时产生蒸汽，并带出很多粉尘。使混合机周围的环境和工人的操作条件恶化，同时需采用湿式除尘器以除去这种含尘的"白气"，而湿式除尘器的排水又带来废水处理的问题。实际上，仅靠加入热返矿要使混合料温度达到能提高烧结机利用系数的程度是远远不够的。因此，宝钢烧结厂工艺设计中取消了热振筛设备。由于工艺的这一改革，既改善了混合机周围的环境和工人的操作条件，也消除了该处由于采用湿式除尘而带来的废水处理问题，消除了污染源。

（2）改进设备，消除污染源。湿式除尘易产生废水问题。有时由于废水处理效果不佳，往往造成对环境的二次污染。例如用平流式沉淀池处理废水采用抓斗排泥时，晒泥台上的污泥或是过干燥，以致尘土飞扬；或是被雨水冲刷，遍地泥泞，使装运与回收发生困难，都对环境带来污染。采用浓泥斗处理废水时，是将浓泥斗底部的泥浆排在返矿胶带机上，但往往由于排泥量和含水率难以控制，有时过稀，易于淌至胶带机周围，有碍环境；有时过干，污泥排不出来，则使处理水的溢流水质变坏，达不到排放标准。特别是有时杂物堵塞了排放口，检修也发生困难，使整个废水处理系统处于瘫痪状态。当采用链式刮板沉淀池时，也有污泥黏附胶带、卸料困难的问题，而胶带返回时，污泥又落在胶带机通廊

内，增加了清扫的困难。从以上例子可以看出，国内现有废水处理设施都不同程度的存在一些问题，易于产生二次污染。如采用干式除尘设施，就避免了湿式除尘器的废水处理问题。

（3）无冲洗地坪排水，减少污染源。烧结厂的废水主要来源于湿式除尘和地坪冲洗。国内烧结厂设计中，厂房内的地面和部分胶带机通廊的清扫都是采用水力冲洗的办法。由于冲洗地面一般都在一班工作结束时进行，水量集中，但平均水量却不大。如前所述，废水处理设备本身还存在一些问题，往往造成管道和沟渠的堵塞，污染环境。宝钢烧结厂的设计中，没有采用水力冲洗这一清扫方式，而是洒水清扫。根据设计要求，主厂房地面的清扫只需4天一次，一般地点1～2周清扫一次。做到这一点的前提条件如下：

1）工艺过程中产生的粉尘减少，例如采用铺底料提高了烧结矿的质量，使粉尘减少；冷却机的废气余热利用，将含尘多的那部分废气，经除尘后给点火炉用，使排入空气中的粉尘减少。

2）加强了厂房内外的环境除尘措施，车间外采用200m高烟囱稀释扩散，车间内加强密闭措施，如密封罩和双重卸灰阀；采用高效除尘设备，因此，车间内地面的粉尘大大减少。以空气中含尘量的标准来看，国内一般烧结室内部的含尘量标准（标态）为10mg/m³，而宝钢烧结室的标准只有5mg/m³。

3）自动化程度高，操作人员少，且大部分集中于操作室操作，从劳动保护的角度出发，也无进行水力清扫的必要。

此外，胶带机通廊实际上没有地面，只是在胶带机上加一轻型材料的罩子，胶带机两侧的通道是钢制网格，胶带机如有落料，可直接落到地面，由专用的落矿回收车进行回收。因此，胶带机通廊既无须用水清扫，也不能用水冲洗。由于不用水冲地坪和通廊，不排出废水，减少了废水源。

4.2.1.2　采用先进处理技术，减少外排废水量

烧结厂设备冷却用水量较大，在循环使用过程中，由于蒸发损失（一般为循环水量的1.5%），使循环水中的盐分不断浓缩；在空气和水进行热交换时，空气中的氧不断溶于水中，水中的二氧化碳则不断逸散到大气中，而使水中的溶解氧常处于饱和状态，水中成垢盐类的平衡反应向结晶析出方向移动。此外，循环水系统的环境极适于微生物和藻类繁生，这些因素使得循环水系统存在结垢、腐蚀和泥垢三大问题。过去的设计是采用直流系统或通过大量排污和补充新水来平衡水中的盐分，以解决上述问题。这一方面浪费了用水，另一方面由于大量排污，对环境也有一定影响（如热污染），而且不能从根本上解决腐蚀与结垢等问题。

在循环水系统中投加缓蚀剂、阻垢剂和杀菌灭藻剂，使循环水维持在一定的浓缩倍数，在药剂作用下，减缓腐蚀、结垢和泥垢的危害。采用水质稳定处理，提高了水的循环利用率，减少了排污，也减少了对环境的影响。

为减少废水排放率，冷却用水排水可经过冷却处理后予以循环使用，用于工艺设备低温冷却用水，除尘、冲洗地坪废水在进行了相应的净化处理后，即增加二次浓缩或沉淀处理，投加适量的絮凝剂以及必要的过滤净化，可使其达到烧结厂的工艺设备冷却用水和除尘器用水的水质要求。这样，可提高循环用水率，直至近于"零排放"目标。当然，也

可在适当处理的基础上，与烧结厂外的其他用水户进行厂际的水量平衡。

需要指出的是，在烧结厂生产工艺过程中，由于物料添加水与污泥带水等损耗，必然需要一定的新水补充循环水系统，这无疑会有益于循环水的水质稳定。

4.2.1.3　合理串级与循环用水

（1）降低烧结厂的废水排放率，应首先做到提高烧结厂废水的串级使用率。为了减少外排水量，应尽量提高废水的串级用水率，即增加串级用水量。在一般情况下，烧结厂的物料添加水量与喷洒水量约占新水用量的 25% 左右，而工艺设备一般冷却用水量则占新水量的 50%。进入烧结厂的新水应满足工艺设备低温冷却用水量，其排水作为工艺设备的一般冷却用水，此排水又可作为物料添加用水，尽可能减少外排水量，如图 4-1 所示。A 为新水用户、B 为一次串级用水户、C 为二次串级用水户，C 需要物料添加水时，不需要外排水，串级用水优于循环用水。

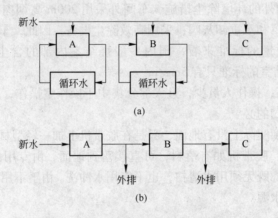

图 4-1　烧结厂循环水与串级用水的对比
（a）循环；（b）串级

（2）提高循环用水率是减少废水排放量的重要措施。

烧结厂生产用新水，将全部用于第一类的工艺设备。1t 烧结矿的单位耗水量与供水流程有关，一般在 $4.9 \sim 8.0m^3$，其中，净循环水为 $1.7 \sim 3.1m^3$，浊循环水为 $3.2 \sim 4.9m^3$，新水的消耗在 $0.53 \sim 1.2m^3$，一个烧结矿浊废水总量为 $500 \sim 4000m^3/h$。与烧结矿生产的同时，将磨细的精矿粉结块制成球团，各类污染物的成分与烧结生产差别不大，球团厂生产 1t 产品的单位耗水量为 $5.3 \sim 7.4m^3$，其中假定净水（冷却设备）$3.5 \sim 7.4m^3/t$，浊废水（水力输送和水力清洗）$1.8 \sim 9.6m^3/t$，不能回收的水损失（矿料、水力除尘、蒸发等）$0.18 \sim 0.43m^3/t$，现代球团厂产生的废水总量为 $500m^3/h$[56]。

由于上述冷却用水量较大，用过后的排水将有半数左右，串级使用作为工艺设备的一般冷却用水量。当不考虑循环时，其余的冷却用水排水部分可作为除尘与冲洗地坪用水。此外，烧结厂的除尘与冲洗地坪用水量，一般占新水用水量的 10% 左右。如前所述，除尘与冲洗地坪排水的水质较差，含有大量悬浮物和大颗粒物料，在排放前，必须经过浓缩沉淀等机械处理。

为了进一步降低废水排放率，就必须考虑对除尘冲洗地坪废水进行相应的净化处理与利用问题，如增加二次浓缩或沉淀处理，投加适量的絮凝剂以及必要的过滤净化，以使其达到烧结厂的工艺设备冷却用水和除尘器用水的水质要求。那样，就可进一步减少新水用水量，提高循环用水率，直至接近于"零排放"的目标。

4.2.1.4　絮凝剂合理应用

国外在烧结厂废水处理中，都投加不同种类的絮凝剂。一般常用的絮凝剂有高分子絮凝剂和无机盐絮凝剂。我国各地生产的高分子絮凝剂有不同分子量的阴离子型和非离子型等不同种类。无机絮凝剂则有各种类型的聚合铝产品以及活性石灰和各类铁盐产品等。

国外生产的絮凝剂种类繁多，但无论使用何种类型的絮凝剂，都应事先经过实验，以确定优选药剂及其最佳投药量。

此外，当采用高梯度磁性过滤器处理烧结厂废水时，需借助于投加铁磁剂并辅加絮凝剂，这样，可产生铁磁性的絮凝剂。在外加磁场作用下，铁磁性絮凝体就可引起较大的磁矩，而一些被磁化的颗粒在水中就将变成水的磁体同其他类似的固体颗粒以及水体之间相互作用，从而产生强烈磁化的铁磁物质连续层，并产生基体间的架桥而加速沉淀，使烧结厂废水很快得到澄清处理。

以宝钢烧结厂为例，除添加水系统（即工艺用水）用水为物料带走损耗外，其余均为循环或串接使用。净循环水系统（即设备冷却系统）用水量为 $870m^3/h$，其循环率达 95% 以上，只需补充约 5% 的新水。系统中排出的少量浓缩水作为添加水系统的补充水串接使用，不向外排放。浊循环水系统的冲洗胶带废水，经混凝沉淀处理后的澄清水全部循环回用，实现烧结工序废水"零排放"的可能性。

4.2.1.5　烧结废水处理工艺有效组合

20 世纪 90 年代后，由于我国水资源短缺形势，迫使不少企业加强废水资源回用，进一步完善处理工艺与措施，在原有集中浓缩处理的同时，既投加絮凝剂，又增设过滤处理设施等，从而保证出水悬浮物质量浓度小于 $50mg/L$，其他各项水质指标也能达到净循环水标准，实现废水资源回收利用，接近"零排放"要求。

但是，污泥脱水技术至今仍在研究中，如前所述，烧结厂废水处理的难点是泥浆脱水技术，烧结生产工艺要求加入混合配料的污泥含水率应不大于 12%，这是当今污泥脱水工艺难以达到的。从浓缩池的浓泥斗排下污泥，通过返矿皮带送入混合机，由于泥浆浓度难以控制，给混料带来困难。采用压滤机进行污泥脱水，也只能使脱水后的污泥含水率达 18%~20%，难以达到 12% 混合料要求。因此，解决途径一是进一步强化过滤、压滤工艺效果，进一步提高脱水率；二是选择与研制更适用的絮凝剂、脱水剂，提高脱水机的脱水效果；三是将污泥制成球团，再直接用于冶炼。

烧结废水处理的目标是去除悬浮物，处理的技术难度是处理好污泥脱水。只要解决这一环节，烧结废水回用和污泥综合利用就能圆满实现，并可获得显著的经济效益。

从以上分析，烧结厂为防止水污染，除应强化水处理措施外，更重要的是应从烧结工艺，总体上加以周密的考虑和各专业的密切配合，以消除、减少污染源为主要目的，即不应只着重处理措施，而应从总体设计上入手，采用对环境保护有利的又不影响生产效率和产品质量的工艺过程与设备，尽量减少以至消除各生产过程中排出的废水。因此，烧结废水资源回用必须遵循两项原则：一是烧结废水经处理后循环利用；二是对沉淀的固体废物（矿泥）回收回用，这是烧结废水资源回收工艺选择的基本要求。

4.2.2 烧结工序废水特征

4.2.2.1 烧结工序废水来源

烧结厂生产废水主要来自湿式除尘器、冲洗输送皮带、冲洗地坪和冷却设备产生的废水。有的烧结厂上述四种兼有，有的厂只有其中两三种，一般情况下有湿式除尘、冲洗地坪两种废水。先进的大型烧结厂（如宝钢烧结厂）则不设地坪冲洗水，改为清扫洒水系统，为烧结废水循环利用与实现"零排放"提供有利条件。

根据烧结厂用水要求，其废水来源与水质水量主要有5种：

（1）胶带机冲洗废水。烧结系统胶带机用于输送及配料，对大型钢铁联合企业而言，胶带冲洗水量为每吨烧结矿为0.0582m³，冲洗废水中所含悬浮物（SS）量达5000mg/L，循环水质要求悬浮物的质量浓度应不大于600mg/L。

（2）净循环水冷却系统排污水。纯循环水主要用于设备的冷却，使用后仅水温有所升高，经冷却后即可循环使用。水经冷却塔冷却时，由于蒸发与充氧，使水质具有腐蚀、结垢倾向，并产生泥垢。为此，需对冷却水进行稳定处理，在冷却水中投加缓蚀剂、阻垢剂、杀菌剂、灭藻剂，并排放部分被浓缩的水，补充部分新水，以保持循环水的水质。排污水中含有悬浮物及水质稳定剂。对大型钢铁联合企业来说，净循环水冷却系统排污水量为0.04m³/t（烧结矿）。

（3）湿式除尘废水。现代烧结厂大都采用干式除尘装置，但也有采用湿式除尘装置的，这样就产生了湿式除尘废水。除尘废水中的悬浮物的质量浓度高达5000~10000mg/L。其废水量约为0.64m³/t（烧结矿）。表4-4为某烧结厂除尘废水沉渣中的化学成分。从表4-4看出，烧结厂废水经沉淀浓缩后污泥含铁量很高，有较好的回收价值。

表4-4 某烧结厂除尘废水化学成分 （%）

水样	成分							
	总Fe	FeO	Fe_2O_3	SiO_2	CaO	MgO	S	C
水样1	50.12	13.75	56.40	11.40	6.69	2.54	0.115	5.5
水样2	51.23	15.20	56.37	13.23	4.69	2.10	0.108	5.42
平均	50.68	14.48	56.39	12.32	5.69	2.32	0.112	5.46

（4）煤气水封阀排水。为便于检修在煤气管道上设置水封阀，煤气中的冷凝水也通过水封阀、凝结水罐排入集水坑，水中含有酚类等污染物，定期用真空槽车抽出并送往焦化厂的废水处理系统进行净化，水量为0.2m³/次。

（5）地坪冲洗水。对于车间地坪、平台，如均用水冲洗时，会产生大量的废水，给废水收集输送带来困难。但若全部采用洒水清扫，则对局部灰尘较大的场所达不到理想的效果。因此，目前一般在配料、混合和烧结等车间采用水力冲洗地坪，而在转运站、筛分等车间采用洒水清扫地坪。冲洗地坪水量可按实际使用洒水龙头数计算水量。

4.2.2.2 烧结工序废水特征

（1）烧结厂外排废水中矿物含量高，有较好的回收利用价值。烧结厂外排废水中以夹带固体悬浮物为主，含有大量粉尘，粉尘中含铁量占40%～50%，并含有14%～40%的焦粉、石灰粉等有益矿物，有较高的回收价值。因此，烧结矿的外排废水必须治理，这不仅保证排水管道不发生堵塞，减少水体污染，而且是湿式除尘设备正常运转及水力冲洗地坪的正常工作必不可少的环节。

（2）烧结厂废水污泥粒径小，黏度大，渗透性小，脱水困难。烧结厂废水中固体物的综合密度一般为 $2.8\sim3.4t/m^3$，粒径小于 $74\mu m$（-200目）占90%以上，黏度大，难以脱水。因此，在烧结厂的污泥利用时，脱水的好坏是一个技术性很强的关键问题。

（3）烧结厂外排废水的水量与水质的不均衡性。烧结厂的物料添加水量与喷洒水量约占总用水量的25%，工艺设备一般冷却用水量则占总用水量的50%左右。但烧结厂外排废水中很大部分为冲洗地坪排水，而这部分排水有很大随机性，一般表现为：按季节划分，夏季排水量大，冬季排水量小；按日划分，每天交接班时排水量大，其他时间排水量小，通常最大时水量在 $50\sim140m^3/h$，而平均水量只有 $10\sim30m^3/h$。正是由于外排废水不均衡，如不进行适当的调整，将严重影响净化构筑物及输送系统工作的可靠性，处理后水质也将产生很大的波动。因此，应考虑加大调节池容积，其调节的水量应能容纳最大班的冲洗水量，而后，做好较为均衡地向处理设施输送，并进行处理回用。

4.3 烧结工序废水处理回用技术

烧结厂所采用的原料全部为粉状物料，粒径很细，生产废水中含有大量粉尘，粉尘中含铁量约为40%以上，同时还含有焦粉、石灰料等有用成分。因此，烧结工序设置废水处理设施应从废水资源与原料资源回用着手，以产生良好的环境效益、经济效益与社会效益。

4.3.1 烧结工序废水处理目的与要求

烧结厂处理废水的目的，一是要对处理后的废水循环利用，二是要对沉淀的固体矿泥进行回收利用，以此作为判断烧结废水处理工艺的选择是否合理的基础[1,3]。

间接设备冷却排水的水质并未受到污染，仅水温有所升高，其间仅做冷却处理即可循环使用（即净循环水系统）。为保证水质，系统中应设置过滤器和除垢器或投加除垢剂，并且需补充新水。根据用水点标高和水压要求，一般该系统可分为普压（0.6MPa）和低压（0.4MPa）循环系统。循环系统一般采用两种方式：规模较小的烧结厂推荐用一个循环水给水系统和如图4-2（a）所示的循环水流程，该流程充分利用设备冷却的出水余压进冷却塔，节能且流程简单；规模较大的烧结厂推荐用两个压力循环水给水系统和如图4-2（b）所示循环水流程。

生产废水处理后要求 $SS\leqslant200mg/L$，一般通过沉淀池或浓缩池的处理后溢流水水质可以达到使用要求（其中还需要补充部分新水），构成浊循环水系统。主要对象为冲洗、清扫地坪、冲洗输送皮带和湿式除尘用水。

生活污水由于量少，一般收集集中输送到钢铁总厂一并处理。小规模烧结厂生活污水

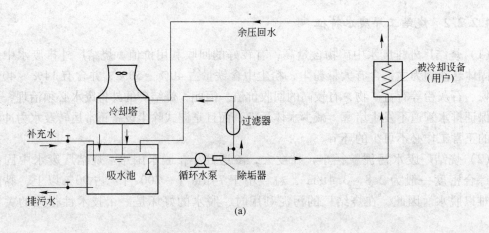

(a)

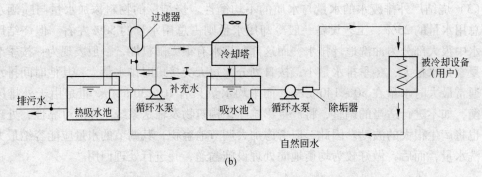

(b)

图 4-2　净循环水流程

（a）较小规模净循环水流程；（b）较大规模净循环水流程

经化粪池等处理后排入雨水管中。也有生活污水及雨水一起排入钢铁厂内相应的下水道，不进行单独处理。

混合工艺加水水质要求水中杂质颗粒直径不大于 1mm，以防堵塞喷嘴孔眼，水中的悬浮物含量要求不能对原矿成分产生影响，所以一次混合可加部分矿浆废水，二次混合应采用新水或净循环水。

大型烧结厂的煤气管道水封阀排水为间断排水，但排水中含有酚类有机物，应将该废水积存起来，定期用真空罐车送往焦化系统，与其废水一同处理。

另外，生产废水中的矿泥含铁量高，是宝贵的矿物资源和财富。据报道，某厂通过矿泥回收，3 年内就收回了其废水处理设施的投资费用。所以，矿泥回收也是生产废水处理的主要目的。矿泥回收一般有以下 3 种方式：（1）当设有水封拉链或浓泥斗时，矿泥回收到返矿皮带后混入热返矿中，此时要求矿泥的含水率不能太高（不大于 30%），不能够在皮带上流动或影响混合矿的效果；（2）矿泥（含水率 70% ~ 90%）可作为一次混合机的部分添加水，通过混合机工艺回收；（3）将经过脱水的矿泥（含水率 18% 左右）送到原料厂回收。

为了对废水和矿泥进行回收利用，近年来主要集中的先进处理工艺有：集中浓缩—喷浆法、集中浓缩—过滤法和集中浓缩—综合处理法。对于中小型烧结厂废水与沉泥回收常采用集中浓缩—污泥斗法和集中浓缩—拉链机法等，均取得良好效果。

4.3.2　集中浓缩—喷浆法

烧结厂废水处理一般采用沉淀浓缩，溢流水重复回用方法进行处理。沉淀下来的污泥（主要是烧结混合料）有的采用压滤，有的排入水封拉链机中，有的采用螺旋提升机提取。但由于污泥输送和回用等主要环节存在严重缺陷，如采用水封拉链机或螺旋提升机提取矿泥，污泥含水量大，造成返矿皮带黏结矿泥，严重影响烧结矿的水分控制。因此，利用烧结工艺的混合环节的用水特点，将浓缩池的底泥直接送至一次混合机作为添加水，即采用喷浆法将其喷入混合料中作为混合料添加水。但因烧结厂废水来源情况不同，可形成如下几种处理工艺组合，其工艺流程如图4-3所示[56]。

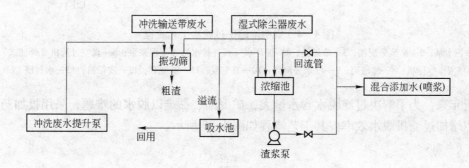

图4-3　集中浓缩—喷浆法处理工艺

当生产废水既有湿式除尘器废水，又有冲洗地坪废水，或三种废水兼有时，废水的特点是废水中含有影响喷浆的粗颗粒（大于1mm）。此时的处理流程为振动筛→浓缩池→渣浆泵→喷浆（混合添加水）。

当生产废水只有湿式除尘器废水时，其废水特点是污泥（矿浆）粒径较细，无粗颗粒。此时废水处理流程为浓缩池→渣浆泵→喷浆。

当生产废水无湿式除尘器废水时，废水特点是污泥（矿浆）颗粒较大，易沉淀。此时废水处理流程为振动筛→浓缩池→渣浆泵→喷浆。同时，浓缩池溢流水均可回用。采用喷浆法处理烧结废水，无废水外排、无二次污染，环保效益好，且该工艺流程简单，管理方便，运行安全可靠。

4.3.3　集中浓缩—过滤法

集中浓缩—过滤法的工艺特点是由浓缩池保证处理出水水质，由过滤机保证沉淀矿泥的脱水，废水经浓缩池沉淀后可循环使用，矿泥经脱水机（通常采用真空过滤机）脱水，最终输送原料场。由于烧结系统的污泥颗粒细且黏，渗透性差，致使真空过滤机的过滤速度小，脱水率低，脱水后的矿泥含水率约为30%~40%。其工艺流程如图4-4所示。

由于单纯使用真空过滤机脱水工艺满足不了污泥脱水后的含水率要求，可在真空过滤机后加转筒干燥机做进一步处理。经过干燥后的污泥含水率可以按所需的配料含水率要求进行控制，产品经皮带机直接送往配料室。但是，增加干燥脱水工序必然导致处理费用的提高和消耗的增加。

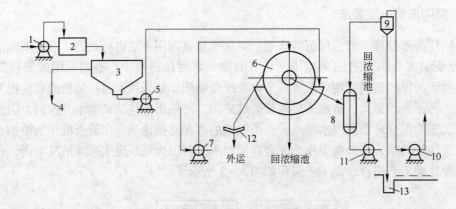

图 4 - 4　集中浓缩—过滤法工艺流程

1—污水泵；2—矿浆分配箱；3—浓缩池；4—循环水（或外排水）；5—泥浆泵；6—真空过滤机（外滤式）；

7—空压机；8—滤液罐；9—气水分离器；10—真空泵；11—滤液泵；12—皮带机；13—水封槽

近年来，为了解决过滤脱水含水量大，矿泥细、黏难以脱水的难题，采用投加药剂的方法以增加过滤机脱水效率。其工艺流程如图 4 - 5 所示。

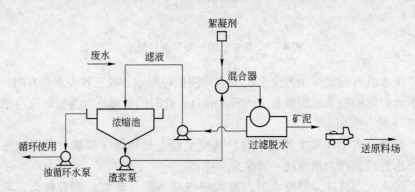

图 4 - 5　集中浓缩—过滤法脱水工艺流程

4.3.4　集中浓缩—综合法

集中浓缩综合处理工艺，目前是对烧结厂废水进行全面治理的一种较好工艺。它不仅可以达到烧结厂废水的大部分或全部回收利用，而且废水中的污泥也可得到妥善的综合利用，是实现烧结厂生产废水近于零排放的可行方案。现在我国已有部分烧结厂，如鞍钢新建第三烧结厂已采用该工艺进行回收利用。

图 4 - 6[57] 所示为集中浓缩综合处理的工艺流程。该处理工艺的特点是按烧结厂废水水质的不同，分别采取相应的措施，以达到供水的最大重复利用，减少废水外排的目的。

从图 4 - 6 中看出，首先，烧结厂的设备低温冷却水用过之后，在水质上变化不大，仅有一定温升，经冷却处理后即可循环使用。而对于循环冷却水系统蒸发损失的水量，则考虑补充新水或生活饮用水。其次，对于那些水温升高较大并部分被污染的设备冷却用水，如点火器、隔热板、箱式水幕等，则可不经冷却处理，而直接供给一、二次混合室、

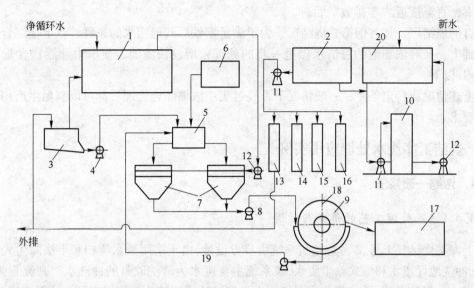

图4-6 集中浓缩—综合处理法工艺流程

1—除尘及冲洗水；2—设备冷却水；3—矿浆仓；4—污水泵；5—矿浆分配箱；6—絮凝剂投药设施；
7—浓缩池；8—泥浆泵；9—真空过滤机；10—冷却设施；11—水泵；12—循环水泵；
13—除尘用水；14—一次混合用水；15—二次混合用水；16—配料室用水；
17—污泥综合利用；18—压缩空气管；19—回浓缩池；20—空气淋浴冷却用水

配料室以及除尘设备与冲洗地坪用水。

此外，对于烧结厂的除尘及冲洗地坪用水，则先进入浓缩池前的调节池。在调节池中与投加的絮凝剂混合后，进入浓缩池进行沉淀处理。澄清后的溢流水将可作为防尘、冲洗地坪的循环供水，其水质可保证悬浮物含量在150mg/L以下，满足了烧结厂的湿式除尘及冲洗地坪用水要求后，剩余部分可供钢铁厂其他车间用水或排入下水道。

浓缩池的底泥固液比(质量比)一般可达到1:3左右，送往真空过滤机(或压滤池)进行脱水作业。经过脱水作业后的污泥，其含水率一般在20%～40%。各烧结厂因地制宜，可采用下述方法中的合适方式进行污泥的回收综合利用：(1)送往精矿仓库进行晒干脱水后，与精矿一并送往烧结厂配料室；(2)通过返矿皮带送往混合室，在不影响混合料质量的前提下，加入混合圆筒，因此应该十分注意保持适当的含水率；(3)过滤后再经干燥机处理，送往烧结厂配料室；(4)送往钢铁厂集中造球车间，进行统一造球。

关于集中浓缩综合处理中的投加絮凝剂是个比较重要的问题，因为它将直接影响循环水的水质。絮凝剂的合理选择，应该是在充分考虑工艺要求的基础上，对废水先进行试验，以决定最佳的絮凝剂及其用量。对于烧结厂的废水而言，其水质特点是悬浮物的浓度较高，一般进入浓缩池的浓度都大约在2500mg/L以上。悬浮物的相对密度较大，构成悬浮物质的主要成分是铁及其氧化物。针对上述特点，一般常用的絮凝剂对于烧结工业废水有澄清作用。例如聚合铝、硫酸铝、聚丙烯酰胺以及各种铁盐类絮凝剂等，都有不同效果，尤其是聚丙烯酰胺效果很明显。

总之，集中浓缩综合处理工艺是处理烧结厂生产废水的比较全面而有效的可行工艺。由于它根据烧结厂产生的生产废水的不同特点进行分类处理，在很大程度上增加了循环水利用率，直至接近"零排放"目标。

有的烧结厂，如首钢第二烧结厂，为了满足钢铁厂其他用水的条件，在上述综合处理的基础上，又对浓缩池的澄清水做进一步的处理，增设快滤池，使水中悬浮物含量达到 20mg/L 以下。

上述情况属特定条件，一般情况下，经过集中浓缩综合处理后都可以满足生产用水的供水要求。

4.4　烧结工序废水处理应用实例

4.4.1　浓缩—喷浆法

4.4.1.1　处理工艺的革新与改进

上海某烧结厂 1 号、2 号烧结机系统由日方设计，由于采用洒水清扫和干法除尘先进工艺，无冲洗地坪废水和湿式除尘废水，该系统主要废水为清洗胶带的冲洗水。其流程为：冲洗胶带水一部分自流，另一部分用泵加压送入沉淀池。沉淀池一侧设有隔板式混合槽，废水与高分子混凝剂混合后进入沉淀池，沉淀池溢流水流入加压泵站的吸水井由泵加压后返回循环使用。沉渣经螺旋输送机送入沉渣槽（漏斗）定期用汽车运至原料场回收利用。

该系统投产后使用效果较差，沉渣含水量大，汽车运输困难，溢流水水质差，胶带冲洗不干净，达不到胶带冲洗的效果从而对周围环境造成污染，同时沉渣较难，回收利用浪费了资源。后改为用罐车冲水稀释沉渣，再由罐车吸引装车后送至渣场。当罐车运输不及时时，沉淀池装满的废水外溢而造成对周围环境的二次污染。

原设计流程如图 4-7 所示。

图 4-7　原胶带废水处理工艺

处理效果较差的主要原因有二。一是药剂选择有误。原采用聚甲基丙烯酸酯系属阳离子型药剂，但废水中存在 CaO 和 FeO，也带有正电荷。后经日本栗田水处理公司来厂试验，改用 PA322 混凝剂，为聚丙烯酰胺系，属阴离子型药剂，加入 PA322 混凝剂 2mg/L 混凝后，迅速产生泥团粒径为 0.75 ~ 1.0mm，沉速约 5m/h，处理效果明显改善。二是螺旋输送机排泥效果较差。由于污泥颗粒较细，含水量大，沉淀污泥呈泥浆状，大部分从螺旋机的叶片与槽壁的间隙中回流至沉淀池，无法实现螺旋提升污泥的作用，迫使该厂进行工艺技术改造。

4.4.1.2　废水水质状况与改造要求

为使改造后工艺流程合理可靠，改造前先对 1 号、2 号烧结机系统混合料胶带冲洗水进行现状测定，其结果见表 4-5、表 4-6，并进行废水浓缩、过滤、输送等试验，为工艺改造提供设计依据。

表4-5 废水化学分析结果

测定次数	TFe/%	SiO$_2$/%	Al$_2$O$_3$/%	CaO/%	MgO/%	C/%	烧失/%	烧后/%	pH 值
1	30.15	5.85	2.23	12.45	1.42	13.25	20.54	49.27	12.60
2	39.50	6.24	2.22	11.54	1.85	13.29			12.00

表4-6 废水固体颗粒粒度结果

第一次测定	粒径/mm	+1	+0.45	+0.076	+0.03	-0.03	—
	累计含量/%	2.39	19.54	33.36	49.26	100.00	—
第二次测定	粒径/mm	+3	+2	+1	+0.5	+0.074	+0.038	-0.038
	累计含量/%	0.25	0.55	0.85	3.80	37.55	62.49	100.00

注：上述生产废水的固体悬浮物质量分数一般为2.5%~5%。

对废水处理工艺改造，既要满足一、二期工程烧结系统废水处理与回用要求，又能适应与满足三期工程烧结系统废水处理与回用。从表4-5、表4-6废水水质化学成分、粒度分析看出，废水不经处理不能排放，因此，必须改造以适应回用要求，经试验分析，采用浓缩—喷浆法可做到废水与矿泥全部回用，基本实现"零排放"。

4.4.1.3 改造后处理工艺流程

将冲洗1号、2号烧结机系统胶带的废水一部分自流中继槽，由泵送入 φ3m×3m 搅拌槽，另一部分自流进入 φ3m×3m 搅拌槽，再用渣浆泵送至隔渣筛（振动筛）。筛下废水自流至 φ12m 浓缩池。其底部污泥经渣浆泵送至小球车间 φ30m 浓缩池，进入小球浓缩喷浆系统。筛上粗渣落入粗渣斗，定期由汽车送至小球粉尘库。其工艺流程如图4-8所示。

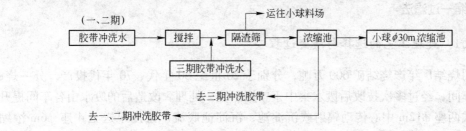

图4-8 改造后的工艺流程

为使三期与一、二期生产废水共同处理，设计时采用 PVC（塑料）自流溜槽，将三期烧结胶带冲洗废水汇流至厂区生产废水泵站（由于 PVC 溜槽摩擦阻力系数比钢溜槽小，可适当降低溜槽坡度，且溜槽不易结垢，加上分段架设冲洗水管，基本解决溜槽沉淀堵塞和清理问题），再用两台立式液下泵（一备一用，为防止固体颗粒沉淀设一台立式搅拌机自动搅拌）经600多米输送管送至烧结小球区废水处理站的隔渣筛，与一、二期的胶带废水相汇合而共同处理，使用隔渣筛的目的是将废水中粒径大于1mm的粗矿物隔除，以保证喷浆时工作正常进行。经汇合并经隔渣筛下的废水流入 φ12m 废水浓缩池，澄清溢流水流入浊循环水泵站的 $50m^3$ 吸水池,用第一组泵站(三台水泵,二用一备)加压供给一、二期烧结冲洗胶带用水。第二组泵站(二台水泵,一备一用)加压供给三期烧结胶带冲洗用水。$\phi 12m$ 废水浓缩池底泥(矿浆)送入小球区 $\phi 30m$ OG 泥浓缩池与炼钢厂的转炉烟气净化 OG 泥一并进行处理利用。$\phi 30m$ OG 泥浓缩池溢流水自流进入废水处理站的废水调节池,再用两台自吸式水泵(一备一用)加压供三期烧结一、二次混合机添加水及胶带除尘用水。$\phi 30m$ OG 浓缩池底部矿浆送入一、二期喷浆系统,作为一次混合机添加水。其废水处理工艺流程如图 4-9 所示[58]。该工艺实现闭路循环,实现废水与矿泥全部回用,处理过程无药剂投入并实现集中自动控制。

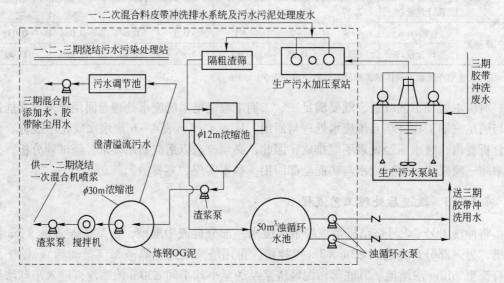

图 4-9　某厂一、二、三期烧结系统胶带冲洗水处理与回用流程

4.4.2　浓缩—过滤法

4.4.2.1　处理工艺的选择与演变过程

某公司烧结厂年产烧结矿 600 万吨,分别于 20 世纪 60 年代、70 年代投产,分一烧、二烧两个车间,经过多次技改后废水集中于二烧区统一处理。改造后的废水由各车间提升送至高架式两座 $\phi 12m$ 中心传动辐射式沉淀池,沉淀池底流矿浆用泵送至 4 座 $\phi 6m$ 浓缩锥(浓泥斗),经静沉后由锥底螺旋阀直接排至烧结机配料主皮带上,返回作烧结原料。由于该装置未能解决因废水变化幅度大影响沉淀效果以及浓缩锥排泥的时稠时稀、排料操作繁杂和操作环境差等问题,对烧结矿配料质量影响较大。

为解决上述存在问题,在两座 $\phi 12m$ 沉淀池入口增设一座调节池,并增加投药装置,改造沉淀池溢流堰,由宽口堰改为多口三角堰溢流,又增设钟罩式过滤池,废水净化效果明显提高并可循环回用。但由于浓缩锥处理泥渣效果差问题未能解决,从浓缩锥溢流泥水再返回 $\phi 12m$ 的沉淀池,又影响沉淀池处理效果,迫使部分废水外排。

为了解决浓缩锥处理效果差问题,进行了第三次技术改造,拆除了污泥浓缩锥,就地安装两台 YDP-1000A 型带式压滤机,并在进入 $\phi 12m$ 辐射式沉淀池的废水管上增设粗颗粒旋转筛滤分机 1 台,增设反向滤池一座。但由于 YDP-1000A 型带式压滤机滤带跑偏、滤带寿命太短等问题,造成该处理系统不能正常运行,致使该废水处理系统处于半瘫痪状态。

4.4.2.2 烧结废水渣(矿浆)脱水工艺及设备选型

烧结污泥脱水的好坏,既与烧结污泥的特性、组成有关,更与脱水设备的选型有关,结合烧结配料与配料主皮带对含水率要求,重点分析了用真空和机械挤压两种类型脱水设备的利弊,综合考虑的结果是选用一种水平带式过滤机。

A 泥渣的化学组成与过滤试验

泥渣的化学成分与粒度组成见表 4-7、表 4-8。

表 4-7 泥渣主要化学成分　　　　　　　(%)

成分	TFe	FeO	CaO	MgO	SiO$_2$	S	C
组成	29.32	6.6	19.17	3.72	4.76	0.08	9.55

表 4-8 泥渣粒度组成

粒径/mm	>1	1~0.5	0.5~0.25	0.25~0.15	0.15~0.10	0.10~0.07	0.07~0.04	0.04~0.03	<0.03
组成/%	4.4	1.4	1.3	1.6	2.5	2.2	4.7	2.1	79.8

为了确保水平带式真空过滤机适用该厂烧结泥渣脱水性能,进行现场过滤试验,其试验结果见表 4-9[59]。

表 4-9 烧结泥渣脱水试验结果

试验浓度 /%	滤布型号	过滤时间 /s	真空度 /MPa	滤饼厚度 /mm	滤饼水分 /%	滤液含 SS /mg·L^{-1}	生产能力(干饼) /kg·(m^2·h)$^{-1}$
40	750A	91	0.07	8.5	27.7	180	698
40	750A	135	0.07	8.5	29	180	465
39.5	750A	103	0.065	13	38.67	未化验	800
31	750A	73	0.066	6.3	28.4	270	605
40.4	750A	294	0.066	18	24.6	未化验	345
30	750A	235	0.067	13	25.69	未化验	303.54
40	750A	195	0.067	11	27.05	未化验	365.81
50	750A	150	0.067	11	26.20	未化验	475.55

B 泥渣脱水工艺与设备选择

烧结废水的泥渣是烧结原料。由于冲洗地坪而带入少量大颗粒矿渣,如不将它分离出去,不但影响泥渣脱水设备选型,而且会使 φ12m 中心传动辐射沉淀池底流泥浆泵不能正常工作。用旋转筛分粒机把不小于 5mm 的粗颗粒分离出去为泥渣脱水的第一段处理;把 φ12m 沉淀池底流泥浆用泥浆泵送往泥渣脱水间新建的 φ6m 中心传动浓缩池,其进水泥浆质量分数在 10% 左右,控制底流排泥浆质量分数在 30%~35%,为泥渣的第二段处理。第二段处理既能保证送往水平带式真空过滤机泥渣浓度要求,以提高脱水效率,又解决废水泥渣不均衡和脱水设备不间断工作的问题。由 φ6m 中心传动浓缩池排出的矿浆进入水平带式真空过滤机进行第三阶段脱水。水平带式真空过滤机选用昆山化工设备厂生产的 DI6.4/1250 – NB 型。由过滤机脱水的泥饼直接落到烧结配料主皮带输送机的皮带上，而后该泥饼随大量的烧结原料进入一混、二混烧结机烧结。滤饼含水率不大于 28%。皮带运料、混料均不影响烧结配料，达到预期效果。

4.4.2.3　处理工艺流程与使用效果

废水处理与泥渣脱水的工艺流程，如图 4 – 10 所示[59]。

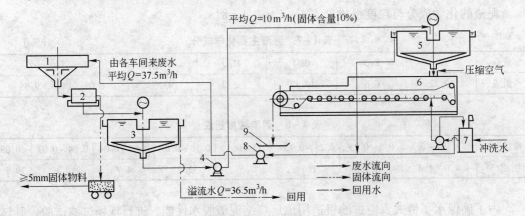

图 4 – 10　废水处理与泥渣脱水工艺流程

1—旋流调节池；2—粗颗粒分离转动筛；3—加斜板辐射沉淀池；4—50BL 泥渣泵；5—二次浓缩池；
6—水平带式真空过滤机；7—SZ – 4 真空泵；8—3PNL 排污水泵；9—烧结配料皮带机

为了使滤饼落到皮带上更易散开，把滤机排泥处的托辊改为有破碎泥饼功能的辊。滤机滤布采用 750A 型，使用寿命半年左右。滤机脱水主要技术参数，见表 4 – 10。

表 4 – 10　滤机脱水主要技术参数

真空度/MPa	滤饼含水率/%	滤饼厚度/mm	滤饼量/t·d⁻¹
≥0.068	≤28	10 ~ 20	25

经投产使用后，除解决该厂烧结污泥（矿泥）脱水这一难题外，每年可回收 4560 多吨烧结原料，可循环用水 24 万立方米，经济效益、环境效益十分显著。

4.4.3　磁化—沉淀法

4.4.3.1　废水来源与特征

废水主要来源于湿式除尘废水、烧结厂地坪冲洗水与返矿除尘废水等。废水中悬浮物的质量浓度为 1720mg/L，粒度组成见表 4 – 11。

表 4 – 11　悬浮物粒度组成

粒度/μm	>74	74 ~ 61	61 ~ 43	43 ~ 38	38 ~ 20	20 ~ 15	15 ~ 10	10 ~ 5	<5
含量/%	5.85	6.29	18.27	28.07	31.52	2.2	2.2	2.9	2.7

矿浆中总铁（TFe）为 36.6% ~47%，pH 值为 10~13，并含有碳、钙、镁、硅、硫等成分，矿浆密度为 1.5~2.6t/m³。

4.4.3.2 废水处理工艺与主要处理设备

废水经收集从集流箱流入磁凝聚器，经磁化处理后再流入斜板沉淀池进行沉淀净化处理。经沉淀净化后上清液流入清水池后再循环回用。斜板沉淀池底部的污泥（矿泥）经螺旋输泥机推出后，由脉冲气力提升器送至 3 号矿仓后再配料回用。其处理工艺流程如图 4-11 所示。

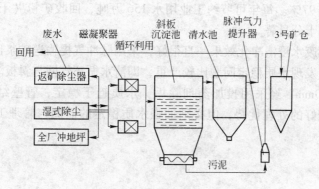

图 4-11 废水处理工艺流程图

主要处理设备有：

（1）磁凝聚器：选用 QCS-5 型渠用可调电磁式凝聚器 2 台。磁感应强度为 0.15T，处理水量为 260~650m³/h，磁程为 100mm，激磁电流为 17A。

（2）斜板沉淀器：选用 NXC-80 型升流式异向流斜板沉淀器 4 台。处理水量为 80~160m³/h，沉淀时间为 12.68~6.32min。

（3）螺旋输泥机：在斜板沉淀器底部配置螺旋输泥机 4 台。螺旋直径为 600mm，螺旋转速为 5.2r/min，输泥机功率为 5.5kW。

（4）脉冲气力提升器：配置 4 台脉冲气力提升器。排输矿浆能力为 0.5t/min。

4.4.3.3 工艺的技术特点

A 磁处理技术特点

鉴于烧结废水中矿浆含 TFe 达 36.6% ~47%，属铁磁质。采用磁化处理后，废水中悬浮物经磁场作用会产生磁感应，而离开磁场后还会有弱磁性。在废水沉淀时，微细颗粒相互吸引而凝聚成链条状聚合体，加速与提高沉淀效率，并可降低矿泥（浆）的含水率。同时，经磁场处理过的水，有抑制水垢形成的作用。所以采用磁化处理装置既具有凝聚悬浮物、加快沉降速率的作用，又具有防垢、除垢的功能。另外，经磁化处理过的矿浆加入混合料，可改善混合料成球性能，提高烧结料层透气性。

B 脉冲气力提升器

在传统的废水处理系统中，污泥的处理利用是一大难题，一般采用高效脱水处理，如板框压滤、真空脱水或带式压滤等，这些方法投资费用高，可靠性、稳定性较差，而且烧结工业污泥里有尖角颗粒的烧结矿存在，很易戳破滤布，造成脱水效果降低。所以，上述高效脱水处理方法处理烧结工业废水中污泥仍有弊病。经过研制和试验，该厂采用了脉冲气力提升器，直接把污泥用脉冲气力提升器输送至原料 3 号矿仓。该设备优点是：（1）可输送高浓度矿浆，且管网不易结垢堵塞；（2）压降、耗气量少；（3）物料运行速度低，调节范围大；（4）设备操作简单；（5）投资和运行费低，但需进一步工程运行考核。

4.4.3.4　运行状况与解决的途径

经投产运行实践证明，处理效果很好，废水出口悬浮物质量浓度不大于 50mg/L，悬浮物去除率不小于 97%。每年可节约工业用水 156 万吨，回收矿粉（干基计）5420t，经济效益、环境效益十分显著。

该处理工艺对废水澄清净化效果一直很好，采用脉冲气提输送矿浆也较方便可行，但经一段时间运行后发现水质稳定问题比较严重，即清水循环管网与斜板沉淀池出水槽有结垢，其垢厚度达 20mm。经采用投加药剂除垢，水质趋于稳定，管壁结垢受到控制。因此，该工艺具有较好的处理优势，但必须加强水质稳定的监测与管理工作，及时清除污垢。

5 炼铁工序节水减排与废水处理回用技术

炼铁工序节水减排是钢铁工业节水减排的重中之重，根据炼铁工序用水实践，炼铁用水约占钢铁企业总用水量25%左右，可见炼铁工序的节水减排对企业提高用水循环率，降低废水排放率具有重要意义与作用。

炼铁工序节水减排原则是：对高炉炉壁冷却，应采用软水密闭循环冷却系统；对高炉煤气净化，应优先选用干法除尘工艺，如采用湿法工艺，则应采用先进处理工艺与水质稳定技术而循环回用。其少量循环系统排污水应作为高炉冲渣补充水，而高炉冲渣水经处理后循环回用；对铸铁机废水经沉淀处理后循环回用。因此，对炼铁工序应实现节水减排最大化和废水"零排放"化。

5.1 炼铁工序节水减排、用水规定与设计要求

5.1.1 炼铁工序节水减排规定与设计要求

5.1.1.1 炼铁工序

（1）新建大型高炉的设计寿命一般在15年以上，有的是20年以上，年作业率为340～350天以上。因此，高炉水处理设备选型应考虑高炉炉龄长、作业率高、炉龄后期热负荷增大的特点，采用性能好、质量可靠的设备，并应考虑和设计检修、更换的措施和预案。

（2）高炉炉渣粒化用水和铸铁机冷却用水对水质水温要求不严，且消耗、蒸发量大。因此，高炉炉渣粒化用水和铸铁机冷却用水，应优先采用回用水或其他系统的排污水，以减少工业新水用量。

（3）高炉煤气干法除尘是一项节水显著的工艺技术，已用于炉容不大于 $1200m^3$ 的高炉，并规划用于炉容 $4000m^3$ 高炉。但因投资高、维修费用大、安全管理水平高，因此是否采用需进行环保、节水和技术、经济等多方面论证比较后再确定。但高炉煤气干法除尘技术是发展趋势，在条件可行时应优先采用。

（4）TRT 发电装置和煤气管道中都会产生凝结水、水封溢流水，应设集水坑、排水泵将凝结水、水封溢流水回收利用。回收的水进入煤气清洗循环水系统。

5.1.1.2 高炉炉体及热风炉

（1）高炉炉体、热风炉阀门应优先采用软化水、除盐水作为冷却水，有利提高传热效率，降低结垢的速率，并应采用间冷闭式循环水系统供水，防止空气污染，并可利用回水余压节能。

（2）高炉炉体冷却，宜采用冷却水分段升温，串接用水方式，采用下区、上区串联供水，提高循环水的热负荷方式，既可循环水量（约50%），又可节省补充水量。因此串

联供水方式对高质水（软水、除盐水）循环系统非常有利。

（3）当高炉炉体冷却采用开路循环水系统，并设有回水箱时，回水管必须设置排气管，防止产生气塞造成水箱溢水，对出铁场的耐火材料造成危害。

（4）炉顶无料钟冷却水系统应采用间冷闭式循环水系统。采用水—水换热方式进行热量置换，采用管道过滤器去除悬浮物，既减少废水排放量，又节约工业新水用量。

（5）高炉炉龄后期，炉壳喷洒水应回收循环使用，应设置独立的循环水处理系统。该系统使用时间是在炉龄后期，因此在高炉供排水系统设计时应先预留位置，待需要时再上设备。

5.1.1.3 炉渣粒化

（1）炉渣粒化的方法有转鼓法、轮法和底滤法等。炉渣粒化过程中会产生大量的蒸汽，蒸汽中含有硫化氢，对环境、人身健康和设备都有严重影响，因此，炉渣粒化系统宜进行封闭或加盖，防止蒸汽外溢，蒸汽冷凝水应回收利用。

（2）炉渣及粒化渣堆放过程中渗出的水和出干渣时炉渣喷淋冷却过程中渗出的水，应设集水坑、排水泵对渗出水回收利用，不得外排。

（3）冲渣水循环系统的补充水一般采用回用水，循环水水温远高于环境水温5℃以上，不允许外排。冲渣水循环系统蒸发、损失水量较大，属典型的亏水循环，因此只要系统设计合理、管理到位，完全可以做到不溢流，因此水渣循环系统不应设溢流口。

（4）渣水输送泵的输送能力与含渣量有关，含渣量越高、输送量越小，含渣量越小，输送量越大。为了系统的平衡，水渣系统的渣水输送泵应采用调速泵和其他辅助措施（如回流管等），保证水渣系统不溢流。

5.1.1.4 煤气清洗

（1）高炉煤气湿法除尘技术主要有两项：一文、二文除尘和塔式二级除尘。采用将二级除尘水加压送一级除尘的串接给水方式，可节省水量一半，其水处理构筑物规模也减少一半，节水与经效显著。因此，当高炉煤气净化系统采用湿法除尘技术时，应采用二级除尘串接给水方式，即将二级除尘清洗水收集，就地加压供一级除尘用。

（2）高炉煤气中含有大量的颗粒状杂质，这些杂质、烟气一部分被重力旋风除尘器截留，其余都要进入煤气清洗水中，当煤气预除尘器的效率低于或等于97%时，水处理系统应设粗颗粒分离器去除不小于60μm的大颗粒灰尘，以便减少沉淀池负荷，提高沉淀水质，并可减少污泥脱水机负荷及污泥处理系统的设施。

（3）高炉煤气量与压力是波动的，压力小煤气量小；压力大煤气量大，此时喷淋除尘水也应加大，采用定速泵供水，对除尘效率不利，因此煤气除尘给水泵应采用调速泵。

（4）煤气清洗水水温较高，含有有害物质，不允许外排。该系统是直冷循环系统，只要系统设计合理、管理到位，完全可以做到不溢流，因此煤气清洗循环水系统不应设溢流管。

5.1.1.5 鼓风机与铸铁机

（1）鼓风机有两种原动机，一是电动机，二是汽轮机（以蒸汽为动力），从节水、节能上应选用电动机。汽轮机的冷却水量是电动机的 40 倍左右，只有供电条件不具备时，且有可利用蒸汽时，才可采用汽轮机。

（2）大型高炉鼓风机站、以蒸汽为动力的鼓风机站应设置独立的循环冷却水系统。

（3）鼓风机站设备冷却水系统应采用间冷开式循环水冷却系统。有条件时可利用海水作为冷却水。

（4）铸铁机和铸铁块冷却，对水质、水温要求不高，因此应采用高效的喷雾冷却或气水喷雾冷却。不设冷却塔可减少因蒸发和风吹造成的水损失。

5.1.2 炼铁工序用水规定与设计要求

（1）炼铁工序主要用水有高炉热风炉冷却水，高炉煤气洗涤水，铸铁机、鼓风机站用水，炉渣粒化和水力输送以及干渣喷水等。此外，还有一些用水量不大的零星用水户，如润湿炉料、煤粉用水，平台洒水，煤气水封阀用水以及变压站、空压站、检化验室、水冷空调用水等。

（2）炼铁工序对连续用水要求十分严格，一旦中断用水，不仅会引起停产损失，还会使受冷却水保护的设备被烧穿，严重时会造成重大事故。因此，炼铁工序用水设计，必须保证连续给水，并应采取特殊的安全供水措施。

（3）炼铁高炉安全供水涉及水源、电源、水泵站、水泵机组、管道、储水构筑物、水塔或高位水池、备用动力以及用水管理等方面，必须统筹规划设计，构成有机整体，确保安全供水。

（4）炼铁高炉用水系统，一般均采用循环供水系统，并尽量提高其循环利用率。水在使用过程中，一部分水仅被加热，另一部分水不仅被加热而且受污染。未被污染的热水，经冷却后循环使用，也可供其他所需用户。被污染的热水，经适当处理后，应循环使用，或供其他用户使用。

（5）高炉间接冷却水质必须严格控制，不得有沉淀物堵塞冷却设备的情况。不允许采用直接用水，必须进行水的严格处理，循环用水，尽量少用新水。

高炉冷却的目的是保证高炉炼铁正常运行不被烧坏并延长其砌体(耐火材料)与设备的使用期限，延长高炉的使用寿命。高炉冷却系统包括风口、渣口和安装在高炉炉体各部位的冷却壁、冷却板、空腔式水箱、支架式水箱等各种冷却设备,其用水量与用水水质为:

（1）高炉与热风炉用水：20 世纪 80 年代以来，由于现代化高炉的有效容积往往都在 $1000m^3$ 以上，为提高高炉的一代寿命，往往都采用了新型的冷却设备，并对冷却水的供水水质要求甚高，有的甚至采用软水或纯水作为冷却水，对水量则有一个放大要求的趋势，所以基本已摒弃了这种按炉容确定冷却水用量的方法。如武钢 3 号高炉有效容积为 $3200m^3$，采用纯水密闭循环系统，其高炉、热风炉的密闭循环水量平均为 $6546m^3/h$，最大为 $7286m^3/h$；宝钢 3 号高炉有效容积为 $4350m^3$，采用纯水密闭循环和工业水开路循环相结合的系统，其高炉、热风炉循环用水量为 16412 m^3/h；唐钢两座 $1260m^3$ 高炉采用软水密闭和工业水循环相结合的系统，高炉及热风炉循环水用量为 $7320m^3/h$ （每座 $3660m^3/h$）。这些例子说明高炉、热风炉循环用水量均有较大增长，但这并不是指标的落后，而是技术的进步。现代大型高炉用水量实测结果见表 5-1。

表 5 - 1　现代大型高炉用水量实例

高炉有效容积/m³	用水量/m³·h⁻¹		
	高炉炉体	热风炉	共　计
1200	3360	300	3660
1350	4730	（包括在炉体内）	4730
3500	5846	700	6546
4063	6552	1158	7710
4350	5633	1282	6915（不含二次冷却水）

高炉冷却水的水质主要是指水中悬浮物和溶解盐类含量以及冷却水的结垢、腐蚀等问题。实际运行情况表明，水中悬浮物的质量浓度小于 100mg/L 时，冷却设备内仍会有悬浮物沉淀下来，箱式冷却设备尤其明显。对于这种情况，现代化大高炉间接冷却水中的悬浮物的质量浓度必须认真对待。在循环供水中，其悬浮物的质量浓度最好小于 20mg/L。若采用纯水或软水进行高炉炉体冷却，满足这个要求是不言而喻的，其二次冷却水水质也应达到这个要求，而且最大不应超过 50mg/L。在水质问题中，溶解盐类的质量浓度也是十分重要的。造成结垢等水质障碍的溶解盐类主要是碳酸盐和游离碳酸的质量浓度，应进行很好的控制。

（2）高炉煤气清洗系统用水：

1）高炉煤气清洗干式除尘技术主要有电除尘系统与布袋除尘系统、干式除尘系统的优势为：可以利用 200～250℃ 煤气物理热量，节省水源和电力消耗；如用高温煤气燃烧热风炉，可提高风温并降低焦比，节省焦炭；对高压高炉而言，采用炉顶煤气发电装置，尚可多发电 30%～40%[60,61]。因此，高炉煤气干式除尘技术是国内外发展方向。但因安全生产问题，国内外虽有应用，但常采用干湿并存，以干法为主，湿法备用。由于采用两套设施，会有增加投资和占地以及维修等问题，故目前国内外大型高炉采用干法除尘应用实例尚较少。

2）每炼 1t 生铁，约排出 2000～2500m³ 高炉煤气（标态），高炉煤气湿法除尘用水应根据洗涤工艺要求及洗涤供水系统确定，水温在 40℃ 以下，每清洗 1000m³ 高炉煤气，不同洗涤系统用水量见表 5 - 2[60,61]。

表 5 - 2　高炉煤气洗涤用水量　　　　　　　　（m³）

工　艺　系　统		1000m³ 煤气用水指标			
		洗涤塔	冷却塔	溢流文氏管	文氏管
清洗生铁系统	塔后文氏管系统	4～4.5			0.5～1.0
	塔前文氏管系统		3.5～4	1.5～2.0	
	串联文氏管系统			3.5～4（常压）1.2～1.8（高压）	0.5～1.5
清洗锰铁系统	塔前文氏管系统		4～5	2.0	
	串联文氏管系统			5～6	1～2

如采用电除尘，其供水定额为 1000m³ 煤气供水 0.2 ~ 0.5m³，减压阀组供水定额为 1000m³ 煤气供水 0.2 ~ 0.26m³。

煤气洗涤用水要求悬浮物的质量浓度不大于 200mg/L，电除尘器用水要求悬浮物的质量浓度不大于 500mg/L。

（3）冲渣水：

1）由于炼铁高炉向大型化发展，渣量大（300 ~ 400kg/t 铁），用水冲渣必须设置循环用水系统。

2）高炉渣粒化常采用多种形式的冲渣方式，如过滤法、沉淀过滤法、转鼓过滤法和图拉法等水冲渣，以及水泡渣、热泼渣等方式。

3）炉渣粒化用水与水质要求，见表 5 - 3[2,3]。

表 5 - 3　炉渣粒化用水与水质要求

粒 化 方 式	冲　渣	泡　渣
吨渣用水量/m³	8 ~ 12	1 ~ 1.5
水压/MPa	0.2 ~ 0.25	> 0.02
水质	SS < 400mg/L；SS < 0.1mm	无要求
水温/℃	< 60	无要求

5.1.3　炼铁工序取（用）水量控制与设计指标

炼铁工序取（用）水量控制与设计指标分为：高炉炉体、热风炉冷却系统用水，煤气清洗系统用水，冲渣系统用水，鼓风机系统和铸铁机系统，其取（用）水量控制与设计指标见表 5 - 4[39]。

表 5 - 4　炼铁工序取（用）水量控制与设计指标

项 目 名 称		单　位	用水量	取水量	备　注
高炉炉体、热风炉冷却系统用水	密闭系统	m³/m³ 炉容	2 ~ 3	0.004 ~ 0.006	不含二次冷却水
	敞开系统	m³/m³ 炉容	2 ~ 3	0.04 ~ 0.06	
煤气清洗系统用水		m³/m³ 炉容	0.3 ~ 0.4	0.03 ~ 0.04	
冲渣系统用水	转鼓法	m³/t 渣	6 ~ 8	0.6 ~ 0.8	
	轮法	m³/t 渣	2 ~ 4	0.4	
	底滤法	m³/t 渣	6 ~ 8	0.6 ~ 0.8	
鼓风机系统用水	鼓风机	m³/万立方米	6 ~ 8	0.12 ~ 0.16	
	除湿设备	m³/万立方米	55 ~ 60	1 ~ 1.5	
	汽轮机	m³/t 蒸汽	60 ~ 70	1.5 ~ 2	
铸铁机系统用水		m³/t 铁	0.8 ~ 1.0	0.08 ~ 0.1	

5.1.4　炼铁工序节水减排设计应注意的问题

5.1.4.1　炼铁工序连续生产运行与安全供水的基本要求

（1）要保证供水水源、水泵站、水塔（或高位水池）、储水池、冷却构筑物和设备、循环水管网系统、加药设施等的正常运行与可靠性。

（2）供排水设备的自动操作控制水平是衡量大型钢铁企业现代化的重要标志；没有供排水的现代化就难以实现高炉、热风炉的先进生产与自动化。应对供排水系统的操作与控制要点及相互间连锁关系，提出明确的设计任务与要求。

（3）水塔（或高位水池）与备用动力设计要求如下：

1）水塔或高位水池是在发生停电事故，水泵停止运转情况下，保证连续供水的有效措施。备用动力是在停电事故时保证连续供水的重要措施。

2）水塔或高位水池容积应按供水范围内 1~3h 总用水量设计；备用动力水泵机组持续供水时间应按不小于 3h 设计[2]。

5.1.4.2　循环供水系统的水质稳定技术与要求

（1）纯水密闭循环系统应不存在水失稳问题。但因纯水中存在溶解氧与设备和管道的铁离子发生电化学反应，故有易发生腐蚀倾向，需定时投加一定量的防腐剂、杀藻剂，如硝酸盐类，以保护设备连续运行，防止腐蚀。

（2）间接冷却循环系统由于水中存在悬浮物和各种盐类物质，随着循环次数增加，上述物质因水的蒸发而不断浓缩，增加结垢和腐蚀以及黏泥等水质障碍而影响循环水质，应考虑如下解决措施：

1）设计一定的排污量。在循环过程中，悬浮物和盐类物质不断浓缩，此时将一部分循环水排放出去，同时补充新水，使悬浮物和溶解盐类浓度在系统中保持平衡，而在平衡的情况下，其腐蚀速率和污垢附着速度仍能控制在规定的范围内，则这时可以认为水质是稳定的。

2）在有一定量排污的同时，在循环水中加入防止结垢的药剂，效果是明显的，但腐蚀仍不能控制在规定限度之内。

3）在定量排污、投加防垢剂的同时，再投加防止腐蚀的药剂，效果比上述 2）又有很大进步。

4）根据试验结果，连续投加防垢、防腐药剂；连续定量排污、连续定量补充新水，定期投加杀菌、灭藻防止微生物的药剂，取得了很好的效果，使得系统的循环率大幅度提高（可以达到 95% 以上），长期稳定运行，长期不出现水质障碍，实现了真正的循环供水。

5）控制补充水水质：由于排污水量的损耗，为了保持水量平衡，必须补充新水，为此必须控制补充水水质，其办法是选择适当的水源，并且对原水进行适当的处理，使之满足补充水要求。

6）对循环水必须有一个管理目标值，设计应根据循环水系统，规定该系统盐类离子的浓缩倍数，在此基础上投加水质稳定剂。

为实现冷却水系统稳定与正常运行，投加水质稳定药剂至关重要，选择合理可靠的投药工艺与设备是实现水稳自动化运行的必要条件。应根据药剂品种、注入浓度、注入量、系统补充水量、保有水量等条件设计和选择药剂、投药工艺与设施。

5.1.4.3　炼铁高炉水循环设施的设计应注意的问题

（1）构筑物的配置，首先应满足工艺要求，应与供排水系统的选择相一致。要注意工程地质、水文地质条件，要考虑分期建设的可能性和合理性。

（2）循环水泵站应靠近主要用水户，并与冷却构筑物尽可能就近配置。敞开式（开路循环）冷却构筑物，应设置在场地开阔、通风良好的地方，其长边应与夏季主导风向成正交。应远离粉尘污染源发生地。

（3）构筑物的布置，应充分利用地形和余压，减少构筑物的设置深度，以节省动力消耗和建设费用。

（4）水泵站应尽量靠近电源；当泵站内设有汽轮机为动力的水泵机组时，还应尽可能靠近气源。

（5）在总图布置紧凑和管线较多的情况下，因高炉供水的安全性要求非常高，可考虑设置地下管廊，另外构筑物的配置方位应考虑与相关设施连接管线最短，并不应有折返迂回现象。

（6）有高地可利用时，应首先考虑建高位水池作为安全供水的措施；无高地可利用时，则应建高位水塔作为安全供水的措施之一。高位水池或水塔与水泵站可对置，也可前置，如前置时应注意不致使一段管路发生故障，造成泵站和水塔（或高位水池）同时停止供水的情况。

（7）为供排水设施配套服务的调度站、水处理控制室、修理间、化验室等，要尽可能布置在供排水构筑物比较集中的区域。

5.2 炼铁工序节水减排技术途径与废水特征

5.2.1 炼铁工序节水减排技术途径

现代大型炼铁工业要使企业吨铁用水量低、节水减排效果好，必须做到用水的高质量和处理严格化，执行严格的用水标准与排放标准，严格实行按质用水、串级用水、循环用水、废水回用等分级用水管理，严格实施高的循环用水率以及十分注意各工序间废水水量、水温、悬浮物和水质溶解盐的平衡，充分利用各工序水质差异，实现多级串级与循环利用，最大限度地将废水分配或消失于各级生产工序，实现炼铁工序废水"零排放"。总结国内外经验，结合宝钢、首钢京唐以及我国近年来引进的高炉炼铁水处理先进技术与创新，要实现炼铁工序节水减排与废水"零排放"，其节水技术途径与措施如下。

5.2.1.1 高水质用水与高度重视用水水质

A 高水质用水

现代大型炼铁系统，对水质的要求越来越严，其原因：一是要有高质量的产品，就需要有很少杂质的水来处理产品；二是为了提高水的循环利用率，减少结垢等也需要高质量的水。现代化大型炼铁系统有4个供水系统，即工业用水系统、过滤水系统、软水系统和纯水系统。其中工业水用量约占70%，其余三种水约占30%。这4个系统的主要用途可依次作为软水、过滤水、工业水循环系统的补充水。这是实现按质供水、串级供水最有效的办法，其结果是水量减少了，吨铁用水降低了，用水循环率提高了，高炉寿命延长了，经济效益增加了。

B　高度重视用水水质

为了满足生产的不同要求，保证产品质量，同时不会产生副作用，造成生产故障和设备损坏，对不同工艺或即使相同工艺，由于所用的原料和操作条件不同，而采用不同水质，合理用水。如对冷却炉底、进风弯管、炉身取样设备及仪表、热风阀、热风放散阀则不惜采用纯水。对于循环水质要求有：水温低于40℃，pH 值为 7～10，氯离子小于2mg/L，总硬度小于1mg/L，并定期杀菌灭藻。又如对高炉风口、炉体、炉身、炉腰、风口周围等间接冷却水采用工业用水，其水质要求：蒸发残留物 300mg/L，硬度 50mg/L（以 $CaCO_3$ 计），碱度60mg/L（以 $CaCO_3$ 计），pH 值为 7.5，饱和指数（35℃）1.25。冷却后净回水要求：水温小于33℃，pH 值为 7～8，悬浮物小于20mg/L，Cl^- 小于100mg/L，总硬度小于150mg/L，电导率小于 7.5μS/cm，腐蚀速度小于 5mg/（$dm^2 \cdot d$）。再如高炉煤气清洗用水，为使其能循环使用，对 pH 值、总碱度、OH^-、CO_3^{2-}、HCO_3^- 等都有具体要求，悬浮物的质量浓度小于100mg/L。冲渣用水水质要求不高，可以接受煤气洗涤循环水系统的排污水。

5.2.1.2　提高用水循环利用率

提高用水循环利用率，减少废水排放量，不只是保护环境的需要，也是节省水资源最重要的措施，同时也是经济措施。所以，世界各国都十分重视废水的循环利用，要实现这一目标，首先应从用水布局上考虑。例如，按单元采用分流净化技术，使供排水设施最大限度地靠近用户，从而缩短管网、节省能耗、减少水损失；根据各生产单元需要控制水的质量、温度与压力来设计用水循环系统；根据各生产单位，各循环系统对水质的不同要求，搞好水量平衡，使废水排放量控制在最低限度，排污水串级使用，把排污水尽可能消耗在生产过程中。水质稳定措施是提高循环用水率的关键技术之一，应予以充分重视。为了更好地解决和完善水质稳定，国外有些企业采用分片循环、串接再用的方法，例如，日本君津厂的 4930m³ 高炉的废水处理，每小时抽出 120t 煤气洗涤水（另补充新水）用于钢渣热泼；俄罗斯有部分高炉煤气洗涤水和部分转炉除尘废水混合一起使用，以保持两者水质稳定。宝钢炼铁厂高炉煤气洗涤系统也是采用了合理的串接的方法，这种串接使用、一水多用等，既能解决单个水循环系统的水质稳定问题，又减少了系统的排污量，从而减轻对环境的污染负荷，无疑是经济合理的。

5.2.1.3　全面规划综合平衡、合理串接

要做到炼铁工序废水"零排放"，首先要根据工艺设备对供水水质、水温、水压的不同要求进行合理分流，做到布局合理。为尽可能实现水的循环使用，采取了按单元分流净化的措施，例如宝钢炼铁厂设有净环水系统、纯水循环系统、污水循环系统、煤气清洗水循环系统、煤气水封阀循环水系统、高炉鼓风循环水系统和水渣粒化循环水系统。再根据各系统废水中有害物质的性质，分别采取物理、化学的方法，或几种方法的联合，去除水中有害物质，以满足重复或循环利用的要求。其次是充分利用各系统间有利因素，合理串接"排污水"，使废水排放量控制在最低限度。宝钢炼铁厂把冷却炉体的净循环水系统的排污水，作为炉缸喷水冷却循环水系统的补充水，而该系统的排污水又作为高炉煤气清洗循环水系统的补充水，高炉煤气清洗循环系统的排污水，作为高炉水渣循环水系统的补充

水。由于红渣温度很高（1400℃以上），高炉渣在粒化过程中便将这些补充水大量地消耗在粒化过程中而无需外排，这样做大大提高了循环利用率，做到了"零排放"。需要指出的是，高炉煤气清洗循环水的排污水中含有大量的重碳酸盐，而冲渣水中含氢氧化物又较高，两者混用产生碳酸钙沉淀，加之共析作用，使冲渣水软化，既解决了煤气清洗循环系统排污水的出路，又满足了冲渣水循环的要求。

5.2.1.4 水质稳定与循环水系统监控

A 溶解盐的平衡与水质稳定

盐类平衡就是指水中呈离子状态存在的物质的平衡问题。衡量水中盐类是否平衡，主要看是否消除结垢和腐蚀现象。既不结垢也不腐蚀的水称之为稳定的水。这种不结垢、不腐蚀是个相对的概念，实际上是指水对设备和管道的结垢和腐蚀均控制在允许范围之内而言。因此，盐类物质的平衡可以看作是水质稳定的问题。

天然水中一般含有 K^+、Na^+、Ca^{2+}、Mg^{2+} 等阳离子和 Cl^-、SO_4^{2-}、HCO_3^- 等阴离子。通常情况下，这些阳离子和阴离子之间处于一种化学平衡状态，如果水中阳离子和阴离子之间的化学平衡遭到破坏，则反映到循环水中的后果是结垢和腐蚀。科学研究和生产实践已经证明，水的腐蚀作用主要是溶解在水中的氧与设备和管道的组分中的铁发生电化学反应的结果。

水中 Cl^- 的存在也是具有一定危害的。虽然 Cl^- 不易直接腐蚀金属，但它的离子半径小，穿透能力强，它可以破坏已经形成的保护膜，从而促进和强化电化学反应，促进腐蚀作用。

在水与物料直接接触的废水中，含有大量的机械杂质和各种溶解盐类，这些盐类在系统的运行中，又会发生各种各样的变化，形成其他形式的水垢。

水处理技术的发展，对于水质稳定的研究和控制，已经有了成熟的经验。现在比较行之有效的方法是要首先控制补充水的各种盐类离子的含量，要定量地控制而不是定性地控制。

B 水质稳定与系统监控

水质稳定是提高循环用水率的关键。特别是炼铁工序的高炉煤气洗涤水，受物理、化学、生物等综合作用的影响，不但存在结垢现象，还存在腐蚀现象。煤气清洗循环水系统的补充水中，含有碳酸盐和重碳酸盐，在循环过程中，由于温度升高，含盐量因蒸发浓缩、CO_2 逸散等原因，使重碳酸盐、碳酸盐和 CO_2 之间失去平衡，引起重碳酸盐分解成碳酸盐沉淀，并和煤气中带来的可溶金属盐类（如钙、镁、铁等）生成水垢。

现代炼铁厂对水质的要求，要从原水水质开始，不论是用新水作为补充水，或者是用上一级循环系统的"排污"水作为下一级循环系统的补充水，对于其水中溶解的盐类离子都必须做到心中有数，它们的数据都应该得到控制。其次在循环系统中，必须制定一个管理目标值（一般需通过试验来确定）。设计规定各循环水系统盐类离子的浓缩倍数，并且针对各系统的具体情况，投加水质稳定药剂，或者采用其他有效的水质处理方法，连续地投加防腐剂，使设备和管道内壁形成一层致密的防腐保护膜，并且不断地修补该层膜，以防止设备和管道的腐蚀速度超过规定值；连续地投加防垢剂，使水中成垢盐类不至于生成结晶，并析出沉淀；针对具体情况投加不同药剂，控制结垢和腐蚀的发生和发展。将腐蚀和结垢的速度控制在允许范围之内，实现既不腐蚀也不结垢的系统和水质稳定的目标。

应该指出，悬浮物的去除、温度的控制、水质稳定和沉渣的脱水与利用是保证循环用水必不可少的关键技术，一环扣一环，哪一环解决不好，循环用水都是空谈。它们之间又不是孤立的，互相联系、互相影响，所以要坚持全面处理，形成良性循环。炼铁厂的用水量大，用水水质要求有明显差别，十分有利于串级用水，保证各类水循环中浓缩倍数不必太高，有定量"排污"到下一道用水系统中，全厂就可以达到无废水排放的水平，如图5-1所示。

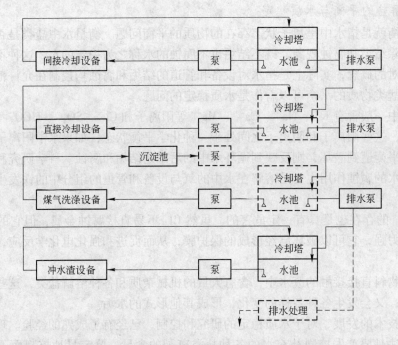

图 5-1 炼铁系统废水资源回用处理一般工艺流程
（图中虚线表示经技术经济比较后才可增设的设施）

5.2.2 炼铁工序废水特征

5.2.2.1 炼铁工序废水来源与排放要求

炼铁工序废水分为净循环和浊循环两大系统，根据其使用过程和条件大致可分为设备间接冷却水、设备和产品直接冷却废水和生产工艺过程废水等。

A 设备间接冷却水

高炉的炉腹、炉身、出铁口、风口、风口大套、风口周围冷却板及其他不与产品或物料直接接触的冷却废水都属于设备间接冷却废水。这种废水因不与产品或物料接触，使用过后只是水温升高，如果直接排放至水体，有可能造成一定范围的热污染，因此这种间接冷却用水一般多设计成循环供水系统，在系统中设置冷却塔（或其他冷却建筑物），废水得到降温处理后即可以循环使用。从定量的、严格的角度讲，间接冷却水仅仅靠冷却塔实现循环供水是不够的，还必须解决水质（主要指水中各种物质，如悬浮物质、胶体物质、溶解物质等）稳定问题。这是由于水中不仅存在悬浮物，而且存在各种盐类物质，随着循环的进行，悬浮物和溶于水中的盐类物质因水的蒸发而得到了浓缩，周而复始，浓缩的结果就会带来结垢和腐蚀以及黏泥等水质障碍，从而影响循环，所以要设计一定量的排污及补充定量新水。同时，炼铁厂可以利用生产工艺对水质的不同要求，将间接冷却系统的排污水排至其他可以承受的系统加以利用。一般情况下，在高炉工程的给排水设计中，高炉、热风炉冷却系统的排水可以作为高炉煤气洗涤水系统循环水的补充水。若高炉为干式除尘或别的原因不能排至煤气洗涤系统，则可排至高炉炉渣粒化（水渣或干渣）水系统，因此，通常不向环境外排废水。

　　B　设备和产品的直接冷却废水

　　设备和产品的直接冷却废水主要是指高炉炉缸的喷水冷却、高炉在生产后期的炉皮喷水冷却以及铸铁机的喷水冷却。产品的直接冷却主要指铸铁块的喷水冷却。直接冷却废水特点是水与产品或设备直接接触，不仅水温升高，而且水质受污染。但由于设备的直接冷却，尤其是产品的直接冷却对水质要求一般都不高，对水温控制也不十分严格，所以一般经沉淀、冷却后即可循环使用。这一类系统的供水原则应该尽量循环，并补充因循环过程中损失的水量，其"排污"量尽可能控制在最小限度，应排到下一工序对水质要求不严的系统中，不宜排至环境或水体。

　　C　生产工艺过程废水

　　炼铁厂生产工艺过程用水以高炉煤气洗涤和炉渣粒化为代表。高炉在冶炼过程中，由于焦炭在炉缸内燃烧，而且是一层炽热的厚焦炭由空气过剩而逐渐变成空气不足的燃烧，结果产生了一定量的一氧化碳气体 $[w(CO) > 20\%]$，故称高炉煤气。从高炉引出的煤气，先经干式除尘器除掉大颗粒灰尘，然后用管道引入煤气洗涤系统进行清洗冷却。清洗冷却后的水就是高炉煤气洗涤废水。这种废水水温高达60℃以上，含有大量的由铁矿粉、焦炭粉等所组成的悬浮物以及酚、氰、硫化物和锌等，水中悬浮杂质为 $600 \sim 3000\text{mg/L}$。由于该废水水量大、污染重，必须进行处理，然后尽量循环使用。在高炉炼铁生产过程中还产生大量的炉渣，一般每炼1t生铁，产生 $300 \sim 900\text{kg}$ 高炉渣，其主要成分是硅酸钙或铝酸钙。炉渣处理方法通常是将炉渣制成水渣或炉前干渣，或者两者兼而有之。目前高炉渣粒化采用多种形式的水冲渣方式以及泡渣、热泼渣等方式。冲制水渣就是用水将炽热的炉渣急冷水淬，粒化成水渣。粒化后的炉渣可用作水泥、渣砖和建筑材料。粒化后的渣与水的混合物需要脱水，脱水后的渣即为成品水渣，而水则可循环使用。

　　如上所述，炼铁厂的各种废水，如果不加处理任意排放是既不经济也不合理的，而且也是环境保护所不允许的。应坚持分质供水、局部循环、串级用水与清浊分流的用水原则，实现节水减排与废水"零排放"。

5.2.2.2　炼铁工序废水特征与水质状况

　　炼铁厂的所有废水，除极少量损失外，其废水量基本上与其用水量相当。影响用水量的因素很多，如原料、燃料情况，冶炼操作条件，所有用水设备的构造与组成，给水系统设置情况，供水的水质、水温，水处理的设备组成与处理工艺，给排水的操作管理等。

　　高炉煤气洗涤水是炼铁系统的主要废水，其特点是水量大，悬浮物的质量浓度高，含有酚、氰等有害物质，危害大，它是炼铁系统具有的代表性废水。冲渣水的特点是水温较高。含有细小的悬浮物。铸铁机用水不但水温升高，且含有铁渣、石灰、石墨片等杂质。炉缸洒水通常仅有水温的升高，废水悬浮物变化不大。但是，炼铁系统废水的水质是与供水水质、用水条件、排水状况有关。一般的水质情况，见表 5 - 5。

表 5 - 5 炼铁系统各废水水质 （mg/L，pH 值除外）

废水类别		pH 值	悬浮物	总硬度（以 CaCO₃ 计）	总含盐量	Cl⁻	SO₄²⁻	总 Fe	氰化物	酚	硫化物
煤气洗涤水	大型高炉	7.5 ~ 9.0	500 ~ 3000	225 ~ 1000	200 ~ 3000	40 ~ 200	30 ~ 250	0.05 ~ 1.25	0.1 ~ 3.0	0.05 ~ 0.40	0.1 ~ 0.5
	小型高炉	8.0 ~ 11.5	500 ~ 5000	600 ~ 1600	200 ~ 9000	50 ~ 250	30 ~ 250	0.1 ~ 0.8	2.0 ~ 10.0	0.07 ~ 3.85	0.1 ~ 0.5
	炼锰铁高炉	8.0 ~ 11.5	800 ~ 5000	250 ~ 1000	600 ~ 3000	50 ~ 250	10 ~ 250	0.001 ~ 0.01	30.0 ~ 40.0	0.02 ~ 0.20	—
冲渣水		8.0 ~ 9.0	400 ~ 1500	—	230 ~ 800	100 ~ 300	30 ~ 250	—	0.002 ~ 0.70	0.01 ~ 0.08	0.08 ~ 2.40
铸铁机废水		7.0 ~ 8.0	300 ~ 3500	550 ~ 600	300 ~ 2000	30 ~ 300	30 ~ 250	—	—	—	—

炼铁系统的废水特征如下：（1）高炉、热风炉的间接冷却废水在配备安全供水的条件下仅做降温处理即可实现循环利用，尤其是采用纯水作为冷却介质的密闭循环系统经过降温处理后，只要系统运转的动力始终存在，就能够持续运转；（2）设备或产品直接冷却废水（特别是铸铁机的水）被污染的程度很严重，含有大量的悬浮物和各种渣滓，但这些设备和成品对水质的要求不高，所以经过简单的沉淀处理即可循环使用，不需要做复杂的处理；（3）生产工艺过程中用水包括高炉煤气洗涤和冲洗水渣废水，由于水与物料直接接触，其中往往含有多种有害物质，必须认真处理方能实现循环使用。

5.3 炼铁工序废水处理回用技术

5.3.1 高炉煤气洗涤水

5.3.1.1 技术路线与技术途径

A 技术路线

高炉煤气洗涤水是炼铁工序清洗和冷却高炉煤气产生的一种废水，也是炼铁工序废水量最大、成分复杂、危害最大的废水，它含有大量悬浮物（主要是铁矿粉、焦炭粉和一些氧化物）、酚氰、硫化物、无机盐以及锌金属离子等。

高炉煤气洗涤循环水与一般浊循环水具有共同点为，由于水温升高、蒸发浓缩、二氧化碳逸散而形成结垢，以及由于水中游离无机酸和二氧化碳的作用产生化学腐蚀，金属和水接触产生电化学腐蚀。

与净循环水的不同点为，在洗涤过程中与产品直接接触，被带进过量的钙、镁和锌金属离子等，以致结垢严重；煤气洗涤循环水中不生长藻类，也没有生物细菌的繁殖。

为了解决高炉煤气洗涤循环水的水质稳定问题，国内对此进行了大量研究。根据高炉煤气洗涤循环冷却水水质稳定的特点，首先建立了防止碳酸盐结垢的技术路线，认为结垢主要由于水中重碳酸盐、碳酸盐和二氧化碳之间的平衡遭到破坏所致，即 $Ca(HCO_3)_2 \rightleftharpoons CaCO_3 \downarrow + CO_2 + H_2O$ 是可逆反应。由此可见，水质稳定，当水中游离二氧化碳少于平衡需要量时，则产生碳酸钙沉淀；如超过平衡量时，则产生二氧化碳腐蚀。可以认为该循环水水质同时具有结垢和腐蚀两种属性，即需解决高炉煤气水循环使用的水质稳定问题。

高炉煤气洗涤循环水水质稳定技术，基本上随同其他循环水水质稳定技术发展而发展，但仍有其独特之处。对于高炉煤气洗涤循环水而言，首先是采取化学沉淀处理，把某些可溶物转化成难溶的化合物，并使其在沉淀过程中析出沉淀，在此基础上再采取净循环水水质稳定所必需的措施（但不需杀菌灭藻），也就不难实现高度循环。

要解决循环水水质稳定问题，必须对循环水水质进行全面处理，即控制悬浮物、控制成垢盐、控制腐蚀、控制微生物、控制水温等。

B 控制碳酸盐结垢的技术途径与技术

（1）酸化法。酸化法是采用在水中投加硫酸或者盐酸，利用 $CaSO_4$、$CaCl_2$ 的溶解度远远大于 $CaCO_3$ 的原理，防止结垢。

$$Ca(HCO_3)_2 + H_2SO_4 = CaSO_4 + 2CO_2 + 2H_2O$$
$$Ca(HCO_3)_2 + 2HCl = CaCl_2 + 2CO_2 + 2H_2O$$

但此法对不含锌的废水有些作用，也不能完全解决问题。通常还有结垢发生，有时相当严重，为维持生产正常运行，只好排出部分废水，补充一些新水，以保持循环系统水质平衡。因此酸化法只能缓解由于 $CaCO_3$ 引起结垢，而不能缓解其他成垢因素引起结垢问题，且常发生严重设备腐蚀。

（2）石灰软化法。在水中投入石灰乳，利用石灰的脱硬作用，去除暂时硬度，使水软化。

$$CaO + H_2O = Ca(OH)_2$$
$$Ca(HCO_3)_2 + Ca(OH)_2 = 2CaCO_3 \downarrow + 2H_2O$$

石灰的投加量可以采用理论计算求出，而实际工作中多用试验方法确定。要特别提出注意的是，在用石灰软化时，为使细小的 $CaCO_3$ 颗粒长大，同时要加絮凝剂（如 $FeCl_3$）。

（3）CO_2 吹脱法。CO_2 吹脱法就是在洗涤废水进入沉淀池之前进行曝气处理。曝气的目的是吹脱溶解于废水中的 CO_2，破坏成垢物质的溶解平衡，促其结晶析出，并直接在沉淀池中随同悬浮物一起被去除，从而避免系统中的结垢发生。不过，曝气只有随着时间的延长才逐渐发生作用。试验表明，曝气 30min 以上，水中 CO_2 的吹出效果方能明显，pH值可以上升到 8 左右。但在此过程中，洗涤废水中的悬浮物比较容易沉淀，进而曝气池的清泥又成为一个难题。并且曝气的强度、空气的分配不好掌握，安装维护也不方便，加之曝气所需的鼓风机耗电较多，使得此方法的运用受到限制。

（4）碳化法。有的炼铁厂将烟道废气（含有部分 CO_2）通入洗涤废水中，以增加洗涤水中 CO_2，使 CO_2 与循环水中易结垢的 $CaCO_3$ 反应，生成溶解度大的 $Ca(HCO_3)_2$，该物质是不稳定物质，为抑制 $Ca(HCO_3)_2$ 分解，防止 $CaCO_3$ 结晶析出，需保持水中有少许过量 CO_2，使水中游离 CO_2 的质量浓度维持在 $1 \sim 3mg/L$，从而使 $Ca(HCO_3)_2$ 不分解，保证供水管道不结垢，这就是碳化稳定水质的基本原理。其化学平衡式为：

$$CaCO_3 + CO_2 + H_2O \Longrightarrow Ca(HCO_3)_2$$

（5）不完全软化法。有的炼铁厂将沉淀池处理后的洗涤废水一部分送到加速澄清池，向池中加入石灰乳和絮凝剂，利用石灰的脱硬作用去除洗涤水部分暂时硬度，然后再往循环水中通入 CO_2，使之形成溶解度较大的 $Ca(HCO_3)_2$，以达到消除水垢的目的。

（6）药剂缓垢法。加药稳定水质的机理是在水中投加有机磷类、聚羧酸型阻垢剂，利用它们的分散作用，晶格畸变效应等优异性能，控制晶体的成长，使水质得到稳定。最常用的水质稳定剂有聚磷酸钠、NTMP（氨基磷酸盐）、EDP（乙醇二磷酸盐）和聚马来酸酐等。随着研究和应用的不断深入，复合配方有针对性的应用，药剂之间可有增效作用，大大减小投药量，所以在确定某循环系统的水质稳定药剂时，应做好模拟试验。随着化学工业的发展，各种高效水质稳定剂被开发出来，所以在循环水系统中，药剂法控制水质稳定将更有广阔前景。

5.3.1.2 处理与回用技术

高炉煤气洗涤水的处理原则应从经济运行、节约用水和保护水资源三方面考虑，对废水进行适当处理，最大限度地循环使用。高炉煤气洗涤水的处理工艺主要包括沉淀（或混凝沉淀）、水质稳定、降温（有炉顶发电设施的可不降温）、污泥处理四部分、高炉煤气洗涤水中的悬浮物粒径在 $50 \sim 600\mu m$，因此主要利用沉淀法去除悬浮物，并根据水质情况，采用自然沉淀或投加凝聚剂进行混凝沉淀。澄清水经冷却后可循环使用。煤气洗涤水的沉淀，多数厂采用辐射式沉淀池，少数厂也有采用平流沉淀池和斜板沉淀池的。采用自然沉淀，出水悬浮物的质量浓度约 $100mg/L$。采用混凝沉淀，一般投加聚丙烯酰胺 $0.5mg/L$，沉淀池出水悬浮物的质量浓度小于 $50mg/L$。实践证明，投加聚丙烯酰胺大于 $0.3mg/L$ 进行混凝沉淀，可以使沉降效率达到 90% 以上。对于特难处理煤气洗涤废水，目前已做混凝—电化学处理的尝试，效果良好。此外，也有用磁场进行处理，研究结果表明，可强化出水的净化效果，有利于废水的回用。

降温构筑物常采用机械通风冷却塔，玻璃钢结构与硬塑料薄型花纹板填料，其淋水密度可以达到 $30m^3/(m^2 \cdot h)$ 以上。污泥脱水设备可针对颗粒级配情况进行选择，宜采用压滤或真空过滤，泥饼含水率最好控制在 15% 左右，否则瓦斯泥回用会有一定困难。

防止高炉煤气洗涤系统结垢的废水处理方法主要有软化法、酸化法和化学药剂法及其组合工艺等，有代表性的应用有首钢的石灰—碳化法，鞍钢的酸化法，宝钢、武钢的化学药剂法[2,3,57,62]。

A 石灰软化—碳化法工艺流程

石灰软化—碳化法工艺流程为：高炉煤气洗涤后的废水经辐射式沉淀池加药混凝沉淀后出水的 80% 送往降温设备（冷却塔），其余 20% 的出水泵往加速澄清池进行软化，软化水和冷却水混合流入加烟井，进行碳化处理，然后泵送回煤气洗涤设备循环使用。从沉淀池底部排出泥浆，送至浓缩池进行二次浓缩，然后送真空过滤机脱水。浓缩池溢流水回沉淀池，或直接去吸水井供循环使用。瓦斯泥送入储泥仓，供烧结作原料。其工艺流程如图 5-2 所示。

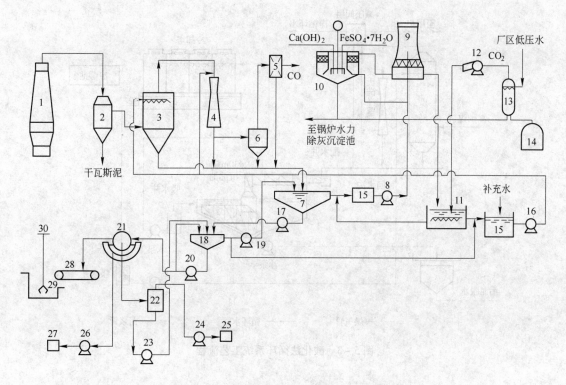

图 5-2 石灰软化—碳化法循环系统工艺流程

1—高炉；2—干式除尘器；3—洗涤塔；4—文氏管；5—蝶阀组；6—脱水器；7—φ30m 辐射沉淀池；
8—上塔泵；9—冷却塔；10—机械加速澄清池；11—加烟井；12—抽烟机；13—泡沫塔；14—烟道；
15—吸水井；16—供水泵；17—泥浆泵；18—φ12m 浓缩池；19—提升泵；20，23—砂泵；
21—真空过滤机；22—滤液缸；24—真空泵；25，27—循环水箱；
26—压缩机；28—皮带机；29—储泥仓；30—天车抓斗

B 酸化法工艺流程

酸化法工艺流程为：从煤气洗涤塔排出的废水，经辐射式沉淀池自然沉淀（或混凝沉淀），上层清水送至冷却塔降温，然后由塔下集水池输送到循环系统，在输送管道上设置加酸口，废酸池内的废硫酸通过胶管适量均匀地加入水中。沉泥经脱水后，送烧结利用。其工艺流程如图 5-3 所示。

C 石灰软化—药剂法工艺流程

石灰软化—药剂法工艺采用石灰软化 20%~30% 的清水和加药阻垢联合处理。由于选用不同水质稳定剂进行组合配方，达到协同效应，增强水质稳定效果，其流程如图 5-4 所示[2,62]。

D 药剂法工艺流程

高炉煤气洗涤后的废水经沉淀池进行混凝沉淀，在沉淀池出口的管道上投加阻垢剂，阻止碳酸钙结垢，同时防止氧化铁、二氧化硅、氢氧化锌等结合生成水垢，在使用药剂时应调节 pH 值。为了保证水质在一定的浓缩倍数下循环，定期向系统外排污，不断补充新水，使水质保持稳定。其工艺流程如图 5-5 所示。

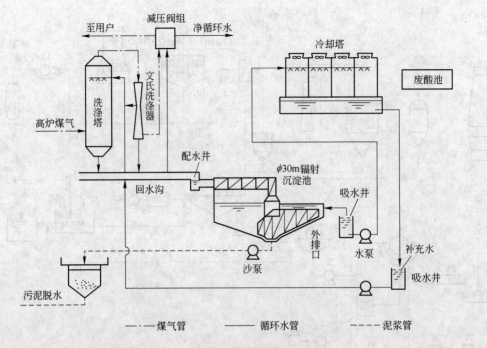

图 5 - 3 酸化法循环系统工艺流程

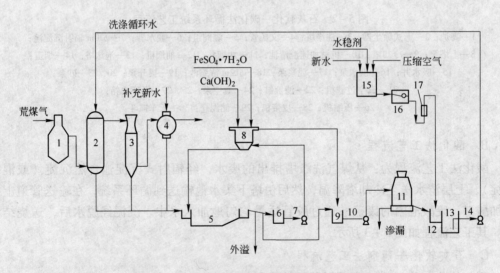

图 5 - 4 石灰软化—药剂法循环系统工艺流程

1—重力除尘器；2—洗涤塔；3—文氏管；4—电除尘器；5—平流沉淀池；6，9，13—吸水井；
7，10，14—水泵；8—机械加速澄清池；11—冷却塔；12—加药井；15—配药箱；16—恒位水箱；17—转子流量计

E 比肖夫清洗工艺流程

比肖夫洗涤器是德国比肖夫公司的一种拥有专利的洗涤设备，它是一个有并流洗涤塔和几个砣式可调环缝洗涤元件组合在一起的洗涤装置，这种装置在西欧高炉煤气清洗上用得较多，国内已有使用。3000m³ 以上的高炉，所用比肖夫洗涤器都属两组并联，其占地少，但设备不减。国内某 2000m³ 高炉采用比肖夫煤气清洗系统工艺流程如图 5 - 6 所示[50]。

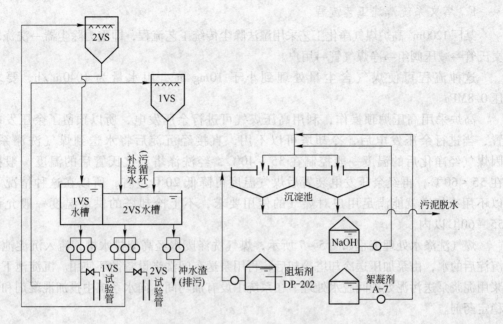

图 5-5 药剂法循环系统工艺流程

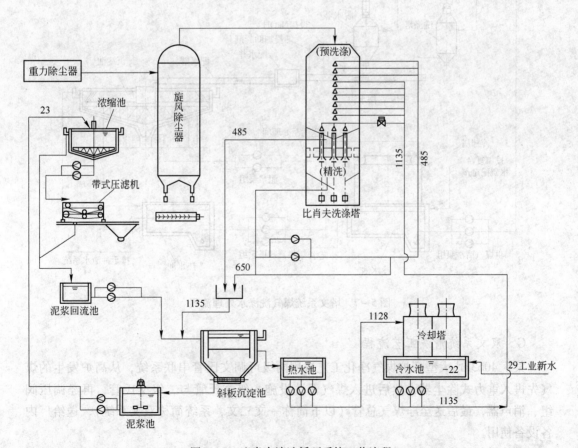

图 5-6 比肖夫清洗循环系统工艺流程

F　塔文系统清洗工艺流程

某厂1200m³高炉煤气净化工艺采用湿法除尘传统工艺流程，即重力除尘器→洗涤塔→文氏管→减压阀组→净煤气管→用户。

这种流程可使煤气含尘量处理到小于10mg/m³，用水量为1040m³/h，要求水压0.8MPa。

高炉采用高压炉顶操作，利用高压煤气可进行余压发电，所以预留了余压发电装置，当进行余压发电后，冷却塔可以不用，直接经沉淀后将水送到煤气洗涤系统。因煤气经净化后的温度一般控制在35～40℃，经洗涤塔和文氏管后的温度一般控制在55～60℃，再经余压发电装置后煤气温度可降低20℃左右，所以在这种情况下可以不用冷却塔就能满足用户对煤气的使用要求，不上冷却塔的供水温度一般允许在55～60℃以内。

煤气洗涤水处理流程如图5-7所示，煤气洗涤废水经高架排水槽，流入沉淀池，经沉淀后的水，由泵加压送冷却塔冷却后，再用泵送车间洗涤设备循环使用。沉淀池下部泥浆用泥浆泵送污泥处理间脱水处理。在系统中设有加药间，向水系统中投加混凝剂和水质稳定药剂。

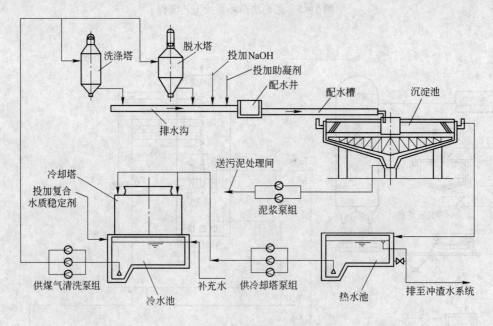

图5-7　塔文系统煤气洗涤水处理流程

G　双文系统清洗工艺流程

某厂4063m³大型高炉煤气净化工艺采用两级可调文氏管串联系统，从高炉发生的煤气先进入重力式除尘器，然后进入煤气清洗设施一级文氏管与二级文氏管，再经调压阀组、消声器，最后送至净煤气总管（以下简称一文二文，系统简称双文系统），送给厂内各设备使用。

高炉煤气洗涤循环水系统是为在一文二文设备中清洗煤气所设置的有关设施。水处理工艺流程见图 5 - 8。二文排水由高架水槽流入一文供水泵吸水井，由一文供水泵送水供一文使用，一文回水由高架水槽流入沉淀池，沉淀后上清水流入二文泵吸水井，由二文供水泵供二文循环使用。沉淀池下泥浆由泥浆泵送泥浆脱水间脱水。

采用双文串联供水系统，可减少煤气洗涤用水量，相应水处理构筑物少，二文出来的煤气还要去透平余压发电，所以省掉了冷却塔设备。

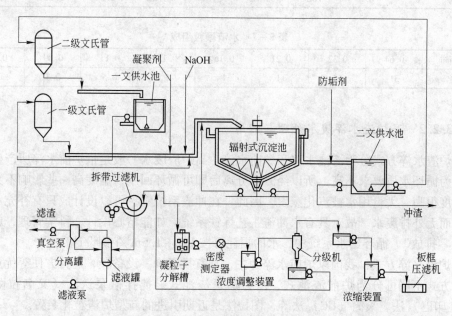

图 5 - 8　双文系统清洗循环工艺流程

5.3.2　高炉冲渣水

高炉渣是炼铁时排出的废渣。一般每炼 1t 生铁，产生 300 ~ 900kg 高炉渣[60,63]。其主要成分为硅酸钙或铝酸钙等。高炉渣被粒化后已广泛地用作水泥、渣砖和建筑材料。高炉渣的综合率已达 85% ~ 90%，有的地区已供不应求。

高炉矿渣的处理方法分为：急冷处理（水淬和风淬）、慢冷处理（空气中自然冷却）和慢急冷处理（加入少量水并在机械设备作用下冷却）。

本节所述高炉冲渣废水指水淬产生的废水。

5.3.2.1　冲渣用水要求与废水组成

冲渣用水通常要求不高，满足如下用水要求即可：水质 SS 不高于 400mg/L；粒径不大于 0.1mm；水压 0.2 ~ 0.025MPa；水温不高于 60℃；吨渣用水量 8 ~ 12m³。

大量的水急剧熄灭熔渣时，首先使废水的温度急剧上升，甚至可以达到接近 100℃。其次是受到渣的严重污染，使水的组成发生很大变化。一般冲渣废水组成及水渣颗粒组成分别见表 5 - 6、表 5 - 7[63]。

废水组成随炼铁原料、燃料成分以及供水中的化学成分不同而异。特别是冶炼铁合金的厂，如锰铁高炉还含有酚、氰、硫化物等有害物质。

表 5 - 6 冲渣废水成分组成　　　　　　　　（mg/L，pH 值除外）

分析项目	全固形物	溶解固形物	不溶固形物	铁铝氧化物	灼烧减量	Ca	Mg	灼烧残渣	总硬度（以 $CaCO_3$ 计）
测定结果	253	158.7	94.3	2.7	61.6	191	33.09	8.71	118.5
分析项目	OH^-	CO_3^{2-}	HCO_3^-	SO_4^{2-}	Cl^-	CO_2	耗氧量	SiO_2	pH 值
测定结果	0	8.0	162	35.72	10	21.32	2.55	7.95	7.04

表 5 - 7 水渣颗粒组成

粒径/mm	0.64	0.32	0.21	0.16	0.13	0.11	0.09	0.076
比例/%	31	55	11	1	1	0.5	0.3	0.2

5.3.2.2 高炉渣水淬废水处理与回用

高炉渣水淬方式分为渣池水淬和炉前水淬，高炉渣废水一般是指炉前水淬所产生的废水。因为循环水质要求不高，所以经渣水分离后即可循环回用，温度高一些影响不大。冲渣时温度很高，大量用水被汽化蒸发，因此，在冲渣系统中，可以设计成只有补充水和循环水，而无外排废水。故对具有水冲渣工艺炼铁系统，如能精心设计，科学管理，就可以实现"零排放"。循环给水系统中，水的损耗可按 $1.2 \sim 1.5 m^3/t$ 钢设计。

高炉渣水淬方式：我国以炉前水淬为主，具有投资少、设备轻、运营方便等优点，根据过滤方式不同可分为炉前渣池式、水力输送渣池式、搅拌槽泵送法（又名拉萨法）、INBA（印巴）法、滚筒（CC）法等，图拉法是近期引进的新型炉渣粒化装置。

高炉渣水淬工艺，除渣池水淬法外，还有渣水分离后的水的治理问题。

冲渣废水的治理，主要是对悬浮物和温度的处理。但渣滤法和"INBA"法，实际上是使水在渣水分离过程中得到过滤，所以其废水的悬浮物的质量浓度比较低，一般情况下，"INBA"法从转鼓下来的水中悬浮物的质量浓度约为 100mg/L，已经可以满足冲渣用水的要求。而渣滤法的水，其悬浮物的质量浓度则更少。因此可以认为，这两种方法不需要设置专门的处理悬浮物的设施。"拉萨法"则不然，该法在送脱水槽的渣泵吸水井（称为粗粒分离槽）处，设有浮渣溢流装置，称为中间槽。中间槽的浮渣和水，需送至沉淀池进行处理。而且脱水槽由于仅靠重力脱水，筛网孔径较大，脱出的水也需进入沉淀池。所以"拉萨法"的水是需要进行悬浮物处理的。对于冲渣废水的悬浮物，应视其水冲渣工艺（渣水分离方法）而定，设计手册曾规定冲渣水悬浮物的质量浓度小于 400mg/L，应改为小于 200mg/L 为宜。如果能处理到小于 100mg/L 则更好。水中悬浮物的质量浓度越少，对设备和管道的磨损就越小，冲渣及冷却塔喷嘴堵塞的可能性也越小，可以省去大量的检修维护时间和费用，保证冲水渣的连续生产。

关于冲渣废水的温度是否需要处理，目前还无一个统一的标准。一种看法是因为供水要与 1400℃ 左右的炽热红渣直接接触，供水温度的高低关系不大。尽管冲渣后的水温能达到 90℃ 以上，但在渣水分离以及净化过程中，水温可以自然平衡在 70℃ 左右。而且，即使不处理，对水渣的质量影响不明显，所以认为冲渣供水对温度没有要求，因此冲渣废水不需要冷却。另一种看法是冲渣供水温度高时，对水渣质量有影响，而且水温高。冲渣时会产生渣棉，影响环境，因而应该对水温进行处理。实际生产中有设冷却塔处理水温的，也有不设冷却构筑物的。从保护环境的角度看，尽管渣棉不多，也属危害物质，应做冷却降温处理[63]。

5.3.3 炼铁工序其他废水

5.3.3.1 铸铁机用水循环回用系统

铸铁机用水循环回用系统是为铸铁机铸模、溜槽、链板、铁块等直接洒水设置的。冷却水在循环冷却过程中，不但水温升高，且受到铁渣、石灰、石墨片等污染。

为了去除该循环用水系统中的杂质，降低水温，将各设备冷却后的回水，先汇集于设在地面的集水沟，然后流入循环水池，沉淀、降温后再次利用。根据工艺用水的特点，对循环用水水质没有严格的要求，没有设定水质目标值，系统的补给水由高炉鼓风机循环水系统的排污水补给，水量约为 $2.1m^3/min$，系统内无外排废水。

其主要设备和构筑物为：循环水池，除作沉淀杂物、降低水温外，兼有调节储存功能，当转炉停产检修，要求两台铸铁机连续运转；循环水泵，每台铸铁机设一台室外型单吸离心给水泵，另设一台备用，共计三台，每台水量 $15m^3/h$，扬程 $15m$，循环水泵出口水温设计为 $70℃$，回水温度 $77℃$ 左右，水温下降主要靠跌水和补给水以及循环水池调节。

5.3.3.2 高炉炉缸直接洒水循环冷却系统废水处理与回用

高炉炉缸直接洒水循环冷却系统冷却水在循环冷却过程中，不但水温升高，悬浮物也不断增多。根据水质、水温和生产设备的要求，其工艺流程为向高炉炉缸炉底外壁直接洒水冷却后的废回水，先汇集于设在炉缸底部外侧的排水沟，然后流入两个集水井，利用余压回流入沉淀池，沉淀后再用水泵送回使用。

系统中各种参数：循环水温度最高为 $40℃$；泵出口处水压 $392.3kPa$，泵供给水量为 $26m^3/h$；实际用水量为 $26m^3/h$，实际回水量为 $25.9m^3/h$，排污水量 $1.4m^3/h$，损耗水量 $0.1m^3/h$，补给水量 $1.5m^3/h$，循环率为 94.3%。

补给水来自净循环水系统的排污水，需要时也可采用工业用水作补充水，系统内不设加药装置，循环水水质除了进行日常人工测定外，还可以通过安装在吸水井处的电导率计，将循环水的电导率传至循环水操作室和能源中心，再根据电导率的目标值，由人工控制排放阀进行水质控制。系统中的排污水由立式排水泵串级给煤气清洗循环水系统。

5.3.3.3 炼铁工序串级用水系统

钢铁企业串级用水是按质用水最典型实例，是节约用水和降低吨钢用水最主要措施之一。但实现串级用水是建立在对各系统特性，特别是对水质要求差异的充分了解基础上，否则就无法实现合理串联，甚至会因串接不当而妨碍系统的正常运行。根据宝钢经验的炼铁系统串级用水情况如下。

A 高炉多级串接用水

高炉炉体间接冷却水循环系统、炉缸喷淋冷却水循环系统、高炉煤气洗涤水循环系统的"排污"水，依次串接使用，作为补充水，后者作为高炉渣水循环系统补充水。水冲渣系统，则密闭不"排污"。这种多级串接用水可以充分合理利用各循环用水系统之间水质差异的有利因素，实现"零排放"，如图5°-9所示。

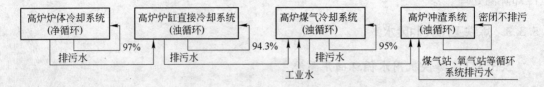

图5-9 宝钢高炉多级串接用水情况

宝钢一、二期工程把高炉炉体净循环水系统的排污水串级给炉缸喷淋冷却水循环系统作补充水；炉缸喷淋循环系统的排污水串级作为高炉煤气洗涤循环系统的补充水；高炉煤气洗涤循环系统的排污水串级作为高炉水冲渣循环系统的补充水。高炉冲渣循环系统每吨热渣要消耗 $1m^3$ 左右的水，小时消耗 $175m^3$ 左右，而高炉煤气洗涤每小时排污水最大 $68m^3/h$，因此可完全消耗。另外由于冲渣对水的含盐量无要求，这样就能把含盐高的水消耗掉。因此使宝钢高炉区用水实现了"零排放"，节水和环保效益显著。这种串级经过实践后增设了工业水补充水管道。这样可以使各个循环水系统按自身的技术经济条件排污，既节省药耗，又可减少相互影响，供水安全可靠。由于宝钢冲渣处理采用新"印巴法"技术，设备和管道已考虑了耐磨和防腐蚀。

B 高炉煤气洗涤系统串级用水

采用湿法除尘的企业在洗涤高炉转炉煤气时，大都利用"一文"、"二文"水质、水温要求的不同，首先将清洗水供给"二文"，清洗过的回水再汇集于"一文"给水槽，而后用泵串级给"一文"清洗用。"一文"清洗过的回水再经沉淀处理后循环使用，如图5-10所示。目前我国钢铁企业普遍采用。由于就地就近串级使用，使其工艺流程简化和管线长度最短，因此既节省基建费用也节省占地。

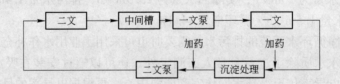

图5-10 宝钢高炉煤气洗涤系统串级用水与处理流程

宝钢高炉煤气洗涤合理串级可以节省占地和建设费用约40%，同时也相应节省电耗和药耗。由于宝钢高炉设有压差发电和大的煤气储柜等设施，故省掉了冷却塔装置，使水质稳定相对容易进行，投产以来没有因为水质障碍影响串级使用，技术先进，经济效益显著。

5.4 炼铁工序废水处理应用实例

5.4.1 石灰碳化法处理高炉煤气洗涤水

5.4.1.1 废水水质与处理回用工艺

北京某钢铁公司原有高炉4座，总容积41591m³，煤气发生量为 $64 \times 10^4 m^3/h$，高炉煤气洗涤用水量为 3500 ~ 4000m³/h。

该厂 3 号、4 号高炉煤气与 1 号、2 号高炉煤气净化分别采用如图 5-11、图 5-12 所示的洗涤生产工艺流程。洗涤后的废水再进入如图 5-13 所示的循环处理系统。该系统主要由辐射式沉淀池、循环泵站、冷却塔、水质稳定设施等组成。

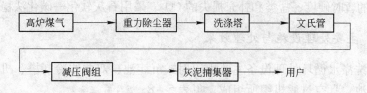

图 5-11 3 号、4 号高炉煤气洗涤生产工艺流程

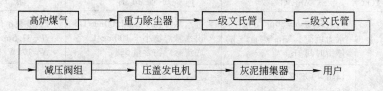

图 5-12 1 号、2 号高炉煤气洗涤生产工艺流程

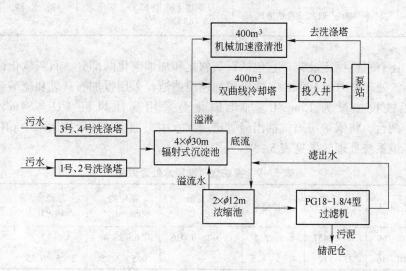

图 5-13 高炉煤气废水处理循环流程

洗涤煤气废水经直径 30m 辐射式沉淀池沉淀，其溢流水大部分送 400m³ 双曲线自然通风冷却塔降温，小部分送机械加速澄清池进行软化，软化水和冷却后的水混合流入加烟井进行加烟碳化处理后，再用泵送回煤气洗涤塔循环使用。

洗涤废水经自流和提升后进入直径 30m 辐射式沉淀池，沉淀池运行控制指标为：表面负荷 1.93m³/(m²·h)，停留时间 0.9h，悬浮物的入口质量浓度为 1000mg/L，悬浮物的出口质量浓度小于 100mg/L，平均为 70mg/L，底流大于 20000mg/L。

沉淀处理后的溢流水大部分送 400m³ 双曲线冷却塔冷却，塔下水温控制在 40℃。

由于冷却塔的蒸发浓缩和 CO_2 大量损失，以及水在洗涤过程中再次受到污染（水中各种离子盐类及悬浮物增加），致使高炉煤气洗涤水失去稳定。根据生产实测统计，每洗涤一次煤气水的暂时硬度平均增加 1.12 德国度（1 德国度折算为 CaO 硬度即为 10mg/L），永久硬度平均增加 1.2 德国度（12mg/L），溶解固体平均增加 97mg/L，悬浮物平均增加 726mg/L。要想保持高炉煤气洗涤水的水质稳定，就得去除增加的硬度、盐类、悬浮物等。为去除所增加的暂时硬度、盐类和补充损失的 CO_2，采用石灰软化—碳化法稳定水质。

5.4.1.2　主要处理设施与处理效果

高炉煤气洗涤水循环处理设备主要由辐射式沉淀池、双曲线冷却塔、机械加速澄清池以及污泥浓缩池、真空过滤机组所组成，见表 5 - 8。

表 5 - 8　主要处理设施

名　称	数量	规格及性能	处 理 指 标	附 属 设 备
辐射式沉淀池	1	周边转动 $\phi = 30m$ 水力负荷 1.73m^3/(m^2·h) 停留时间 1h	进水悬浮物 435 ~ 1500mg/L 出水悬浮物小于 100mg/L 底流悬浮物含量 5%	2PNJ 泵 8 台，$Q = 40m^3/h$ $H = 37.5m$ $N = 17kW$
循环泵站	1	14sh - 9 型泵 5 台 16sh - 9 型泵 2 台 上塔泵 20sh - 9 型 3 台		
冷却塔	2	400m^3 双曲线自然通风	夏季塔上水温 55℃，塔下水温 40 ~ 45℃	淋水器，淋水密度 5.5m^3/m^2

此外，还有水质稳定设施，它包括石灰软化和加烟碳化两部分。石灰软化设施由 3 台直径 10.5m、处理能力为 400m^3/h 的机械加速澄清池，采用投加石灰乳和硫酸亚铁软化工艺。硫酸亚铁投加量为 15mg/L。加烟碳化是采用高压风机（$Q = 84m^3/min$，$p = 32.36kPa$）两台，将锅炉房尾气抽出经管道通入水中，加烟处理后控制水中 pH = 7，确保水质稳定。该系统处理效果见表 5 - 9[50]。

表 5 - 9　高炉煤气洗涤水处理效果

项　目	水温/℃	悬浮物 /mg·L^{-1}	pH 值	挥发酚 /mg·L^{-1}	氰化物 /mg·L^{-1}	总硬度 /mol·L^{-1}	暂硬度 /mol·L^{-1}
处理前	48 ~ 60	200 ~ 3457	6.9 ~ 8.5	0.017 ~ 0.036	0.6 ~ 23.48	4.5 ~ 7.2	3.25 ~ 6.6
处理后	40 ~ 46	27 ~ 117	7.65 ~ 8.5	—	0.5 ~ 3.25	2.05 ~ 6.15	6.0 ~ 5.3

采用石灰碳化法处理高炉煤气废水的主要技术经济指标如下：废水循环利用率大于 94%，排污水用于冲渣用水，浓缩倍数大于 1.88，沉淀池出口悬浮物的质量浓度小于 100mg/L，塔下温度小于 40℃，加速澄清池出口悬浮物的质量浓度小于 20mg/L，游离 CO_2 的质量浓度为 1 ~ 3mg/L。

5.4.2　药剂法处理高炉煤气洗涤水

5.4.2.1　工艺流程与特征

宝钢 1 号、2 号高炉容积为 4063m^3，为国内较大型高炉，日产铁 1 万吨。3 号高炉容积为4350m³，最大煤气发生量为 $7 \times 10^5 m^3/h$，炉顶最大压力为 0.25MPa，吨铁产灰量15kg。

高炉煤气洗涤工艺条件如图5-14所示[55]。从高炉产生的煤气经重力干式除尘器除尘后进入一级文氏管（1 Venturi Serbber，简称1VS）和二级文氏管（2VS）进行煤气洗涤，经洗净后的煤气通过余压透平发电机进入高炉煤气系统。

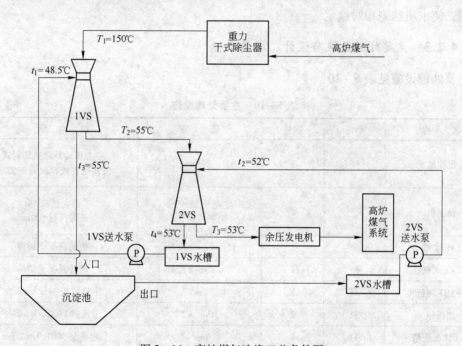

图5-14 高炉煤气洗涤工艺条件图

该系统的特点如下：

（1）系统密闭循环，串接排污，确保很高的循环利用率和外排污为"零"。

（2）不设冷却塔，避免了 CO_2 的大量逸出所造成的重碳酸盐分解成碳酸钙以引起结垢现象，以及由此而降低冷却效率问题。

（3）采用滤布真空过滤机，使瓦斯泥保持小于30%含水率，为瓦斯泥回收利用提供技术条件。

5.4.2.2 废水处理与水质稳定技术

一文（1VS）出水以3493kg/h的灰尘携带率流入沉淀池有待去除，若不能及时将其沉降下去，则立即会影响循环水水质和煤气洗涤效果。煤气洗涤水与高炉煤气直接接触，煤气中的 SO_2、SO_3^{2-}、CO_2 及灰尘中的 Ca、Mg、Zn 等盐类成分溶解于水中，增加了煤气洗涤水的硬度成分。而作为补充的污循环水也含有相当数量的 Ca^{2+}、Mg^{2+}，它们不可能在沉淀池中全部沉淀，必有相当一部分被带入系统中去。为了保证循环水水质，在沉淀池入口投加0.3~0.7mg/L的弱阴离子型高分子助凝剂 PHP_4，它可对无机系统废水进行除浊和浓缩，使得沉淀池入口悬浮物约0.2%到沉淀池出口时小于0.01%。同时，为保证水道设备不发生结垢现象，在沉淀池出口管道上投加3mg/L阻垢剂 SN-103（按循环水量计），SN - 103 对以碳酸钙为主的水垢有很好的防治效果，并能防止与氧化铁、二氧化硅、氢氧化锌等结合生成的水垢。此外，循环水还要进行必要的 pH 值调整，最好保持在 7 ~ 9，在此范围内有利于水中的部分溶解金属盐类转变为不溶于水的氢氧化物，并随着大量悬浮物的沉淀而沉降，如 $Zn^{2+} + 2OH^- \rightarrow Zn(OH)_2 \downarrow$。

另外，为了保证水质还要进行循环水浓缩倍数的管理，定期向循环系统不断补充新水并排污，使水质达到相对稳定。

5.4.2.3 主要处理设施与设计、水质指标

主要处理设施见表 5 - 10。

表 5 - 10 主要处理设施

名 称	单位	数量	规 格	结 构 形 式
沉淀池	座	2	φ29m	中心传动升降式辐射式沉淀池有效容积为 3052m³
刮泥机	个	2	主耙长 12.99m 副耙长 4.3m	最大负荷 15t 升降行程 500mm
1VS 水槽	个	1	15m×7m×8.5m	钢筋混凝土结构
2VS 水槽	个	1	18m×7m×8.4m	钢筋混凝土结构
SN - 103 加药箱	只	1	8m³	定量泵 8.04L/h×2 台
加药箱	只	2	10m³×2	定量泵 1400L/h×2 台
NaOH 加药箱	只	1	6m³	定量泵 300L/h×2 台
高架水沟	座	1	排水沟宽 0.81	钢制

主要设计指标与水质指标见表 5 - 11、表 5 - 12[50,55]。

表 5 - 11 高炉煤气洗涤水系统主要设计指标

设 计 参 数	一文	二文	设 计 参 数	一文	二文
入口煤气含尘量/g·m⁻³	5	0.1	出口煤气温度/℃	55 ~ 60	53
出口煤气含尘量/mg·m⁻³	100	10	给水温度/℃	53	52
去除灰尘量/kg·h⁻¹	3430	63	回水温度/℃	55	53
入口煤气温度/℃	150	55	洗涤水量/m³·h⁻¹	840	840

表 5 - 12 高炉煤气洗涤水系统水质指标

水 质 指 标	设计指标	补给水质	水 质 指 标	设计指标	补给水质
pH 值	7 ~ 9	—	SS/mg·L⁻¹	<100	<20
Zn/mg·L⁻¹	<10		总硬度/mg·L⁻¹	—	<200

日常运行管理需按表 5 - 13 要求运行，这是保证处理系统运行稳定的关键。宝钢 3 座高炉投产至今，水质处理效果一直比较稳定，从长期运行的水质分析结果可以看出，悬浮

物和 pH 值的控制情况比较良好，但 Zn 指标控制有一定难度。

表 5 - 13　高炉煤气洗涤水系统日常运行管理基准

项　　目	流量/m³·s⁻¹	压力/MPa	水位/m	真空度/MPa	泥饼含水率/%
一文送水	0.24	1.1	—	—	—
二文送水	0.25	1.1	—	—	—
真空脱水机	—	—	—	约0.08	<30
空气系统	—	—	—	约0.5	—
一文水槽	—	—	6.5~7.5	—	—
二文水槽	—	—	6.5~7.5	—	—

高炉煤气洗涤水的集尘污泥中含有平均 40% 的铁粉，为了不造成资源上的浪费，沉淀池底部污泥由排泥泵送到污泥脱水装置脱水之后，送往烧结烧制小球回收利用。

5.4.3　滚筒法处理高炉渣与废水

成都钢铁公司生铁（40~50kt/a）冶炼高炉产生 30~40kt/a 碱性高发泡性炉渣。该系统自投产以来，设备运转正常，高炉渣全部水淬，水渣 100% 利用，冲渣水循环使用。

5.4.3.1　工艺流程与特点

滚筒法处理高炉渣水淬工艺流程如图 5 - 15 所示[63]。

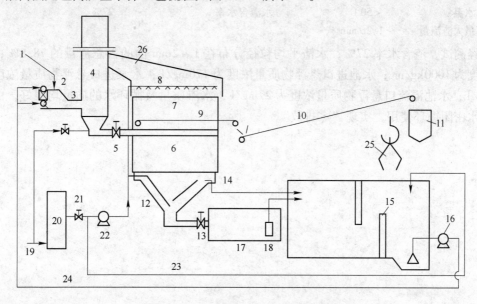

图 5 - 15　滚筒法处理高炉水淬工艺流程

1—高炉熔渣；2—粒化器；3—水渣沟；4—渣水斗（上部为蒸汽放散筒）；5—调节阀；6—分配器；
7—滚筒；8—反冲洗水；9—筒内皮带机；10—筒外皮带机；11—成品槽；12—集水斗；13—方形闸阀；
14—溢流水管；15—循环水池；16—循环水泵；17—中间沉淀池；18—潜水泵；19—生产给水管；
20—水过滤器；21—闸阀；22—清水泵；23—补充新水管；24—循环水；25—抓斗；26—罩

高炉熔渣经粒化器冲制成水渣后，渣浆经渣水斗流入设在滚筒里（转轴中心线下方）的分配器内，分配器均匀地把砂浆水分配到旋转的滚筒内脱水，脱水后的水渣旋至滚筒上方，靠重力落到设在滚筒内（转轴中心线上方）的皮带运输机上运走。

该工程有如下特点：

（1）粒化器采用单室结构，上部带可调角度的喷嘴，使渣水充分接触，渣粒均匀；

（2）渣水斗具有分流、转向、储存、排气和撞碎5个功能，采用中心下料式，并带有锥形漏料碰撞板及钢辊支撑的单层篦条；

（3）渣水斗与分配器中间装有调节阀门，可控制渣水斗液位及分配器流量，使渣水不致堵塞；

（4）集水斗采用小坑式并设有挡板溢流装置，可阻隔浮渣和沉渣进入循环水池，又可定时打开闸门将渣水排入中间沉淀池；

（5）渣水分离采用活动滤床过滤器，由96块小框式滤网组成，可局部更换，比大面积整体更换节省材料，缩短更换时间。

5.4.3.2　操作条件与处理结果

该系统的操作条件如下：

日产渣量	90～150t	渣水比	（1：4）～（1：6）
日出渣次数	36 次	滚筒过滤器转速	1.71r/min
出上渣时间	3min	滚筒过滤器出渣	1.2t/min
出下渣时间	6min	滤网孔径	0.45mm×0.45mm
冲渣水压	0.25MPa	循环水量	240t/h
水温	<50℃	水渣含水率	27%
最大渣流量	1.2t/min		

经测试，渣含水率27%；水渣平均粒径分布在1～2mm内的占总渣量的78.8%；体积密度为1000kg/m³；水池进口悬浮物质量浓度为170mg/L；水泵进口悬浮物质量浓度为26mg/L；水池溢流口悬浮物质量浓度为27mg/L，水渣质量及循环水的质量均很好，由于冲渣水密闭循环使用，实现"零排放"。

6 炼钢工序节水减排与废水处理回用技术

当今,世界炼钢工艺与技术发生巨大变化,百年以来一直居于领先地位的平炉炼钢法已成为历史。氧气顶吹转炉炼钢法已替代平炉炼钢法,并已发展成为炼钢—炉外精炼—连铸三位一体的新型工艺得到广泛应用。

炼钢技术的发展是与用水技术与废水处理技术的发展密切相关的。因为先进的炼钢生产工艺与设备,须有严格的用水标准与排水标准,由用水高质量与处理严格化做保证。

炼钢工序实现节水减排与废水"零排放",除对净循环系统采用高质量用水与严格的水质稳定技术要求外,更主要的一是对湿式转炉除尘用水合理串级使用与处理循环利用;二是对连铸废水要妥善处理、除油、冷却与水质稳定后循环利用;三是充分利用钢渣水淬工艺水质特征,最大限度消纳炼钢工序排污水和零星废水,以实现炼钢工序废水"零排放"。

6.1 炼钢工序节水减排、用水规定与设计要求

6.1.1 炼钢工序节水减排规定与设计要求

6.1.1.1 一般规定与设计要求

(1) 炼钢连铸生产用水主要包括转炉、电炉、炉外精炼设施以及连铸机等生产用水。

(2) 由于炼钢技术进步,采用检测仪表完全可以显示炼钢连铸工艺设备的间接冷却水通水情况,因此其工艺设备的间接冷却水应采用有压回水,不仅节约用水,且有利稳定水质,保护环境,保障安全。

(3) 电炉、钢包精炼炉(LF)、连铸机的事故冷却水,是指发生断电等供水事故时用水塔储水临时供水,以防止高温水冷元件发生爆炸等恶性事件。鉴于供水事故时工艺设备也相应停止作业,高温水冷元件的热负荷大大降低。故电炉、钢包精炼炉、连铸机的事故冷却水流量不宜大于额定流量的30%,供水时间不宜超过30min[39]。

(4) 炼钢连铸车间的地面应采用混凝土地面,车间内除各主操作平台、钢水罐与中间罐拆修区以外,其余地面均不设洒水点。

6.1.1.2 转炉炼钢

(1) 新建转炉的烟罩、烟道应采用汽化冷却,蒸汽应回收利用,禁止放散。

(2) 新建转炉和现有转炉改造时应优先采用干法除尘系统。转炉的二次烟尘与车间内其他工艺设备(铁水预处理站、铁水倒罐站、混铁炉、散状材料加料系统等)产生的烟气与灰尘,均宜采用干法除尘技术。

(3) 转炉渣水淬系间歇性工作,其冷却水不需用冷却塔冷却,应配置专用的水循环系统,既可减少耗水量,又可避免影响其他冷却水的水质。该循环系统的补充水应使用浓含盐回用水或排污水。

6.1.1.3 电炉炼钢

（1）电炉水冷炉壁与炉盖应采用管式水冷元件，不应采用箱式冷却元件。

（2）电炉的烟道宜采用汽化冷却，蒸汽应回收利用，禁止放散。

（3）电炉冶炼产生的一、二次烟尘，均应采用干法除尘技术。

6.1.1.4 炉外精炼

（1）钢包精炼炉的钢水罐盖，应采用管式水冷结构，不应采用箱式水冷结构。

（2）钢包精炼炉、常压或真空吹氧脱碳精炼装置等产生烟尘的精炼装置，均应采用干法除尘技术。

（3）蒸汽喷射真空泵蒸汽冷凝用冷却水，进水温度越低，用水量越少，真空性能越好。因此，该冷却水进水温度不宜高于35℃，在气温较低的地区宜按进水温度32℃设计[39]。

6.1.1.5 连铸机

（1）连铸机（不含小方坯连铸机）的二次冷却应采用气水雾化冷却方式，其用水量宜采用动态控制，循环供水泵宜采用变频控制。

（2）连铸机的结晶器冷却水应采用软水或除盐水作为冷却水，并应采用间冷闭式循环冷却供水系统。

6.1.2 炼钢工序用水规定与设计要求

6.1.2.1 氧气转炉炼钢

（1）氧气转炉车间主要用水户有：转炉本体、烟气净化、铁水预处理、炉渣处理与炉外精炼等。

（2）转炉本体的水冷部件有吹氧管、烟罩、炉帽、炉口、挡板、托圈、孔套、溜槽、耳轴、水封、液压设备油冷却器等。典型的大型氧气转炉炼钢车间用水条件及用水量要求见表 6 - 1[2]。

（3）氧气转炉的用水水质应根据生产工艺进行选择。典型大型转炉炼钢用水的补充新水水质见表 6 - 2[2]。

表 6 - 1 氧气转炉炼钢车间用水条件与用水量要求

序号	用 水 户	水量 /m³·h⁻¹	水压 /MPa	水温/℃ 进水	水温/℃ 出水	用水 制度	水 质
1	烟道汽化冷却系统	900 (1800)	0.35	105	254.9	连续	纯水系统
2	裙罩及烟罩冷却系统	2450 (4900)	0.50	88	125	连续	纯水闭路系统
3	高压供水系统（包括氧枪孔、炉体、挡板、泵轴封、取样器、原料孔等）	578 (1032)	0.90	≤35	50	连续	软水开路系统（全硬 ≤ 30mg/L（按 CaCO₃ 计），SS≤10mg/L）

序号	用水户	水量/m³·h⁻¹	水压/MPa	水温/℃ 进水	水温/℃ 出水	用水制度	水 质
4	低压供水系统	379(524)	0.50	≤35		连续	软水开路系统（全硬≤30mg/L（按 CaCO₃计），SS≤10mg/L）
5	氧枪供水系统	350(700)	1.80	≤35	50	连续	软水开路系统（全硬≤30mg/L（按 CaCO₃计），SS≤10mg/L）
6	RH 设备冷却	300	0.35	≤35		连续	软水开路系统（全硬≤30mg/L（按 CaCO₃计），SS≤10mg/L）
7	RH 直接冷却水	2320	0.30	≤33	44	连续	RH 直接冷却水系统（SS≤100mg/L）
8	OG 烟气净化直接冷却水	1740(3480)	一文0.10 二文0.90	一文53 二文45		连续	OG 直接冷却水系统（二文 SS≤200mg/L，一文 SS≤2000mg/L）
9	零星用水系统	96(192)	0.80	≤35		连续	SS≤20mg/L
10	炉渣处理直接冷却水	210	0.40				炉渣直接水系统
11	工业水	2(4)	0.2~0.3				工业水
	合 计	9325(15462)					

注：1.（ ）外为一期2吹1水量，（ ）内为二期3吹2水量；
2. 引进日本技术和设备，一期产量335万吨/年，二期671万吨/年；
3. 烟气净化为未燃法。

表6-2 氧气转炉炼钢用水的补充新水水质

水质项目	原水	工业水	过滤水	软水	纯水
pH 值	7.9~8.7	7~8	7~8	7~8	7~9
悬浮物/mg·L⁻¹	45(120)	≤10	2	—	—
全硬度（以 CaCO₃ 计）/mg·L⁻¹	145(180)	145(180)	145(180)	2	微量
Ca 硬度（以 CaCO₃ 计）/mg·L⁻¹	100	100	100	2	微量
M 碱度（以 CaCO₃ 计）/mg·L⁻¹	80(115)	80(90)	80(90)	1	—
氯离子（以 Cl⁻ 计）/mg·L⁻¹	50(200)	60(220)	60(220)	60(220)	1
硫酸离子（以 SO₄²⁻ 计）/mg·L⁻¹	30	50	50	50	—
全铁（以 Fe 计）/mg·L⁻¹	2(6)	1	<1	<1	微量
可溶性 SiO₂（以 SiO₂ 计）/mg·L⁻¹	7	6	6	6	0.1
电导率/μS·cm⁻¹	400(700)	420(800)	420(800)	420	≤10
蒸发残渣（溶解）/mg·L⁻¹	约250	约300	约300		

注：（ ）外参数为保证率90%设计参数；（ ）内参数为保证率97%设计参数。

6.1.2.2 电炉炼钢

（1）电炉炼钢用水要求非常复杂，通常是使用纯水、软水、除盐水、工业水等进行冷却，采用闭路与开路循环使用，由工艺与设备的要求确定。表6－3[2]列出某典型引进电炉生产用水量与用水条件。

表6－3 100t超高功率交流电炉用水量及用水条件

序号	用水户	水量/m³·h⁻¹	水压/MPa 进水	水压/MPa 出水	水温/℃ 进水	水温/℃ 出水	用水制度	事故用水	系统水质
1	碳氧枪	100	0.8	0.2	35	38	连续	33m³/h, 15min, 0.25MPa	工业水开路系统，暂硬≤5dH，SS≤5mg/L
2	电极喷淋	2	0.8	0.2	35		连续		工业水开路系统，暂硬≤5dH，SS≤20mg/L
3	炉壳	550	0.8	0.2	35	47	连续	184m³/h, 8h	工业水开路系统，暂硬≤5dH，SS≤20mg/L
4	水冷烟道	1600	0.8	0.2	35	50	连续	500m³/h, 15min	工业水开路系统，暂硬≤5dH，SS≤20mg/L
5	炉盖炉壁	1100	0.8	0.2	35	47	连续	366m³/h, 8h	工业水开路系统，暂硬≤5dH，SS≤20mg/L
6	指型托架	390	0.8	0.2	35	47	连续	130m³/h, 8h	工业水开路系统，暂硬≤5dH，SS≤20mg/L
7	水冷活套	50	0.8	0.2	35	50	连续	27m³/h, 15min	工业水开路系统，暂硬≤5dH，SS≤20mg/L
8	变压器	120	0.25		35	45	连续		软水开路系统，暂硬≤2dH，SS≤10mg/L
9	液压站	20	0.6		35	45	连续	7m³/h, 15min	软水开路系统，暂硬≤2dH，SS≤10mg/L
10	大电流系统	270	0.6	0.2	35	45	连续	143m³/h, 15min	软水开路系统，暂硬≤2dH，SS≤10mg/L
11	风机液力耦合器	120	0.3		35	40	连续		工业水开路系统，暂硬≤5dH，SS≤20mg/L
合 计		4322							

（2）电炉炼钢用水水质要求严格，通常根据用水类型，如闭路循环系统、闭路循环补充水、开路循环和间接开路循环系统而有所不同。其设计用水水质见表6－4[2]。

表6－4 电炉炼钢用水水质

用户类型 水质名称	A	B	C	D
pH 值	8.2~9	7.8~8	7~8	7~9
电导率/μS·cm⁻¹	200~300	850~1000	420	10
总悬浮固体/mg·L⁻¹	无	20	10	无

用户类型 水质名称	A	B	C	D
总溶解固体/mg·L^{-1}	50~150	650~700	316	3
油及油脂/mg·L^{-1}	—	0~1	—	—
总硬度/mg·L^{-1}（以 CaCO$_3$ 计）	痕量	290	145	痕量
钙硬度/mg·L^{-1}（以 CaCO$_3$ 计）	痕量	200	100	痕量
游离二氧化碳/mg·L^{-1}（以 CO$_2$ 计）	—	—	—	—
M 碱度/mg·L^{-1}（以 CaCO$_3$ 计）	1	160~200	80	1
氯化物（Cl$^-$）/mg·L^{-1}	1	120	60	1
硫酸盐（SO$_4^{2-}$）/mg·L^{-1}	痕量	96	48	痕量
硝酸盐（NO$_3^-$）/mg·L^{-1}	10~20	—	—	—
亚硝酸盐（NO$_2^-$）/mg·L^{-1}	140~160	—	—	—
氨（NH$_4^+$）/mg·L^{-1}	—	—	—	—
二氧化硅（SiO$_2$）/mg·L^{-1}	0.1	12	6	0.1
全铁（TFe）/mg·L^{-1}	痕量	2	1	痕量
锰（Mn）/mg·L^{-1}	—	—	—	—
游离氯（Cl$_2$）/mg·L^{-1}	—	0.4~0.6	—	—
磷酸盐（PO$_4^{2-}$）/mg·L^{-1}	—	5~7	—	—
钼酸盐（MoO$_4^{2-}$）/mg·L^{-1}	—	—	—	—
给水温度/℃	38.5	33.5		
回水温度/℃	45~65	45~65		
朗格利尔饱和指数		0.9		
雷兹纳稳定指数		5.9		

注：A—闭路循环水系统（纯水水质），150t 直流电弧炉炉体及电极把持器、氧碳枪、电气设备、LF 炉及电气设备、VD 炉、6 流管坯连铸结晶器、电磁搅拌及闭路设备；

B—间接开路循环水系统（工业水补充）管坯连铸、等离子加热、管坯连铸车间空调系统及电炉、LF 炉、电炉烟气除尘、管坯连铸结晶器 4 个闭路系统的水—水热交换器冷侧循环水；

C—开路循环水系统补充工业水；

D—闭路循环水系统（纯水）补充水。

6.1.2.3　炉外精炼

（1）炉外精炼装置常用有 RH（循环法）、DH（提升法）、VD（真空处理）、VOD（真空吹氧处理）、VAD（真空吹氩处理）、LF（钢包炉）、LS（钢包喷粉）等，也可能采用几种精炼装置，或组合成多功能精炼装置。

（2）炉外精炼用水主要为：一是精炼炉设备间接冷却水；二是真空系统直接冷却水。精炼炉设备间接冷却水一般为：炉盖、料孔、连接法兰、变压器和电器设备、真空管道、窥视孔、电加热电极接头、循环管道和热电偶等。真空系统直接冷却水主要为蒸汽喷射系统冷凝器冷却水。

（3）典型的炉外精炼装置用水量及用水条件见表 6-5[2]。

表 6 – 5　炉外精炼装置用水量及用水条件

序号	精炼装置形式	炼钢炉	精炼设备间接冷却水				真空系统直接冷却水				备　注
			水量/m³·h⁻¹	水压/MPa	水温/℃	水　质	水量/m³·h⁻¹	水压/MPa	水温/℃	水　质	
1	RH	3×300t 氧气转炉	300	0.35	≤35	软水开路循环,全硬 300mg/L,SS≤10mg/L	2320	0.3	≤33	RH 直接冷却系统,SS≤100mg/L,排水平均250~300mg/L	引进日本设备
2	RH-KTB	2×250t 氧气转炉	160	0.60	≤36	纯水闭路循环	1300	0.35	≤33	RH 直接冷却系统,SS≤30mg/L,排水100~160mg/L	引进日本设备部分水处理设备引进美国艾姆科公司设备
3	VD	1×150t 超高功率电炉				与电炉合为一纯水闭路循环	854	0.40	≤35	VD 直接冷却水系统,SS≤20mg/L	引进设备
4	VOD	50t 电炉	氧枪 20	0.80	≤30	工业水开路系统	470~750	0.30	≤32	VOD 直接冷却水系统,SS≤200mg/L	国内设备
			设备 80	0.30							
5	LF	150t 超高功率电炉	设备 210	0.60	≤35	工业水开路系统,SS≤10mg/L,暂硬 5~6dH					引进德马格设备
			变压器 23	0.60	≤35						
			铝电极臂 66	0.60	≤35	软水					
			电抗器 28	0.60	≤35	工业水,SS≤10mg/L					

注：1 德国度（1dH）= 17.85mg/L（以 $CaCO_3$ 计）。

6.1.2.4　连铸机

（1）连铸机用水主要分为结晶器冷却，设备间接冷却，二次喷淋冷却和设备直接冷却，火焰切割机及铸坯钢渣粒化用水冷却等。

（2）连铸机用水要求比较严格，对水质、水量与水温要求应根据工艺及设备的要求确定。表 6 – 6 列出了引进的典型连铸机用水量及用水条件[2]。

表 6 – 6　1450mm 板坯连铸用水量及用水条件

序号	用水户	水量/m³·h⁻¹	水压/MPa		水温/℃		用水制度	事故用水	水质系统
			进水	出水	进水	出水			
1	结晶器	1632	1.0	0.4	40	49	连续		纯水闭路系统
2	等离子加热装置	6	1.0	0.4	40	49	连续		纯水闭路系统
3	预留电磁搅拌装置	81.6	1.0	0.4	40	49	连续	设事故水塔、柴油机泵	纯水闭路系统
4	设备间接冷却	2537	0.2~0.4	0.15~0.2	33	40	连续		工业水开路系统
5	机械维修试验台	13.6	0.2~0.4	0.15~0.2	33	40	连续		工业水开路系统

序号	用水户	水量/m³·h⁻¹	水压/MPa		水温/℃		用水制度	事故用水	水质系统
			进水	出水	进水	出水			
6	等离子加热装置	238	0.2~0.4	0.15~0.2	33	40	连续		工业水开路系统
7	空调、冷风机	672	0.2~0.4	0.15~0.2	33	40	连续		工业水开路系统
8	空压机	1000	0.2~0.4	0.15~0.2	33	40	连续		工业水开路系统
9	煤气精制加压站	41	0.2~0.4	0.15~0.2	33	40	连续		工业水开路系统
10	车间洒水及其他	20	0.2~0.4		33		间断	设事故水塔、柴油机泵	工业水开路系统
11	试验室	1.8	0.1		33		间断		生活水系统
12	二次喷淋	1950	1.1		35	60	连续		直接冷却系统
13	设备直接冷却	2868.8	0.275			60	连续		直接冷却水系统
14	板式换热器冷媒水	1637	0.2~0.4		33		连续		工业水开路系统
	合　计	12698.8							

注：1. 2台2机2流板坯连铸机，板宽1450mm，年产量288万吨，引进日本日立造船制造公司设备；

　　2. 水处理引进美国艾姆科（EIMCO）公司部分设备；

　　3. 本表未包括火焰清理机水量1708m³/h。

（3）连铸机用水水质要求严格，通常应根据工艺与设备提供的要求确定。表6-7、表6-8分别列出连铸机用水水质指标和用水与排水的设计参数[64]。

表6-7　连铸机用水水质参考指标

水质指标	用水户名称								
	结晶器冷却水			设备间接冷却水			二次喷淋及设备直接冷却水		
	大型	中型	小型	大型	中型	小型	大型	中型	小型
碳酸盐硬度（以$CaCO_3$计）/mg·L⁻¹	35~105	35~150		35~120			≤280		
pH值	7~9			7~9			7~9		
悬浮物/mg·L⁻¹	≤20			≤20			≤30		
悬浮物中最大粒径/mm	0.2			0.2			0.2		
总含盐量/mg·L⁻¹	≤500			≤500			≤1000		
硫酸盐（以SO_4^{2-}计）/mg·L⁻¹	≤150			≤200			≤600		
氯化物（以Cl^-计）/mg·L⁻¹	≤100			≤150			≤400		
硅酸盐（以SiO_2计）/mg·L⁻¹	≤40			≤40			≤150		
总铁/mg·L⁻¹	0.5~3			0.5~3					
油/mg·L⁻¹	≤2			≤2			≤15		

注：碳酸盐硬度即暂时硬度。1德国度（1dH）=17.85mg/L（以$CaCO_3$计）。

表 6 - 8　连铸机用水与排水的设计参数

名　　称		用　水　户　名　称								
		结晶器冷却水			设备间接冷却水			二次喷淋冷却水		
		大型	中型	小型	大型	中型	小型	大型	中型	小型
供水压力/MPa		0.5 ~ 0.9			0.4 ~ 0.75			0.75 ~ 1.2	0.5 ~ 0.8	
用水户水压阻损/MPa		工程设计时，由连铸工艺确定								
供水温度/℃		≤45			≤45			≤40		
温升/℃		≤10			≤15			15 ~ 20		
安全供水	供水量/%	按正常设计供水量 25 ~ 30			按正常设计供水量 25 ~ 30			按正常设计供水量 25 ~ 30		
	供水时间/min	30 ~ 40		20	30 ~ 40		20	20 ~ 40		20
	供水压力/MPa	0.3 ~ 0.5		0.2 ~ 0.3	0.3 ~ 0.4		0.2 ~ 0.3	0.3 ~ 0.4	0.2 ~ 0.3	
排水含油量/mg · L⁻¹		工程设计时，由连铸工艺确定								
排水氧化铁皮含量/%		按连铸坯产量之 0.2 ~ 0.5								

注：1. 供水压力：结晶器冷却水指结晶器入口处；设备间接冷却水、二次喷淋冷却水指配水站入口处；
　　2. 安全供水时间：指浇注过程中，电源发生故障，为确保设备安全所需的供水时间；
　　3. 薄板坯连铸机、水平连铸机用水及排水的设计参数，在工程设计中，由连铸工艺确定。

（4）连铸机最大优势是节能降耗，提高金属收得率，改善产品质量降低生产成本，大大简化模铸钢锭和初轧工序。因此，新建连铸机时应采用热装热送和直接轧制工艺。

6.1.3　炼钢工序取（用）水量控制与设计指标

炼钢工序取（用）水量控制与设计指标分为转炉、电炉、钢包炉（LF）、真空精炼炉与连铸等系统，其取（用）水量与设计指标见表 6 - 9[39]。

表 6 - 9　炼钢工序取（用）水量控制与设计指标

项　目　名　称		单位	用水量	取水量
转炉	≤150t	m³/t 钢水	≤15	≤0.75
	200 ~ 300t	m³/t 钢水	6.5 ~ 10	0.33 ~ 0.5
电炉	竖炉与连续加料（Consteel）炉	m³/t 钢水	≤15	≤0.75
	其他电炉	m³/t 钢水	≤10	≤0.5
钢包炉		m³/t 钢水	3 ~ 5	0.15 ~ 0.25
真空精炼炉（VD、VOD、RH）		m³/t 钢水	5 ~ 7	0.25 ~ 0.35
连铸	方坯	m³/t 坯	8 ~ 12	0.4 ~ 0.6
	板坯	m³/t 坯	10 ~ 15	0.5 ~ 0.75

6.1.4　炼钢工序节水减排设计应注意的问题

6.1.4.1　转炉炼钢用水系统构筑物设计规定与要求

炼钢工序循环水系统与水处理设施应布置紧凑，尽量靠近主车间，流程通畅，避免迁回；高程布置应尽量利用回水压力和排水标高，减少加压次数和构筑物地下深度。循环水系统及水处理设施的主要构筑物和设备以及监测控制设计要点为：

(1) 氧枪工艺设备应设有自动提升机构，当停电或冷却水压力低于某限定值，或冷却水出水温度高于某限定值时，氧枪自动提升并报警。

(2) 氧枪、烟罩、炉体等应采用压力回水或排入设于操作平台上的集水槽（属工艺设备）中，利用排水槽设置标高将回水压送至冷却塔。为防止排水槽排水中带入空气而使排水管排水不畅，甚至使排水槽溢水，设计排水槽的容积不应过小，并应采取减少空气进入的措施，如在排水槽排水口上设帽形水封、排水槽中加设溢流挡板、设置排气管等。另外，排水槽排水管到排水主干管的垂直落差不应过大。

(3) 自烟气净化设施至沉淀池的自流排水槽不宜过长，水流速度 1.5 ~ 3.0m/s（大型转炉采用大值）。沉淀池后自流管道水流速度不应小于 1.0m/s[2]。

(4) 在水质、水温、水压有较大变化或考虑处理构筑物和设备的清理检修时，应设超越旁通管。

(5) 大、中型转炉未燃法烟气净化废水进入沉淀池前须先经粗颗粒分离器，去除不小于 60μm 的颗粒，以减轻沉淀池负荷，防止泥浆管道和脱水设备堵塞。粗颗粒分离设备包括分离槽、耐磨螺旋分级输送机、料斗、料罐、污泥运输车辆以及分离器检修设备等。分离槽停留时间一般为 2 ~ 5min，停留时间过长会使细颗粒沉淀，影响分离机正常工作。分离槽下部锥体倾角不应小于 45°。螺旋分级输送机设在分离槽内，用于清除分离槽底部沉泥，其安装倾斜度一般为 25°[2]。

(6) 沉淀池一般采用圆形沉淀浓缩池。由于转炉烟气净化废水含尘量和水温变化极大，因此沉淀池应有一定的调节能力、沉淀池需有一定深度，以保证足够的停留时间 (4 ~ 6h)。沉淀池表面负荷一般采用 0.8 ~ 1.5m^3/(m^2 · h)。如采用斜板沉淀器（池），其斜板沉淀器进水 SS≤6000mg/L，出水 100 ~ 150mg/L。单位面积负荷 3.0 ~ 5.0m^3/(m^2 · h)。排出污泥浓度 30% ~ 40%[2]。

(7) 转炉供水泵工作台数应与转炉座数相匹配，即 1 ~ 2 台工作泵对 1 座转炉、备用泵 1 ~ 2 台水泵应采用自灌式启动。

(8) 烟气净化直接冷却水系统冷却塔应采用点滴式淋水填料，以避免堵塞压坏。

(9) 循环水及水处理设施的操作控制水平应与工艺生产操作控制要求一致。自动化操作控制采用基础自动化、过程自动化以及集散控制系统（DCS）或可编程序控制系统（PLC）。较大规模的循环水和水处理设施一般采用 PLC 自动控制和 CRT 监测操作，根据需要还可设置计算机辅助生产管理。

6.1.4.2 电炉炼钢用水系统构筑物设计规定与要求

(1) 循环水及水处理设施应尽量靠近主厂房，在采用"电炉—炉外精炼—连铸"三位一体或"电炉—炉外精炼—连铸—轧钢"四位一体短生产流程时，其循环水及水处理设施一般集中设置。

(2) 为减少占地与管道工程量，便于集中管理，应将循环水泵站、加药装置、软水处理设施以及过滤设施等采用集中组合布置设计。在用地紧时，可以采用平面与主体布置相结合的方式进行设计。

（3）在电炉、炉外精炼、连铸合建循环用水系统时，因各种用水户不同水质、水压以及压力回水管、自流回水管、排水管等形成管道密集，应设地下管廊，并应设置照明。

6.1.4.3 炉外精炼装置用水系统构筑物设计规定与要求

（1）真空系统冷凝器应高架布置借助重力排水。若设计低位布置，则须设置排水泵。

（2）由于炉外精炼为间断生产，因此真空系统直接冷却水一般采用独立的循环水系统。

（3）吹氧炉外精炼真空系统由于废气中含大量 CO，故冷凝器排水水封槽应加盖密封，并将排气管引至室外高处，如某厂水封槽排水泵出水经洗涤塔喷入空气去除 CO 后再送水处理设施。

（4）真空系统冷凝器水封槽排水泵设在车间内真空装置处，水泵工作台数宜与循环供水泵相匹配，同时要考虑工艺对用水量的变化要求，排水泵在炉外精炼装置主控制室集中监视控制，车间外水处理及循环水设施的供水量、水压、水温应传至炉外精炼主控室。

（5）根据某厂 RH 炉外精炼真空系统废水混凝沉淀试验，自然沉淀 1h，悬浮物含量由 160mg/L 降至 100mg/L，沉淀效率仅 37.5%，再延长沉淀时间，效果不显著；投加 $FeCl_3$ 30mg/L，助凝剂（PAM）1~2mg/L，沉淀时间 50~60min，悬浮物含量由 160mg/L 降至 30~50mg/L，沉淀效率为 68.7%~81.5%。建议采用混凝沉淀，沉淀池单位面积负荷 $2m^3/(m^2 \cdot h)$ 左右[2]。

（6）真空系统水处理污泥脱水可与转炉湿法烟气净化污泥脱水或连铸直接冷却水污泥脱水合用一套污泥处理设施。

6.1.4.4 连铸机用水系统构筑物设计规定与要求

（1）结晶器软水（或除盐水）闭路循环水系统，主要包括热交换器、膨胀罐、补水装置、加压水泵、投加水质稳定药剂设施、安全供水水塔（或水箱）或柴油机水泵及软水回收水池，当采用水—水板式热交换器时，需另设冷煤水供水设施（即二次冷却水系统）。

（2）设备间接冷却开路循环水系统，主要包括冷却塔、备加压泵组、旁滤设施、投加水质稳定药剂设施、安全供水水塔或水箱（根据工艺要求）等。

（3）二次喷淋直接冷却循环水系统，主要包括一次铁皮沉淀池、二次铁皮沉淀池、清渣设施、除油设施、过滤器及其反洗设施、冷却塔、加压水泵、投加药剂设施、过滤器反洗废水处理设施和污泥脱水设施以及二次喷淋冷却安全供水水塔（或水箱）等。过滤器反洗废水可采用带搅拌装置的调节池和凝聚沉淀浓缩池处理，浓缩池澄清水可返回一次或二次沉淀池，浓缩池泥渣可根据工程具体条件，采用污泥脱水设备。

（4）间接冷却开路循环水系统中，旁滤水量应根据补充水悬浮物含量，周围空气含尘量，循环水系统的浓缩倍数以及循环水系统要求控制的水质等因素确定，一般可按循环冷却水量的 5%~10%。

（5）在循环水系统的设计中，必须充分利用用水设备的回水压力和处理设备的余压。

（6）二次喷淋冷却水系统由于水量变化，必须设置水量，水压自动调节装置，一般可采用旁通泄压阀或变速泵组。

（7）有多台连铸机时，其供水设施应考虑各台连铸机的用水要求，连铸生产制度以及分期建设等因素进行设计。

（8）关于连铸水处理设施的控制和监测，水处理宜设集中操作室，室内宜设水处理集中操作盘和模拟盘，或采用 PLC（或 DCS）控制，并配以监控系统（CRT），其装备水平和功能应根据具体工程要求确定。

6.2 炼钢工序节水减排技术途径与废水特征

6.2.1 炼钢工序节水减排技术途径

要实现炼钢工序节水减排和废水"零排放"，首先应对转炉煤气净化系统优先选用干法除尘技术，如选用湿法除尘工艺应采用新型 OG 法，并对除尘废水进行妥善处理与循环回用；对电炉烟气除尘除采用干法外，并应严格控制混入空气量，采用余热锅炉实现热能回收；对连铸坯冷却废水应根据废水特征选用合适处理工艺以实现循环回用。

6.2.1.1 提高转炉除尘废水资源回用技术途径

A 除尘废水的悬浮物治理

目前，国内氧气顶吹转炉除尘废水处理，普遍出现沉淀后的出水悬浮物超过 200mg/L。其主要原因是：（1）废水中含有较粗颗粒氧化铁皮，一旦进入沉淀池后，很快地沉到池底，堵塞提升管道，出现浓缩部分泥浆上翻，导致沉淀池上部出现悬浮物增加；（2）在辐射式沉淀池池底经常发现泥浆浓度过高，或超负荷工作，致使水质恶化；（3）由于进入沉淀池水温高，因水温变化大而引起密度差，带来的是池内上下液面的对流现象，使沉淀池在不稳定的条件下工作；（4）由于二次浓缩池的回流量大，造成沉淀池负荷增高，恶化了出水水质；（5）在沉淀过程中，出现胶体状的微小细粒，使沉淀后的出水悬浮物增高。

当前，为了提高沉淀池的沉淀效率，降低沉淀池出水悬浮物的质量浓度，主要投加高分子聚丙烯酰胺絮凝剂；有的投加 $FeSO_4$、$FeCl_3$ 等无机助凝剂；采用磁化法处理，使废水中含有氧化铁颗粒磁化，达到互相吸引聚焦、加速沉淀的目的，实现提高废水循环利用率。例如，某特大型钢铁企业有 3 座 300t 纯氧顶吹转炉，其除尘废水处理为：在进入沉淀池之前，加酸调节 pH 值（未加酸时，pH 值达到 11 左右），使之达到 7.5~8.5，同时投加絮凝剂，其沉淀池溢流水的悬浮物含量始终在 50mg/L 以下，溢流水中又投入分散剂，投产至今，情况良好，防止了结垢，实现了密闭循环。

B 除尘废水的温度平衡

不少炼钢厂的纯氧顶吹转炉除尘废水，在经过沉淀除去悬浮物以后，还要经过冷却塔降温，然后才循环使用。但也有一些炼钢厂的纯氧顶吹转炉除尘废水，在经过沉淀除去悬浮物以后，不再冷却，即可循环使用。

转炉和高炉生产的最显著的不同是，高炉一经点火就连续生产，直到停炉大修，而转炉则是间歇生产。转炉煤气的回收，在每一个冶炼周期（以 45min 计）中很短（大约只相当于周期时间的 20% 左右），但除尘是连续供水，尾气排风机也是连续运行（尽管风机转数可调）。在吹氧期（包括煤气回收期），水被加热，而在不吹氧和炼钢的准备期间，水在文氏管内，实际上是个喷淋冷却的过程。在敞开的排水沟、集水池、沉淀池等设备及构筑物中，在不断地进行着水的表面蒸发冷却。因此，转炉除尘废水的温度，存在一个时冷时热的过程，具有一个随时间变化着的温度梯度。在沉淀池等集水设备内，被加热和被冷却了的降尘水得到混合，在处理过程中，温度梯度逐渐消失，水的实际温度是个加权平均值。所以，尽管吹炼时的温度很高，而除尘供水的温度总是能够维持在一定范围之内。太钢的实践经验认为：除尘废水的温度，在不设冷却塔的情况下，可以维持在"比蒸发冷却的冷却极限值（即当地湿球温度）一般高 15℃ 左右"。所以太钢 50t 纯氧顶吹转炉（燃烧法），上钢某厂 30t 纯氧顶吹转炉（未燃烧法），宝钢的 300t 纯氧顶吹转炉（未燃烧法），都不设冷却塔仍能维持正常生产。

上述说明，纯氧顶吹转炉除尘废水循环使用，可以不设冷却塔。这一点对于节省基建投资，少占地和降低生产成本都是十分有益的。

C　除尘废水的水质稳定

国内大多数氧气转炉烟气除尘采用未燃法和半燃烧法，除尘系统为湿法流程，废水一般呈碱性。产生问题主要是：（1）水温过高带来的是废水中含盐量因蒸发浓缩和废水中出现碳酸盐沉淀；（2）由于转炉上料系统中石灰质量差，较细石灰颗粒一经吹氧就进入湿法除尘系统，使废水中 Ca^{2+} 大大增加，产生了结垢现象。国内很多厂家，因对除尘废水水质稳定处理不妥，致使运转不到半年，循环系统就产生严重的结垢堵塞，有的甚至被迫长期直流排放，或处于半循环状态。解决途径主要是调整 pH 值和投加水质稳定剂。

纯氧顶吹转炉在炼钢生产过程中，必须投加石灰，以形成炉渣。生产所用的石灰，其质量、粒度、强度等，往往不能满足设计要求，而且石灰的投加量一般都超过计划的用量。在吹氧时，部分石灰粉尘还未与钢液接触，就被吹出炉外，随烟气一道进入除尘系统。因此，除尘废水中的 Ca^{2+} 含量相当多，同时又有 CO_2 溶于水，致使除尘废水暂时硬度比较高。硬度增高的直接后果，就是结垢严重。为此，调节 pH 值，使成垢物质在沉淀池中沉淀下来，这是十分必要的。在此基础上，再在沉淀以后的水中投加阻垢剂，在阻垢剂的螯合、分散作用下，达到防垢的目的。

还有一些值得重视的水质稳定方法，如投加碳酸钠（Na_2CO_3），Na_2CO_3 可使石灰在水中形成的氢氧化钙 $[Ca(OH)_2]$ 与之作用生成碳酸钙（$CaCO_3$）和氢氧化钠（NaOH），生成的 $CaCO_3$ 可以沉淀析出，而 NaOH 又可与水中的 CO_2 作用生成 Na_2CO_3，从而在循环反应的过程中，使 Na_2CO_3 得到再生。这种办法也是人为地、积极地消除 $CaCO_3$，减少 Ca^{2+} 总量的有效方法。这种办法的好处是一次投加 Na_2CO_3 以后，可以长期起作用。采用这种办法的条件是系统必须彻底密闭，不得有外排废水。其原因是 Na_2CO_3 的作用和再生是等当量进行的，若有排放，则平衡被破坏，必须补充 Na_2CO_3 的投加量。在实际生产的除尘系统中，完全不排污是不大可能的。因为，如果不排掉一部分水的话，系统中的总的含盐量会越积越多，久而久之必然发生严重的水质障碍，因此小量的排污是必要的。在发生小量排污的情况下，相应地补充 Na_2CO_3，以维持系统的正常运行。系统的排污水量可以限制在很小的范围内，即使系统中盐类物质总的质量浓度达到 7 ~ 11g/L，也可正常运转。但这一小量的排污水要处理到符合排放标准的要求，方能实现。解决方法一方面可用转炉净循环冷却水或排污水作为除尘浊循环的补充水；另一方法是加大系统排污量，好在炼钢厂本身要产生钢渣，在冷却钢渣时，使用这种排污水，就完全可以解决问题。如果钢渣不需要喷水冷却，则可将这部分排污水送至高炉冲渣系统作为补充水，也会消耗掉。

6.2.1.2 连铸机节水减排技术措施与途径

连铸生产过程用水量很大，冷却是保证连铸机常年稳定生产运行的关键。连铸机生产运行时节水减排的关键在于根据连铸机用水要求采用分质供水，并根据水质是否受到污染进行妥善处理与回用。

净循环用水系统，主要用于结晶器、设备间接冷却用水等设施，采用软水密闭循环冷却系统，常用药剂法控制水质稳定并应考虑定量强制排污，以防止软水中盐类富集。由于各部位的水压和流速的不同要求，应注意区分情况按需供水，以实现节水减排。冷却软水常采用水冷却方式，如采用冷却塔降温再循环使用，但应考虑水量损失与风尘污染。

浊循环用水系统，主要用于设备和铸坯喷淋、切割机与冲氧化铁皮用水，用后水温升高，水质受到污染，主要为氧化铁皮微粒和少量油类。因此连铸机生产废水的节水减排的处理回用目标是通过沉淀、过滤和破乳除油实现废水回用与"零排放"。

6.2.1.3 其他节水减排技术途径与措施

电炉炼钢的节水减排。电炉炼钢烟气净化常以干法为主，但也有采用湿法净化烟气的，如锰铁电炉、硅铁电炉炼钢等，废水中含有重金属等有害物质，常采用化学法经投加石灰等调整 pH 值予以去除，并采用投加高分子絮凝剂去除悬浮物，实现废水循环回用。

炉外精炼的节水减排。钢水真空脱气是改善钢水品质的需要。钢水真空脱气废水来自 RH 冷凝器，含悬浮物 120mg/L，水温 44℃，流入温水池。一部分水自温水池经冷却塔流入储水池；另一部分用泵加压在压力管上注入助凝剂，经反应后送入高梯度电磁过滤器过滤，出水悬浮物为 40mg/L。然后借余压流至冷却塔，冷却后进入储水池。上述两部分水汇合后，悬浮物的质量浓度小于 100mg/L，水温低于 33℃，用泵送回 RH 冷却器继续使用。

高梯度磁过滤器用压缩空气及水冲洗，冲洗废水加入凝聚剂及助凝聚剂经搅拌反应后进入浓缩池澄清，澄清水送温水池，污泥送转炉烟气除尘废水系统中的污泥处理设备，脱水后返送烧结回用。

钢渣冷却的节水减排。钢渣冷却用水是渣与水直接接触，用水量大，水质要求不高。因此，有效地利用该工艺用水特征，最大限度消纳生产废水，以实现节水减排与废水"零排放"。

6.2.2 炼钢工序废水特征

6.2.2.1 炼钢工序废水来源与排放要求

A 转炉的净、浊循环废水

（1）转炉高温烟气间接冷却废水。转炉高温烟气冷却系统包括活动裙罩、固定烟罩和烟道。其中活动裙罩和固定烟罩和烟道必须采用水循环冷却，并对冷却高温烟气所产生的蒸汽加以回收利用。根据构造的不同，活动裙罩又分为下部裙罩和上部裙罩；固定烟罩分为下部烟罩和上部烟罩；采用汽化冷却烟道，则分为下部锅炉和上部锅炉。日本 OG 法对转炉烟气进行冷却时，对活动裙罩和固定烟罩采用密闭热水循环冷却系统，而烟道采用强制汽化冷却系统。上述两个冷却系统的水（汽）均不与物料（烟气）直接接触，废水经冷却处理后循环使用。为保证密闭热水循环系统的水质稳定而需外排一部分排污水，并作为钢渣处理系统的补充水。汽化冷却系统除设蓄热器外，还需设置除氧器，采用纯水汽化冷却。

（2）转炉高温烟气净化除尘废水。转炉高温烟气经活动裙罩、固定烟罩的密闭循环热水冷却以及烟道的汽化冷却后，通常烟气温度由1450℃降至1000℃以下，然后进入烟气净化系统。

经 OG 净化的废水常称为转炉除尘废水，是炼钢系统最主要的废水，废水量大，且悬浮物高，成分较复杂，废水需经沉淀、冷却处理循环回用；污泥经浓缩、脱水后，作为炼铁用的球团原料。煤气净化后进入回收装置系统送用户使用。

B　连铸机净、浊循环废水

（1）连铸机设备间接冷却水。连铸机设备间接冷却水主要指结晶器和其他设备的间接冷却废水。因为是间接冷却，所以用过的水经降温后即可循环使用，称为净循环水。单位耗水量一般为 5～20m³/t 钢。在循环供水过程中，应注意做到水质稳定。这种水的水质稳定与一般净循环水的水质稳定方法是一样的，主要包括防结垢、防腐蚀、防藻类等。应该指出的是如果采用投药的方式来稳定水质，则排污量一定要得到控制，因此设计上应该采用定量的强制排污，而不宜做成任意溢流的排污形式，采用旁通过滤的方式也是一种保持水质的好办法。另外，需要注意的是在连铸间接冷却水系统中，往往由于各部位对水压和流速的不同要求，应设计成具体情况、具体对待的不同供水泵组。使用过后的热废水，若能利用其余压直接上冷却塔，或者作其他用途，则应尽量予以利用，以便节能。

（2）设备和产品的直接冷却水。设备和产品的直接冷却废水，主要指二次冷却区产生的废水。由拉辊的牵引，钢坯在进入二次冷却区时，虽然表面已经固化，而内部却还是炽热的钢液，因此其温度是很高的。此时将由大量的喷嘴，从四面八方向钢坯喷水，一方面使钢坯进一步冷却固化，另一方面也要保护该区的设备不致因过热而变形，甚至损坏。经过喷淋，水不但被加热，而且还会被氧化铁皮和油脂所污染。二次冷却区的单位耗水量一般为0.5～0.8m³/t 钢。为改善连铸坯表面质量和防止金属不均匀冷却，在浇注工艺上，往往还需加入一些其他物质，这样就将使二次冷却区的废水不但含有氧化铁皮和油脂，而且还可能含有硅钙合金、萤石、石墨等其他混合物，水温较高，这些就是连铸二次冷却区废水的特点。研究和讨论连铸机的废水治理，主要就是研究这部分废水的特性和处理工艺及设备。

（3）除尘废水。除了一般的场地洒水除尘产生的废水外，主要是指设在连铸机后步工序中的火焰清理机的除尘废水。为了清理连铸坯的表面缺陷，保证连铸坯和成品钢材的质量，在经过切割的钢坯表面，用火焰清理机烧灼铸坯表面的缺陷。火焰清理机操作时，产生大量含尘烟气和被污染的废水，其中冷却辊道和钢坯的废水中，含氧化铁皮；清洗煤气的废水中，含有大量的粉尘。这部分废水，也需要进行处理。

关于火焰清理机所产生的废水，有3种：（1）水力冲洗槽内和给料辊道上的氧化铁皮和渣；（2）冷却火焰清理机的设备和给料辊道；（3）清洗在钢坯火焰清理时所产生的煤气（煤气的含尘量可达 2g/m³）等所产生的各种废水。

生产实践表明，火焰清理机的废水主要含的是固体机械杂质，其中冷却设备及辊道和冲洗的氧化铁皮颗粒比较大，煤气清洗废水中含的是呈金属细粉末状的分散型杂质。此外还有少量的用于润滑辊道轴承的机油进入废水中。

C 电炉炼钢净、浊循环废水

电炉炼钢的烟气除尘，通常采用干法，湿法较少。通常电炉气大部分已燃烧成烟气，烟气体积比炉气要大得多，因此，应尽量设法控制混入空气量，降低烟气体积。目前采用余热锅炉冷却烟气和副产蒸汽的节能措施，如措施得当，可得到电炉烟气所回收的热量几乎与输入炉内的电能相当。经余热锅炉后出口烟气低于250℃，可进入玻璃丝布袋式除尘器除尘，如用其他非耐温滤料，则还需采用间接冷却措施。

如采用湿法净化装置常以两级文氏管冷却方式为主，这类净化装置与氧气顶吹炼钢转炉 OG 装置的净化原理是相同的。

电炉炼钢净循环用水主要为炉门等设备冷却用水，因未与物料直接接触，水质未受污染，经冷却与水质稳定处理后即可回用。

D 其他净、浊循环废水

其他净、浊循环废水主要为炉外精炼和炉渣处理的废水。前者因炉外精炼与炼钢、连铸组合形成的完整工艺，其精炼炉设备需间接冷却，其真空脱气需产生废水，以及高梯度磁过滤器运行中均产生废水。但其净、浊循环废水均要求妥善处理回用。后者钢渣处理需水量大，水质要求不高，常处理后回用，无外排废水。

6.2.2.2 炼钢工序废水特征与水质状况

炼钢工序的废水，由于其系统组成、炼钢工艺、用水条件不同而有所差异，一般是以用水量来推算废水量。用湿法除尘转炉，每炼1t钢约需水70m³，其中炉体冷却用水20~25m³，烟气净化用水为5~6m³，连铸用水为6~7m³，其他用水约35m³。每吨电炉钢约为84m³，其中炉体冷却水约49m³，其他用水约35m³。

以纯氧顶吹转炉烟气净化废水量大面广，连铸比已达95%以上。纯氧顶吹在冶炼过程中，由于吹氧的原因，含有大量浓重烟尘的高温气体，经过炉口进入烟罩和烟道，经余热锅炉，回收了烟气的部分热量，再进入除尘系统设备，实现除尘与降低烟气温度。

纯氧顶吹炼钢是个间歇生产过程，它是由装铁水—吹氧—加造渣料—吹氧—出钢等几个过程组成。这几个过程完成后，一炉钢冶炼完毕，然后再按上述顺序进行下一炉钢的冶炼。现代的纯氧顶吹转炉一炉钢大约需40min，其中吹氧约18min。由于这些冶炼工艺的特点，使得炉气量、温度、成分都在不断变化，因此转炉除尘废水性质的随时变化是其最重要的特征。

转炉除尘废水每吨钢排放量，一般为5~6m³。但对于不同炼钢厂，由于除尘方式不同，水处理流程不同，水质状况有差异，其废水排放量也有较大差别。原则上除尘废水量相当于供水量。但如采用串接（联）供水，则比并联供水，其水量接近减少一半。如宝钢炼钢厂300t纯氧顶吹转炉，采用二文－一文串联供水，其废水量设计值仅约2m³/t 钢。仅就废水而言，废水量小，污染也小，废水处理也就容易，占地、设施、管理和处理费用都获得显著效果。

转炉单位炉容的烟气洗涤废水量是与转炉炉容大小和烟气净化方式有关，表6－10列出转炉烟气洗涤废水量，可供参考。

表6-10 转炉炉容洗涤废水量

转炉容量/t	废水量/m³·h⁻¹	烟气洗涤工艺说明
50	240	二级文氏管—喷淋塔烟气洗涤系统、全湿法、未燃烧法
120	310	二级文氏管烟气洗涤系统、全湿法、未燃烧法
150	430	二级文氏管—喷淋塔烟气洗涤系统、全湿法、未燃烧法
300	1000	二级文氏管烟气洗涤系统、全湿法、未燃烧法

由于炉气处理工艺的不同，除尘废水的特性也不同。采用未燃法炉气处理工艺，除尘废水的悬浮物以 FeO 为主，废水呈黑灰色，悬浮物颗粒较大，废水 pH 值多在 7 以上，甚至可达 10 以上。采用燃烧法炉气处理工艺，除尘废水中的悬浮物则以 Fe_2O_3 为主，且其颗粒较小，废水多为红色，呈酸性，但当混入大量石灰粉尘时，燃烧法废水则呈碱性。

表6-11 列出 120t 转炉未燃法烟气净化循环水质分析结果。

表6-11 120t转炉未燃法烟气净化循环水质情况

序号	水质指标	范围	序号	水质指标	范围
1	水温/℃	<47	11	铁/mg·L⁻¹	0~0.615
2	颜色	暗褐色	12	盐/mg·L⁻¹	0~0.01
3	pH 值	5~12.3	13	硫化氢/mg·L⁻¹	0~0.425
4	悬浮物/mg·L⁻¹	最高22735.6	14	二氧化碳/mg·L⁻¹	0~2.2
5	总碱度（以 CaCO₃ 计）/mg·L⁻¹	27~623.3	15	酚/mg·L⁻¹	0.03~0.01
6	全硬度（以 CaCO₃ 计）/mg·L⁻¹	18~751.5	16	氰化物/mg·L⁻¹	0~0.002
7	暂时硬度/dH	0.2~12	17	硫酸根/mg·L⁻¹	22.1~39.10
8	钙/mg·L⁻¹	3.7~329	18	溶解固体/mg·L⁻¹	250~380
9	镁/mg·L⁻¹	3.9~15.81	19	OH⁻/mg·L⁻¹	2~3.73
10	氯根/mg·L⁻¹	17~365	20	HCO₃⁻/mg·L⁻¹	6.02~10.95

注：1dH = 10mg/L。

连铸机生产废水中，主要是连铸机二次冷却区废水和火焰清理机的除尘废水。前者主要含有氧化铁皮、油脂及硅钙合金、萤石、石墨等，水温较高。后者多含有呈金属粉末状的分散性杂质，悬浮物的质量浓度约为 1500mg/L。其废水水质状况见表6-12。

表6-12 连铸浊循环水系统水质情况

序号	水质指标	分析结果	序号	水质指标	分析结果
1	pH 值	8.8	8	PO_4^{3-}/mg·L⁻¹	0.512
2	SS/mg·L⁻¹	316	9	含盐量/mg·L⁻¹	475
3	油/mg·L⁻¹	280	10	TFe/mg·L⁻¹	4.58
4	总硬度（以 CaCO₃ 计）/mg·L⁻¹	10	11	Ca^{2+}/mg·L⁻¹	12.45
5	总碱（以 OH⁻ 计）/mg·L⁻¹	1700	12	Mg^{2+}/mg·L⁻¹	26.07
6	HCO₃⁻/mg·L⁻¹	3.72	13	Cl⁻/mg·L⁻¹	98.66
7	SO_4^{2-}/mg·L⁻¹	97.41			

由于连铸废水水质因各厂而异，变化较大，特别是与生产工艺与操作水平有关，而且废水中悬浮物颗粒物粒径变化也较大，通常大于 $50\mu m$ 的约占 15%，小于 $5\mu m$ 约占 40% 以上，因此，连铸废水处理的目的是去除悬浮物与油类后回用。

电炉炼钢湿法除尘废水以及转炉钢渣水淬废水和炉外精炼废水经处理后均循环回用，其水质水量因与生产工艺密切相关，需结合处理回用技术共同研究。

6.3　炼钢工序废水处理回用技术

6.3.1　转炉煤气除尘废水

6.3.1.1　处理目标与技术路线

转炉除尘废水的处理目的是循环回用，因此要实现稳定的循环利用，最终达到闭路循环，其沉淀污泥因含铁量高，常经脱水后回用。因此，转炉除尘废水处理关键首先在于悬浮物的去除；二是要解决水质稳定问题；三是污泥的脱水与回用。要实现这个目标，必须做到：

（1）悬浮物的去除。转炉除尘废水中的悬浮物，若采用自然沉淀，虽可将悬浮物降低到 $150\sim 200mg/L$ 的水平，但循环使用效果较差，故需使用强化沉降。目前一般在辐射式沉淀池或立式沉淀池前投加混凝剂，或先使用磁力凝聚器磁化后进入沉淀池。较理想的方法应使除尘废水进入水力旋流器，利用重力分离的原理，将大颗粒的悬浮颗粒（大于 $60\mu m$）除去，以减轻沉淀池的负荷。废水中投加聚丙烯酰胺，即可使出水中的悬浮物含量降低到 $100mg/L$ 以下，可以使水正常循环使用。

氧化铁属铁磁性物质，可以采用磁力分离法进行处理。目前磁力处理的方法主要有三种，即预磁沉降处理、磁滤净化处理和磁盘处理。预磁沉降处理是使转炉废水通过磁场磁化后再使之沉降。磁滤净化处理可采用装填不锈钢毛的高梯度电磁过滤器。废水流过过滤器，悬浮颗粒即吸附在过滤介质上。磁盘分离器是借助于由永磁铁组成的磁盘的磁力来分离水中悬浮颗粒的。水从槽中的磁盘间通过，磁盘逆水转动，水中的悬浮物颗粒吸附在磁盘上，待转出水面后被刮泥板刮去，废水从而得到净化。

（2）水质稳定问题。由于炼钢过程中必须投加石灰，在吹氧时部分石灰粉尘还未与钢液接触就被吹出炉外，随烟气一道进入除尘系统，因此，除尘废水中 Ca^{2+} 含量相当多，它与溶入水中的 CO_2 反应，致使除尘废水的暂时硬度较高，水质失去稳定。采用沉淀池后投入分散剂（或称水质稳定剂）的方法，在螯合、分散的作用下，能较成功地防垢、除垢。

投加碳酸钠（Na_2CO_3）也是一种可行的水质稳定方法。Na_2CO_3 和石灰（$Ca(OH)_2$）反应，形成 $CaCO_3$ 沉淀：

$$CaO + H_2O \longrightarrow Ca(OH)_2$$
$$Na_2CO_3 + Ca(OH)_2 \longrightarrow CaCO_3\downarrow + 2NaOH$$

而生成的 NaOH 与水中 CO_2 作用又生成 Na_2CO_3，从而在循环反应的过程中，使 Na_2CO_3 得到再生，在运行中由于排污和渗漏所致，仅补充一些量的 Na_2CO_3 保持平衡。该法在国内一些厂的应用中有很好效果。

利用高炉煤气洗涤水与转炉除尘废水混合处理，也是保持水质稳定的一种有效方法。

由于高炉煤气洗涤水含有大量的 HCO_3^-，而转炉除尘废水含有较多的 OH^-，使两者结合，发生如下反应：

$$Ca(OH)_2 + Ca(HCO_3)_2 \longrightarrow 2CaCO_3\downarrow + 2H_2O$$

生成的碳酸钙正好在沉淀池中除去，这是以废治废、综合利用的典型实例。在运转过程中如果 OH^- 与 HCO_3^- 量不平衡，适当在沉淀池后加些阻垢剂做保证。

总之，水质稳定的方法是根据生产工艺和水质条件，因地制宜地处理，选取最有效、最经济的方法。

（3）污泥的脱水与回用。经沉淀的污泥必须进行处理与回用，否则转炉废水密闭循环利用的目标就无法实现。转炉除尘废水污泥含铁达 70%，具有很高的应用价值。处理这种污泥与处理高炉洗涤水的瓦斯泥一样，国内一般采用真空过滤脱水的方法，但因转炉烟气净化污泥颗粒较细，含碱量大，透气性差，该法脱水效果较差，目前已渐少用。采用压滤机脱水，通常脱水效果较好，滤饼含水率较低，但设备费用较高。脱水的污泥通常制作球团回用。

6.3.1.2　处理技术与工艺

A　混凝沉淀—水稳药剂处理与回用工艺流程

从一级文氏管排出的除尘废水经明渠流入粗粒分离槽，在粗粒分离槽中将含量约为 15% 的、粒径大于 $60\mu m$ 的粗颗粒杂质通过分离机予以分离，被分离的沉渣送烧结厂回收利用；剩下含细颗粒的废水流入沉淀池，加入絮凝剂进行混凝沉淀处理，沉淀池出水由循环水泵送二级文氏管使用。二级文氏管的排水经水泵加压，再送一级文氏管串联使用，在循环水泵的出水管内注入防垢剂（水质稳定剂），以防止设备、管道结垢。加药量视水质情况由试验确定，如图 6-1 所示。沉淀池下部沉泥经脱水后送往烧结厂小球团车间造球回收利用。

该工艺的要点是用粗颗粒分离槽去除粗颗粒，以防止管道堵塞。

B　药剂混凝沉淀—永磁除垢处理与回用工艺流程

转炉除尘废水经明渠进入水力旋流器进行粗细颗粒分离，粗铁泥经二次浓缩后，送烧结厂利用；旋流器上部溢流水经永磁场处理后进入废水分配池与聚丙烯酰胺溶液混合，随后分流到斜管沉淀池沉降，其出水经冷却塔降温后进入集水池，清水通过磁除垢装置后加压循环使用。沉淀池泥浆用泥浆泵提升至浓缩池，污泥浓缩后进真空过滤机脱水，污泥含水率约为 40%~50%，送烧结配料使用，如图 6-2 所示。

C　磁凝聚沉淀—水稳药剂处理与回用工艺流程

转炉除尘废水经磁凝聚器磁化后，流入沉淀池，沉淀池出水中投加碳酸钠解决水质稳定问题循环回用。沉淀池沉泥送箱式压滤机压滤脱水，泥饼含水率较低，送烧结回用，如图 6-3 所示。

我国大多数钢铁企业使用氧气顶吹转炉炼钢，综合目前国内氧气顶吹转炉烟气洗涤废水系统，基本上有 4 种工艺流程：

（1）烟气洗涤采用两级文氏管串联除尘。一文排水经粗颗粒分离机后，进入辐流式沉淀池混凝溶液沉淀，回水经泵加压后送二文一文串联使用，污泥送板框压滤机脱水后回收利用。

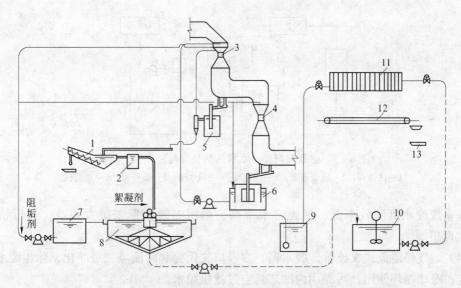

图 6-1 转炉除尘废水混凝沉淀—水稳药剂处理与回用工艺流程

1—粗颗粒分离槽及分离机；2—分配槽；3——级文氏管；4—二级文氏管；5——级文氏管排水水封槽及排水斗；

6—二级文氏管排水水封槽；7—澄清水吸水池；8—浓缩池；9—滤液槽；

10—原液槽；11—压力式过滤脱水机；12—皮带运输机；13—料罐

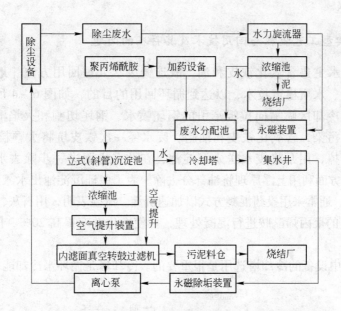

图 6-2 药剂混凝沉淀—永磁除垢处理与回用工艺流程

（2）烟气采用两级除尘器净化。水处理工艺流程基本同第一种方式，只是沉淀池出水经冷却塔冷却后再供二次除尘器用水。污泥经二次浓缩后用真空过滤机脱水。该工艺构筑物较多，污泥脱水效率低，污泥含水率高达40%以上。

（3）废水经水力旋流器、立式沉淀池沉淀后，出水经加压上冷却塔冷却送除尘用水。该系统中投加混凝剂，回水循环使用，沉淀池排泥经二次浓缩后用真空过滤机脱

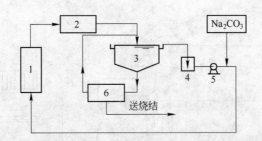

图 6-3　磁凝聚沉淀—水稳药剂处理与回用工艺流程

1—洗涤器；2—磁凝聚器；3—沉淀池；4—积水槽；5—循环槽；6—过滤机

水。该系统废水沉淀效率低、污泥含水率高，给污泥脱水带来很大困难，运行情况普遍不太理想。

（4）烟气经溢流式文氏管、脱水器、多喉口文氏管和湍流塔二级净化，除尘废水经混凝沉淀和冷却循环使用，污泥用内滤式真空过滤机脱水。

以上 4 种工艺流程，其运行效果与所采用的工艺流程及管理水平有关，通常都存在种种问题，目前都在加强技术改造，主要是加强悬浮物沉淀与污泥脱水功能以及水质稳定技术，实现废水高效处理与提高废水回用率的目的。

6.3.2　连铸废水

6.3.2.1　典型工艺流程与回用技术及其存在的问题

针对连铸废水主要含氧化铁皮和油，故连铸废水处理回用方法一般采用沉淀、除油、过滤、冷却、水质稳定技术，以达到循环回用的目的，如图 6-4 所示。该工艺主要针对连铸二次冷却区喷嘴向拉辊牵引的钢坯喷水、钢坯切割和火焰清理等废水。这些废水主要受热污染，含氧化铁皮和油脂。废水经一次铁皮坑将大颗粒（50μm 以上）的氧化铁皮清除掉，用泵将废水送入沉淀池，在此一方面进一步除去水中微细颗粒的氧化铁皮，另一方面利用上浮原理将油部分去除。为了保证沉淀池出水悬浮物较低，以保证喷嘴不被堵塞，通常采用投药混凝方式以加速沉淀。试验表明，用石灰、25mg/L 的活性氧化钙和 1mg/L 的聚丙烯酰胺进行混凝处理，可使净化效率提高 20%，同时也减轻滤池负荷。

该处理工艺中设备的冷却塔选用是很重要的。冷却塔是循环水冷却能否达到温度要求

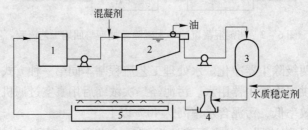

图 6-4　连铸废水处理与回用的典型流程

1—铁皮坑；2—沉淀除油池；3—过滤器；4—冷却塔；5—喷淋

的关键设备，选用冷却塔应注意的有关问题请参阅《环保设备材料手册（第二版）》（王绍文，杨景玲，冶金工业出版社，2000）[65]。

图6-5~图6-7所示为宝钢连铸废水处理与回用工艺流程[55]。

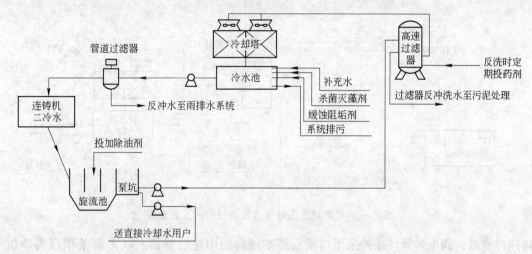

图6-5 1900mm连铸废水处理与回用工艺流程

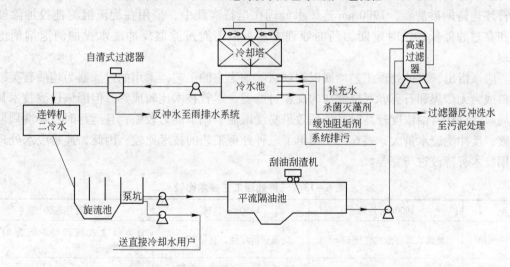

图6-6 1450mm连铸废水处理与回用工艺流程

三种处理工艺均以物理方法为主，依靠浮油和氧化铁皮在水中的自然性质进行升降，结合过滤器过滤去除浮油及SS。运行实践证明，一沉池（旋流沉淀池与立式沉淀池）运行效果均能达到设计要求；但在以除油机去除浮油时均未能达到设计要求，其原因是除油机本身的除油效果差、水位落差大，不利于除油机工作。

1450mm连铸水处理结合传统工艺，在旋流沉淀池后又设有平流式沉淀池，使除油效果更有保证。但在工艺流程上增加了一级提升和平流式沉淀池，增加了一次性基建投资（提升泵、平流式沉淀池、刮油刮渣机、输泥泵等附属设施）和日常运行成本费（主要指电费、备品备件费）。

1900mm连铸和1450mm连铸水处理所采用的过滤器均为无烟煤和石英砂双层滤料的

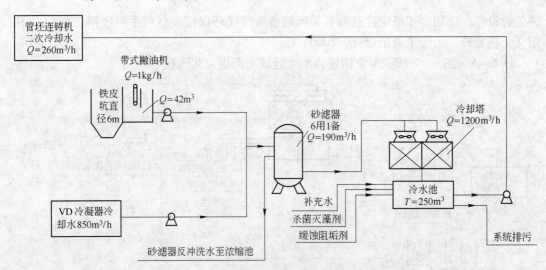

图 6 – 7　电炉管坯连铸废水处理与回用工艺流程

高速过滤器；而电炉管坯连铸采用均质石英砂滤料的中速过滤器。以无烟煤和石英砂组成的双层滤料对浮油具有一定的截污能力，且反冲洗周期为 12h，所以除油效果优于电炉管坯连铸的砂滤器。1900mm 连铸水处理在运行实践中，采用在旋流沉淀池投加除油剂和在过滤器反冲洗时定期加药的处理方法，但需对过滤器反冲洗水投加消泡剂消泡处理。

应该指出，三种处理工艺均属以物理法除油为主的工艺，采用的过滤器为均质石英砂滤料或为无烟煤和石英砂双层滤料的高速过滤器，尽管技术比较成熟，但因该过滤技术具有局限性，在含油浓度较高时其处理效果易受限制，调节能力较差，且运行时反冲洗周期频繁，反冲洗废水量大，表 6 – 13 列出了三种处理工艺的技术比较。因此，连铸废水处理回用技术有待改进与完善。

表 6 – 13　三种处理工艺技术比较

项　目	1900mm 连铸	1450mm 连铸	电炉管坯连铸
一沉池	旋流式沉淀池成直径 17m	旋流式沉淀池，直径 17m	类似立式沉淀池，沉淀时间 32min
二沉池	无	平流式隔油沉淀池，长 88m	无
撇油机	带式，已废弃	带式，收油效果不好	带式，收油效果不好
过滤器	高速过滤器；滤速 40m/h，反冲洗周期 12h；双层无烟煤、石英砂滤料	高速过滤器；滤速 35m/h，反冲洗周期 12h；双层无烟煤、石英砂滤料	砂滤，滤速 17m/h，反冲洗周期设计为 32h，现已降为 8h；均质石英砂滤料
管道过滤器	自清洗过滤器	自清洗过滤器	

6.3.2.2　物理法处理连铸废水技术发展与改进

A　采用核桃壳过滤器的技术工艺

a　处理工艺与原理

核桃壳过滤器处理工艺流程的核心是除油，处理核心设备是除油过滤器，即核桃壳过滤器。利用核桃壳对浮油的吸附能力，将经加工后的核桃壳装入过滤器作为滤料，废水经核桃壳过滤器过滤后，既可除油也可去除部分悬浮物，其工艺流程如图6-8所示[65]。

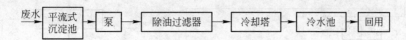

图6-8　核桃壳过滤器处理工艺流程

该处理工艺已在天津铁厂连铸系统废水处理中使用，经多年运行实践证明，这种处理工艺可满足其生产工艺要求，而且核桃壳过滤器对悬浮物的去除能力也可达到生产工艺要求。

b　核桃壳过滤器的特性

核桃壳过滤器是近年来针对油田废水处理与注水的除油要求而开发研究的，已在各行业的含油废水处理中发挥明显作用。

该过滤器采用经加工的核桃壳为过滤介质，具有较强的吸附油能力，并且滤料能反洗再生，抗压能力强（2.34MPa），化学性能稳定（不易在酸、碱溶液中溶解），硬度高。耐磨性好，长期使用不需要更换，吸附截污能力强（吸附率25%～53%），亲水性好，抗油浸。因该滤料密度略大于水（1.225g/cm³），反洗再生方便，其最大特点就是直接采用滤前水反洗，且无需借助气源和化学药剂，运行成本低、管理方便、反冲洗强度低、效果好、滤料不易腐烂、经久耐用并可根据水质要求，采取单级或双级串联使用[65]。

c　有关技术参数与应用效果

现有产品处理水量为10～180m³/h；设计压力0.6MPa；工作温度5～75℃；反冲洗历时8～10min；工作进水水压大于0.3MPa。

滤前水质要求：含油量不大于120mg/L；SS含量不大于30mg/L。

滤后水质指标：含油去除率93%，含油量不大于10mg/L，SS<5mg/L；二级处理油的去除率65%左右，含油量不大于5mg/L，SS<3mg/L。

核桃壳过滤器与石英砂过滤器除油效果比较见表6-14[65]。

表6-14　核桃壳与石英砂过滤器除油效果比较

编　号	名　　　称	石英砂	核桃壳
1	过滤时油的去除率/%	40～50	82～93
2	悬浮物去除率/%	50～65	85～96
3	过滤速度/m·h⁻¹	8～12	25～30
4	反冲洗强度/L·(s·m²)⁻¹	16	6～7
5	滤料维护方式	2～3年更换一次	每年补充10%

B　永磁絮凝器处理工艺

a　处理工艺

采用永磁絮凝器的处理工艺如图6-9所示。

b　永磁絮凝器的特性与应用

钢铁厂含铁废水的泥渣均属于磁性物质，在一定的磁场强度作用后，铁磁性氧化物有

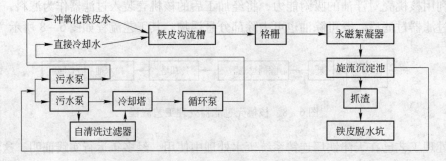

图 6-9　采用永磁絮凝器处理工艺流程

较高的矫顽磁力或剩余磁化强度，并能保持相当一段时间。利用这一特性，磁化后的粒子之间以及磁化粒子与非磁化粒子（连铸、轧钢工艺有时还使用硅钙合金、萤石、石墨等）之间会发生吸引、碰撞、黏聚，使得固体悬浮物凝聚成束状或链状，颗粒直径大大增加，沉降速度加快。因此，可以缩小处理构筑物的尺寸。磁化处理再辅以加药絮凝，则可使出水悬浮物降至 50mg/L 以下。应用实践证明，磁凝聚处理后能使化学药剂投加量减少 50%[65]。

6.3.2.3　化学法处理连铸废水技术发展与改进

A　处理工艺与原理

马鞍山钢铁设计、宜兴水处理设备公司开发的 MHCY 型化学除油器，其处理工艺流程如图 6-10 所示[65]。

图 6-10　化学除油器处理工艺流程

化学除油器分为反应区和沉淀区。反应区主要有两级机械搅拌反应或一级水力搅拌；沉淀区即为斜管沉淀部分。反应沉淀时间为 10min。先投加 2%~3% 浓度、投量为 15~30mg/L 的混凝剂，搅拌混合反应 2min 后，再投加 2%~3% 浓度、投加量为 15~30mg/L 的阴离子型高分子絮凝剂，并搅拌混合反应 3min，最后进沉淀区斜管沉淀。当进水 SS≥200mg/L，油在 35~45mg/L 时，处理出水 SS≤25mg/L，油不大于 10mg/L。沉淀污泥可定期排出，每次 3~5min，可排入旋流池渣坑或粗颗粒铁皮坑一同运走，也可单独浓缩脱水处理。常用的混凝剂为聚合氯化铝、高分子絮凝剂（阴离子型为净水灵除油剂），采用计量泵自动加药。这种除油设施不仅有效去除浮油，还可去除乳化油和溶解油，已在马钢、包钢、济钢、武钢等工程中应用。

B　MHCY 型化学除油器的特性与应用

MHCY 型化学除油器集混合、反应、沉淀于一体，具有体积小，除油完全，不仅能除浮油的优点，并能去除乳化油和溶解油[65]。

MHCY 型化学除油器专为处理冶金企业连铸、轧钢车间排出的含油废水、氧化铁皮废水（浊环水）设计的，共开发了 MHCY-Ⅰ、MHCY-Ⅱ、MHCY-Ⅲ 和 MHCY-Ⅳ 4 种规格，其设计处理水量分别为 $100m^3/h$、$200m^3/h$、$300m^3/h$ 和 $400m^3/h$。

化学除油是以投加化学药剂，经混合反应后使水中的油类、氧化铁皮等悬浮物通过凝聚、絮凝作用沉降分离出来，达到净化水质的目的。当进水含油在 $35\sim45mg/L$，SS 含量在 $200mg/L$ 左右时，其出水含油在 $10mg/L$ 以下，SS 在 $25mg/L$ 以下。

投加的药剂共两种，分开投加。第一种属于电介质类，如硫酸铝、复合聚铝、碱式氯化铝、聚合硫酸铁、三氯化铁等均可，投入第一混合室；第二种是油絮凝剂，是一种特制的高分子油絮凝剂，投入第二混合室。两种药剂分开投加，且投加次序不能颠倒。投加药量均为 $15mg/L$，投加浓度宜为 $2\%\sim3\%$，两种药剂均为无毒无害药剂。

经投药并通过第一、第二混合室混合后的废水进入后部反应室和斜管沉淀室，水中油类（浮油和乳化油）和悬浮物经过药剂的凝聚，絮凝作用形成大颗粒絮花沉降在下部排泥斗中，上部清水经溢流堰、出水管排出。下部污泥可定期排出，每 8h 排一次，每次 $3\sim5min$，排出的污泥可排至旋流池（或一次铁皮沉淀池）渣坑和粗颗粒铁皮一并运出，也可单独浓缩处理后运出。

为有利于化学除油器的排泥，进入化学除油器的废水宜为经过旋流池（或一次铁皮沉淀池）处理后的水，使用化学除油器的废水处理流程建议如图 6-11 所示[65]。

图 6-11 化学除油器废水处理流程

此外，我国钢铁企业已将物理法与化学法相结合的处理工艺应用于连铸废水处理。例如攀钢连铸和首钢连铸厂采用气浮—加药破乳絮凝—沉淀的处理工艺，该工艺是将物理法与化学法核心技术融于一体的处理工艺，对去除浮油、乳化油、溶解油更有显著效果。

6.3.3 其他浊循环系统废水

6.3.3.1 电炉烟气湿法净化废水处理

电炉炼钢常以干法为主，较少采用湿法净化烟气。但在锰铁电炉、硅铁电炉炼钢中其烟气净化也有采用湿法的，但目前发展趋势为干法净化，如采用湿法净化其净化方式与转炉炼钢湿法除尘工艺基本相同。但废水特征变化很大，由于电炉炼钢主要用于特钢冶炼，因此废水主要含有重金属有害有毒物质，常采用化学法予以去除，具体去除技术工艺，请参看第 8.3 节、10.2 节相关废水特征与净化回用技术工艺进行选用。

6.3.3.2 钢水真空脱气装置浊循环废水处理回用技术

A 真空精炼技术与用水要求

钢水的 RH 处理是在真空状态下，进行钢水的循环脱气，去除钢水中的氢、氮等气体，改善钢水的品质。抽真空是用大型蒸汽喷射器来实现的，使 RH 装置的真空度达到

1mmHg（1mmHg = 133.3Pa）。蒸汽喷射器要产生高度的真空，需要将喷射的尾气在冷凝器内用冷却水直接冷却降温来实现。蒸汽的喷射流量是 30 ~ 40t/h，被冷凝的蒸汽量变成冷凝水进入循环冷却水系统。

在钢水循环脱气的过程中，还要用 KTB 氧枪吹氧，还要投加一些合金料，以炼成所要求的钢种成分。吹氧及投加合金料的过程，是在真空抽气状态下进行，必然产生一定量的金属氧化物与非金属氧化物粉尘，还会有 CO 气体等随被抽出的气体带入冷凝器内，而进入冷却水中。

钢水的精炼和转炉一样是一炉一炉间断进行的。由于钢种的不同，处理钢水的时间及间隙时间都是不定的，平均处理时间按 30min 考虑。在这 30min 的时间内，吹氧时间及间隔时间也是不定的，因此，在精炼过程中，冷却水回水的温升及悬浮物的增量，是不同的。

真空精炼用水对象主要为 RH 冷凝器，使水与真空脱气废气在冷凝器内直接接触，让废气很快冷却，以提高真空效果。对水温要求为：

冷凝器进水温度要求小于 33℃；冷凝器排出水温度平均为 44℃。水质及水压要求为：

冷凝器进水悬浮物含量要求小于 100mg/L；冷凝器排出水悬浮物含量为 120mg/L 左右。供水水泵压力为 300kPa。

RH 真空脱气冷凝废水处理，主要由高梯度电磁过滤器和冷却塔及其他相关设备组成。

冷凝器排出废水先进入温水池，一部分经冷却塔冷却到小于 33℃；另一部分提升并在压送管上加注过滤助凝剂，通过反应槽进入高梯度电磁过滤器净化处理，然后借水的余压送冷却塔冷却，以保证循环系统中水的悬浮物含量小于 100mg/L。

电磁过滤器冲洗出来的废水，先经污泥槽然后提升至搅拌槽，在搅拌槽内投加药剂、搅拌、混合、反应；再在浓缩槽内沉淀，澄清后废水返回温水池、冷却、循环使用，浓缩泥浆由泵压送至转炉烟气净化水处理系统中的污泥压滤机脱水，一同送造球，供烧结用。

B　工艺特点与处理效果

（1）本系统正常运转时不外排废水；

（2）用部分处理废水的方法改善水质，并采用高梯度电磁过滤器作为净化处理设施，具有经济、占地少、投资省等特点；

（3）在高磁过滤器前，投加过滤助凝剂及高分子凝聚剂，使废水中非磁性物质黏附在磁性物质上，通过过滤而一同除去，提高过滤与出水效果；

（4）为防止循环水系统悬浮物淤塞塔内填料，采用塑料格条作填料。

根据宝钢以及日本福山、新日铁釜石、八幡和千叶等真空脱气（RH）装置废水处理电磁过滤器运行经验，原废水水质的悬浮物浓度为 150mg/L，处理后水质的悬浮物浓度为 30mg/L 左右。

6.3.3.3　钢渣水冷处理工艺与废水循环回用技术

A　钢渣冷却处理工艺与技术

钢渣加工处理是钢渣实现资源化的前提与条件，处理工艺好坏，对后者资源化利用关系很大。

　　美国、欧洲与日本等钢渣处理工艺常用热泼工艺，国内钢渣处理工艺多种多样，但以水淬法为主，宝钢引进日本 ISC 法（浅盘水淬法）以及近年来我国独创的钢渣罐式热焖法处理工艺，均属湿法处理。钢渣罐式热焖法工艺是由中冶集团建筑研究总院环境保护研究设计院等单位共同研究与开发的，已获得国家发明专利，列入国家全国重点推广项目、国家环保部 A 级最佳环保技术。

　　转炉钢渣焖罐处理设备如图 6 - 12 所示[68,69]。当大块钢渣冷却到 300 ~ 600℃时，把它装入翻斗汽车内，运至焖罐车间，倾入焖罐内，然后盖上罐盖。在罐盖的下面安装有能自动旋转的喷水装置，间断地往热渣上喷水，使罐内产生大量蒸汽。罐内的水和蒸汽与钢渣产生复杂的物理化学反应，水与蒸汽能使钢渣发生淬裂。同时由于钢渣是一种不稳定的废渣，在内部含有游离氧化钙，该化合物遇水后会消解成氢氧化钙，发生体积膨胀，使钢渣崩解粉碎。钢渣在罐内经一段时间焖解后，一般粉化效果都能达到 60% ~ 80%（20mm以下），然后用反铲挖掘机挖出，后经磁选和筛分，把废钢回收，钢渣也分成不同的颗粒级配销售。

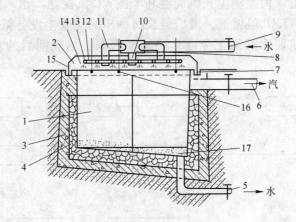

图 6 - 12　焖罐设备结构图

1—槽体；2—槽盖；3—钢筋混凝土外层；4—花岗岩内衬；5—可控排水管；6—可控排气管；7—凹槽；
8—均压器；9—可控进水管；10—垂直分管；11—四方分管；12, 13—支管；14—多向喷孔；
15—槽盖下沿；16—测温计；17—预放缓冲层

　　该工艺的特点是：机械化程度较高，劳动强度低；由于采用湿法处理钢渣，环境污染少，还可以回收部分热能；钢渣处理后，渣、钢分离好，可提高废钢回收率，由于钢渣经过焖解处理，部分游离氧化钙经过消解，钢渣的稳定性得到改善，大大有利于钢渣的综合利用。目前该技术已全面推广应用，并获得重大效益。

　　钢渣水淬法处理工艺，因渣与水直接接触，水中悬浮物质量浓度高，硬度大，废水应进行处理后循环回用。

　　B　钢渣冷却废水处理循环回用

　　转炉钢渣水淬或热焖的废水处理与循环回用比较简单，由于钢渣冷却用水水质要求不高，因此，该废水处理与循环回用的流程，主要有循环泵站、过滤池、沉淀池、自动清洗过滤器装置与投药装置等。

6.4　炼钢工序废水处理应用实例

6.4.1　OG 法处理武钢转炉烟气废水

武钢在吸收消化宝钢引进日本 OG 法除尘废水处理技术的基础上，经开发创新采用粗颗粒分离器、VC 沉淀池以及碳酸钠软化法除垢等技术，使转炉除尘废水实现全循环回用。

6.4.1.1　废水水质与处理工艺流程

武钢二炼钢厂转炉烟气除尘系统原设计废水为直流排放，使用后的转炉烟气废水经处理后达标直排长江。为了消除此股废水对长江水域造成的污染，与转炉扩容改造工程同步进行转炉烟气净化废水循环回用工程建设。全部工程分三期进行，共投资 1600 万元，扩建改造后，供水量由原来 $800 \sim 1000 \mathrm{m}^3/\mathrm{h}$，提高到 $1200 \sim 1680 \mathrm{m}^3/\mathrm{h}$。

废水处理工艺如图 6-13 所示[55]。转炉烟气净化废水经架空明槽进入粗颗粒分离装置，分离出 $60\mu\mathrm{m}$ 以上的粗颗粒，溢流水进入分配池，在此投加絮凝剂聚丙烯酰胺溶液，然后分流进入两座辐流式沉淀池和 1 座 VC 沉淀池。出水经冷却塔降温后流入吸水井，并投加 ATMP 阻垢剂，最后经泵房加压后供除尘设备循环使用，沉淀池污泥由三台带式压滤机脱水后送工业港作烧结混合料。治理前后的水质变化情况见表 6-15[55]。

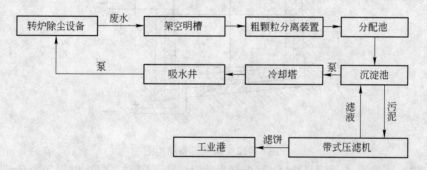

图 6-13　转炉除尘废水处理工艺流程

表 6-15　治理前后水质比较

进水水质	水量 /$\mathrm{m}^3 \cdot \mathrm{h}^{-1}$	SS /$\mathrm{mg} \cdot \mathrm{L}^{-1}$	pH 值	Ca^{2+} /$\mathrm{mg} \cdot \mathrm{L}^{-1}$	Mg^{2+} /$\mathrm{mg} \cdot \mathrm{L}^{-1}$	总硬度 /$\mathrm{mmol} \cdot \mathrm{L}^{-1}$	出水水质	SS /$\mathrm{mg} \cdot \mathrm{L}^{-1}$	水温/℃
	1680	$1800 \sim 3700$	$8 \sim 9$	$70 \sim 610$	$5 \sim 18$	$2 \sim 16$		≤50	≤35

6.4.1.2　主要构筑物与设备

根据宝钢处理经验，采用粗颗粒分离机，可解除 $60\mu\mathrm{m}$ 以上粗颗粒问题，不仅能降低沉淀池处理负荷，而且对设备磨损、管道堵塞，特别是带式压滤机使用寿命延长均有较好的效果。

选用主要设备的名称与规格见表 6-16。

表6-16 主要设备名称与规格

序号	名 称	形 式 及 规 格	单位	数量
1	带式压滤机	CPF-2000SS，滤带有效宽度2000mm，主传动减速机型号XWEDS，5-85-1/187，5.5kW，给料装置XWED0.8-78-1/121，0.8kW	台	3
2	静态混合器	JHA-200，长度 $L = 2000mm$	台	3
3	螺旋分级机	XWED4-95GAJF，分级机外径600mm，中心轴直径325mm	台	4
4	隔膜式计量泵	J-WM2/10配电动机 BA06314W，$N = 0.12kW$	台	2
5	电动蝶阀	D971X-6，DN125	台	3
6	VC沉淀装置	VC-2-1型、23m×3.4m×6.53m	台	7
7	泥浆泵	2PNJFA，$Q = 27 \sim 52m^3/h$，$H = 36 \sim 40m$，$n = 1900r/min$，$N = 18.5kW$	台	18
8	潜水泵	AS30-2CB，$Q = 42m^3/h$，$H = 11m$，$N = 2.9kW$，$n = 2850r/min$，380V	台	1
9	离心水泵	250S39A，$Q = 324 \sim 576m^3/h$，$H = 25 \sim 35.5m$，$n = 1450r/min$，配电机 Y250M-4，$N = 55kW$	台	1
10	PVC蜂窝填料	d25	m^3	437
11	沉淀池	辐射式 $\phi 20m$	台	2
12	水质稳定间	楼房4层	m^2	591.68
13	加药罐	直径 $\phi 2m$，高3.2m，带搅拌机 RJ850-ⅡX	台	6

6.4.1.3 运行效果与效益分析

经正常运行后效果良好，自投加 Na_2CO_3 做水质稳定剂后，喷嘴、滤网等结垢、堵塞问题得到解决，循环水质状况比较稳定，经测定 pH 值平均为10.44；SS 均值为52.7mg/L；$\rho(Ca^{2+})$ 为3.54mg/L，符合循环水质要求。实现废水密闭循环，年节约新水1200万吨；年回收尘泥1.8万吨，直接经济效益共500万元/年。更重要的是杜绝废水直排入江河所造成水域与环境污染。

6.4.2 OG法处理济钢转炉烟气废水

济钢实践表明，采用磁凝聚器—斜板沉淀池—箱式压滤机的工艺处理炼钢烟气除尘废水，不仅可以降低悬浮物，回收利用尘泥，保持水质稳定，减排废水，而且降低成本。

6.4.2.1 存在问题与解决途径

济钢发展迅速，但存在工艺与技术装置落后的矛盾，特别是转炉废水、尘泥处理效果不好，造成废水大量超标外排，污泥堆集等环保问题。需要解决的问题：一是废水中悬浮物去除问题。由于转炉冶炼过程是周期性的，废水水质也随着冶炼时间的变化，废水中悬浮物变化范围在每升几百到1.3万毫克之间。水温、溶解盐、pH 值及悬浮物颗粒变化也较大。根据济钢环监站连续监测结果表明，SS 最高达13272mg/L，最低为900mg/L；悬浮物颗粒最大为110μm，最小为0.5μm。二是污泥脱水与利用问题。污泥中含铁高，但含水率高无法利用。三是循环水水质稳定问题未能解决，影响废水回用。

解决途径是针对济钢转炉废水并经试验探索与研究，采用磁力分离法去除炼钢转炉废水中众多氧化铁皮与重金属等磁性物质；采用斜板沉淀池实现废水中固液分离，迅速排泥和浓缩污泥，采用板框压滤机进行污泥脱水，经压滤后污泥含水率一般为25%。实现尘泥送往烧结配料的目的。

6.4.2.2　废水水质与处理工艺

济钢转炉除尘废水水质见表6-17[70]。

表6-17　济钢转炉除尘废水水质

pH 值	总硬度/mg·L^{-1}	钙离子/mg·L^{-1}	暂时硬度/mg·L^{-1}	HCO$_3^-$/mg·m^{-3}	CO$_2$/mg·m^{-3}	SS/mg·L^{-1}	全铁/mg·L^{-1}	温度/℃
8.6~12.2	6.6~23	1.6~23	1.6~21.15	4.8~6.95	0.2~1.4	900~13700	0.068~1.08	42~65

根据上述分析，对济钢转炉废水实现处理与循环回用，需按图6-14[70]的废水处理工艺流程进行改造：转炉烟气除尘废水经提升泵进入钢制流槽，通过磁凝聚器磁化后，自流入斜板沉淀池。沉淀池出水自流入吸水井，经冷却塔冷却后送往转炉除尘系统循环使用。沉淀池底部泥浆经螺旋输泥机推出，用泥浆气水提升机送至污泥脱水间的泥浆储罐，再用压缩空气输送至箱式压滤机经脱水后，泥饼含水率小于25%，由卸料斗装车运至烧结厂作为原料回收利用。

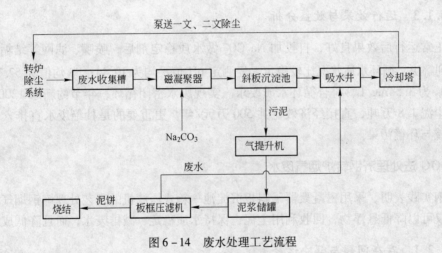

图6-14　废水处理工艺流程

6.4.2.3　处理设施选择

A　磁凝聚器

按产生磁场的方法不同，磁分离设备分为永磁型、电磁型和超导型3类。水磁型分离器的磁场由永久磁铁产生，构造简单、电能消耗少，但磁场强度低且不能调节，仅用于分离铁磁性物质。电磁分离器可获得高磁场强度和高磁场梯度，分离能力大，可分离细小铁磁性物质和弱磁性物质。超导磁分离器可产生超强磁场，运行基本不消耗电能，但造价高。根据炼钢转炉烟气除尘水的特性和节约资金的原则，本着能达到处理效果的前提，可优先选用电磁型。磁凝聚器是属于电磁型的设备，其处理转炉烟气洗涤废水设备简单、重量轻、投资少、运行安全可靠。转炉烟气除尘废水中的氧化铁微粒在流经磁场时产生磁感应，而离开磁场时又具有剩磁，这样水中的微粒在沉淀池中互相碰撞吸引凝结成较大的絮体从而加速沉淀。同时实验证明，经磁凝聚器处理过的废水尚有抑制水垢的作用，而且还具有"溶垢"的功能。定期向循环水中投加碳酸钠，可使循环水中的钙硬度稳定地保持在稳定状态，故选用磁凝聚器。

B　斜板沉淀池

普通沉淀池主要有平流式、竖流式和辐射式 3 种，虽各有优劣，但都存在悬浮物的去除效率不高（一般只有 40% ~ 70%）和体积庞大、占地面积多的主要缺点。为了克服这些缺点，可从两个方面采取措施，即改善悬浮物的沉降性能和改进沉淀池的结构。投加混凝剂、助凝剂等化学试剂是前者的主要手段；而斜板斜管沉淀池的出现和应用是后者的典型例子。为了让沉到底部的污泥便于排除，运用浅池沉降原理，把这些浅的沉淀区倾斜 60°设置，以使污泥顺利滑下，因此称为斜板沉淀池。在斜板沉淀池内，由于雷诺数远小于 500（一般为 30 ~ 300 左右），水流处于稳定的层流状态，颗粒沉降状况会得到显著改善。而一般沉淀池内的雷诺数远大于 500，因而干扰了颗粒的下沉。综上所述，与普通沉淀池相比，斜板沉淀池之所以能大幅度提高生产能力，主要是由于增加了沉淀池的面积和改善了水力条件的缘故，所以可选用斜板沉淀池。根据水流和泥流的相对方向，可将斜板沉淀池分为异向流（逆向流）、同向流和侧向流（横向流）3 种类型，其中以异向流应用最广泛，它的特点是水流向上、泥流向下，倾角 60°。但是对于炼钢转炉烟气除尘废水而言，由于废水悬浮物含量高，温度变化大，为消除因温度变化而产生的异重流影响，根据合肥钢铁公司经验，选用横向流斜板沉淀池较为理想。

C　板框压滤机

泥浆脱水是实现系统供水和污泥回收利用的关键。以前大都采用真空过滤机。由于效率低、维修量大、污泥含水率高（达 40% 以上），因而目前真空过滤机已逐步淘汰，被普通板框压滤机代替。普通板框压滤机污泥含水率达 25% 以上，同时由于板框结构原因，有时出现喷料现象。鉴于以上原因，拟采用双隔膜板框压滤机，该机具有操作简单、泥饼含水量低（一般小于 25%）、工作效率高、能耗低、泥饼运输量少、运行可靠的优点。双隔膜板框压滤机辅以压缩空气二次挤压，滤后水质 SS ≤ 150mg/L，直接回至泵房吸水井，回收利用。而含水率 25% 以下污泥通过输送带送至料仓，可改善烧结厂工作条件和提高烧结矿质量，为转炉污泥资源化创造了条件。

6.4.2.4　水处理结果与效益分析

采用图 6 - 14 所示的废水处理工艺流程后，从斜板沉淀池出水经水质分析为：pH 值为 8.5；SS 为 100mg/L；总硬度 40.75mg/L（以 $CaCO_3$ 计）；硬度 20.95mg/L；$\rho(Cl^-)$ 为 180mg/L，均低于该厂规定要求。

通过该工艺流程处理后，实现废水"零排放"，每小时可节水 500t，可回收干尘泥 20000t/a，减少排污费 150 万元/年，总效益达 450 万元/年，效益比较显著。

6.4.3 攀钢连铸浊循环水处理

攀钢 1350 连铸机浊循环水处理原采用一级旋流沉淀去渣、二级平流沉淀去油、三级快速过滤的处理方式。此系统投产后，相继暴露出一些问题，主要表现为压力过滤器堵塞、二冷水喷头堵塞，铸坯出现变形、鼓肚及裂纹，而后连铸坯出现了大批量的表面裂纹及中心裂纹。针对浊循环水系统工艺的不足，对浊循环水系统采用稀土磁盘及气浮技术处理后，既消除上述存在问题，又实现"零排放"的密闭循环。

6.4.3.1 存在问题与解决途径

根据攀钢连铸生产情况，浊循环供水水质应满足表 6 – 18 所列的要求。但随着攀钢连铸快速发展和产量的大幅提高（设计年产量 100 万吨/年，现已达到 160 万吨/年），原设计水处理能力不足，水质处理效果不好，其原因为：首先是一级旋流沉淀的旋流池能力不足，渣泥大量进入第二沉淀除油环节；其次是压力过滤器反冲洗水采用过滤器—渣滤池—旋流池处理工艺存在一定问题，瞬时反冲洗水量大、油泥含量多，渣滤池小，反冲洗水在渣滤池得不到处理就返回系统，使水质恶化；第三是二级平流沉降的隔油池底部排污直接进入渣滤池也导致水质恶化；第四是生产设备漏油使浊循环水中分散态油和乳化态油含量高，而除油仅靠隔油池上的刮油刮渣机，除油效果较低，因而造成连铸浊循环水系统管道出现了 2 ~ 5mm 厚的油泥垢、二冷段喷头堵塞、压力过滤器滤料板结。

表 6 – 18 浊循环供水水质要求

主要指标	pH 值	总硬度/dH（以 CaCO₃ 计）	悬浮物/mg·L⁻¹	悬浮物粒度/mm	硅酸盐/mg·L⁻¹	氯化物/mg·L⁻¹	硫酸盐/mg·L⁻¹	电导率/μS·cm⁻¹	油类/mg·L⁻¹
参数	7 ~ 9	≤12	≤60	≤0.2	≤200	≤400	≤600	≤800	≤5

浊循环水在隔油池进行沉淀去油处理时，隔油池底部生成大量油泥，需定期排往渣滤池进行过滤分离；压力过滤器产生瞬间含有大量油污的反洗水需排入渣滤池过滤分离。而渣滤池容量小，又易被油泥堵塞，很难起到过滤作用，这部分水在系统中循环，严重影响水质指标，为保证生产，临时改为外排。另外刮油刮渣机去除隔油池上浮油时，带水严重，而 3 号隔油池上设置的布袋式撇油机受使用范围及吸油袋子限制，油水分离效率低，且故障频繁，3 号池中油水混合物也采用外排方式。另外浊循环系统的多个水池设有溢流排水管，就近接入厂区地下水道，当系统不平衡时，浊循环跑水。这些水外排使外排量增大，既浪费水资源又污染环境。

经研究决定对原处理工艺进行改造，主要改造内容为增建稀土磁盘净化工艺解决废水中悬浮物的铁磁性物质；增设油脂气浮工艺解决废水中油脂过高的问题，并将原隔油池布袋式撇油机改为钢带式撇油机等。改造后的浊循环水处理工艺，如图 6 – 15 所示[71]。

6.4.3.2 处理情况与效果

A 稀土磁盘净化情况与效果

压力过滤器反洗水及隔油池底泥含有细小颗粒和油脂的混合物，其颗粒直径以 1 ~

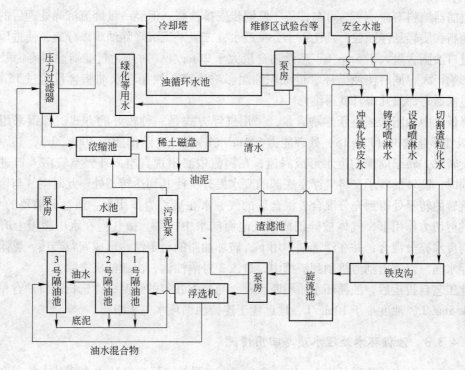

图 6-15 改造后浊循环水处理工艺流程

5μm 为主，80% 左右的小颗粒为铁磁性物质。经分析比较，认为永磁分离处理方法较好，投入动力设备少，维护量低，工艺简单，便于操作。

当悬浮物铁磁性物质受磁场作用力大于水的阻力和颗粒间的黏滞力时，就会被磁场力吸引到磁盘上，磁盘缓慢转动，悬浮物脱去大部分水，转到刮渣位时被去除。磁分离的效果主要取决于磁场强度及磁场梯度高低，铁氧体所形成的永磁磁场在 0.05 ~ 0.08T，锶铁氧体所形成的永磁磁场在 1000 ~ 1500T，钕铁硼（稀土磁材料）所形成的永磁磁场在 3000T 以上，因此选用稀土磁盘作磁场。

悬浮物中非磁性物质及部分油脂，可在絮凝剂作用下与铁磁性物质形成絮凝体，絮凝体在强磁作用下，能够被吸附到磁盘上得以去除。因此将压力过滤器反冲洗水及隔油池底泥先引入浓缩池，在池中加入聚丙烯酰胺，并在池中通入压缩空气，使铁磁物、非铁磁物及部分油脂混凝在一起，再送到稀土磁盘吸附去除，处理能力为 150t/h，净化效率达 80% ~ 98%。分离后的絮凝体含水量低，经溜槽进入渣滤池晾干外运，清液回到旋流池循环利用。

稀土磁盘净化器投入运行时，稀土磁盘进口的悬浮物含量大，最高达 955mg/L，一般在 300 ~ 600mg/L、平均 457mg/L 左右。经稀土磁盘处理后，出口水中悬浮物含量大部分在 100mg/L 以下，平均为 89.7mg/L，平均去除率达 80.4%，好于旋流池回水标准，同时压力过滤器反洗水通过稀土磁盘处理后，有 46% 的油也被磁盘机去除。

B　EJ-18 型油脂浮选工艺净化结果

炼钢现用 KLQ-4000 型快速过滤器，用 φ4mm 的无烟煤、φ1.8mm 石英砂及 φ6 ~ 38mm 卵石作填料。当进入压力过滤器的油脂含量小于 5mg/L、悬浮物含量小于 20mg/L

时，过滤器填料寿命一年，可与连铸年修同步安排检修。但经一级旋流沉降处理后的水中含有油脂和质轻悬浮颗粒，其比重十分接近水，二级平流沉降除油难以分离，使进压力过滤器进口油脂含量大于 5mg/L、悬浮物含量大于 20mg/L，对压力过滤器滤料寿命及出水情况影响很大，同时使浊循环管道沉积油泥影响生产，浊循环水油脂含量超过 15mg/L，压力过滤器寿命仅几个月就得维修。

降低水中油脂和细小悬浮物含量，采用气浮方式是一种较好的方式。炼钢采用的是FJ 三级气浮浮选机（FJ-18，处理能力 511m³/(h·台)，除油能力 100kg/h），其原理是转子旋转时，转子周围的废水形成涡流，在涡流中心出现真空，外界空气由入口进入转子；同时，旋转的转子又将气浮室底部的废水提升，使其到达转子处。此时空气与废水在高速旋转的转子处得到充分混合，混合后的气、水在离心力作用下，通过分散器的小孔，在水的剪切力作用下，气体被碎细成微气泡而向水中扩散。微气泡在水中缓慢上升过程中，与废水充分混合，并在浮选剂作用下，破坏油脂的稳定性，形成絮粒杂质，黏附气泡而上浮水面。浮渣由刮渣机刮到渣槽中，进入 3 号隔油池，由撇油机去除。

此工艺自投运后，浊循环水质不断改善，通过近几年的观测，浮选机出口油含量平均小于 1.5mg/L，浊度小于 10mg/L，远远优于连铸浊循环水供水指标。

6.4.3.3 浊循环水处理水质与回用情况

经处理后其水质情况见表 6-19。表 6-19 表明与该厂净循环水水质基本接近和优于浊循环水水质要求。

经处理后的水质由于水质较好，除循环回用外，现用浊循环水代替机械生产区净循环用水，并减少浊循环水处理量；回收浊循环溢流水，将各池溢流水引入旋流池，使溢流水得到回用，减少补充水量；用浊循环水代替新水进行压力过滤器反冲洗，减少浊循环水量；用浊循环水代替新水进行绿化、冲洗地坪等，使浊循环水实现"零排放"，节水与经济效益均较显著。

表 6-19 净循环水水质要求与浊循环水处理后水质状况

项目名称	pH 值	总硬度/dH（以 CaCO₃ 计）	SS /mg·L⁻¹	悬浮物粒径 /mm	硅酸盐 /mg·L⁻¹	氯化物 /mg·L⁻¹	硫酸盐 /mg·L⁻¹	油类 /mg·L⁻¹
净循环水	7~9	≤12	≤50	≤0.2	≤100	≤300	≤400	≤5
浊循环水处理结果	7~9	≤12	≤60	≤0.2	≤200	≤400	≤500	≤5

7 轧钢工序节水减排与废水处理回用技术

进入 21 世纪，我国轧钢生产工序实现历史性高速发展与科技进步。主要体现在轧钢与上下游工序间的融合与交叉科学合理，如连铸、热送热装、控轧控冷已经成为热轧生产的主流，以及薄板坯连铸连轧、强力中厚板轧机、连续热镀锌、热连轧冷连轧、连续酸洗冷轧等。这些科技进步与发展，为轧钢生产全流程高效化、连续化、自动化提供前提和条件。但由于轧制工艺与技术的进步与发展，对用水要求更加严格，外排废水成分组成更加复杂。

轧钢工序节水减排的目标是应科学合理地处理好热轧废水并实现循环和串级使用；科学合理地实现冷轧含油与乳化液的净化除油处理与回用；合理选择酸碱废液回用与废水净化处理系统，以及实现 Cr、Ni 等一类污染物的净化回收要求。而后将上述处理废水通过综合废水处理系统实现废水"零排放"与节水减排。

7.1 轧钢工序节水减排、用水规定与设计要求

7.1.1 轧钢工序节水减排规定与设计要求

7.1.1.1 一般规定与设计要求

（1）轧机、轧辊、轧材冷却是轧钢工序的用水大户，用水量变化较大，应设计有调节用水、适时控制水处理站的供水能力的措施，确保供水能力与工艺用水要求相一致，并应减少和节约设备检修、换辊等间隙时的用水。

（2）在工业炉设计中，应尽量减少或避免采用炉内水冷构件；必须采用水冷构件时，应减少暴露于高温的冷却面积；所有暴露高温炉内的炉底梁及其他水冷构件应进行有效隔热包扎。

（3）电机通风系统，电机功率小于或等于 1000kW 时，宜采用自带风扇冷却；电机功率大于 1000kW 时，宜采用水冷循环通风系统。

（4）热轧带钢精轧机、冷轧轧机、冷轧平整机的废气排放，应采用干式净化系统。

7.1.1.2 热轧工序

（1）加热炉炉底水梁和立柱冷却宜采用汽化冷却，并应充分利用汽水分离后的蒸汽，回收利用，不可外排。由于汽化冷却的耗水量仅为水冷却的约三十分之一，采用汽化冷却可大大节水；而汽水分离后蒸汽是二次能源，1kg 低压蒸汽折合热值约 3976kJ，故应尽可能提高蒸汽压力，以便纳入全厂蒸汽动力管网回收利用，以利节水节能。

（2）钢板及带钢的轧后冷却方式宜采用节水的层流冷却系统。由于钢板及带钢的轧后冷却是用水大户，用水量的变化与生产工艺密切相关，推荐采用水泵与水箱的联合供水方式，并应最大限度地减少水箱的溢流水量，将两块钢板轧制之间间隙时间的供冷水量储

存于水箱。这样连续轧制两块最不利钢板时的间歇时间越长，供水泵的能力就越小，也越节能。

（3）侧出料推钢式连续加热炉应采用无水冷出钢槽。

7.1.1.3　冷轧工序

（1）立式退火炉的水淬冷却装置应采用双水淬槽结构，逆行串联冷却。由于水淬槽后的带钢温度一般为 40～43℃，单水淬槽内水温受到限制，双水淬槽结构逆行串联冷却，水温可以高于 40～43℃，以达到节水的目的。

（2）罩式退火炉冷却罩采用水喷淋冷却时，应采用波纹内罩。波纹内罩喷淋冷却技术可增加冷却面积，提高水流均匀性与冷却效率节水效率显著。

（3）轧机轧辊冷却宜采用高效多段控制的冷却液喷射系统。在设计时，应将乳化液喷射梁的喷头沿轧辊宽度方向设计为与平直度测量仪相同的分段数，并和乳化液控制的先导阀一一对应连接。钢板轧制时，通过对比目标值和每段测量值得出的偏差，由控制模型计算出每段的乳化液的设定流量，调节相对应段的乳化液先导阀，控制相应段的喷头的开闭，与轧制必需的基本流量（约 1/3 的额定流量）叠加来改变相应段的轧辊热凸度，以达到高效多段控制，实现节水目的与要求。

（4）生产机组废气排放净化系统的洗涤用水应设计为循环供水系统。当达到一定浓度时，该循环系统可将循环水送往工艺段循环利用，既可大大减少耗水量，又可回收酸碱资源循环利用。

（5）酸洗机组、热镀锌机组、脱脂机组、彩涂机组、修磨/抛光机组的热水漂洗段用水应采用冷凝水，宜采用逆流串级漂洗工艺。

7.1.2　轧钢工序用水规定与设计要求

7.1.2.1　热轧工序

热轧工序包括钢板车间、钢管车间、型钢车间、线材车间以及特种轧机车间等。目前钢板车间生产类型有宽厚钢板（大于 60mm）、中厚钢板（4～60mm）和薄钢板（小于4mm），以及连续热轧钢板、热轧带钢和连铸连轧钢等。由于生产工艺不同，对用水要求也不完全相同。但其用水大都由间接冷却用水、直接冷却用水和工业用水等系统所组成。热轧工序各类车间生产用水主要包括加热炉、热处理炉、主电机、液压润滑站、高压水除鳞、轧机轧辊、飞剪、水冷箱、热矫直机、层流、轧材、冲氧化铁皮等用户。

热轧工序各类车间用水规定与水质要求分别为：

（1）钢板车间用水规定与水质要求见表 7－1[1,2]。

表 7－1　钢板车间用水规定与水质要求

项目名称	间接冷却循环水系统	直接冷却循环水系统	层流冷却循环水系统
pH 值	7～8	7～8	7～8
悬浮物/mg·L⁻¹	<15	<20	<45
总硬度（以 $CaCO_3$ 计）/mg·L⁻¹	<150	<150	<150

项 目 名 称	间接冷却循环水系统	直接冷却循环水系统	层流冷却循环水系统
碱度/mg·L⁻¹	114	114	114
Cl⁻/mg·L⁻¹	<80	<80	<80
TFe/mg·L⁻¹	≤0.5	≤4.0	≤4.0
溶解 SiO₂/mg·L⁻¹	≤12	≤12	≤12
溶解固体/mg·L⁻¹	600	650	600
电导率/μS·cm⁻¹	1000	1100	1100
温度/℃	32	35	40
含油量/mg·L⁻¹	0	15	15

（2）连铸连轧带钢车间用水规定与水质要求，见表 7 - 2[1,2]。

表 7 - 2　连铸连轧带钢车间用水规定与水质要求

项 目 名 称	结晶器冷却水系统，闭路机械和加热炉冷却水系统	间接冷却循环水系统	直接冷却循环水系统（一）	直接冷却循环水系统（二）
pH 值	7.5~9.0	7.5~8.0	7.5~9.0	7.5~9.0
总硬度/dH	10	25	40	40
碳酸盐硬度/dH	2	8	15	15
加防腐剂时碳酸盐硬度/dH		15		
Cl⁻/mg·L⁻¹	50	100	250	400
加防腐剂时 Cl⁻/mg·L⁻¹		450	510	510
硫/mg·L⁻¹	150	250	400	600
Fe+Mn/mg·L⁻¹	0.50	0.50	0.50	0.50
SiO₂/mg·L⁻¹	40	100	150	200
NH₃+NH₄⁺/mg·L⁻¹	5	5		
悬浮物/mg·L⁻¹	10	25	25	100
颗粒物大小/μm	30	100	200	200
油+干油/mg·L⁻¹	0.5	5	10	20
溶解总固体量/mg·L⁻¹	400	800	1000	1500
导电率/μS·cm⁻¹	800	1600	2000	3000

注：1. 直接冷却循环水系统（一）是指连铸热轧带钢车间的连铸机喷淋、五机架工作辊、卷取机、磨辊间等用水规定与水质要求；

　　2. 直接冷却循环水系统（二）是指带钢横向喷吹和热输出辊道的层流冷却等用水规定与水质要求。

（3）钢管车间用水规定与水质要求见表 7 - 3[1,2]。

表 7 - 3　钢管车间用水规定与水质要求

项 目 名 称	间接冷却开路循环水系统	直接冷却循环水系统	备注
pH 值	6~7	6~7	
悬浮物/mg·L⁻¹	<20	<25	

项目名称	间接冷却开路循环水系统	直接冷却循环水系统	备注
总硬度/dH	13～20	25～29	
碳硬度/dH			
碱硬度/dH	14～16	20～23	
氧化物/mg·L⁻¹	47～82	65～115	
硫酸盐/mg·L⁻¹	54～94	25～131	
磷酸盐/mg·L⁻¹	≤25	≤25	
可溶性 SiO₂/mg·L⁻¹			
含油量/mg·L⁻¹	<10	<10	

（4）型钢车间用水规定与水质要求见表7－4[1,2]。

表7－4 型钢车间用水规定与水质要求

序号	项目名称	用水种类				备注
		间接冷却开路循环水系统	直接冷却循环水系统	冲氧化铁皮	工业用水	
1	pH值	7～9	7～9	7～9	7～8.5	7～8.5
2	悬浮物/mg·L⁻¹	≤20	≤50	≤100	≤5	
3	悬浮物最大粒径/mm	0.2	0.2			
4	总硬度/mg·L⁻¹	<220	<220	<220	<80	以 CaO 计
5	暂时硬度/mg·L⁻¹	<150	<150	<150	<150	以 CaO 计
6	电导率/μS·cm⁻¹	<3000	<3000	<3000		
7	含油量/mg·L⁻¹	<2	<10			

（5）线材车间用水规定与水质要求见表7－5[1,2]。

表7－5 线材车间用水规定与水质要求

项目名称	间接冷却开路循环水系统	直接冷却循环水系统
悬浮物含量/mg·L⁻¹	25～30	25～50
pH值	7～9	7～9
水量/℃	32～35	≤35
油和油脂/mg·L⁻¹	5～10	5～10
氯离子/mg·L⁻¹	100～226	150～400
硫酸根/mg·L⁻¹	300～500	150～600
含铁量/mg·L⁻¹	0.2～1.0	0.3～1.0
总硬度（以 CaCO₃ 计）/mg·L⁻¹	53～357	267～357
颗粒最大粒径/μm	100～250	<250

注：1. 间接冷却开路循环水系统供水压力为0.3～0.35MPa；直接冷却循环水系统供水压力为0.6MPa、0.8MPa；
  2. 直接冷却循环水系统排水水质：（1）细氧化铁皮量约占产量的1.5%；（2）pH 值7～9；（3）排水温度43～49℃；（4）油和油脂约25mg/L。

7.1.2.2 冷轧工序

大型化冷轧厂一般包括热卷库、酸洗机组、冷轧机组、退火机组、电镀（锌）机组、热镀机组、电工钢机组以及酸再生机组、磨辊加工、机修、电控、检化和其他辅助设施等。这些机组均有不同用水要求和规定。

近年来冷轧技术不断发展，先进国家已完成一次轧制新工艺。国内宝钢 1550mm 冷轧厂，采用一套轧机同时轧制冷轧板和电工钢（硅钢）板，武钢冷轧硅钢厂也在积极探索一次轧制技术，以简化工艺，节省投资，节约生产用电与用水。因此，冷轧工序用水系统与废水成分更加复杂。

冷轧工序主要机组用水规定与要求分别为：

（1）酸洗机组主要用水为酸洗入口液压站冷却水，焊接冷却水，电气室设备冷却水，酸再生站设备冷却水，酸洗出口液压站冷却水，其他设备冷却水。上述均要求采用间接循环冷却水。

酸洗工艺主要用水为新酸站配酸用水，酸循环站漂洗用水，除雾系统补充水。一般采用工业水，当有酸再生时，前 2 项采用软水或脱盐水[2]。

（2）冷轧机组设备主要用水为主马达通风冷却，液压站、润滑油设备冷却，乳化液油冷却等。用水要求为间接冷却循环水。

轧制过程中需用乳化液或用棕榈油对系统进行冷却和润滑。其冷却剂需采用软水或脱盐水进行配制，并经处理后循环回用；由于压延产生热量使乳化液不断挥发，应设置抽风装置并应循环洗涤净化，需连续补充新水，其水质为工业用水。

（3）脱脂机组用水为预清洗及刷洗循环系统，电解脱脂清洗系统和热水漂洗及刷洗清洗系统等用水。用水水质要求较高，通常为脱盐水。

（4）现代化冷轧工序中退火机组为连续退火机组，其机组主要用水为入口液压站冷却，出口液压站冷却，退火炉设备冷却。

工艺用水主要为带钢清洗脱脂与淬火冷却用水，其用水水质为脱盐水。

（5）连续热镀锌机组主要用水为出入口液压站和退火炉设备冷却水，以及烟道阀、炉门炉框、冷却器、高温计等事故用水；其工艺用水主要为清洗脱脂及镀后冷却以及配制纯化液用水，水质为脱盐水。

连续电镀锌机组主要用水为液压站、润滑油站以及电机冷却通风等用水；其工艺用水主要为化学脱脂清洗、电解酸洗、刷洗、漂洗以及配制电镀液、磷化液、铬化液用水，水质为脱盐水。

电镀锡机组主要用水为液压站、润滑油站以及电机冷却通风用水；其工艺用水主要为化学脱脂清洗、电解酸洗、刷洗、漂洗以及配制电镀液与表面处理液用水，水质为脱盐水。

（6）电工钢（硅钢）板机组主要用水为开卷机、卷取机、常化炉、脱碳退火炉、冷轧机、再结晶退火、焊机、平整机液压站以及润滑油站等冷却用水；其工艺用水主要为酸洗配酸、酸洗漂洗喷洗、涂层液配制、乳化液配制、脱脂液配制、脱脂段带钢冲洗，退火段带钢直接冷却以及带钢钝化液配制等用水，其水质为软化或脱盐水。

总之，冷轧工序用水要求比较严格，且水质水量都有严格规定与要求。表 7-6 ~ 表 7-8[1,2] 分别列出某厂 100 万吨/年冷轧厂在使用间接冷却水、软水与工业用水的用水要求与规定。

表 7 - 6　100 万吨/年冷轧厂间接冷却水用水要求与规定

机 组 名 称	水量/m³·h⁻¹	水温/℃		水压/MPa	水质/mg·L⁻¹
		进水	出水		
酸洗机组	210	35	43	0.35	SS < 10
五机架马达通风冷却水	936	35	39	0.35	SS < 10
五机架油润滑系统	349.7	35	43	0.35	SS < 10
五机架乳化液系统	1750	35	43	0.35	SS < 10
电解脱脂机组	20	35	43	0.35	SS < 10
罩式退火炉	1700	35	43	0.35	SS < 10
连续退火炉	320	35	43	0.35	SS < 10
连续热镀锌机组	381.84	35	43	0.35	SS < 10
单双机架平整机	723.3	35	43	0.35	SS < 10
连接电镀锡机组	554	35	43	0.35	SS < 10
纵剪和横剪机组	29.7	35	43	0.35	SS < 10
磨辊间	10	35	43	0.35	SS < 10
保护气体发生站	226	35	43	0.35	SS < 10
实验室	10	35	42	0.5	SS < 10
合 计	7720.54				

表 7 - 7　100 万吨/年冷轧厂软水用水要求与规定

机 组 名 称	水量/m³·h⁻¹	水 质		水压/MPa	水温
		悬浮物/mg·L⁻¹	总硬度/dH		
酸洗机组	15	< 2	< 1	0.1	常温
电解脱脂机组	30	< 2	< 1	0.1	常温
连续退火炉	30	< 2	< 1	0.1	常温
连续热镀锌机组	5	< 2	< 1	0.1	常温
连续电镀锡机组	49	< 2	< 1	0.1	常温
蒸汽减压站	4	< 2	< 1	0.1	常温
保护气体发生站	0.18	< 1	< 0.1	0.1	常温
合 计	133.18				

表 7 - 8　100 万吨/年冷轧厂工业水用水要求与规定

机 组 名 称	水量/m³·h⁻¹	水 质		水压/MPa	水温
		悬浮物/mg·L⁻¹	总硬度/dH		
间接冷却循环水系统补充水	200	< 20	8.5	1.0	常温
废水处理站	13	< 20	8.5	1.5	常温
盐酸再生站	35	< 20	8.5	1.5	常温
空气冷却站	15	< 20	8.5	3.0	常温
酸洗机组	10	< 20	8.5	1.0	常温

机 组 名 称	水量/m³·h⁻¹	水 质		水压/MPa	水温
		悬浮物/mg·L⁻¹	总硬度/dH		
五机架乳化液废气排出装置	10	<20	8.5	1.5	常温
加油站	0.4	<20	8.5	1.5	常温
电解脱脂机组	10.9	<20	8.5	1.0	常温
连续电镀锡机组	2	<20	8.5	1.5	常温
连续热镀锌机组	320	<20	8.5	3.0	常温
乳化液系统	165	<20	8.5	3.0	常温
单双机架油润滑系统	50	<20	8.5	3.0	常温
保护气体发生站	5	<20	8.5	3.0	常温
其 他	12	<20	8.5	3.0	常温
合 计	848.3				

7.1.3 轧钢工序取（用）水量控制与设计指标

轧钢工序取（用）水量与设计指标，分为热轧带钢、中厚板、薄板坯热连轧（CSP）、线材以及冷轧带钢等。其取（用）水量与设计指标见表7-9[39]。

表7-9 轧钢工序取（用）水量与设计指标

项 目		单位	用水量	取 水 量
线 材		m³/t 钢材	24~60	0.72~1.8
中厚板		m³/t 钢材	50~55	1.5~1.8
薄板坯热连轧（CSP）		m³/t 钢材	45~55	1.35~1.65
热轧带钢		m³/t 钢材	45~55	1.4~1.8
冷轧带钢	"连退"产品	m³/t 钢材	30~50	1.35~2.10
	"罩式炉"产品	m³/t 钢材	20~35	0.80~1.25
	"可逆轧机"产品	m³/t 钢材	25~45	1.00~1.55
	"热镀锌"产品	m³/t 钢材	30~50	1.30~1.90
	"电镀锌"产品	m³/t 钢材	55~65	1.80~2.20
	"电镀锡"产品	m³/t 钢材	40~50	2.50~3.10
	"彩涂"产品	m³/t 钢材	24~33	1.48~1.90

注："连退"产品指采用酸洗—轧机联合机组和连续退火机组生产的产品；

"罩式炉"产品指采用酸洗—轧机联合机组和罩式炉、平整机生产的产品；

"可逆轧机"产品指采用可逆轧机和罩式炉、平整机生产的产品；

"热镀锌"产品指采用酸洗—轧机联合机组和连续热镀锌机组生产的产品；

"电镀锌"产品指采用酸洗—轧机联合机组和连续退火机组、连续电镀锌机组生产的产品；

"电镀锡"产品指采用酸洗—轧机联合机组和连续退火机组、连续电镀锡机组生产的产品；

"彩涂"产品指采用酸洗—轧机联合机组和热镀锌机组、彩涂机组生产的产品。

7.1.4 轧钢工序节水减排设计应注意的问题

7.1.4.1 热轧工序节水减排设计应注意的问题

（1）热轧工序各种加热炉、热处理炉、润滑油系统冷却设备、液压系统冷却器、空压机、主电机冷却器以及通风空调和各种仪表用水均由间接冷却水系统供水，故仅水温升高，常设冷却塔降温达到用水设备水温要求后，即可循环使用。

（2）由于上述用水在循环使用过程中，特别是水经冷却塔降温过程中受到蒸发时水损失，空气传导以及尘泥、微生物滋生繁殖和新陈代谢作用，致使冷却水中悬浮物和藻类不断增多，为满足循环水质要求，应设计投加杀菌灭藻剂和旁通过滤器等技术措施，去除循环水中的尘泥和微生物。为解决冷却循环中水因损失致使水中溶解盐不断浓缩、含盐量不断增加导致设备腐蚀和结垢加剧的问题，应不断补充新水和排污，其排污水应排入浊循环水系统再利用。

（3）热轧工序直接冷却循环水系统用水主要为粗、精轧机轧辊冷却，支撑辊冷却，辊道、切头剪、卷取机等冷却、带钢输出辊道和横向侧吹冷却以及除磷、冲氧化铁皮、粒化渣和中厚钢板车间的压力淬火等用水。热轧过程中直接冷却水含有大量氧化铁皮和少量润滑油和油脂，应根据用户水质要求，经除油、沉淀后再循环回用。

7.1.4.2 冷轧工序节水减排工艺设计应注意的问题

对含一类污染物（Cr^{6+}、Ni 等）废水，必须先经单独处理，水质达到车间排放标准后，进入冷轧的酸碱废水处理系统；含油及乳化液废水经破乳、超滤等除油（油回收）措施后，进入酸碱废水处理系统；酸碱废水处理系统的废水经中和沉淀后，进入总废水处理厂；总废水处理厂废水经物化处理后，可回用于全厂浊循环用水系统，或经废水深度处理后，全部回用于生产，实现废水"零排放"。

7.1.4.3 轧钢工序水处理系统构筑物设计应注意的问题

（1）循环水泵站设计应注意以下问题：

1）泵站内同一机组的水泵应尽可能选用相同型号的水泵，只有当机组需要大小不同类型的水泵搭配工作时，才可以选用不同型号的水泵。

2）水泵和阀门的操作，一般情况下应设计为集中控制方式，并在机旁设置操作箱，以备就地操作和紧急停车之用；对较小的次要泵站，也可以只设置机旁操作箱，分散操作。

3）水泵的启动应迅速、安全、可靠，启动方式可设计成自灌式或非自灌式，各水泵之间应设有连锁装置，以便当工作泵停止运转时备用水泵能自动投入运行。

4）当间接冷却循环水泵站与直接冷却循环水泵站合建时，在两机组泵的出水总管上，可考虑设置联络管，并设置必要的转换阀门，以备事故时互为备用。

5）水泵站的电源应与车间工艺要求的安全程度相一致，即应有两路独立电源，对特别重要的不允许间断供水的用户，还可根据具体情况设置水塔、柴油机泵或柴油发电机组，以备停电时作为事故供水之用。

6）对直接冷却循环水系统抽排氧化铁皮废水的泵站，除满足一般泵站的设计要求外，尚需考虑：

一次沉淀池（或旋流池）的提升水泵应尽可能的选用高强耐磨泵，对旋流沉淀池而言，最好是选用潜水电泵，以免除淹水之患；冲氧化铁皮水泵的出水量应根据计算确定，并以水冲氧化铁皮的水力计算为依据。

（2）对提升氧化铁皮废水泵站（组），除应满足泵站（组）设计规定外，尚应考虑：

1）泵房底层高度，离开水面不应小于 2m，以利断电停泵铁皮沟水回流时起缓冲作用。

2）除氧化铁皮废水系统外的其他废水不应排入铁皮沟，以免给废水处理回用带来困难。

（3）溢流堰必须水平以确保出水水质，采用活动板式溢流堰，以便调整；溢流堰前应设置格网，防止杂物进入水泵，影响使用安全。

（4）沉淀池应设在车间外部，并应设置专用清渣设施，以便即时清渣保证水质回用。

（5）选用清渣吊车时应注意提升高度，确保抓斗能进入沉淀池底，抓渣干净。抓斗宜选用自动启闭式。

（6）冷轧含油、乳化液废水化学稳定性好，处理回用难度大，常用方法有超滤法和气浮法。

1）超滤法主要设施有调节池、纸带过滤机、超滤机组、循环泵、循环槽、离心分离机和废油槽等。它们在设计中应注意以下问题：

调节池设计容量应考虑各机组间断排放的废水量及排放周期，各机组连续排放的废水量变化情况；调节池调节容积一般按最大一次排放量加 2~6h 的连续排放量确定[2]。调节池应设 2 个，分别用于储存间断和连续排放的废水。

纸带过滤机的纸带为无纺布材料，机上设有自动卷取、切割和液位测示等装置，常设计置于循环槽之上，循环槽容积设计根据废水大小选取，可按循环泵小时流量的 1/5 选取，并设有撇油装置。

超滤机组是处理含油废水与油回收的核心装置。超滤装置膜管的选择，必须根据含油废水质、组成以及其分子量大小选取，超滤管膜孔径的选取对该处理系统能否达到处理（出水）要求至关重要，应根据废水中油分子量和试验参数进行确定。

2）化学破乳—气浮法是一种较为成熟的处理。冷轧含油、乳化液废水的方法，该法设施主要为调节池、破乳槽、絮凝槽，一级气浮池，二级絮凝池，二级气浮池和核桃过滤器等。它们在设计中应注意以下问题：

调节池设计与超滤法相同。破乳槽容积按废水停留时间 5~15min 设计，槽内应设搅拌机。

絮凝槽设计为废水停留 15~20min，高分子絮凝剂投加量为 2~5mg/L。

采用部分溶气加压气浮，气浮池及溶气系统，设计参数按如下选取：

单位表面负荷（含加压水）3~5$m^3/(m^2 \cdot h)$，溶气水比例 25%~50%，溶气水出口速度为 1~3m/h。

核桃过滤器除油效率较高，其设计参数为：进水 SS≤50mg/L，进水含油量不大于 50mg/L，滤速为 15~20m/h，出水 SS≤10mg/L，出水含油量不大于 10mg/L。

7.2　轧钢工序节水减排技术途径与废水特征

7.2.1　轧钢工序节水减排技术途径

要实现轧钢工序节水减排和废水"零排放"，就热轧工序而言，主要解决两个方面的问题，一是通过多级净化和冷却，提高循环水的水质，以满足生产工艺对水质的要求，同时减少排污和新水补充量，使水的循环利用率得以提高；另一方面是回收已经从废水中分离的氧化铁皮和油类，以减少其对环境的污染。

就冷轧工序而言，首先是应根据生产工艺用水与废水的种类和性质，分别进行收集与有用物质回收，在此基础上再进行分类处理，实现废水回用与"零排放"。

7.2.1.1　充分利用用水与废水特征是提高废水循环率和零排最有效途径

国内外热轧工序节水减排的一个明显趋势是加强了水的循环利用。为了合理用水，常把净循环水的排污水作为浊循环水的补充水；有几个浊循环水系统时，水质较高的系统的排污水用作水质要求较低系统的补充水。对每个浊循环水系统，根据用户对水质、水温的要求，采用相应的处理方法。目前，较完整的处理工艺大体由一、二次铁皮沉淀池或水力旋流沉淀池，过滤、冷却等主要构筑物组成，同时还设有污泥浓缩、脱水，废油治理和化学药剂系统。近年来我国研发的稀土磁盘分离净化组合系统的应用，其净化效果更为显著。

冷轧工序生产废水主要为含油及乳化液废水，酸碱废水，含铬、锌等废水等。废水特征为污染物种类多、成分复杂，且水量、成分变化均较大，这给废水处理与回用带来很多困难。因此处理冷轧废水必须注意如下特点：

（1）必须掌握废水的种类、水量、成分和排放制度，特别是废水的化学成分。

（2）不同种类、浓度的废水，根据情况要用专门的管道送入相应的处理构筑物，含重金属的废水在治理前不允许与其他废水混合，这有利于降低治理难度，减少运行费用并提高治理效率。

（3）对间断排出的废水可通过调节池来实现连续操作，以减少处理构筑物的能力。

（4）冷轧废水治理包括油、乳化液分离，氧化，还原，中和，混凝，沉淀，污泥浓缩，脱水等单元操作。冷轧废水治理主要是化学处理。废水本身的悬浮物的质量浓度并不高，远低于热轧废水。废水本身的悬浮物量仅占冷轧污泥总量的 5% ~ 10%，冷轧污泥的绝大部分是在处理过程中生成的沉淀物，其中含铁污泥约占污泥总量的 75% 左右。

（5）应充分考虑对冷轧废水中各种有效成分的利用。例如，利用酸洗废液和酸洗漂洗水中的铁和酸，进行含铬废水的还原处理；利用酸洗废液和酸洗漂洗水中的酸和盐类，对乳化液进行破乳；对废铬酸及废油进行回收处理；充分利用酸性废水和碱性废水本身的中和能力等，力求简化处理工艺与设备，实现废水回用减排。

7.2.1.2　合理选择与新技术开发应用是含油、乳化液净化回用的关键

在德国约有 60% 以上的含油乳化液废水采用化学破乳法。其中用混合法（即盐析与凝聚组成的方法），尤其是酸化后的中和混凝法较多，德国一些小企业自身并不处理乳化

液，而是将多次循环使用报废的乳化液用槽车送往附近的废水、废油处理中心集中处置。德国黑森州的卡塞尔（Kassel）废水处理厂就是一个比较典型的集中处理站，每年可处理含油废水 12000t、废乳化液 4000t 以上。我国目前还没有此类废油与废乳化液处理中心。

随着科学技术的发展，单纯的化学处理法已经不适应现代化的管理要求。国内外已普遍地重视物理或电化学处理方式。譬如电解破乳、高梯度磁破乳、超滤破乳等。宝钢冷轧厂是国内率先使用膜分离（超滤）破乳技术，这套超滤破乳设备由法国的 National Stanord 公司设计，选用了美国 Abcor 公司的超滤管，处理能力为 $15m^3/h$。可将 2% 浓度乳化液浓缩为含油 50% 的浓缩液，其渗出水的含油质量浓度小于 $10mg/L$[72]。

目前，我国有机膜生产发展迅速，膜的机理与制造方面的研究单位也不少，但可用于废乳化液处理的大型超滤装置尚待研究。

根据实际使用证明，用有机膜超滤装置存在如下问题：

（1）膜的化学稳定性较差，抗化学品侵蚀性能差，经受不起强酸、强碱、氧化剂及有机溶剂的侵蚀；

（2）膜耐温性能差；

（3）膜抗老化性能差，机械强度较差，使用寿命较短。

主要问题是在使用过程中难以维持较高的通量及清洗再生性能差。20 世纪 70 年代国外已开展无机陶瓷膜的研制及应用研究工作，主要有氧化铝、氧化锆及不锈钢膜。90 年代应用陶瓷膜处理含油废水较为广泛，如美国过滤集团生产的 Membralox 膜用于含油废水处理取得满意结果。采用陶瓷处理乳化液废水，除具备了膜分离方法的优点外，由于无机陶瓷材料自身的性能决定了它具有耐高温、耐强酸、强氧化剂及有机溶剂的侵蚀，机械强度较高，使用寿命长，膜孔径分布窄，截油率高，运行渗透通量较高，清洗再生性能好等优点[73]。目前，国内已有无机陶瓷膜和氧化锆膜试验与应用实例。

综上所述，采用陶瓷膜过滤技术处理乳化液废水是一种高效、经济的新技术，是国内外乳化液废水处理的发展方向，但实现规模性生产尚待深入研究与实践。

7.2.1.3 实现酸洗废液资源化是废水"零排放"的重要条件

与国外相比差距最大的是冷轧酸洗废液的处理与回用技术。目前,国内除宝钢、武钢等为数极少的大型钢铁企业外，绝大多数企业以采用中和法处理排放为主，既浪费酸资源，又为废水治理和环境污染带来严重问题。宝钢从奥地利引进的鲁兹纳法盐酸再生工艺,这种装置占世界盐酸废液处理与回收装置总数 60% 以上,该法生产的氧化铁,可全部用于磁性材料。武钢从德国引进的鲁奇法盐酸再生工艺,这种装置在世界盐酸装置总数中仅次于鲁兹纳法。该法生产的氧化铁,经特殊研磨后,可生产硬磁铁氧体。经济效益与市场前景以鲁兹纳法为佳。

由于轧钢酸洗工艺，因钢材品种、用途和材质不同要求，分别采用有盐酸（HCl）、硝酸（HNO_3）、硫酸（H_2SO_4）和硝酸（HNO_3）与氢氟酸（HF）混酸酸洗等。其酸洗后的废液中含有大量的酸和铁盐，该废液已被世界各国作为危险废物进行管理。目前，国内外已研究出多种有效、可行的资源化处理方法与技术，从其技术成熟性、工艺关键与特性，应用前景与发展上都具有各自优越性，这些方法与技术有：直接焙烧法、回收铁盐法、制备无机高分子絮凝剂法、制备铁磁氧体法、制备颜料法、制备针状超细金属磁粉法以及减压蒸发回收酸与铁盐法。然而，据统计，目前我国各种废酸回收利用率不足10%，因此酸性废液实现回收和减排，仍是任务艰巨。

7.2.1.4 含铬废水净化回用与消纳是废水"零排放"必须解决的问题

从冷轧系统排出重金属含铬等废水有两种，一种是高浓度的，另一种是低浓度漂洗水。重金属废水处理方法很多，有化学还原、电解还原、离子交换、中和沉淀、膜法分离等。其中沉淀法有中和沉淀、硫化物沉淀和铁氧体法等。国外普遍采用化学还原法，所用的还原剂有二氧化硫、硫化物、二价铁盐等。冷轧厂存在大量酸洗废液，利用酸洗废液中二价铁盐和游离酸，将 Cr^{6+} 还原为 Cr^{3+} 的方法具有实用价值。目前，宝钢、武钢等引进冷轧带钢厂，其含铬废水处理均采用这种方法。随着重金属废水外排控制的严格，采用生物法处理重金属废水的研究已在我国开始试验，用生物法处理冷轧重金属含铬等废水，比传统的化学法等对环境保护和提高企业技术竞争力有更大的优越性。

由于镀铬、锌、铜、镍等重金属板材日益增多，故形成的冷轧废水中的重金属成分越来越多，成为含众多重金属成分的复杂废水，为其无害化处理和资源回用带来新的难题。

在六价铬的控制处理中，最常用的方法是将六价铬还原成三价铬，随后又使三价铬生成氢氧化物沉淀。为达到日趋严格的排放标准，一些工业部门已倾向于采用离子交换来处理铬酸盐和含铬酸废水。对于高浓度铬酸盐和铬酸废水，蒸发回收已证明是一种在技术上和经济上均可行的控制方法。对冷轧系统含铬等重金属废水处理方案的选择，不应与其他废水混合，以免使其处理复杂化，更不应未经处理直接排入全厂废水处理系统，以免扩大重金属污染。

7.2.1.5 废水处理工艺的有效组合是实现废水"零排放"的最重要的技术保证

轧钢废水处理回用与实现"零排放"存在众多难题。由于轧钢废水特别是冷轧工序废水中种类比较多，所含的污染物比较复杂，差别也大，普遍存在含油和高浓度乳化液、酸洗废液以及低浓度酸碱废水，含铬、锌等其他金属废水等。

乳化液一直是处理与回用难度较大的一种废水，近年来有了较好的进展，宝钢、本钢等分别引进有机膜超滤技术，油回收效果较好，但不可避免要有大量低浓度含油废水排出。

其他含六价铬、镍、锌等金属废水，以及高浓度酸性废水与低浓度酸碱废水，这些废水处理方案的选择，不应与其他废水混合，以免使处理废水量扩大化和处理工艺的复杂化，更不应未经处理直接排入全厂废水综合处理系统，造成全厂废水处理难度增加。

要实现轧钢工序废水处理回用与"零排放"，应充分发挥处理工艺的有效组合：（1）对含油及乳化液废水经破乳、超滤等除油措施后，进入酸碱废水处理系统的调节池；（2）含第一类污染物（Cr^{6+}、Ni 等）废水，经单独处理，达到一类污染物车间排放标准要求后，进入酸碱废水处理系统最终 pH 值调节池；（3）酸碱废水处理系统的废水经中和沉淀处理后，再进入全厂总废水处理系统处理后回用。

7.2.2 轧钢工序废水特征

7.2.2.1 热轧工序

热轧废水来自轧机、轧辊及辊道的冷却及冲洗水，冲铁皮、方坯及板坯的冷却水，以及火焰清理机除尘废水。废水量大小取决于轧机及产品的规格。对大型轧钢厂而言，热轧循环每吨钢锭废水量为 36m³。其中用于轧机、轧辊、辊道等的直接冷却循环每吨钢锭废水量为 3.8m³；用于板坯及方坯的直接冷却循环废水量为 26.4m³；用于冲铁皮的循环废水为 3.01m³；用于火焰清理机、高压冲洗溶液的循环废水量为 2.61m³；用于火焰清理机除尘器循环每吨钢锭废水量为 0.188m³。废水中含氧化铁皮为每升几百至数千毫克，粒径从几厘米到几微米不等，废水含油质量浓度为 20 ~ 50mg/L，废水温度为 40 ~ 60℃。

因此热轧厂的废水主要是轧制过程中的直接冷却水。由于热轧生产是对加热到 1000℃。以上的钢锭或钢坯进行轧制，所以有关设备及在某些部位的轧件均需直接冷却。废水中的主要污染物是粒度分布很广的氧化铁皮及为数不小的润滑油类，此外，热轧废水的温度较高，大量废水直接排出时，将造成一定的热污染。

不少热轧产品出厂前需要酸洗，有时还要碱洗中和。热轧厂也可能产生酸性或碱性的废液和废水。某些产品，如钢管和线材，除酸洗外，有时还要镀锌和磷化处理，产生表面处理废水。

我国热轧生产工艺较为复杂，水平相差较为悬殊，用水及废水量差别也大。大型热轧废水量及废水成分见表 7 - 10[57]。

表 7 - 10　轧钢废水量指标与废水成分

产品品种		废水量 /m³·t⁻¹	废水成分及性质				备　注
			pH 值	悬浮物 /mg·L⁻¹	油 /mg·L⁻¹	水温/℃	
热轧钢坯		5 ~ 10	7.0 ~ 8.0	1500 ~ 4000 30 ~ 270	5 ~ 20		铁皮坑出水
热轧带钢	粗轧	25 ~ 45	6.8 ~ 8.0	1000 ~ 1500	25	40 ~ 50℃	
	精轧		7.0	200 ~ 500	15	40 ~ 50℃	
	冷却		7.0	<50	10	40 ~ 50℃	

根据近年来引进热轧厂为例，年产热轧板卷 400 万吨的 2050mm 热轧带钢厂的废水量及其污染物见表 7 - 11，该厂年排废水量约 237.25 万吨，油类 17.9t[4]。

表 7 - 11　2050mm 热轧废水污染物排放状况

主要污染源	污染物发生量	污染物原始质量 浓度/mg·L⁻¹	污染物排放量 或质量浓度	污染控制措施
层流冷却	浊循环水 11650m³/h	SS：75 油：10	废水：125m³/h； SS≤50mg/L； 油不大于 3mg/L	沉淀、冷却循环回用
设备直接冷却	浊循环水 12360m³/h	SS：900 油：15	废水：370m³/h； SS≤20mg/L； 油不大于 3mg/L	沉淀、冷却循环回用
煤气水封	废水7m³/h		氰化物小于 0.5mg/L； 挥发酚小于 0.5mg/L	送焦化废水处理
磨辊间	废乳化液876m³/h	油：1.5% ~ 2%	COD_{Cr} <40mg/L	送冷轧系统处理

7.2.2.2　冷轧工序

冷轧钢材必须清除原料表面氧化铁皮，采用酸洗清除氧化铁皮时，随之产生废酸液和酸洗漂洗水；漂洗后的钢材如采用钝化或中和处理时，将产生钝化液或碱洗液；冷却轧辊时需用乳化液或棕榈油冷却和润滑，随之产生含油乳化液废水。除此之外，冷轧带钢还需金属镀层或非金属涂层，将产生各种重金属废水或磷酸盐类废水。

因此，冷轧废水具有如下特征：（1）废水种类多，包括废酸、酸碱废水、含油及乳化液废水，根据机组组成的不同，有时还有含铬废水及含氰酸盐等的废水；（2）冷轧废水不仅种类多，而且每种废水量也较大；（3）废水成分复杂，除含有酸、碱、油、乳化液和少量机械杂质外，还含有大量的金属盐类，其中主要是铁盐，此外还有少量的重金属离子和有机成分；（4）废水变化大，由于冷轧厂各机组产量、生产能力和作业率的不同，冷轧废水量及废水成分波动很大；（5）冷轧废水的温度主要来自生产工艺的加热而不是因直接冷却所产生的；（6）由于冷轧废水的复杂性，故其废水的治理与循环回用有其复杂与难度。

冷轧废水成分复杂、种类繁多，用水及废水量差别也大，废水中主要含有悬浮物 600 ~ 200mg/L，矿物油约 1000mg/L，乳化液 20000 ~ 100000mg/L，COD 20000 ~ 50000mg/L 等。

近年来，我国已引进为数众多的冷轧机，其废水排放量与组成比较复杂，水质差别也较大，例如年产规模 140 万吨，其中加工冷轧板卷 45 万吨/年，热镀锌产品 35 万吨/年，电镀锌产品 25 万吨/年，电工钢产品 35 万吨/年的 1550mm 冷连轧带钢厂的废水排放量及水质成分见表 7 - 12[4]。

表 7 - 12　1550mm 冷连轧工序废水排放量与水质状况

废水分类	机组名称	排放点	废水排放量		废水成分	备注
			排放量/m³	排放周期		
含油废水	酸洗 - 轧机联合机组	油坑排水	3	每周	油：2000mg/L	乳化液的牌号：（川崎制造）Multilube AR - 90
		轧机排气系统洗涤排水	0.75	每小时	温度：30 ~ 70℃，pH = 7 ~ 8，油：约 5000mg/L，Fe：约 500mg/L(max)	
		轧机乳化液系统过滤器反清洗排放	2.5	每小时	温度：20 ~ 50℃，pH = 5 ~ 7，油：400 ~ 9000mg/L，Fe：200 ~ 5000mg/L，COD：约 5000mg/L	
		轧机乳化液系统乳化液排放	200	每 3 个月	温度：20 ~ 50℃，pH = 5 ~ 7，油：20 ~ 50g/L，Fe：50 ~ 5000mg/L，COD：约 5000mg/L，SS：200 ~ 400mg/L	
		轧机清洗排放	60 ~ 70	每周	温度：30 ~ 70℃，pH = 7 ~ 8，Fe：30 ~ 5000mg/L，含油，COD：100 ~ 1400mg/L，SS：200 ~ 400mg/L	

废水分类	机组名称	排放点	废水排放量		废水成分	备注
			排放量/m³	排放周期		
含油废水	电镀锌机组	预脱脂段排水	1.2~2	每小时	温度:60~80℃,pH = 14,COD:25g/L,油/油脂:10g/L,NaOH:30g/L,Na₃PO₄:15g/L	
		预脱脂段排水	1.7~2.5	每小时	温度:50~60℃,pH = 12,COD:3g/L,油/油脂:1g/L,NaOH:5g/L,Na₃PO₄:3g/L	
		脱脂段排水	0.2~0.5	每小时	温度:60~80℃,pH = 14,COD:20g/L,油/油脂:7g/L,NaOH:30g/L,Na₃PO₄:15g/L	
		脱脂段排水	40	每年	温度:60~80℃,pH = 14,COD:20g/L,油/油脂:7g/L,NaOH:30g/L,Na₃PO₄:15g/L	
	连续退火机组	油坑及活套区域地坑排水	2.5	每周	含油:0.05%,pH≈7	
		清洗循环处理段排水	72	每6周	温度:约80℃,pH = 14,COD:3000~4000mg/L,油:110g/L,NaOH:11g/L,Na₃PO₄:15g/L	
		平整机机组排水	0.5	每2周	含油:0.05%,pH≈7	
	热镀锌机组	清洗循环处理段排水	1.3	每小时	温度:80℃,pH = 12,油:25g/L,脱脂剂(P3):30g/L	
		进口段及出口段地坑排水	1	每小时	pH = 10~12,油 25g/L(max)	
	电工管机组	入口段地坑排水	2×0.2	每小时	含油	
		出口段卷取机地坑排水	2×0.2	每小时	油:10%	
		出口段活套地坑排水	2×0.2	每小时	油:10%	
含油废水	宝钢高速线材车间彩涂机组	磨辊间乳化液排水	100	每年	乳化液的牌号:Rofox KS 261,pH = 9.1(20℃)	远期预留
		清洗段及工艺段	2.3	每小时	温度:80℃,pH = 12,油:25g/L,脱脂剂(P3):30g/L	
含酸碱废水	酸洗—轧机联合机组	酸洗机组漂洗段地坑排水	3	每小时	HCl:约 2000mg/L,FeCl₂:约 2500mg/L,SiO₂:约 500mg/L	
		酸洗机组酸洗段地坑排水	3	每周	HCl:约 10000mg/L,FeCl₂:约 10000mg/L,SiO₂:约 2000mg/L,FeCl₃:约 10000mg/L	
		酸再生站地坑排水	3	每周	HCl:2~20g/L,Fe:0~1g/L,其他杂质	

废水分类	机组名称	排放点	废水排放量		废水成分	备注
			排放量/m³	排放周期		
含酸碱废水	电镀锌机组	预清洗及预处理段排水	10	每小时	温度:80℃(max),pH = 0 ~ 1,油:1g/L(max),脱脂剂:2.5g/L	电镀产品更换时
		预处理段排水	0.05	每小时	温度:50℃(max),pH = 0 ~ 1,H_2SO_4:1g/L,Fe^{2+}:2.5g/L	
		预处理段排水	3	每周	温度:50℃(max),pH = 0 ~ 1,H_2SO_4:1g/L,Fe^{2+}:2.5g/L	
		预处理及电镀段排水	11	每小时	温度:75℃(max),pH = 0 ~ 7,H_2SO_4:7.5g/L,Zn^{2+},Ni^{2+}	
		预处理及电镀段排水	30	每周	温度:75℃(max),pH = 0 ~ 7,H_2SO_4:7.5g/L,Zn^{2+},Ni^{2+}	
		后处理段排水	0.2	每小时	温度:50℃,pH = 10,表面活性剂:2.5g/L	
		后处理段排水	10	每小时	温度:50℃,pH = 10,表面活性剂:2.5g/L	
		后处理段排水	9	每小时	温度:40 ~ 50℃,pH = 3 ~ 4,磷化剂:2 ~ 3g/L	
		后处理段排水	50	每月	温度:40 ~ 50℃,pH = 3 ~ 4,磷化剂:2 ~ 3g/L	
	连续退火机组	清洗循环处理段排水	36	每2小时	温度:约80℃,pH = 12,COD:100mg/L,油:100mg/L,NaOH:200mg/L,TFe:14mg/L	
		最终冷却段排水	15	每小时	含少量油,pH≈7	
		平整机排烟系统排水	7.5	每年	pH≈7	
	热镀锌机组	清洗循环处理段排水	9	每小时	温度:80℃,pH = 7 ~ 12,油:200mg/L,脱脂剂(P3):1.5g/L	
		平整机及卷取机区域排水	4	每小时	温度:50℃,pH = 10 ~ 12,Zn^{2+}:2g/L	
	电工管机组	清洗段地坑排水	2×26.1	每小时	pH = 12,油:650mg/L,SS:400mg/L	
		清洗段碱液罐排水	70	每月	pH = 12,油:650mg/L,SS:400mg/L	
	彩涂机组	清洗处理及工艺段排水	13	每小时	温度:80℃,pH = 7 ~ 12,油:200mg/L,NaOH:0.15g/L	远期预留

废水分类	机组名称	排放点	废水排放量		废水成分	备注
			排放量/m³	排放周期		
含铬废水	热镀锌机组	后处理段	4	每小时	温度：50℃（max），pH = 2 ~ 3，Cr^{6+}:2g/L	
		后处理段	2.3	每小时	温度：50℃（max），pH = 2 ~ 3，Cr^{6+}:20 ~ 100g/L	
		后处理段	28	每月	温度：50℃（max），pH = 2 ~ 3，Cr^{6+}:20 ~ 100g/L	
	电工管机组	涂层地坑排水	2 × 2.4	每小时	CrO_3:300g/L	
	电镀锌机组	后处理段	3 ~ 5	每年	温度：50 ~ 60℃，pH = 0 ~ 1，CrO_3:10g/L，Zn:2g/L	
		后处理段	1	每月	温度：50 ~ 60℃，pH = 2 ~ 3，CrO_3:2g/L，Zn:0.5g/L	
	彩涂机组	后处理段	5	每天	CrO_3:10g/L	远期预留
		后处理段	10	每月	CrO_3:10g/L	
	2030 冷轧厂电镀锌机组耐指纹产品工程	后处理段	15	每月	CrO_3:30g/L，SO_4^{2-}:150mg/L，Zn:150mg/L	预留

7.3 热轧工序废水处理回用技术

7.3.1 热轧废水

7.3.1.1 处理目标与技术路线

热轧废水处理目的是实现节水减排和废水"零排放"，分离回收氧化铁皮和废油。热轧废水处理难点和重点并非如何沉淀和过滤，而是如何在废水处理过程中实现去除与分离细颗粒铁皮、污泥油类及其资源回收利用。因此，完整的热轧废水处理系统必须包括废油回收和对细颗粒铁皮及铁皮污泥的处理与回用。目前比较普遍采用的处理技术是：废水→旋流井→平流沉淀池（除油和 SS）→快速过滤器或压力过滤器（进一步脱除细小 SS 和油）→凉水架→回水池→循环使用。

在采用上述工艺中，不少企业对过滤器反冲洗水的处理重视不够，将反冲洗水直接返回旋流井或平流沉淀池。由于反冲洗水中的细 SS 或油并不能全部在此沉降被除去，因而在系统中出现循环增多，干扰了工艺的处理效果。现有采用磁盘等方法处理后循环回用，改善了系统循环用水状况。

目前国内还开发了一些化学除油的工艺，在小型轧钢厂中采用得比较多。这类工艺在废水中加入药剂后，经化学反应，油类和 SS 均通过凝聚沉淀而被除去。它的优点是可以取消机械除油设备和过滤装置，但是带来的矛盾是污泥比较多，需要适当处理。若处理不当会造成二次污染，这一点必须引起重视，另外废油不能回收。当前能源短缺，废油资源应回收利用。因此，除油与废油回收技术是热轧废水处理的关键问题。

我国热轧废水处理在很长一段时间内的重点是放在分离氧化铁方面，主要采用一次铁皮坑和二次铁皮坑的处理方式。一次铁皮坑主要去除大块铁皮，二次铁皮坑常用于清渣，通常无除油设施，导致水质较差，影响循环率的提高。

根据德国多特蒙德厂经验，由中冶集团建筑研究总院等单位研究的重力式水力旋流式沉淀池以及下旋型水力旋流沉淀池的开发应用，基本解决上述问题，与一、二次铁皮坑（沉淀池）相比，一次投资可省 40% 以上，出水水质较好，已普遍采用。为了进一步提高循环水质，往往再采用单层或双层滤料的压力过滤器进行最终净化，使用水悬浮物达到 10mg/L，含油量达 5mg/L 左右，净化后的水通过冷却塔使水温不高于 35~40℃，实现循环回用。

热轧废水处理方案与技术的选择，应根据工艺与用户对水质要求的不同，分别采取粗处理和精处理不同的浊循环水系统。常用的浊循环水处理系统有一次沉淀系统、二次沉淀系统、二次沉淀冷却系统、二次旋流压力过滤冷却系统、旋流压力过滤冷却系统等，应在满足工艺对水质、水量、水压的要求及环境保护前提下，结合一次投资、运行费用及占地面积等因素进行选择。

7.3.1.2 处理工艺与要求

热轧废水处理技术关键是固液分离、油水分离和氧化铁皮沉淀的处理。根据热轧浊循环水（废水）常用的净化设施，按净化程度的不同有不同组合，但总的要求要保证循环使用条件，常用的处理工艺流程有以下几种。

A 一次沉淀工艺流程

一次沉淀工艺流程是仅用一个旋流沉淀池来完成净化水质，既去除氧化铁皮又有除油效果，是国内应用较多的流程，如图 7-1 所示。旋流沉淀池设计负荷一般采用 25~30m³/(m²·h)，废水在沉淀池停留时间采用 6~10min。与平流沉淀工艺相比，占地面积

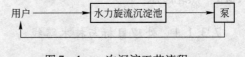

图 7-1 一次沉淀工艺流程

小，运行管理方便。但此工艺由于处理水质较差，现已由多种工艺组合所代替。

B 二次沉淀工艺流程

二次沉淀工艺流程如图 7-2 所示。系统中根据生产对水温的要求，可设冷却塔，保证用水的水温。

C 沉淀—混凝—冷却工艺流程

沉淀—混凝—冷却工艺流程如图 7-3 所示。这是完整的工艺流程，用加药混凝沉淀，进一步净化，使循环水悬浮物含量可小于 50mg/L。

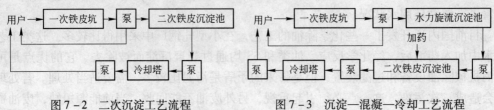

图 7-2 二次沉淀工艺流程　　　　图 7-3 沉淀—混凝—冷却工艺流程

D 沉淀—过滤—冷却工艺流程

为了提高循环水质，热轧系统废水经沉淀处理后，往往再用单层和双层滤料的压力过滤器进行最终净化，使出水悬浮物达 10mg/L，含油量达 5mg/L 左右。净化后的废水通过冷却塔保持循环水供水温度不高于 35～40℃，压力过滤器（滤罐）滤速 40m/h。进水压力 0.25～0.35MPa，过滤周期 12h，压缩空气反冲洗时间 8min，反冲洗强度 15m³/(m²·h)，反冲洗压力 70kPa；用水反冲洗 14min，反冲洗强度 40m³/(m²·h)，反冲洗压力 40kPa，如图 7-4 所示。

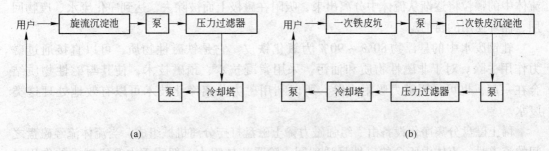

图 7-4 沉淀—过滤—冷却工艺流程
(a) 采用旋流沉淀；(b) 采用铁皮坑

E 沉淀—除油—冷却工艺流程

热轧废水中含油种类日渐复杂，废水中除产生大量铁皮外，浮油、乳化油、润滑油、炭末、悬浮物杂质的去除，已成为重要问题。目前去除悬浮物，可采用旋流沉淀、平流沉淀的方法去除绝大部分氧化铁皮和泥沙。而对油类去除，常采用隔油池、带式除油机、PP₂ 油毛毡等去除浮油。但有时尚难保证水质，还需化学除油工艺，如图 7-5所示。

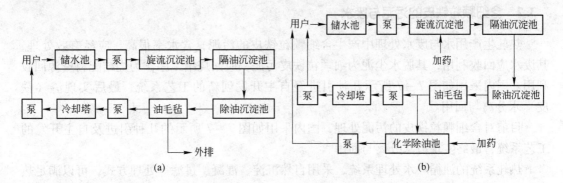

图 7-5 沉淀—除油—冷却工艺流程
(a) 无化学除油池；(b) 有化学除油池

含油污水在产生过程中，由于油水之间剧烈的碰撞、剪切，水中的一些杂质和表面活性物质就吸附在油珠表面，使之具有固定的吸附层和移动的扩散层，组成了稳定的双电层和带电性。其双电层的 ξ 电位阻碍着油珠相互凝结，使整个体系的总能量降低，使稳定胶体状态难以去除。

　　向水中投加破乳助凝剂，使水中乳化油的双电层、胶粒的动电位降低，使水中的乳化油脱稳破乳。然后投加絮凝剂，通过吸附、桥连、压缩双电层等作用，使浊循环水中破乳后的乳化油被水中悬浮物吸附后迅速下沉，最终形成密实、粗大的絮团而沉淀，达到除油和净化水质的目的。

　　F　稀土磁盘处理热轧废水工艺

　　当流体流经磁分离设备时，流体中含的磁性悬浮颗粒，除受流体阻力、颗粒重力等机械力的作用之外，还受到磁场力的作用。当磁场力大于机械合力的反方向分量时，悬浮于流体中的颗粒将逐渐从流体中分离出来，吸附在磁极上而被除去，达到净化废水、废物回用、循环使用的目的。

　　轧钢废水中的悬浮物 80% ~ 90% 为氧化铁皮。它是铁磁性物质，可以直接通过磁力作用去除。对于非磁性物质和油污，采用絮凝技术、预磁技术，使其与磁性物质结合在一起，也可采用磁力吸附去除。所以利用磁力分离净化技术可以有效地处理这类废水。

　　稀土磁盘分离净化设备由一组强磁力稀土磁盘打捞分离机械组成。当流体流经磁盘之间的流道时，流体中所含的磁性悬浮絮团，除受流体阻力、絮团重力等机械力的作用之外，还受到强磁场力的作用。当磁场力大于机械合力的反方向分量时，悬浮于流体中的絮团将逐渐从流体中分离出来，吸附在磁盘上。磁盘以 1r/min 左右的速度旋转，让悬浮物脱去大部分水分。运转到刮泥板时，形成隔磁卸渣带，渣被螺旋输送机输入渣池。被刮去渣的磁盘旋转重新进入流体，从而形成周而复始的稀土磁盘分离净化废水全过程。达到净化废水、废物回收、循环使用的目的。

　　稀土磁盘技术应用于热轧废水已有工程实例，根据轧钢废水特性，可选用不加絮凝剂、加絮凝剂和设置冷却塔等处理工艺流程。如图 7 - 6 所示几种工艺流程可供选择[55,74~76]。

7.3.2　含细颗粒铁皮的污泥与废水

　　热轧生产用水与废水处理中产生含细颗粒铁皮的污泥，含水率很高，应经有效处理，其废水应回收利用，其脱水尘泥为细颗粒铁皮污泥，应回烧结工序作为烧结配料资源回收利用。国内采用如图 7 - 7 所示几种引进经自主开发创新的工艺系统，最后实现渣（铁皮）水分离与回用。

　　目前对含细颗粒铁皮的污泥处理，国内采用如图 7 - 7 所示的几种引进及自主开发的工艺系统，最终实现渣水分离与回用[1,57]。

　　热轧系统的浊循环水处理系统，采用自然沉淀、混凝、过滤等处理方式，可以满足热轧工艺对浊循环水的水质要求，但如何将分离的氧化铁皮从系统中排除并加以回用，这是一项重要技术内容。

　　沉淀于一次铁皮坑和旋流沉淀池的氧化铁皮，由于颗粒较大，一般用抓斗取出后，通过自然脱水就可以进一步回收利用。从二次沉淀池和过滤器分离的颗粒氧化铁皮，采用药剂絮凝浓缩，磁分离或经真空过滤机、板框压滤机和滤饼脱油后回用。

　　图 7 - 7 （a）的特点是图中三种废水均在浓缩池内进行混凝沉淀，并采用折带式真空脱水机。该系统用于宝钢初轧厂，由新日铁引进技术。

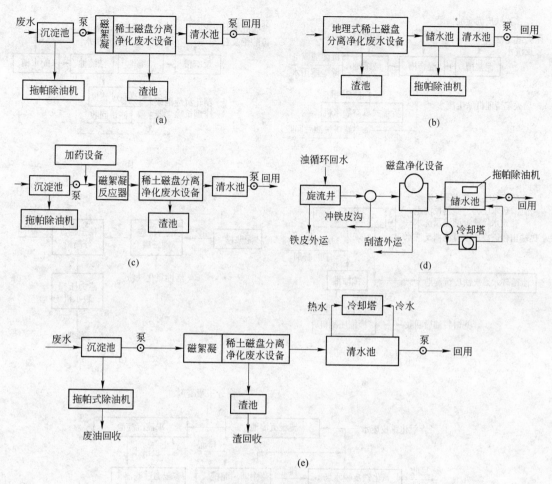

图 7-6 稀土磁盘处理热轧废水工艺流程
(a)，(b) 不加絮凝剂；(c) 加絮凝剂；(d)，(e) 有冷却塔

图 7-7（b）的特点是仅对排烟机除尘废水在浓缩池内进行混凝沉淀处理，采用真空过滤脱水。该系统用于武钢 1700mm 热连轧带钢废水处理，由德国引进的技术。

图 7-7（c）的特点是排烟机除尘废水不做单独处理，进入浊循环水处理系统，最后用压力过滤器来保证出水水质。所有压力过滤器的反洗水先经自然沉淀，沉淀物经混凝、浓缩后，用板框压滤机脱水。浓缩污泥进入板框压滤机前，投加石灰乳。该工艺用于宝钢 2030mm 热轧带钢厂。

图 7-7（d）的特点是采用活性氧化铁粉预磁化处理，稀土磁盘分离，磁力压榨脱水机脱水。该系统用于攀钢、成钢、通钢热轧废水处理，是国内开发的新技术。

图 7-7（e）的特点除排烟机除尘水不单独处理外，也没有专门的污泥浓缩、脱水装置。沉淀于水力旋流器的氧化铁皮，用抓斗放入脱水场。压力过滤器的反洗水返回二次铁皮沉淀池，进行混凝沉淀处理。沉淀池内的污泥用抓斗取出，存放于中间污泥槽，经初步脱水后，再抓入氧化铁皮脱水场，是国内众多热轧厂细颗粒铁皮与污泥处理的工艺流程。

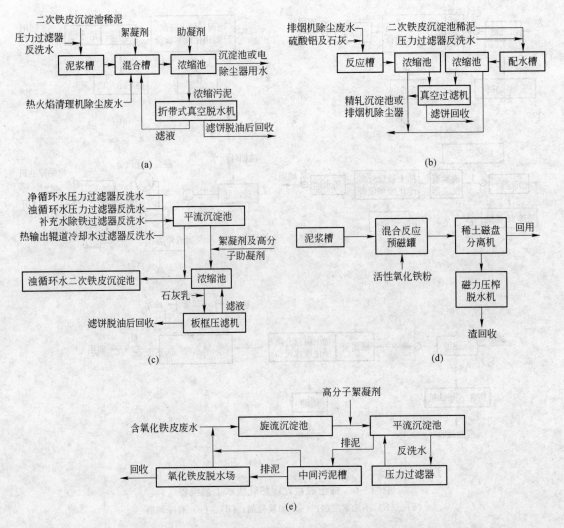

图 7-7　含细颗粒铁皮的污泥处理工艺

7.3.3　含油废水废渣

从引进的大型钢铁联合企业中，热轧产生的含油废水、废油及含油废渣，这些废物大都是从热轧浊循环水系统及地下油库排出一定数量的浮油或油水混合废水，从污泥脱水系统产生的含油氧化铁皮或滤饼。这些含油废水废渣与其他工序产生的同类废料（废水或废渣），分别采用含油废水废渣处理系统、废油再生处理系统、含油泥渣焚烧处理系统进行集中处理。

7.3.3.1　混凝、气浮与脱水处理工艺

含油废水用管道或槽车排入含油废水调节槽，静止分离出油和污泥。浮油排入浮油槽，待废油再生利用。去除浮油和污泥的含油废水经混凝沉淀和加压浮上，水得到净化，重复利用或外排；上浮的油渣排入浮渣槽，脱水后成含油泥饼。流程如图 7-8 所示。

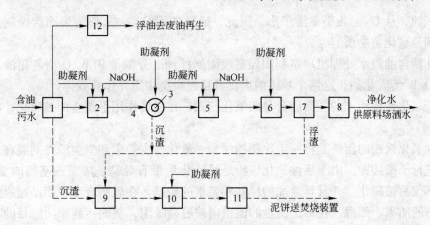

图 7-8 混凝、气浮与脱水处理工艺流程

1—调节槽；2——次反应槽；3——次凝聚槽；4—沉淀池；5—二次反应槽；
6—二次凝聚槽；7—气浮池；8—净化水池；9—泥渣储槽；10—泥渣混凝槽；
11—离心脱水机；12—浮油储槽

7.3.3.2 活性氧化铁粉除油处理工艺

活性氧化铁粉是烃基、羧基、铁和氧化铁的混合物。该物质能有效地去除轧制废水中分散油和乳化油。其特点是价廉高效，无毒安全，处理的油渣能从废水中分离出来。通常采用与磁力压榨脱水工艺相结合，如图 7-9 所示[77]。

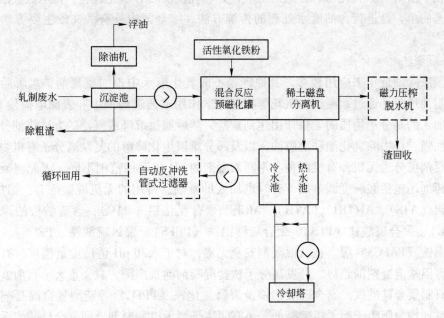

图 7-9 活性氧化铁粉除油与磁力压榨脱水工艺流程

（虚线内的设备，按用户需要，决定取舍）

在表面活化剂中若选用饱和一元羧 $C_nH_{2n}COOH$，其 C_nH_{2n+1} 为烃基，—COOH 为羧基，当 n 越大，分子链越长。烃基和羧基有不同的特点，羧基具有亲水性，烃基却具有疏水性而亲油，从 C_{12} 起几乎不溶于水，因此，通常选用 $C_{12} \sim C_{15}$ 作为表面活性剂。常选用的活性剂是皂化类物质。

对轧制含油废水处理机理是利用烃基吸附飘浮油、分散油和 W/O 型乳化油；利用羧基吸附 O/W 型乳化油。这两个基团的提供者是泥炭类物质并作为载体。

由于氧化铁皮粉末的主要成分是四氧化三铁，在磁场作用下能立即被磁化，故选它为磁种。

活性氧化铁粉的制备是将一定比例的泥炭、氧化铁皮粉末和皂类活性剂混在一起，隔绝空气进行干馏接种，由于活性氧化铁粉是经活化后带有烃基，羧基的基团的复合物质。其性能不仅易被磁化，并且具亲油的烃基和亲水的羧基。在轧制废水中能迅速吸附不同粒径和状态的油类。然后，在稀土磁盘的流道内被磁盘吸附，从而达到除油的目的。

该工艺对油平均去除率为94%左右，处理后废水中平均含油量小于5mg/L。

7.4　冷轧工序废水处理回用技术

7.4.1　冷轧含油乳化液

7.4.1.1　化学法

A　化学破乳技术的主要方法

化学法是直接削弱乳化油中分散态油珠的稳定性或破坏乳液中的乳化剂，然后分离出油脂。化学法对去除乳化油有特别的功效，处理乳化油时必须先破乳。化学破乳法技术成熟，工艺简单，是进行含油废水处理的传统方法。综合国内外有关文献主要方法有以下几种[78~82]。

a　凝聚法

凝聚法除油近年来应用较多。其原理是：向乳化废水中投加凝聚剂，水解后生成胶体，吸附油珠，并通过絮凝产生矾花等物理化学作用或通过药剂中和表面电荷使其凝聚，或由于加入的高分子物质的架桥作用达到絮凝，然后通过沉降或气浮的方法将油分除。该法适应性强，可去除乳化油和溶解油，以及部分难以生化降解的复杂高分子有机物。

絮凝剂可分为无机和有机两种。不同絮凝剂的 pH 值适用范围不同，因此混凝过程中加入的药剂还包括酸碱度调节剂，有时也加入助凝剂。常用的无机混凝剂有：铝盐系列，如硫酸铝（ATS）、Al(OH)₃（ATH）、AlCl₃、聚合氯化铝（PAC）；含硫酸根的聚合氯化铁（PFC）、聚合硫酸铁（PFS）、聚合硫酸铝铁（PEFS）、聚氯硫酸铁（PECS）、聚合硫酸氯化铝铁（PAFCS）等。铁盐混凝剂安全无毒，对于水和 pH 值适应范围广，有取代对人体有害铝盐混凝剂的趋势。开发高分子铁盐混凝剂前景广阔，意义重大。目前，科研工作者在研制聚合硅酸铁、聚合硅酸铝铁及聚磷氯化铁（PPFC）等新型复合混凝剂。铁盐及铝盐系列均为阳离子型无机絮凝剂，还有阴离子型无机絮凝剂，如聚合硅酸或活化硅酸（AS）等。有机絮凝剂按其分子的电荷特征可分为非离子型、阴离子型、阳离子型、两性型4种，前三类在含油废水处理中应用较广，其中阳离子型又可分为强阳离子型和弱阳离子型两种。常用的有机絮凝剂有聚丙烯酰胺（PAM）、丙烯酰胺、二丙烯二甲基胶等。近年来，多种文献报道合成或选用了多种高分子絮凝剂，如 HC（国产强阳离子型）、PHM

－Y（无机低分子和有机高分子组成的复合絮凝剂）等。

无机絮凝法处理废水速度快，装置比盐析法小，但药剂较贵，污泥生成量多。例如用三价铁离子作絮凝剂，除去 1L 油会产生 30L 含有大量水分（约 95%）的油－氢氧化铁污泥。这样带来既麻烦又昂贵的污泥脱水及处理问题。高分子有机絮凝剂处理含油废水较好，投加量一般较少；结合无机絮凝剂使用效果更好。其特点是可获得最大颗粒的絮体，并把油滴凝聚吸附除去。这类方法一般是在一定 pH 值下加入无机絮凝剂，再加入一定量的有机絮凝剂。有时也可先加入有机絮凝剂，再加入无机絮凝剂。一般两种药剂事先混合以 1 种药剂的形式加入，其处理效果不及分开的好。

絮凝法处理含油废水，在适宜的条件下 COD 的去除率可达 50% ~ 85%，油去除率可达 80% ~ 90%，但存在废渣及污泥多和难处理的问题。因此，为提高该法的适应性，要尽可能减少废渣及污泥量。

b　酸化法

乳化含油废水一般为 O/W 型，油滴表面往往覆盖一层带有负电荷的双电层，将废水用酸调至酸性，一般 pH 值在 3 ~ 4 之间，产生的质子会中和双电层，通过减少液滴表面电荷而破坏其稳定性，促进油滴凝聚。同时可使存在于油—水界面上的高碳脂肪酸或高碳脂肪醇之类的表面活性剂游离出来，使油滴失去稳定性，达到破乳目的。破乳后用碱性物质调节 pH 值到 7 ~ 9，可进一步去油，并可做混凝沉降和过滤等进一步处理。

酸化通常可用盐酸、硫酸和磷酸二氢钠等，也可用废酸液（如机械加工的酸洗废液）或烟道气或灰。不仅可达到破乳的目的，而且烟道灰中含有的某些物质如 Fe^{2+} 等还能起到混凝作用，而 Mg^{2+} 等则能盐析破乳。

酸化法处理含油废水的优点在于工艺设备比较简单，处理效果比较稳定。但缺点也较多，如酸化后若借静置分出油层所需时间较长，同时硫酸等的使用对设备有一定的腐蚀作用，因而设备要有一定的抗蚀性。目前，酸化法处理含油废水常作为一种预处理方法，与气浮或混凝等方法结合使用。

c　盐析法

盐析法原理是：向乳化废水中投加无机盐类电解质，去除乳化油珠外围的水离子，压缩油粒与水界面处双电层厚度，减少电荷，使双电层破坏，从而使油粒脱稳，油珠间吸引力得到恢复而相互聚集，以达到破乳目的。常用的电解质为 Ca、Mg、Al 的盐类，其中镁盐、钙盐使用较多。

该法操作简单，费用较低，但单独使用投药量大（1% ~ 5%），聚析速度慢，沉降分离时间一般在 24h 以上，设备占地面积大，且对表面活性剂稳定的含油废水处理效果不好。常用于初级处理。

d　混合法

由于乳化液成分复杂，单一的处理方法有时难以奏效，多种情况下，需采用凝聚、盐析、酸化法综合处理称之为综合法，可取得更佳的效果。该方法的发展主要集中在药剂的开发与研究应用，常用的是铝盐及铁盐系列，有机絮凝剂如聚丙烯酰胺等也作为助剂被广泛使用。目前，高分子有机絮凝剂，特别是强阳离子型盐类广受重视，因乳化废水多为 O/W 型乳化液，带有负电荷，通过电荷中和可有效地除油。此外，天然有机高分子絮凝别，如淀粉、木质素、纤维素等的衍生物相对分子质量大，且无毒害，有很好的应用前景。此外，我国黏土资源丰富，因其具有一定的吸附破乳性能，特别是经表面活性物质等改性处理后，其表面疏水亲油性能增强，是含油废水处理的一个发展方向。此法比盐析法析出的油质量好，比凝聚法投药量少。

一般采用储槽收集，根据需要进行加热，使用除油机分离乳油后，添加破乳剂加热静置，或破乳后进行混凝、气浮分离，或先用少量盐类破乳剂使乳化液油球初步脱稳，再加少量的混凝剂，使之凝聚分离等。

上述四种破乳方法的比较见表 7 - 13[83]。

表 7 - 13　四种破乳方法比较

方法	药剂名称	投药量	处理后水质	沉渣	油质	费用	优缺点
盐析法	氯化钙 氯化镁 硫酸钙 硫酸镁 氯化钠	二价药为 1.5% ~ 2.5%，一价药为 3% ~5%	清晰透明，含油量 20 ~ 40mg/L，COD 2000mg/L	絮状，沉渣很少	棕黄色，清亮	约 3 元/吨	油质好，便于再生;投药量最高，水中含盐量最大
凝聚法	聚合氯化铝明矾	0.4% ~1%	清晰透明，含油量 15 ~ 50mg/L，COD 2000mg/L	絮状，沉渣很少	黏胶状及絮状	自制 0.76 元/吨，外购 1.88 元/吨	投药量少，一般工厂均适用，油质较差，黏厚，水分多，再生困难
混合法	综合盐析法和凝聚法的任何一种药剂	投盐 0.3% ~ 0.8%，凝聚剂 0.3% ~0.5%	同盐析法	絮状，沉渣很少	稀糊状	1.31 ~ 3.16 元/吨	投药量中等，破乳能力强，适应性广，对难于破乳的乳化液尤为适宜
酸化法	废硫酸废盐酸和石灰	约 为 废水 6%	清澈透明，含油量 20mg/L 以下，COD 低于其他方法	约为 10%	棕红色，清亮	0.03 元/吨（废酸不计费用）	水质好，含油量低还可以废治废，但沉渣多

B　国内外常用的处理技术与工艺流程

a　国内常用化学法处理含油乳化液废水工艺流程

冷轧厂的含油废水含有乳化剂、脱脂剂以及固体粉末等，化学稳定性好，难以通过静置或自然沉淀法分离，乳化液是在油或脂类物质中加入表面活性剂，然后加入水。油和脂在表面活性剂的作用下以极其微小的颗粒在水中分散，由于其特殊的结构和极小的分散度，在水分子热运动的影响下，油滴在水中是非常稳定的，就如同溶解在水中一样。这种乳化液通常称为水包油型乳化液，其乳化液中含有脱脂剂、悬浮物等，因此形成的乳化液稳定性更好。乳化液一般需采用化学药剂进行破乳，使含油污水中的乳化液脱稳，然后投入絮凝剂进行絮凝，使脱稳的油滴通过架桥吸附作用凝聚成较大的颗粒，再通过气浮的方法予以分离。一般根据废水中的含油浓度决定采用一级或两级气浮。通过气浮分离的废水一般含油量仍较大，难以满足排放要求，通常还需进行过滤处理，过滤可采用砂滤加活性炭过滤或者采用核桃壳进行过滤。一般的含油废水中含有较高的 COD，对于排放要求较高的地区，一般还需对这一部分废水进行 COD 降解处理，可采用生化法或 H_2O_2 进行处理。其典型的工艺流程如图 7-10 所示。图 7-10 所示四种工艺流程是近年来宝钢、包钢、酒钢等引进冷轧工程含油废水处理经验的总结。它们工艺特点均采用调节池、破乳、气浮和过滤（砂滤加活性炭或核桃壳过滤器），所不同的是根据水质状况增设多级气浮、COD 氧化槽等，以保证出水水质。

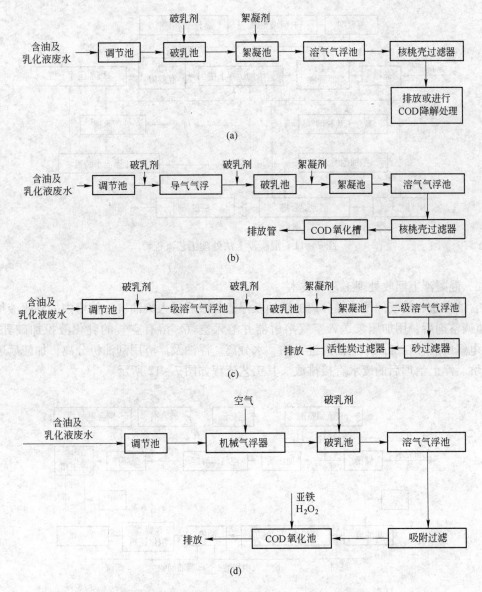

图 7-10 化学法处理含油乳化液废水工艺流程

b 混凝浮上法处理工艺与技术

含油和乳化液废水先集中于储槽，用泵泵入一级混凝槽，加入凝聚剂、pH 值调整剂和高分子絮凝剂后，进入一级加压浮上槽。经一级浮上处理，出水含油量为 20~50mg/L，再经二级混凝，二级加压浮上处理后，出水含油量可达 10mg/L，悬浮物约 20mg/L，含铁量小于 5mg/L。

储槽及一级、二级加压浮上槽内设有刮油装置。从加压浮上槽内排出的浮渣与从废水处理系统浓缩池的排泥混合，加入高分子絮凝剂后，用真空过滤机脱水。

经二级浮上处理的水一部分作加压浮上用水，其余部分排出。

处理工艺流程，如图 7 – 11 所示。

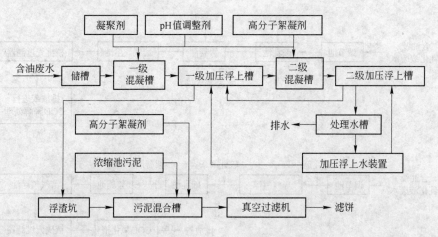

图 7 – 11　混凝浮上法处理工艺流程

c　混凝浮上回收处理工艺与技术

含油废水收集于储槽，经分离的浮油及浮渣加酸后排入集油坑。储槽内的乳化液加入 pH 值调整剂后，用加压泵送入空气溶解器并溶入空气。溶有空气的乳化液投加破乳剂、聚合电解质后，在加压浮上槽内进行油、水分离。浮油及浮渣用刮油机分离，加酸后进入集油坑。浮上治理后的废水直接排放。其工艺流程如图 7 – 12 所示。

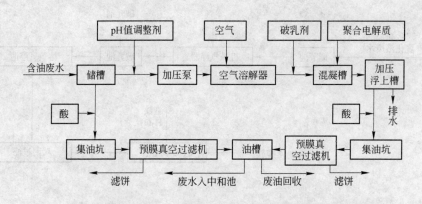

图 7 – 12　混凝浮上回收处理工艺流程

集油坑内的油、渣混合物用预膜真空过滤机分离出含油泥渣和含水废油。含水废油在油槽内静置分离，上部的废油回收，下部的酸性废水送废水治理系统的中和池中和。预膜真空过滤机在正常工作前先用硅藻土形成厚度约 3 ~ 10cm 厚的预膜层，然后对集油坑内的油、渣进行过滤。硅藻土预膜时间约 1h，正常工作时间约 14h。

采用这种方法，排水含油为 10～15mg/L，可控制在 6～7mg/L，含悬浮物小于 30mg/L，一般可达 10mg/L，含铁小于 0.3mg/L。油的回收率可达 75%～80%，滤饼含水率为 30%。

d　加酸加热回收处理工艺流程

含油及乳化液废水先进入储槽，用泵分别打入 3 个反应槽，通蒸汽加热并投加硫酸，经搅拌后静置分离。先将反应槽底部的废水排出，废水排尽后，将上部废油排入水洗槽，加入蒸汽、水，经搅拌后静置分离。水洗槽底部的废水与反应槽排水一起送中和池，上部的油分用泵送入离心分离机，分离出水、油和油泥。分离的水流回储槽。油泥送焚烧炉。分离油进入集油槽，加入硅藻土后送入板框压滤机。滤液回收油，可回收利用，如图 7－13 所示。

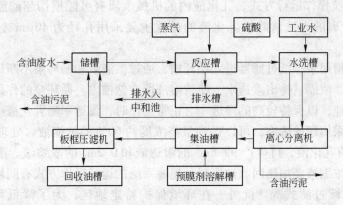

图 7－13　加酸加热回收处理工艺流程

该处理系统从反应槽及水洗槽的 pH 值为 1～2，含油质量浓度 10～30mg/L，SS 浓度约 30～60mg/L。

7.4.1.2　膜分离法

A　有机膜分离法[84～87]

a　超滤处理系统技术与工艺

从钢铁厂排出的乳化液及含油废水不仅含有油而且含有大量的铁屑、灰尘等固体颗粒杂质，其排放往往极不均匀，为了使这些大颗粒杂质不至于堵塞、损坏超滤膜，并使废水量均匀，需要在乳化液废水进入超滤系统前对之进行预处理和水量调节。

有时为了使被超滤浓缩的乳化含油废水的含油质量浓度进一步提高以便于回收利用，往往还需对超滤处理后的废乳化液进行浓缩。因此，比较完整的超滤法处理乳化液废水系统一般由预处理、超滤处理和后续处理（如废油浓缩）三个部分组成冷轧含油、乳化液处理与资源回用系统：

（1）预处理。预处理具有两个功能，即水量调节与预处理，通常采用平流式沉淀池。在沉淀池中设有蒸汽加热装置，目的是使废水中的一部分油经加热分离而上浮，并使废水保持一定的温度，使其在超滤装置中易于分离，分离上来的浮油则由刮油刮渣机刮至池子一端然后去除，沉淀池沉淀下来的杂质则由刮油刮渣机刮至池子一端的渣坑收集，再用泥浆泵送至污泥脱水装置进行处理。由于平流沉淀池同时具有调节功能，池子的水位经常变化，所以刮油刮渣机的刮油板应该具有随水位的变化而改变刮油位置的功能。

为了使进入超滤装置的废水杂质较少，不至于堵塞膜管和损坏膜管，还需对进入超滤装置的废水进行过滤，过滤装置通常有两种：一种是纸带过滤机，另一种为微孔过滤器。纸带过滤机结构比较简单、价格较高。运行管理比较方便，但是处理过程有废弃物（就是失效的废纸）产生。但废纸的量不大，可以进行焚烧处理。微孔过滤器则可以进行反冲洗，所以处理的过程没有废弃物产生，但是需要一套反冲洗装置和反洗废液处理装置，其系统比较复杂，因而价格较高，运行时的能耗也比较高。在乳化含油废水处理系统中，过滤装置一般采用纸带过滤机。

（2）超滤系统操作运行方式。乳化液内的机械杂质有可能损伤超滤膜，超滤前应采用过滤或离心分离的方法清除。乳化液的过滤主要采用孔径为 $40\mu m$ 左右的纸作过滤介质。

乳化液从储槽用泵经纸过滤器进入循环槽，通过供液泵和循环泵不断地在超滤组合件与循环槽内循环、浓缩，排出渗透水，使浓溶液留在储槽。循环泵的作用是加快乳化液在超滤管内的流速，以保持较高的渗透率。正常工作时，渗透率随乳化液质量浓度的提高而降低。乳化液采用超滤浓缩，可以得到最高浓度约 60% 的浓缩液。处理 $100m^3$ 含油质量浓度为 $1g/L$ 的乳化液，可生产 $99.8m^3$ 的渗透液和 $0.2m^3$ 的浓缩液。渗滤液需进一步处理方可排放，浓缩液经加热回收油原料。超滤系统的运行操作方式有间歇过滤式、连续过滤式和多级连续过滤式等。此外，在环境保护特定地区，为了降低渗透水的 TOC、COD、BOD 的浓度，也有采用超滤、反渗透两级操作的方式。

间歇式操作如图 7-14 所示。

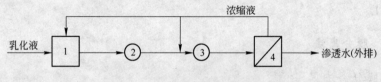

图 7-14　间歇式操作流程图

1—循环槽；2—供液泵；3—循环泵；4—超滤装置

连续式操作如图 7-15 所示。

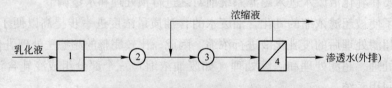

图 7-15　连续式操作流程图

1—循环槽；2—供液泵；3—循环泵；4—超滤装置

在冷轧含油、乳化液处理时，为了使乳化液得到最大限度的浓缩，一般采用多级超滤系统操作方式，如图 7-16 所示。通常采用二级超滤系统，第一级在处理过程中含油废水可从调节池不断地得到供给。第二级超滤采用间歇式操作方式，这是因为第二级超滤处理的乳化液是由第一级周期性地排放供给的，如图7-17所示。

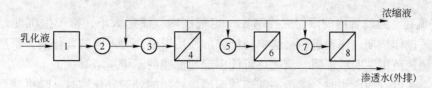

图7-16 多级连续式操作流程图

1—循环槽；2—供液泵；3— 一次循环泵；4— 一次超滤装置；5—二次循环泵；
6—二次超滤装置；7—三次循环泵；8—三次超滤装置

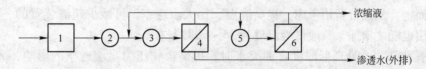

图7-17 二级连续操作流程图

1—循环泵；2—供液泵；3— 一次循环泵；4— 一次超滤装置；5—二次循环泵；6—二次超滤装置

（3）后续处理。经超滤二级处理浓缩后，废油含油浓度一般在50%左右，需进一步浓缩，常采用的方法有加热法、离心法、电解法等。

超滤的渗透液由于含油和COD尚较高，通常需排入其他废水处理系统，经处理达标后排放或回用。

超滤装置运行一段时间后，膜的表面由于浓差极化现象随着废乳化液的浓度提高而不断增加，在每个运行周期结束时（从开始运行，到渗透液通量小于设定值），均需对超滤设备进行清洗，这是因为运行周期结束时．膜的表面会形成一层凝胶层，这个凝胶层是由油脂、金属和灰尘的微粒组成的。这个凝胶层会使超滤膜的渗透率大大下降，必须在下一周期运行前将其清洗掉。否则，超滤系统将无法正常运行。超滤设备的清洗方法一般有分解清洗法、溶解清洗法和机械清洗法3种[88,89]：

1）分解清洗法。分解清洗法的目的是除去沉积在膜表面的油脂。一般使用稀碱液或专用的洗涤剂对超滤膜表面的油脂进行分解。常用的稀碱液或专用的洗涤剂一般为超滤生产厂家为其超滤器特殊生产的专用洗涤剂。

2）溶解清洗法。溶解清洗法的目的是去除沉积在超滤膜表面的金属氧化物和氢氧化物，以及金属的微粒。溶解清洗法通常使用酸类来溶解这些物质。常用的酸类为柠檬酸或硝酸。硝酸的溶解能力要强于柠檬酸，因此效果较好。但是，最终采用柠檬酸还是硝酸取决于选用的超滤膜的耐腐蚀能力和超滤系统的管道和泵组的耐腐蚀能力。

3）机械清洗法。分解清洗法和溶解清洗法是超滤膜清洗的基本方法，但当超滤膜表面形成的凝胶层较厚时，单用分解清洗法和溶解清洗法来清洗，药剂消耗就会很大。为此，国外近年来采用了一种机械清洗的方法，即用机械的方法刮去超滤膜表面较厚的凝胶层，然后采用分解清洗法和溶解清洗法来清洗剩下的较薄的凝胶层。这样药剂耗量就会大大下降。通常采用海绵球进行清洗。

b　超滤处理系统的影响因素

影响超滤处理系统的因素众多，除膜功能性材料以及清洗效果的影响外，还有一些影响因素：

（1）流速。超滤管内的流速应控制在一定范围内，流速太小，易产生沉淀，减少渗透率，缩短操作周期；流速过高会影响超滤膜的使用寿命。对不同的乳化液，都能找到一个经济的流速范围。实践证明，流速还可能引起超滤膜的不可逆堵塞。

处理高浓度含油废水时，渗透率随流速而增加。超滤处理乳化液时，除供液泵外还设有循环泵，以提高流速，使渗透量增加。

（2）温度。在超滤膜和支承管允许的温度范围内，提高乳化液的温度，使其黏度降低，从而增加渗透率的方法是超滤处理乳化液时常采用的方法。一般在超滤循环槽和清洗槽内，均设有蒸汽间接加热装置。加热温度应根据乳化液的成分、超滤膜、支承管和收集管的材质而定。从运行费用考虑，提高液温、加大渗透率，可减少超滤装置的一次投资，但运行费用也随之增加。一般供液温度为 35~50℃左右。

（3）操作压力。处理低浓度含油废水时，提高操作压力对渗透率的影响，大于增加流速产生的影响。但操作压力的提高必须满足超滤管的强度要求，每种超滤管均有规定的最大允许压力。

（4）含油浓度。超滤处理乳化液时，渗透率随操作压力和流速的增加而提高。不同的含油浓度、操作压力和流速对提高渗透率的影响程度也不同。一般情况下，渗透率随含油浓度的升高而降低，在一个过滤周期内，开始时渗透率高，随着含油浓度的提高和超滤膜表面黏附物的增加，渗透率就逐步降低。超滤装置的渗透能力要以一个操作周期的平均渗透率为依据，同时要考虑超滤停产清洗的影响。

（5）机械杂质。为了防止损伤超滤膜，无论是超滤还是反渗透，原液中均不允许含有可能损伤渗透膜的机械杂质，一般粒度大于 0.5mm 的机械杂质应事先予以清除。

（6）pH 值及其他化学成分。每种超滤膜都有一定的 pH 值适应范围，否则长期运行就会损坏。此外，到目前为止的超滤膜均不能抗某些烃类和酮类化合物，即使短时间的接触也会引起超滤膜的膨胀，并改变其原有的结构形式。

（7）细菌类。乳化液中含有大量的营养物质，可能引起细菌的生长和繁殖，这里既有好气菌也有嫌气菌，其结果会导致超滤膜的不可逆堵塞。

由于乳化液的排放是不均匀的，所以即使有调节储槽，超滤装置的运行不可能总是连续的；当设有两级超滤装置时，一、二级的能力也很难完全协调，所以难免有部分超滤装置处于关闭状态。为此，经过一定时间的运行或当设备长期关闭时，应对系统进行灭菌处理。为了防止超滤的干燥，新出厂的超滤管内涂有甘油类物质。超滤设备停产时也不允许放空，宜以清水充满。

B　无机膜分离法

20 世纪 70 年代国外已开展无机陶瓷膜的研制及应用研究，主要有氧化锆、氧化铝及不锈钢膜，随后国内也进行研究，国外将其用于含油废水处理较为广泛。采用陶瓷膜处理乳化液废水，除具有有机膜分离方法优点外，并具有耐高温、耐强酸、耐氧化及耐有机溶剂的侵蚀特性，机械强度较高，使用寿命长，膜孔径分布窄，截油率高，运行渗透量较大，清洗再生性能好等优点，是当今冷轧乳化液处理与资源回用技术的发展趋势。目前国内尚处于试验开发与试应用阶段[90~91]。

C　膜分离法与化学法的技术比较

乳化液采用膜分离的优点是操作稳定，出水水质好。当乳化液的性质、成分和浓度变化时，对渗透水的影响很小，一般出水含油的质量浓度均可小于 10mg/L，对降低废水的 COD 含量也有较好的效果。此外，超滤装置可按单元操作，根据废水量的变化调整操作台数。设备占地面积小，扩建也很方便。超滤正常工作时不消耗化学药剂，也不产生新的污泥，而回收油的质量较好。

超滤装置本身投资较高，运行费用也比化学法贵。实际的超滤装置在清洗时要消耗一定量的清洗剂和酸、碱。清洗过程仍会排出少量酸性或碱性的含油废水。超滤前处理的纸过滤器要消耗大量的滤纸并产生被油污染的废纸。大规模的超滤装置要消耗大量的电能，由于水泵的工作台数较多，噪声也随之增加。

为了比较超滤法与化学法处理冷轧含油、乳化液各自的优势，以便为其废水提供有效处理方案，进行比较试验。超滤法试验工艺流程如图 7-18 所示。

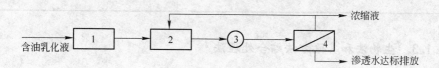

图 7-18　超滤法处理流程

1—调节槽；2—循环槽；3—循环泵；4—超滤装置

化学法（化学破乳法）试验工艺流程如图 7-19 所示。

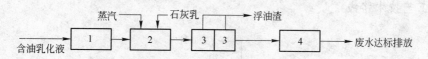

图 7-19　化学破乳法处理流程

1—调节池；2—破乳塔；3—二级气浮塔；4—精密过滤器

超滤法试验装置处理能力为 350L/h，化学法为 100L/h。经试验后其比较结果见表 7-14[92]。

表 7-14　超滤法与化学法处理冷轧乳化液的试验比较

比 较 项 目	超 滤 法	化 学 法
处理水含油达标率	2 次未达标（其中 1 次为未取到水样），达标率为 83.33%	12 次未达标（其中 1 次为未取到水样），达标率为 0
处理水悬浮物达标率	1 次未达标（其中 1 次为未取到水样），达标率为 91.67%	5 次未达标（其中 1 次为未取到水样），达标率为 58.33%
处理水 pH 值达标率	1 次未达标（其中 1 次为未取到水样），达标率为 91.67%	11 次未达标（其中 1 次为未取到水样），达标率为 8.33%
系统的稳定性	系统稳定，未有系统修改	系统不稳定，系统有修改，原试验资料的工艺流程和试验中的流程有变化，在试验中，对系统进行了修改
故障停机次数	1 次	6 次

续表 7 – 14

比较项目	超滤法	化学法
系统流量计、加药计量装置的可靠性	系统中只有流量计，运行正常，计量可靠	系统中流量计常失灵，加药计量装置运行不正常
系统操作劳动强度、管理的复杂程度及工作环境状况	系统自动运行，运行时不需人工操作，管理简单。操作环境良好	系统自动运行，运行时需人工进行药剂量的调整操作，劳动强度大、管理较复杂、操作环境差
处理后油的价值	油浓度高，可回收利用每吨 1000 元出售	油利用价值较差
系统对乳化液的变化的适应性	乳化液的变化对系统无影响，适应性强	乳化液的变化对系统影响大，适应性差
处理 1m³ 乳化液废水的成本	6.2 元	7.47 元

7.4.1.3　生物法和其他方法综合处理法

生物法和其他方法综合处理的技术特点主要为采用膜技术、微生物生化技术以及曝气池生化处理工艺等，对油类等污染物实施生物降解、去除，使其转化与循环利用，出水回用于生产，含油浓缩液再净化回收，实现污染物减量化、无害化、资源化。目前，该技术已在国内多项工程中试验与应用，效果良好[93]。

A　工艺技术路线

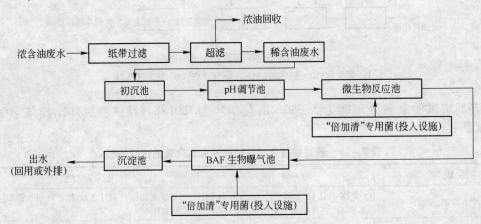

B　技术特点

（1）浓乳化液废水采用陶瓷膜超滤技术处理，将浓含油废水中的油、SS 等有机物进行分子截留，并去除大部分 COD$_{Cr}$。无机陶瓷超滤膜，具有耐酸耐碱性能强、耐温性好的优点。采用错流式运行，具有膜通量高、抗污染、长期运行不堵塞等优点。由于膜的截留孔径为 50nm，这将可以大大解决常规处理技术难以解决的问题。

（2）稀含油废水采用微生物处理技术，通过在稀含油废水中投加"倍加清"专性联合菌群，使废水中快速建立起有效降解烃类、脂类等有机污染的生物群，对废水中各种复杂的脂肪族和芳香族进行生物降解，同时可强化对烃类、蜡类以及酚、萘、胺、苯，煤油等的生物降解，这些专性菌有着很高的繁殖率，它们通过水合、活化、繁殖、分解，并通过竞争使其能够在生物群中很快稳定下来，形成优势菌群，同时在不断的竞争中又提高了生物群抗毒性冲击的性能，在设备投运后投加量很少，因此运行费用较低，运行时间越长，处理效果越好。

采用生化处理技术，提高了废水处理效率，增强了系统的抗冲击能力，简化了工艺流程，降低了运行成本（为物化处理法的 3/5），减少了污泥处理量（为物化处理法的 1/3），且操作管理方便。系统运行安全可靠，出水水质稳定达标回用或排放。

（3）微生物处理技术主要是通过微生物的代谢作用，使废水中的油、COD_{Cr} 等有机物转化为 H_2O 和 CO_2 等无机物，因此是一种无害化处理的方法，无二次污染。

（4）浓、稀含油废水分开处理，浓含油废水采用无机超滤膜分离，稀含油废水采用生化处理，减少了一次性投资，同时降低了运行费用。

（5）BAF 生物曝气滤池生物量大，活性高，抗冲击负荷能力强，出水水质好，使出水回用水质保证。

C　主要技术经济指标

主要技术指标与经济指标，见表 7 – 15、表 7 – 16[93]。

表 7 – 15　主要技术指标

项 目 名 称	进水浓度	出水浓度	回用指标
$COD_{Cr}/mg \cdot L^{-1}$	1000 ~ 50000	≤100	≤50
油$/mg \cdot L^{-1}$	100 ~ 5000	≤5	≤5
$SS/mg \cdot L^{-1}$	240 ~ 400	≤20	≤10
$BOD_5/mg \cdot L^{-1}$	—	≤20	≤10
pH 值	5 ~ 13	6 ~ 9	6 ~ 9

表 7 – 16　主要经济指标

项 目 名 称	指 标 情 况
电力消耗$/kW \cdot h \cdot (m^3$ 废水$)^{-1}$	1.02
占地面积$/m^2 \cdot (m^3$ 废水$)^{-1}$	0.78
运行费用$/元 \cdot (m^3$ 废水$)^{-1}$	1.636

7.4.2　冷轧酸洗废液

钢材表面形成的氧化铁皮（FeO、Fe_3O_4、Fe_2O_3）都是难溶于水的碱性氧化物。当把其浸于酸液中或在其表面喷洒酸液时，这些碱性物质与酸发生一系列化学反应。酸洗机理可概括为溶解作用、机械剥离作用和还原作用等。为了使金属（钢材、特殊钢、不锈钢、合金钢等）表面整洁，在金属加工以前，用盐酸、硫酸、硝酸或硝酸、氢氟酸混酸酸洗，或用几种酸的混合液，一边加热一边对金属进行清洗，以除掉附着于金属表面的氧化物，此过程称为酸洗。酸洗过程有酸洗废液和酸性废水排出。

7.4.2.1 盐酸酸洗废液资源化处理与回用技术

盐酸酸洗是酸洗工艺发展趋势，特别是大型冷轧企业，原因是盐酸酸洗效果比硫酸显著，另一个原因是盐酸酸洗的剥离作用使基铁损失较硫酸酸洗少。

工业盐酸酸洗废液的再生回收有很多方法和工艺流程可供选择。日本"大同式"废盐酸回收方法有蒸发结晶焙烧法、真空蒸发法和硫酸分解法。前者需经结晶焙烧，工艺比较复杂，后一种工艺比较简单，操作比较方便，再生酸浓度较高。

世界上盐酸酸洗废液再生回收工艺应用最多的是加热焙烧法。逆流加热喷雾焙烧法如鲁兹纳（Ruthner）法、诺尔达克（Nordac）法、德拉沃（Dravo）法等，宝钢一、二、三期引进的废盐酸再生技术即为鲁兹纳法。另一类为顺流加热的流化床焙烧法，如鲁基（Lurgi）法、奥托（Otto）法、波里（Pori）法等。武钢冷轧厂引进废盐酸再生技术即为鲁基法。这两种加热焙烧法是当今世界废盐酸再生技术代表作，约占世界大型冷轧厂废盐酸再生回用工程的80%左右。该技术能否成功应用与使用该技术再生废酸，在很大程度上取决于能否正确地选择设备的耐腐蚀材料和正确地设计与控制该装置的各个环节。目前，该技术国内尚无一家可自行设计或具有自主产权设计单位[94]。

中冶集团建研总院环保院（原冶金环保研究所）研制成功的减压蒸发再生回收法和溶剂萃取回收法[95-96]，前者盐酸回收率与上述焙烧法相当，均达95%以上，且设备耐酸腐蚀极强，解决回收设备腐蚀问题，目前已在西南某大型冷轧厂酸回收工程试用，效果良好。后者曾在某工程应用证明技术可靠，但操作、管理技术要求高，如操作失误或设备泄漏，会因氯气外逸而造成事故，故限制了该技术推广应用[97]。

7.4.2.2 硫酸酸洗废液资源化处理与回用技术

从世界钢铁工业钢材酸洗技术的发展趋势来看，硫酸酸洗终将被盐酸酸洗所代替。但在我国硫酸酸洗仍然是主要酸洗方法之一，特别是中小型轧钢企业。硫酸废液的处理、回收与综合利用的方法主要有以下几类[98]。

（1）中和回收法。向废液中投加某种中和物质，在一定条件下使其与未消耗的硫酸亚铁作用生成其他有用物质，如投加石灰回收石膏，投加氨回收硫铵和氧化铁等。

（2）硫酸铁盐法。这一类方法中有单水铁盐法和七水铁盐法。通过提高酸浓度及降低（或提高）废液温度等技术措施，使废液中硫酸亚铁从废液中结晶析出，回收硫酸（再生酸）和硫酸亚铁。再生酸用于酸洗，硫酸亚铁作为副产品销售。如各种形式的冷却结晶法、真空结晶法、冷冻法、浓缩冷冻法，浸没燃烧法等。

（3）铁盐综合利用法。这种方法实际上是氨中和法的演变和发展，也是向废液中加氨，但回收的主要产品是氧化铁红（$\alpha - Fe_2O_3$ 或 $\gamma - Fe_2O_3$）和副产品硫铵化肥，这与氨中和法以回收硫铵化肥为主要产品是有区别的。直接铁红法和间接铁红法就属于这一类。

（4）热解法。这一类方法目前国内还没有。它的基本要点是，通过各种技术手段，将废液中的硫酸亚铁重新变为硫酸和氧化铁（FeO）。如直接燃烧热解法，加热蒸发热解法，盐酸分解热解法等。

（5）制备无机高分子絮凝剂。用硫酸酸洗废液制备聚合硫酸铁絮凝剂。其技术关键在于控制溶液中 H^+、SO_4^{2-} 和 Fe^{2+} 浓度及其比例关系。氧化剂可用 O_2、空气、H_2O_2 等。

其聚合度的大小直接影响聚合硫酸铁的质量，碱化度以 11～14 为佳。

除上述几种方法外，还有电渗析法，水银阴极电解法，有机溶剂萃取法和离子交换法等。

7.4.2.3 不锈钢酸洗废液——硝酸、氢氟酸的再生回用技术

冷轧不锈钢生产有其独特的生产工艺过程，酸洗液常应用中性盐电解法和采用 HNO_3 与氢氟酸（HF）按一定比例配成混酸酸洗。中性盐电解酸洗产生的 Na_2SO_4 废液，一般经过滤去除其中的杂质后就可以回用于生产。但 HNO_3 电解酸洗、HNO_3 + HF 混酸酸洗产生的废 HNO_3 液和 HNO_3 + HF 混酸废液再生利用则比较困难，大多采取中和沉淀处理达标后排放的方式。这样，不仅增加了酸耗指标和生产成本，同时也增加了环境污染；由于各类废酸全部中和，废水处理系统的污泥产生量就比较大，因污泥中含重金属而加大了污泥的处理难度和处理成本。

目前，国外对这类废酸再生主要有游离酸回收和全酸回收两种工艺。游离酸回收工艺如加拿大 Eco - Tec 公司开发的 APU（Acid Purification Unitl）工艺，主要是通过一种特殊树脂吸附—浓差解析装置对废酸中游离状态中的 HNO_3 和 HF 进行回收，但已反应生成金属盐类的则不能回收，其残液仍须进入废水处理系统。该工艺主要原理为吸附分离和解吸其特点是投资比较小、流程简单、工艺较成熟，但再生酸浓度较低、再生酸量过大（超过废酸量），当废酸液温度超过 40℃ 时还存在设备安全问题，经济效益也比较差。全酸回收工艺如奥地利 ANDRHZ/ROTHN - ER 公司的 PYROMARS 工艺，非常类似于目前国内比较成熟的废盐酸焙烧法再生工艺，其特点是：再生酸浓度高，可以回收废酸液中的金属，经济效益比较好，而且具有比较好的环境效益；但一次性投资比较大，由于氟的存在对设备防腐要求高，浙江某冷轧不锈钢公司引进的就是这种 PYRO MARS 全酸回收工艺（为国内首套）。

该工艺不仅能对废酸中未被利用的游离状态的 HNO_3、HF 进行回收，而且能对已被利用、并已经生成盐类的 $Me(NO_3)_x$、MeF_y 中的酸根离子进行回收，其主要工艺设备为喷雾焙烧炉和气相产品洗涤吸收系统。废酸液在喷雾焙烧炉内发生蒸发和热分解反应，其气相产品为 HNO_3、HF 和 NO_x 等，固相产品为金属 Fe、Cr、Ni 的氧化物粉末。气相产品经洗涤器和吸收塔吸收后成为浓度高于废酸、体积小于废酸的再生酸，可返回酸洗线回用；固相产品自焙烧炉排出，经造球机加工成金属球团可用作冶炼不锈钢的原料。回收 HNO_3 和 HF 后的气相中的 NO_x 经 NH_3 催化还原转化为无害的 N_2 和 H_2O 后排入大气。其回收率技术指标为：HF 97%～99%，$HNO_3$70%～80%，金属大于 99%[1]。

国内冷轧不锈钢生产过程中产生的废酸，大型企业多是采用中和沉淀处理排放。小型不锈钢生产厂大都采用减压蒸发置换再生回用工艺，按目前回用酸估算，每吨废酸回收净效益约 600 元以上，环境、经济、社会效益显著。

该工艺是 20 世纪 70 年代针对太钢七轧（不锈钢卷生产线）、大冶钢厂和上钢五厂等不锈钢管生产，由冶建总院为主承担"不锈钢酸洗废液——硝酸、氢氟酸再生回用"的国家攻关项目。采用一次减压蒸发法再生回收硝酸、氢氟酸的生产工艺；首次研制成功含氟聚合物浸渍石墨的应用，获得国家科委发明奖，并制成加热器、冷凝器应用于该废酸回收工程；提出该工艺设计参数、物料衡算与设备计算，并按某厂生产厂实际废酸量，设

计、加工一套生产性设备在现场投产应用，经该厂20多年生产运用，证明工艺、设备可靠。酸的回收率 HNO_3、HF 均为95%左右[99,100]，目前，国内中、小不锈钢冷轧厂均在使用。但大型冷轧不锈钢厂的废酸多采用中和沉淀处理排放方式，既浪费宝贵资源，又污染环境，不符合清洁生产原则，应加速研究回收利用的途径。

7.4.3 低浓度酸性废水

7.4.3.1 现有处理技术总结

中和法处理低浓度酸性废水是化学法最常用方法，也是冷轧低浓度酸性废水处理时必不可少的方法。

中和治理的目的大致为：使废水达到排放标准的要求。对大多数水生物和农作物而言，其正常生长的 pH 值范围为 5.8~8.6，这也是排放标准规定的基本范围；作为生物处理或混凝沉淀处理的预处理；有时，为了去除废水中的某些金属离子或重金属离子，使之生成不溶于水的氢氧化物沉淀，再通过混凝沉淀而分离。对冷轧废水，因为含有大量的二价铁盐，在中和处理生成 $Fe(OH)_3$ 沉淀的同时，也能去除约50%的 COD。

中和治理首先要选择中和剂，当仅仅中和酸性废水时，常用 NaOH、Na_2CO_3、CaO 或 $Ca(OH)_2$；可能同时中和酸、碱废水时，则还要使用 H_2SO_4 或 HCl。在碱性中和剂中，最常采用的是10%浓度的石灰乳。其最大的优点是成本低，污泥易于沉淀、脱水，缺点是石灰乳制备、投加系统比较复杂，污泥量大，同时使用硫酸中和时易于成垢。采用氢氧化钠的优点是污泥量小、投加系统比较简单，但处理成本高，污泥沉淀、脱水困难。

常用的酸性中和剂是盐酸或硫酸。工业硫酸浓度高，可减少药剂的运输和储存量，防腐问题也较易解决，由于冷轧废水中和处理时常以石灰乳作碱性中和剂，为了防止结垢和减少污泥量，大多采用盐酸作酸性中和剂。

按处理方式，中和可分间歇式和连续式两种。前者多用于中和小流量、高浓度的废酸或废碱液；后者则多用来治理连续产生的酸性或碱性漂洗水。中和高浓度废酸时，需注意因产生大量沉淀引起排泥困难的问题。两种中和方式中，连续处理需要有较高的测试手段和自动控制水平，通过 pH 值的测量、调整装置自动控制酸性或碱性中和剂的投加量。

由于冷轧厂各机组排出的废水水量和水质均变化较大，因此从各机组排放来的含酸、碱废水首先进入处理站的酸、碱废水调节池，在此进行水量调节和均衡，然后再流入下一组构筑物进行中和处理，一般采用两级中和，第一级一般控制 pH 值为 7~9 左右，第二级一般控制 pH 值为 8.5~9.5，在中和池中发生如下反应：

$$H^+ + OH^- \longrightarrow H_2O$$
$$Fe^{2+} + 2OH^- \longrightarrow Fe(OH)_2$$
$$Zn^{2+} + 2OH^- \longrightarrow Zn(OH)_2$$
$$Sn^{2+} + 2OH^- \longrightarrow Sn(OH)_2$$
$$Pb^{2+} + 2OH^- \longrightarrow Pb(OH)_2$$
$$Ni^{2+} + 2OH^- \longrightarrow Ni(OH)_2$$

从净化设备排出的污泥经浓缩处理后，其含水率可提高到95%左右。这种流动性的污泥必须进行脱水处理。国外在固液分离技术的领域里，曾对不同的方法从经济性和适用性方面进行过研究。结果表明，热干燥的办法可以获得最高的含固率，但投资和运行费用都要比机械的方法高。

用于污泥脱水的机械装置，有真空过滤机、板框压滤机、带式压滤机和离心分离机等。钢铁厂的污泥脱水设备，过去国内多用真空过滤机，不管是内滤或外滤式的都可以连续和自动地操作，但真空过滤机的脱水能力受设备本身的限制，其最大过滤压力仅0.07MPa，滤饼含水率达75%～80%左右，因而还不能有规则地堆放。对难以脱水的污泥，如含油污泥，用氢氧化钠中和形成的金属氢氧化物污泥，往往还要投加辅助过滤剂，这样操作费用就增加了。

带式压滤机和离心分离机同样也可以连续、自动地操作，但是要同时使用聚合电解质，因此操作费用也不能降低，脱水后的污泥含水率仍然较高，往往呈糊状。所以只在个别情况下使用，而不适用于冷轧污泥的脱水。

一般不需要辅助过滤剂，操作费用低廉，滤饼含水率低（65%左右），可以成型堆放的实用的机械脱水装置是板框压滤机，这种设备的缺点是操作过程比较复杂，目前国外多采用全自动的操作方式，国内也已经具备生产同类产品的能力。一般手动操作时间为30～60min，自动为10～15min。

几种污泥脱水设备所能达到的滤饼含水率，大致如下：板框压滤机65%～70%；真空过滤机75%～80%；带式压滤机80%～85%；离心脱水机80%～85%；加热干燥机约50%[101]。

7.4.3.2　冷轧低酸性废水高密度污泥法处理技术

A　高密度污泥法与常规中和法的区别

高密度污泥处理冷轧酸性废水是近几年来开发的新技术。美国、日本已有工程应用实例。高密度污泥法适合于含有金属的酸性废水（通常废水 pH 值小于 6），处理后可生成固体含量达 50% 的污泥。该工艺与常规的化学中和法的主要区别在于：（1）有一定数量的沉降污泥返回中和池继续使用；（2）返回的污泥在进入中和与固体分离之前在反应器内与碱剂混合。同样，如为处理碱性废水，则应先与酸性物质混合，如图 7 – 20 所示[102]。

从图 7 – 20 看出，二者主要区别在于高密度污泥法需设置污泥反应池，或称高密度污泥池，为污泥回流提供储存与活化的场所；其次固液分离后污泥大部分回流，仅此两项改变，为酸碱废水处理出水水质、外排污泥量与污泥处理都有大的改变，提高了污泥浓度，通常可不经污泥浓缩，就能直接过滤脱水。

B　高密度法工艺流程与工艺特点

高密度污泥工艺流程如图 7–21 所示[102]。

该工艺具有如下特点：

（1）沉淀效率高。沉淀污泥的含固率高，由传统中和法的 1%～2% 提高到 20%～40%，可节省污泥二次浓缩，节省设备和投资。污泥体积较传统中和法减少 10～50 倍。

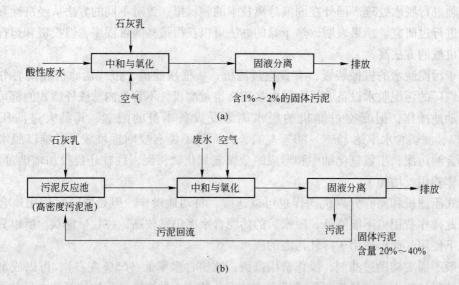

图 7 - 20 高密度污泥法与常规中和法比较简图
（a）常规中和法；（b）高密度污泥法

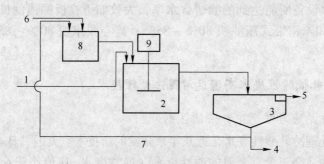

图 7 - 21 高密度污泥法工艺流程图
1—酸碱废水；2—中和池；3—沉淀池；4—污泥管；5—出水管；6—石灰管；
7—污泥回流管；8—高密度反应器；9—搅拌器

（2）改善污泥脱水性能，污泥可直接送脱水设备或干化场，减少脱水时间 90%。

（3）脱水污泥的体积减少 60% 以上，减少污泥处置费用。

（4）提高中和系统稳定性，提高污泥沉淀性能，并少用中和剂与絮凝剂。

（5）处理出水中的金属离子浓度通常低于传统中和法。

C 应用实例情况与应用领域

美国 ARMCO 钢厂冷轧含酸废水处理量为 363m^3/h，水中含有溶解的 Fe 750mg/L，Fe^{2+}：Fe^{3+} 为 6:1，pH <3。废水来自两条酸洗线和一个冷轧厂其他废水。原采用传统中和工艺处理，原工艺沉淀池污泥底流浓度（含固率）为 4%，采用 4 台真空脱水机进行脱水，每天 3 班工作。后改用高密度污泥处理工艺，采用该工艺后污泥的粒径由 1μm 增加到 5μm，污泥底流浓度达 20%。正常情况下仅用脱水机 2 台，且一班工作，经脱水机脱水后的污泥含固率由原 4% 提高到 40%，污泥总体积减少了 60% 以上，采用该工艺后废

水处理系统非常稳定，出水水质较好[102]。

该工艺适用的领域为：

(1) 钢铁行业酸碱废水处理和系统改造。

(2) 适用于化工行业酸性废水处理与系统改造。

(3) 适用于电镀废水处理，可减少有害污泥体积，减少有毒污泥处理费用。

(4) 适用于矿山的酸性废水处理，污泥可不经脱水，可减少污泥干化场。

目前该技术已由大庆市北盛公司研究开发为：BSOEM01 酸碱废水"专家"优化中和处理系统与装置的发明专利技术（专利号：2L98114276.1），并在低浓度酸碱废水处理与回用工程中应用。

7.4.4 冷轧含铬废水

从冷轧系统排出重金属含铬等废水有两种，一种是高浓度的，另一种是低浓度漂洗水。重金属废水处理方法很多，有化学还原、电解还原、离子交换、中和沉淀、膜法分离等。其中沉淀法有中和沉淀、硫化物沉淀和铁氧体法等。国外普遍采用化学还原法，所用的还原剂有二氧化硫、硫化物、二价铁盐等。冷轧厂存在大量酸洗废液，利用酸洗废液中二价铁盐和游离酸，将 Cr^{6+} 还原为 Cr^{3+} 的方法具有实用价值。目前，宝钢、武钢等引进冷轧带钢厂，其含铬废水处理均采用这种方法，随着重金属废水外排控制的严格，采用生物法处理重金属废水的研究已在我国开始试验，用生物法处理冷轧重金属含铬等废水，比传统的化学法等对环境保护和提高企业技术竞争力有更大的优越性。

由于镀铬、锌、铜、镍等重金属板材日益增多，故形成的冷轧废水中的重金属成分越来越多，成为含众多重金属成分的复杂废水，为其无害化处理和资源回用带来新的难题。下面着重介绍含铬废水的处理技术。

7.4.4.1 化学还原法

A 硫酸亚铁法

硫酸亚铁处理含铬废水，废水首先在还原槽中以硫酸调节 pH 值至 2~3，再投加硫酸亚铁溶液，使六价铬还原为三价铬，然后至中和槽投加石灰乳，调节 pH 值至 8.5~9.0，进入沉淀池沉淀分离，上清液达到排放标准后排放。加入硫酸亚铁不但起还原剂的作用，同时还起到凝聚、吸附以及加速沉淀的作用。硫酸亚铁法是我国最早采用的一种方法，药剂来源方便，也较为经济，设备投资少，处理费用低，除铬效果较好。是目前国内冷轧厂含铬废水最为常用的处理方法。

B 亚硫酸氢钠法

在洗净槽中加入亚硫酸氢钠，并用 20% 硫酸调整 pH 值至 2.5~3。将镀铬回收槽清洗过的镀件放入洗净槽进行清洗，镀件表面附着的六价铬即被亚硫酸氢钠还原为三价铬：

$$Cr_2O_7^{2-} + 3HSO_3^- + 5H^+ \longrightarrow 2Cr^{3+} + 3SO_4^{2-} + 4H_2O$$

当多次使用，亚硫酸氢钠的反应接近终点时，加碱调整 pH 值至 6.7~7.0，生成氢氧化铬沉淀。上清液加酸重新调整 pH 值至 2.5~3.0，再补加亚硫酸氢钠至 2~3g/L 继续使用。

还原剂除亚硫酸氢钠外，还有亚硫酸钠、硫代硫酸钠等。由于价格较贵，应用较少。

C 二氧化硫法

将二氧化硫气体和废水混合生成亚硫酸，利用亚硫酸将六价铬还原为三价铬。然后投加石灰乳，生成氢氧化铬沉淀，其处理原理及反应式如下：

$$SO_2 + H_2O \longrightarrow H_2SO_3$$
$$H_2Cr_2O_7 + 3H_2SO_3 \longrightarrow Cr_2(SO_4)_3 + 4H_2O$$
$$2H_2CrO_4 + 3H_2SO_3 \longrightarrow Cr_2(SO_4)_3 + 5H_2O$$
$$Cr_2(SO_4)_3 + 3Ca(OH)_2 \longrightarrow 2Cr(OH)_3 + 3CaSO_4$$

废水用泵抽送，经喷射器与二氧化硫气体混合，进入反应罐中进行还原反应。当 pH 值下降至 3~5 时，六价铬全部还原为三价铬。然后投加石灰乳，调整 pH 值至 6~9，流入沉淀池分离，上清液排放。

按理论计算，$Cr^{6+} : SO_2 = 1 : 1.85$（质量比）。由于废水中存在其他杂质，因此，实际投加量要比理论值大，以 $Cr^{6+} : SO_2 = 1 : (3~5)$（质量比）为宜。溶液（废水）的 pH 值及 SO_2 量对反应影响很大，当 pH > 6 时，SO_2 用量大。因此，pH 值以 3~5 为宜，可节省 SO_2 用量。处理工艺中忌用 HNO_3，因 NO_3^- 存在要增加 SO_2 用量。采用管道式反应可提高 SO_2 利用率，并有减少设备，提高处理效率等优点。

该法适合处理 Cr^{6+} 的质量浓度为 50~300mg/L 的废水。中冶集团建筑研究总院环境保护研究院、同济大学等单位，曾用烧结烟气中的二氧化硫废烟气处理重金属废水（铬、锰等）和含氰废水。废水外排达标，烟道气中 SO_2 净化率达 90% 以上，达到以废治废的目的。

D 废酸还原法

目前宝钢等引进的冷轧带钢厂均采用废酸还原法。

从各机组排放的含铬废水，按其浓度大小，分别进入处理站的含铬废水调节池。废水用泵送至一、二级化学还原反应槽，投加废酸（即酸洗废液）使还原池中的 pH 值控制在 2 左右，用氧化还原电位控制在 250mV 左右，使 Cr^{6+} 充分还原成 Cr^{3+}，然后废水流入二级中和池经投加石灰中和，控制 pH 值至 8~9，并在二级中和池通入压缩空气，使二价铁充分氧化成易于沉淀的氢氧化铁，然后加入高分子絮凝剂，经絮凝后废水流入澄清池沉淀，去除悬浮物，然后进行过滤，使处理后水中 SS < 50mg/L，并进行最后 pH 值调整，经处理后的水在各项指标达标后排放。

由于废酸中有 $FeCl_2$ 和 HCl，故使废水中 Cr^{6+} 还原为 Cr^{3+}，其反应式为：

$$6FeCl_2 + K_2Cr_2O_7 + 14HCl \longrightarrow 6FeCl_3 + 2CrCl_3 + 2KCl + 7H_2O$$

为使反应充分完全，故化学反应槽应采用两级，并在每级槽中设置还原电位和 pH 计，以便控制投药量，如图 7-22 所示[103]。

为保证含铬废水处理合格，在第二级还原槽排出口设置 Cr^{6+} 测定仪，当 Cr^{6+} < 0.5mg/L 时，才能流入下一级处理工序，否则，废水必须送回系统中重新处理。为保证含铬污泥不污染环境，含铬污泥应单独处理。

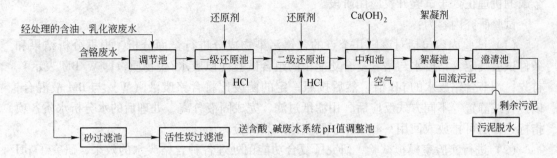

图 7 - 22 含铬废水处理工艺流程图

此外，亚硫酸氢钠、亚硫酸钠、焦亚硫酸钠等在酸性条件下（pH 值小于 3 时），都能将 Cr^{6+} 还原成 Cr^{3+}。但该种药源较贵，并在废水中残留部分毒物，因此，国内较少采用。

综上所述，在含铬废水的处理方法中，最常用的是中和还原法。

7.4.4.2 生物法

A 净化原理与试验结果

冷轧厂为了提高产品品种和附加值，采用镀铬工艺是冷轧板材表面处理的通用措施。但含铬废水处理要求很高，且其废水流量波动大，pH 值变化大，含 Cr^{6+}、总铬浓度高（1000 ~ 5000mg/L），废水中除含有 Fe、Zn、Pb、Ni 等其他共存的金属离子外，还含有乳化剂、磷化剂、树脂等复杂的添加剂和油分等多种污染物的特点，废水成分非常复杂，含铬废水总量较大。

试验研究表明，微生物去除含铬废水中铬的机理在于，微生物菌在培菌池存活、生长、繁殖过程中，会产生一定量的代谢产物，这是一些氧化—还原酶系生化物质，这类生化物质能使废水中的重金属离子改变价态，如使 Cr^{6+} 还原为 Cr^{3+}，并吸附 3 价铬及其他 2 价金属离子，使其产生络合、絮凝、静电吸附作用、可经固液分离而与水分开进入菌泥饼。因此，可以将预先筛选、培育好的、功能各不相同的各种有效的微生物菌株培育成能处理不同组成废水的高效复合微生物，有选择地将各类废水中的某些有害元素离子或有害物质去除。复合微生物之间互生、共生并存在着化学、物理和遗传等三个层次的相互协作机制，这些协作关系使细菌对 Cr^{6+} 等金属具有良好的抗性、耐性，并能使 Cr^{6+} 有效地转化价态，对废水净化起着重要作用。微生物净化金属离子的三个层次的协作关系是紧密相关的，在一定时间内，微生物在废水中对重金属离子几乎同时有静电吸附作用、酶的催化转化作用、络合作用、絮凝作用、共沉淀作用和对 pH 值的缓冲作用，使得金属离子被沉积去除，过滤后的废水被净化。试验表明，复合微生物菌即便是死了也同活菌一样有净化含重金属废水的吸附功能，只是不能再繁殖演变了。目前用于处理宝钢冷轧厂含重金属废水的复合微生物菌是一族单独培养、按比例一次性混合使用的厌氧菌，只要保持一定的存活、生长繁殖条件，如环境温度 15 ~ 50℃（最佳 35 ~ 37℃），pH 值为 6.5 ~ 7.5，密闭缺氧环境。培养每 1m³ 复合微生物菌要消耗 1.2kg 培养基和 1m³ 水。1m³ 复合微生物菌可以从含铬废水中消除 1000 ~ 1500g Cr^{6+} 等重金属离子。用生物技术脱除冷轧厂涂镀废水中重金属的机理正处于试验开发应用阶段。

试验研究内容为：

（1）试验内容包括对该厂几个点的含铬污染物成分进行全面分析，根据分析结果和条件试验确定含铬废水与培养复合功能菌的组合试验（以废水/生物质，即 W/BM 表示）。首先，调节含铬废水的 pH 值，然后按照一定的菌废比将含铬废液（W）与 BM 液混合，以搅拌或静置等不同方式反应后，用滤纸过滤，完成固液分离，处理后的水分析水质各项指标达标后可排放或回用，滤饼用于回收铬产品试验。

（2）进行实验室模拟试验，研究了复合功能菌处理各种含铬废水的效果，研究了 pH 值、搅拌、反应时间、生物质/废水比、温度、氧含量等因素对净化效果的影响。

（3）对回收利用铬的技术方案、Cr 回收率等进行实验室试验研究。

（4）针对 2030 冷轧含铬废水进行现场中间试验；通过现场中间试验验证了微生物菌处理含高浓度（$TCr \geqslant 2000mg/L$，$Cr^{6+} \geqslant 1800mg/L$）的含铬废水净化能力。

研究结果表明，采用复合功能菌一次处理宝钢冷轧厂含铬废水可使原含铬（总铬和六价铬）为 60～2450mg/L 的冷轧废水铬去除率全部达 99% 以上。

通过对高浓度微生物菌的复苏、培育和驯化试验，验证复合功能菌处理高浓度含铬废水的效果。试验结果表明，高浓度含铬废水经微生物菌处理后，总铬、六价铬去除率可达 99% 以上。经过滤后（固液分离），排放废水水质均达到宝钢和上海市废水综合排放控制标准，即总铬低于 1.5mg/L，$Cr^{6+} \leqslant 0.5mg/L$，$SS \leqslant 80mg/L$[104,105]。

B　与传统化学还原法的比较

（1）相对于传统化学法、生物法工艺流程简单，便于控制管理。目前应用最广泛的化学处理含铬废水的方法是还原沉淀法。基本原理是在酸性条件下向废水中加入还原剂，将 Cr^{6+} 还原成 Cr^{3+}，然后再加入石灰或氢氧化钠，使其在碱性条件下生成氢氧化铬沉淀，从而去除铬离子。可作为还原剂的有 SO_2、$FeSO_4$、Na_2SO_3、SO_3、Fe 等。根据上述反应原理，要想从废水中完全去除铬离子，至少需要经过两个反应环境，即酸性环境和碱性环境。而生物法中，除废水的 pH 值要求在 2～4 左右外（目前彩涂机组含铬废水本身的 pH 值在 2～4 之间，所以不需要调节 pH 值），仅需将微生物菌液和废水混合，完成反应即可。反应过程所需控制的参数主要为菌废比（菌液∶废水），大大简化了工艺流程和控制参数，便于自动化控制管理。

（2）系统具有较强的耐冲击负荷的能力。由于采用了微生物单独培养的方法，使得系统的操作灵活度增大，可以根据不同的废水浓度确定不同的菌废比，从而大大提高了系统耐冲击负荷的能力。根据试验结果，当原废水中六价铬的质量浓度在 102～2200mg/L 波动时，系统的处理效果都可以达到排放标准[104]。

（3）处理成本的比较：

1）传统化学法处理含铬废水的成本估算。以 $NaHSO_3$ 为还原剂，采用化学还原沉淀法处理含铬废水，主要化学反应式如下：

$$Cr_2O_7^{2-} + 3HSO_3^- + 5H^+ \longrightarrow 3SO_4^{2-} + 2Cr^{3+} + 4H_2O$$

$$Cr^{3+} + 3OH^- \longrightarrow Cr(OH)_3 \downarrow$$

因此，根据理论计算，$NaHSO_3$ 的投加量和 Cr^{6+} 的比例为 3∶1，再加上处理过程中所用到的其他酸碱药剂，则处理 1g 六价铬所需药剂大约为 0.01 元左右。但实际工程处理往往需要投加更大计量的化学药剂，以确保最终出水中六价铬的浓度达标，实际上每处理 1g 六价铬需消耗药剂约为 0.20 元左右[104]。

2）生物法处理含铬废水成本估算。实验期间，综合考虑微生物的培养成本，处理废水时的微生物施用量，以及设备运行成本等，生物法处理 1g 六价铬的成本为 0.11 元左右。因此，如果仅考虑去除废水中的有害元素六价铬时，生物法去除六价铬的运行成本仅为化学法的 55% 左右[104]。

同时，生物法处理含铬废水的成本主要集中在微生物的培养方面，因此可通过以下两个方面的研究降低废水处理成本：一是进行微生物的培菌条件优化试验，寻找最佳培菌比，降低成本；二是开发微生物处理含铬废水的潜能，提高处理效率，研究重复利用的可行性，以降低废水处理成本。

（4）污泥产生量的比较。含铬废水经化学法处理后所产生的污泥的脱水性能较好，经板框压滤机脱水后，含水率在 50% ~60%。利用生物法处理含铬废水后，所产生的污泥脱水性能较化学法污泥的脱水性能较差，同样利用板框压滤机进行脱水后，泥饼的含水率在 70% 左右。可见，利用生物法处理含铬废水，污泥的脱水性能变差。但总的污泥产生量远远少于化学还原法，污泥产生量仅为化学法的 30% 左右，可减少 70% 以上的污泥处理与排放[104]。

C　出水色度的比较

含铬废水经化学还原法处理后，出水澄清透明，而经生物法处理后的出水则带有一定的色度。同时由于残留微生物的存在，生物法处理后出水放置一段时间后，微生物生长使色度加深，这些问题有待进一步研究。

总之，冷轧高浓度含铬废水经微生物一次处理后，废水中六价铬可全部达标，平均质量浓度仅为 0.03mg/L，总铬去除率可达 98% 以上。出水经 PE 过滤器过滤后，六价铬最大值为 0.04mg/L，平均值为 0.02mg/L。在设备正常运行情况下，废水中的总铬、SS 指标均达到排放标准。

综上所述，相对于传统化学法，生物法处理冷轧高浓度含铬废水，工艺流程简单，便于控制管理；系统具有较强的耐冲击负荷的能力；单位铬去除的处理成本较低；虽然利用生物法处理含铬废水，污泥的脱水性能变差，泥饼的含水率在 70% 左右，但污泥产生量仍然少于化学法，可减少 70% 以上的污泥处理与排放。不足之处为生物法处理含铬废水，出水中带有一定的色度，如不做进一步处理，放置一段时间后，色度可能会加深、变黑，有待研究解决。

7.5　轧钢工序废水处理应用实例

7.5.1　宝钢 1580mm 热轧带钢厂废水

7.5.1.1　废水水质水量与控制措施

1580mm 热轧工程生产废水主要分为净循环废水与浊循环废水，其中净循环废水仅水温升高，经冷却塔降温后再返回循环使用。外排水量最大为 62m³/h，至串级水系统重复使用。浊循环废水分为直接冷却废水和层流冷却废水，废水的水量、水质与排放情况，见表 7-17[103]。

表 7 - 17　1580mm 热轧工程废水水量、水质与排放情况

主要污染源	污染物发生量	污染物原始质量浓度	污染控制措施	污染物排放量或质量浓度
设备直接冷却	浊废水 15787m³/h	SS：550～850mg/L 油：10～50mg/L	沉淀、冷却循环使用	废水：60m³/h 至串级水系统 SS＜20mg/L 油：5mg/L
层流冷却	浊废水 1580m³/h	SS：50mg/L 油：5mg/L	沉淀、冷却循环使用	废水：55m³/h 至串级水系统 SS：50mg/L 油：5mg/L
精轧除尘	废水 150m³/h		送污泥处理系统处理	SS：100mg/L 石油类：5mg/L
液压润滑站	含油废水 60m³/h		送总厂含油废水处理系统处理	石油类：5mg/L
磨轧间	废乳化液 500m³/a		送二冷轧厂乳化废液处理设施处理	COD$_{Cr}$：40mg/L

热轧生产过程中还有少量其他废水，其中煤气管网水封和煤气加压机排出的少量含酚氰冷凝废水；电捕焦油排出的含水焦油约 2.5kg/h 等。

1580mm 热轧工程生产废水的外排总量为 351m³/h，其中 177m³/h 送中央水处理厂全厂串级水系统重复使用，由全厂统一平衡，余下 174m³/h 经废水处理达标排放或回用。

7.5.1.2　废水处理系统组成与处理工艺

A　废水处理系统组成

1580mm 热轧生产系统的总循环水量为 37930m³/h，补充水量（含过滤水）1170m³/h，水循环率为 96.7%，吨钢新水耗量为 2.72m³。

1580mm 热轧工程生产废水处理设施分为以下系统：加热炉循环系统、间接冷却循环系统、层流冷却循环系统、直接冷却循环系统以及为上述系统服务的污泥处理系统。

液压润滑站排出的含油废水进入全厂含油排水系统；焦炉煤气和混合煤气水封排水排入地下储水坑后定期送焦化厂处理。

磨辊间轧辊磨床产生的废乳化液采用地下管道引至车间厂房外的地坑中，再用真空罐车抽出，送冷轧厂废乳化液处理装置统一处理。

B　主要废水处理工艺

宝钢 1580mm 热轧生产废水处理采用按质分流、串级排污技术，以提高循环用水率，减少废水排放量，各个处理系统的工艺流程如下：

（1）加热炉循环系统（A 系统）。加热炉步进梁、出料炉门、出料端横梁等炉用设备的间接冷却水，水量最大为 2755m³/h，平均为 2300m³/h，主要是水温升高，该部分水经

冷却塔降温后送用户循环使用，为了去除冷却过程中空气带入的灰尘，将一部分水（约15%）送旁通过滤器进行过滤。

（2）间接冷却水系统（A系统）。主电室马达通风设备、冷冻站、空调、液压润滑系统、空压站、磨辊间等设备的间接冷却水，水量最大为4030m³/h，平均4038m³/h，该部分水主要是水温升高，经冷却塔降温后送用户循环使用，系统中带入的灰尘用旁通过滤器去除（旁滤水量约为15%）。该循环水系统的排污水最大约62m³/h，排入串级水系统使用。

（3）层流冷却循环系统（B系统）。带钢经精轧后，温度还很高，要达到卷取温度还需经过热输出辊道冷却，进行温度控制，此冷却段也称为层流冷却段。带钢层流冷却采用顶喷和底喷。水经使用后温度升高并含有少量氧化铁皮和油，最大排水量约15807m³/h，排水由层流铁皮沟收集进入层流沉淀池，经沉淀后一部分水（约30%）加压送过滤器、冷却塔，经过滤冷却后的水回到吸水井与其余未经过滤、冷却的水混合后加压送用户循环使用。由于层流冷却水中铁皮含量低，沉淀铁皮量少，沉淀池铁皮清理按人工方式考虑。该系统的排污水最大约55m³/h，排入串级水系统使用。层流段带钢横向侧喷与输出辊道冷却水来自直接冷却水系统。

（4）直接冷却循环系统（C系统）。精、粗轧机的工作辊、支撑辊冷却水，粗轧机立辊冷却水，辊道冷却水，切头剪、卷取机冷却水，除鳞用水，冲铁皮、粒化渣用水，带钢横向侧喷水，输出辊道冷却水等废水，水量最大为15787m³/h，平均水量为14219m³/h，不仅水温升高，还含有大量的氧化铁皮和油。排水由设在轧机和辊道下的铁皮沟收集送入旋流沉淀池，对氧化铁皮进行初步分离，分离后的水一部分加压送铁皮沟冲氧化铁皮和送加热炉冲粒化渣，其余大部分水用泵送平流沉淀池进行进一步处理，浮油则用刮油刮渣机将油集中在池子一端，由一种新型的布拖式撇油机收集，处理后的水则溢流至吸水井，再经过滤器、冷却塔处理后送用户循环使用。沉淀在旋流池和平流池内的氧化铁皮用抓斗取出，在渣坑内滤去渗水后，由翻斗车送全厂统一处理。系统的排污水最大约60m³/h，送串级水系统使用。其处理工艺流程，如图7-23所示[103]。

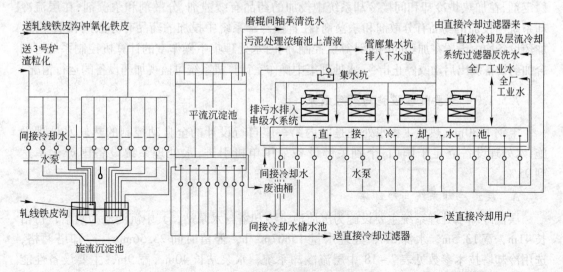

图7-23 直接冷却处理工艺流程

（5）污泥处理系统（O系统）。上述各系统水中的杂质经过滤后被截留在过滤器中，过滤器需要定期进行反冲洗使过滤器保持截留杂质的能力，反洗排水带着大量杂质，同时在高速轧制过程中产生的氧化铁皮烟尘经湿式电除尘器收集后产生轧机排烟除尘水，这两部分水中含有大量氧化铁皮与油的混合物——污泥，需采取措施将水与污泥分开，故设立污泥处理系统。

其处理工艺为：上述污水首先进入调节池进行调节。然后用泵将泥浆水送入分配槽投加絮凝剂后进入浓缩池，泥浆在此浓缩后分离出的上清液进入上清液收集池，用泵送平流沉淀池复用，浓缩污泥从池底用污泥泵送入储泥池，加入石灰乳后送入箱式压滤机脱水，脱水后的泥饼进入泥饼储斗，再用汽车送总厂统一处理。该系统废水处理量为 500m³/h，滤饼含水率为（油＋水）40%，处理工艺流程如图7－24所示。

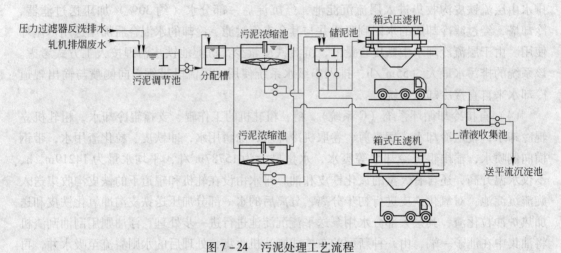

图7－24　污泥处理工艺流程

（6）循环水水质稳定措施。水在循环使用过程中常产生结垢、腐蚀和藻类，为防止上述情况发生，保证系统在高循环率条件下正常运行，设置了加药间向各循环水系统投加水质稳定剂，在加热炉冷却和间接冷却系统中投加的药品有缓蚀剂、分散剂和杀藻剂；在层流冷却系统中投加的药品有分散剂和杀藻剂；在直接冷却系统中投加的药品有分散剂和杀藻剂。加药设备均由设置在加药间内的计算机控制，同时水处理集中操作室的计算机控制系统可结合加药设备发出启动或停止指令，水处理集中操作室计算机系统可监视加药设备的运行情况。

7.5.1.3　主要处理设施与处理效果

宝钢1580mm热轧工程水处理是国内第一座自行设计的全自动控制的热轧水处理设施，水处理设备立足于国内，个别关键设备采用单机引进，水处理系统设备国产化率达到95%。

A　层流冷却系统与冷却塔

层流冷却水处理系统主要设施为沉淀池、冷却塔与水泵站，其中沉淀池为两格，每格长41m，宽13.5m，水深5m，处理水量15807m³/h，停留时间25.56min；冷却塔两格，选用冷却塔技术参数见表7－18中层流冷却系统；水泵站长40m，宽9m，主要设备性能见表7－19中①和②。

表 7 - 18 冷却塔技术参数

项　　目	加热炉系统	间接冷却系统	层流冷却系统	直接冷却系统
格数	1	2	2	4
每格尺寸（宽×长）/m	13.647×16	13.647×16	13.647×16	13.647×16
冷却水量/m³·h⁻¹	2755/2300	4043/4038	4745/4770	14282/12745
进水温度/℃	47	38	42	43
出水温度/℃	32	32	40	35
风机台数/台	2	2	2	4
风量/m³·h⁻¹	174×10	145×10	145×10	145×10

表 7 - 19 水泵站性能

项　　目	①送过滤冷却泵组	②带钢层流冷却供水泵	③送平流池泵组	④冲铁皮及粒化渣泵组
总供水量/m³·h⁻¹	4800	10000	13837/12269	1950
水泵台数/台	3（2+1）	5（4+1）	7（5+2）	4（3+1）
水泵形式	立式斜流泵	立式斜流泵	立式斜流泵	立式斜流泵
单台流量/m³·h⁻¹	240	2749	2749	750
扬程/m	33	31.6	31.6	44
马达功率/kW	355	355	355	135

B　直接冷却循环系统

旋流沉淀池及相关设备如下所述：

（1）旋流沉淀池。采用中心筒下旋式，钢筋混凝土结构。直径 $\phi 26m$，深度 33.9m。处理水量 15787m³/h，入口铁皮的质量浓度 550~850mg/L，出口铁皮的质量浓度 170mg/L，铁皮去除率为 80%。

（2）抓铁皮设备。抓斗龙门吊，起重量 10t，抓斗容积 1.0m³，年清除铁皮量约 3.2 万吨。

（3）水泵站旋流沉淀池内，泵房标高 -12.4m，主要设备见表 7 - 19 中③和④。

（4）铁皮沟格栅除污机用于拦截并清除铁皮沟内块状杂物，采用 1 台钢丝绳牵引式格栅除污机，$B = 1.2m$。

平流沉淀池及相关设备：

（1）平流沉淀池本体。4 格，每格长 50m，宽 12m，水深 3m。入口铁皮的质量浓度约 170mg/L，出口铁皮的质量浓度约 80mg/L，年清除铁皮量约 5000t。处理水量 14347m³/h，停留时间 30min。

（2）刮油刮渣机。型号为 12MP - 2，PC 控制，跨度 12.4m。刮油速度 3m/min，刮渣速度 15m/min，油耙将水面浮油刮入集油槽送隔油池处理。

（3）隔油池。隔油池由本体、除油机和隔油排水泵组成，其规格性能如下：

本体：共有 3 格，每格长 6m，宽 6m，水深 3m。第一格、第二格撇油，第三格将经油水分离后的水用泵送至沉淀池。

除油机：热轧厂浊循环水中含油量大，在 1580mm 热轧水处理设计中选用了一种新型的布拖式撇油器，该设备采用像拖把一样的缆式撇油装置，与油的亲和性好，接触面大，脱油采用轧辊式，拖缆再生好，单台撇油能力为2000L/h，油水比9∶1，功率1.1kW/台，数量2台，满足了生产要求。

隔油池排水泵：采用2台污水潜水泵，流量20m³/h，扬程10m，功率1.5kW。

(4) 水泵站。水泵站长54m，宽9m，主要设备有立式混流泵（送压力过滤器、冷却塔水泵）；流量2749m³/h，扬程31.6m，功率355kW，数量8台（5台工作，3台备用）；抓铁皮设备，采用1台抓斗桥式吊车，起重量5t，抓斗容积0.5m³。

C 过滤站

过滤站主要处理A、B、C循环水系统送过滤器处理的水。来自各系统的水经过滤器进入水管进入过滤器过滤，水在通过滤料层时水中大量的悬浮物被过滤器中的滤料截留下来，而过滤后的水经过滤器出水管进入各系统下一级构筑物。过滤器运行一定时间后，滤料中含有大量的悬浮物，过滤器反洗排出的污泥经过滤器反洗水出水管进入污泥处理系统。

过滤站共有30台φ5000mm快速过滤器，其处理能力和性能见表7-20。

表7-20 过滤器性能

项 目	加热炉及间接冷却循环系统	层流冷却循环系统	直接冷却循环系统
总过滤水量/m³·h⁻¹	900	4800	14342
数量/台	2	7	21
单台过滤水量/m³·h⁻¹	450	687	699
过滤速度/m³·h⁻¹	35~40	35~40	35~40
入口悬浮物浓度/mg·L⁻¹	20	50	80
悬浮物浓度/mg·L⁻¹	5	10	15

过滤站配有4台反洗风机，采用RE-145型罗茨鼓风机，风量19.6m³/min。

过滤器内设有无烟煤层、石英砂层、卵石层3层滤料，滤料装填高度分别为无烟煤层1400mm，石英砂层700mm，卵石层400mm。

D 冷却塔与加药间

采用机械抽风式冷却塔，塔体结构为钢筋混凝土塔身、玻璃钢风筒。填料为PVC格网填料。

加药间共设置投加水质稳定剂的加药设备5套，每套加药设备均包括容积为5m³的药液罐1个，药液罐搅拌机1台，计量泵2台，Q=0~50L/h，H=0.3MPa（杀藻剂用计量泵Q=0~2400L/h，H=0.3MPa）。

E 污泥处理系统

热轧污泥的特点是含油量大，一般的脱水设备不易达到要求。据了解，2050mm热轧水处理污泥中含油量高达20%，根据实践经验，处理热轧污泥国内尚无成熟、耐用的污泥脱水设备，因此宝钢1580mm热轧工程污泥处理系统设备采取从日本三菱重工成套引进，引进设备包括调节池搅拌机、污泥泵，浓缩池浓缩机，加药设备，箱式压滤机，系统控制等。

污泥处理设备和构筑物见表7-21。

表 7-21 污泥处理设备和构筑物

名　　称	型 号 及 规 格	数　量
箱式压滤机	10TON-D·S(12h·台);1500mm×1500mm×40室,过滤面积:154m²	2 台
污泥储泥池搅拌机	立式叶片型 φ7000mm×2 段, N = 2.2kW×4	1 台
聚合物溶解搅拌机	立式叶片型 φ400mm×2 段, N = 2.2kW×4	1 台
反洗排水槽	钢筋混凝土结构, 长 17m, 宽 9m	1 格
污泥浓缩池	钢筋混凝土结构, φ15m, H 约 6m	2 格
脱水间	长 14m, 宽 10m, 两层楼	

7.5.2　1550mm 冷轧带钢厂废水

7.5.2.1　1550mm 冷轧带钢厂工程概况与水污染物

A　工程概况

1550mm 冷轧带钢厂是继 2030mm 冷轧带钢厂和 1420mm 冷轧带钢厂之后, 宝钢新建的第三个冷轧带钢厂。该厂产品为国家急需的冷轧热镀锌板、电镀锌板和中、低牌号的电工钢, 生产规模为 140 万吨/年, 其中冷轧产品 45 万吨/年, 热镀锌产品 35 万吨/年, 电镀锌产品 25 万吨/年、中、低牌号电工钢产品 35 万吨/年。

全厂共有 11 条生产机组, 即酸洗—轧机联合机组 1 条、连续退火机组 1 条、连续热镀锌机组 1 条、连续电镀锌机组 1 条、电工钢连续退火涂层机组 2 条、电工钢板重卷及宽卷包装机组 1 条、电工钢板纵剪及窄卷包装机组 1 条、冷轧板和镀层板重卷检查机组 2 条和半自动包装机组 1 条。

B　水污染源与污染物

水体污染源及污染物主要有来自酸洗机组的盐酸废水; 冷轧机的乳化液废水; 退火机组的碱液废水和含油废水; 热镀锌机组的碱液废水、铬酸废水和含油、含锌废水; 电镀锌机组的碱液废水、酸液废水、铬酸废水和含油、含锌废水; 电工钢退火涂层机组的碱液废水、铬酸废水和含油废水等。其废水污染物产生与排放情况见表 7-22[103]。

表 7-22 1550mm 废水污染物产生与排放情况

主要污染源	污染物发生量 /m³·h⁻¹	污染物控制措施	污染物排放量或质量浓度 /mg·L⁻¹	国家排放标准 /mg·L⁻¹
含酸碱废水	300	中和、沉淀、过滤	pH = 6.5~9 油:5	pH = 6.5~9 油:5
含油废水	20	气浮→破乳→ 气浮→过滤→ COD 降解	COD < 100 BOD < 25 SS < 50	COD < 100 BOD < 25 SS < 50
含铬废水	25	一级还原→ 二级还原→ 中和沉淀→ 过滤	Cr⁶⁺ < 0.5	Cr⁶⁺ < 0.5

7.5.2.2　废水水质水量与处理工艺

1550mm 冷轧带钢厂生产废水有含酸、碱废水；含油、乳化液废水；含铬等废水。三种废水均为连续和间断排放。

废水处理工艺与特点根据各废水的特点，对废水进行分类处理。

A　含酸碱废水

1550mm 冷轧含酸碱废水，因其浓度低，流量大，故采用中和沉淀法处理。对于酸洗机组高浓度酸洗废液，采用盐酸再生法回收利用技术。

从各机组排放来的含酸、碱废水进入处理站的酸、碱废水均衡池，在此进行水量调节和均衡，并用泵送至一、二级中和曝气池投加盐酸或石灰进行中和，使 pH 值控制在 9 ~ 9.5，并鼓入压缩空气进行曝气，使二价铁充分氧化成易于沉淀的氢氧化铁，然后加入高分子絮凝剂，经絮凝后废水流入辐流式澄清池沉淀。去除悬浮物，然后进行过滤，使处理水中的悬浮物小于 50mg/L，并进行最终 pH 值调整，经处理后的水在各项指标达到保证值后排放。否则，送回酸、碱废水均衡池中，重新处理。沉淀污泥进行浓缩、脱水处理。其工艺流程如图 7 – 25 所示[103]。

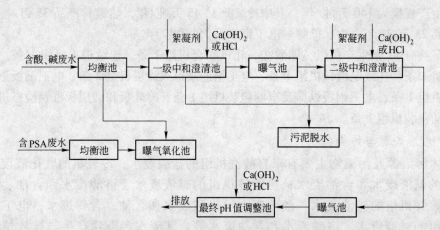

图 7 – 25　1550mm 冷轧含酸碱废水中和处理流程

本系统采用了高密度污泥法。在中和沉淀阶段，将沉淀池中沉淀的污泥，根据废水量的大小，按一定的比率送回至中和池，以增加废水中悬浮物颗粒碰撞的概率和增大絮体，提高沉淀效率。

B　含油、乳化液废水

1550mm 冷轧含油、乳化液废水中的油，主要为润滑油和乳化液，以浮油和乳化油的状态存在。浮油以连续相的形式漂浮于水面，形成油膜或油层，易于从水面撇去。而乳化油由于表面活性剂的存在，使油能成为稳定的乳化液分散于水中，油滴的粒径极微小，不易从废水中分离出来。因此，含油、乳化液废水主要是针对乳化液的处理，采用破乳气浮法。其工艺流程如图 7 – 26 所示。

从 1550mm 冷轧轧机乳化液系统排放的含油、乳化液废水，进入废水处理站的含油、乳化液废水调节池，其中大部分浮油可在此撇去。废水用泵送至曝气气浮器中，气浮器中

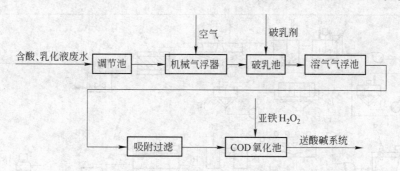

图 7-26 1550mm 冷轧含油、乳化液废水处理工艺流程

通入空气，并使其在水中形成大量的微小气泡，吸附悬浮于废水中的浮油（粒径较小的），浮于水面撇去。剩余的含乳化液废水进入破乳池进行破乳，破乳的废水经投加絮凝剂后送入溶气气浮器，使废水中的油浮于水面去除。为进一步降低废水中的含油量，将破乳气浮后的废水进行吸附过滤，利用亲油性滤料吸附废水中的剩余油。经此处理。废水中的含油量降至 10mg/L 以下，但废水中含有其他有机物，其 COD 仍较高，需进行 COD 处理。在废水中，有机物在 Fe^{2+} 催化剂的作用下，通过氧化剂可将其降解成短链的有机物和水，从而降低了废水中的 COD，使最终的 COD 达到 100mg/L 以下。

在含油、乳化液废水处理系统，在系统的最终处设置含油量测定仪，保证出水中的含油量在 5mg/L 以下，超过此值，此部分废水送回系统重新处理。

C 含铬废水

1550mm 冷轧含铬废水来自热镀锌机组、电镀锌机组、电工钢机组，废水中的铬主要以 Cr^{6+} 的形式存在。具有很强的毒性，需经过严格的处理合格后，才能排放。其浓度不高，因而采用化学还原沉淀法。为避免产生二次污染，含铬系统的中和沉淀污泥单独脱水，集中处理。含铬废水的处理工艺流程如图 7-22 所示[103]。

从各机组排放的含铬废水，进入处理站的含铬废水调节池。废水用泵送至一、二级化学还原反应槽，投加盐酸和废酸，使还原池中的 pH 值控制在 2 左右，使氧化还原电位控制在 250mV 左右，使 Cr^{6+} 充分还原成 Cr^{3+}，然后废水流入两级中和池经投加石灰中和，控制 pH 值至 8~9，并在二级中和池中鼓入压缩空气，使二价铁充分氧化成易于沉淀的氢氧化铁，然后加入高分子絮凝剂，经絮凝后废水流入辐流式澄清池沉淀。去除悬浮物，然后进行过滤，使处理水中的悬浮物小于 50mg/L，并进行最终 pH 值调整，经处理后的水在各项指标达到保证值后排放。

为保证含铬废水处理合格，在第二级还原槽排出口设置 Cr^{6+} 测定仪，当 Cr^{6+} 的质量浓度小于 0.5mg/L 时，才能流入下一级处理工序。否则，废水必须送回系统中重新处理。

宝钢 1550mm 冷轧废水处理工程，是将三种废水处理统一考虑，即将含油、乳化液废水处理后（由 COD 氧化池排出的废水）送酸碱处理系统调节池；将含铬废水处理后（由过滤池排出的废水）送酸碱处理系统最终 pH 值调节池，如图 7-27 所示[103]。

7.5.2.3 各处理系统主要构筑物与处理结果

A 各处理系统主要构筑物与设备

酸碱废水处理系统主要构筑物与设备见表 7-23。

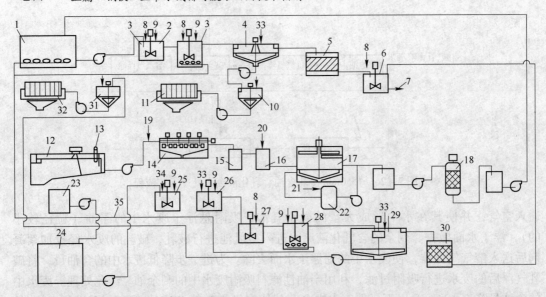

图 7 - 27　1550mm 冷轧厂废水处理流程

1—酸碱废水调节池；2—中和池；3—中和曝气池；4—澄清池；5，30—过滤池；6—最终中和池；7—排放管；8—石灰乳；
9—盐酸；10—酸碱污泥浓缩池；11—酸碱污泥板框压滤机；12—含油废水调节池；13—除油机；14—导气气浮池；
15—油分离池；16—絮凝池；17—溶气气浮池；18—核桃壳过滤器；19—破乳剂；20，33—絮凝剂；21—压缩空气；
22—溶气罐；23—浓铬酸调节池；24—稀铬酸调节池；25—铬第一还原池；26—铬第二还原池；
27—第一中和池；28—第二中和池；29—铬污水澄清池；31—铬污泥浓缩池；
32—铬污泥压滤机；34—废酸；35—空气管

含油和乳化液废水处理系统主要构筑物与设备，见表 7 - 24。含铬废水处理系统主要构筑物与设备，见表 7 - 25。

表 7 - 23　酸碱废水处理系统主要构筑物与设备

构筑物及设备	台(套)数	规　格	构筑物及设备	台(套)数	规　格
调节池	2	1200m³	板框压滤机	2	板片 1500mm × 1500mm 25 片 排泥含水率小于 65%
一级中和池	1	50m³			
二级中和池	2	67m³	污泥泵	2	$Q = 20m^3/h, H = 1.6MPa$
反应澄清池	2	$\phi 19.5m \times 3.5m$ 沉淀区有效面积170m² 表面负荷 0.88m³/(m²·h)	石灰储存仓	1	130m³
			石灰搅拌罐	1	20m³
过滤池	1	4.5m × 10.5m × 2m 表面负荷 6.3/(m²·h)	石灰投加泵	2	$Q = 30m^3/h, H = 2.0MPa$
			絮凝剂制备装置	1	5m³，配置量82kg/h
最终调节池	1	100m³	盐酸储存投加装置	1	30m³
			废酸储存投加装置	1	100m³
污泥浓缩池	1	$\phi 19.5m \times 3.5m$ 进泥含水率94% 排泥含水率97% ~ 99.7%	消泡剂投加装置	1	m³

表7-24 含油和乳化液废水处理系统构筑物与设备

设备及构筑物	台(套)数	规 格	设备及构筑物	台(套)数	规 格
调节池	2	500m³	絮凝剂投加装置	1	5m³,投加量82kg/h 投加含量0.5%
机械气浮装置	1	20m³/h			
溶气气浮器	2	10m³/h	破乳剂投加装置	1	5m³
核桃壳过滤器	2	20m³/h	H₂O₂投加装置	1	10m³
COD氧化槽	1	20m³			

表7-25 含铬废水处理系统构筑物与设备

设备及构筑物	台(套)数	规 格	设备及构筑物	台(套)数	规 格
浓铬废水调节池	1	50m³	pH值调节池	1	7m³
一级还原槽	1	20m³	污泥浓缩池	1	φ6m×6m
二级还原槽	1	20m³	板框压滤机	1	板片尺寸1500mm× 1500mm,25片,每台 处理能力15m³/h
一级中和反应池	1	5m³			
二级中和反应池	1	5m³	污泥输送泵		$Q=15m³/h,H=1.6MPa$
澄清池	2	φ10m×4.5m	含铬废气处理装置	1	
过滤池	1	$Q=25m³/h$	加药装置	4	

B 处理结果

各处理系统的处理结果,见表7-26。

表7-26 废水处理站各系统的处理能力及目标值

处 理 内 容	处理量	处理目标	处 理 内 容	处理量	处理目标	排放保证值
一、含油、乳化液废水处理系统			三、含铬废水处理系统			
1. 处理能力/m³·h⁻¹	平均14, 最大20		1. 处理能力/m³·L⁻¹	平均14, 最大25		
2. pH值	9~14		2. Cr⁶⁺/mg·L⁻¹		<0.5	
3. 悬浮物/g·L⁻¹	0.01~0.1	<50	四、处理站总排放口			
4. 油含量/g·L⁻¹	10~20	<10	1. pH值		8~9	8~9
5. COD/g·L⁻¹	10~20	<100	2. 悬浮物/mg·L⁻¹		<50	<50
6. 最高温度/℃	80		3. 油/mg·L⁻¹		<5	<5
7. 乳化液			4. Cr⁶⁺/mg·L⁻¹		<0.5	<0.5
含油	3%~6%	>80%	5. TCr/mg·L⁻¹		<1.5	<1.5
COD/g·L⁻¹	5	(浓缩)	6. COD_Cr/mg·L⁻¹		<100	<100
温度/℃	50		7. BOD₅/mg·L⁻¹		<25	<25
二、含酸、碱废水处理系统			8. Zn/mg·L⁻¹		<2	
1. 处理能力/m³·L⁻¹	平均200, 最大300		9. TNi/mg·L⁻¹		<1	
2. 悬浮物/mg·L⁻¹	200~400	<50	10. LAS/mg·L⁻¹		<10	<10
3. pH值	2~12	8~9	11. 色度		<50倍	<50倍
4. COD/mg·L⁻¹	20~500	<100				
5. 油/mg·L⁻¹	200~1000	<5				

7.5.3 鲁特纳法盐酸废液

7.5.3.1 工作原理与工艺流程

鲁特纳法是目前投产设备最多的方法。该系统主要由喷雾焙烧炉、双旋风除尘器、预浓缩器、吸收塔、风机、烟囱等组成。该厂两套废酸再生装置能力，为2.9m³/h，其工艺流程如图7-28所示。

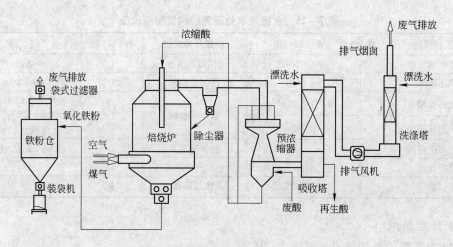

图7-28 1420mm冷轧废酸再生流程图

将废酸在预浓缩器内加热、浓缩后，用泵送到喷雾焙烧炉顶部，使其呈雾状喷入炉内。雾化废酸在炉内受热分解，生成氯化氢气体及粉状氧化铁。氧化铁从炉底排出；氯化氢随燃烧气体从炉顶经双旋风除尘器到达预浓缩器。经双旋风除尘器、预浓缩器净化冷却后的气体，从预浓缩器进入吸收塔底部。气体中的氯化氢被从塔顶喷出的洗涤水吸收，在塔底形成再生酸。塔顶的尾气由风机抽走经烟囱排出。该流程的特点是：（1）反应温度较低，反应时间较长，炉容较大，操作比较稳定；（2）氧化铁呈空心球形，粒径较小，含氯量较低（一般小于0.2%），但活性较好，可用于硬磁、软磁材料或颜料的生产；（3）容易产生粉尘，但采取一些措施后，氧化铁粉尘污染较轻。

7.5.3.2 基本参数及保证条件

1420mm冷轧厂废酸再生站基本参数见表7-27。

表7-27 宝钢1420mm冷轧废酸再生站基本参数

序 号	内 容	基 本 参 数
1	酸洗能力/t·a⁻¹	800600
2	酸洗铁损/%	0.40
3	酸再生设计处理能力/m³·h⁻¹	2×2.9
4	酸再生站年工作时间/h	约6930
5	废酸主要成分及其质量浓度	Fe^{2+} 110~130g/L，平均120g/L；总 HCl 190~220g/L；$FeCl_3$（最大）10g/L；SiO_2 <150mg/L；氟化物 <5mg/L

序 号	内 容	基 本 参 数
6	再生酸成分	Fe 5 ~ 6g/L；总 HCl 190g/L
7	最大电耗/kW	500
8	平均电耗/kW	320
9	废酸耗热量/kJ·L^{-1}	3898
10	压缩空气耗量/m^3·h^{-1}	0.345
11	废酸脱盐水耗量/m^3·h^{-1}	0.345
12	废酸漂洗水用量/m^3·h^{-1}	0.69
13	占地面积/m^2	约888
14	机械部分设备总重/t	826.64
15	国外供货设备总重/t	72.16
16	国内供货设备总重/t	763.48

宝钢1420mm冷轧废酸再生站保证值见表7-28。

表 7 - 28　1420mm 冷轧废酸再生站处理系统保证值

序号	项 目	保 证 值
1	设备能力/L·h^{-1}	酸再生：2×2900
2	废酸耗热量指标/kJ·L^{-1}	<3898
3	酸回收率/%	99
4	排气烟囱排放指标	HCl≤30mg/m^3，Fe$_2$O$_3$ 50mg/m^3 Cl$^-$：最大2.8kg/h(烟囱高度：30m) 最大5kg/h(烟囱高度：50m)
5	氧化铁粉成分	Fe$_2$O$_3$≥99%，氯化物最大0.15%，粒径<1μm 比表面积(3.5±0.5)m^2/g
6	再生酸	ρ(HCl)≥190g/L
7	排气烟囱废气	ρ(HCl)<30mg/m^3,ρ(Fe$_2$O$_3$)<100mg/m^3
8	氧化铁粉仓废气	ρ(Fe$_2$O$_3$)<100mg/m^3

7.5.3.3　废酸量及再生设备能力确定

宝钢三期1420mm冷轧盐酸再生站按照平均酸洗能力计算小时废酸处理量如下：

$$Q = \frac{800600 \times 0.4\%}{(120-5) \times 6930} \times 10^6 = 4018 \text{L/h}$$

式中，800600为酸洗平均年产量，t/a；0.4%为酸洗铁损；120为废酸平均含铁量，g/L；5为再生酸含铁量,g/L;6930为酸再生站年工作小时，h。

考虑25%的富余量，酸再生系统的实际处理能力为：

$$Q = 1.25 \times 4018 = 5023 \text{L/h}$$

实际取2900L/h×2。

7.5.3.4　主要操作、控制方法

A　操作程序

1420mm 冷轧酸再生站的操作程序，包括系统启动，正常操作，事故停车等，均按预先设定的程序自动启动或自动停车与运行。

B　主要检测、控制项目

（1）储罐与泵组。各储罐都有液位监测、控制点一个。各泵组一般设有压力、流量监测点。其中反应炉供酸泵为变频高速泵，水泵的转速根据焙烧炉喷枪外部接管处压力变化自动调节，以保证焙烧炉供酸压力的稳定。

吸收塔喷淋漂洗水供水泵为变频调速泵，水泵的转速根据吸收塔下部再生酸浓度变化自动调节，以保证再生酸浓度基本恒定。

（2）酸再生系统：

1）焙烧炉。炉子上部烟道出口处设有反应气体温度、压力检测控制点各一个，炉子下部烧嘴处设有温度检测点一个。炉子上部喷枪外部接管处设有浓缩酸温度、压力检测控制点各一个。

2）预浓缩器。烟道出口处设有温度检测、控制点一个，烟道进出口处设有压力检测点各一个。预浓缩器下部酸循环槽处设有液位检测、控制点一个。

3）吸收塔。烟道出口处设有排气温度、压力检测点各一个。喷淋水集水仓设有液位检测、控制点一个。

4）排气系统。排气风机出口处设有压力检测点一个，风机转速根据焙烧炉上部烟道出口处的压力自动调整。以保证焙烧炉内压力稳定。

5）洗涤塔。洗涤塔循环槽设有液位监测、控制点两个。

（3）氧化铁粉站。氧化铁粉仓料位检测点三个；氧化铁粉仓排气管温度检测点一个，压力检测、控制点一个；铁粉装袋机进口料位检测点一个。

参 考 文 献

[1] 王绍文，钱雷，等．钢铁工业废水资源回用技术与应用［M］．北京：冶金工业出版社，2008.

[2] 王笋曹．钢铁工业给水排水设计手册［M］．北京：冶金工业出版社，2005.

[3] 王绍文，邹元龙，等．冶金工业废水处理技术及工程实例［M］．北京：化学工业出版社，2009.

[4] 宝钢环保技术（续篇）编委会．宝钢环保技术（续篇）　第一分册　宝钢环保综合防治技术．2000.

[5] 王绍文．环境友好篇［C］//中国金属学会．中国钢铁工业技术进步报告（2001～2005）．北京：冶金工业出版社，2008：67～105.

[6] 王绍文，等．钢铁行业 COD 污染减排规划目标落实与潜力分析［C］．钢铁行业污染防治减排目标课题组，2009.

[7] 中国钢铁工业协会信息统计部．中国钢铁工业环境保护统计．2006～2010.

[8] 王绍文，等．钢铁行业 COD、SO_2 和烟粉尘的减排目标与潜力分析［R］．钢铁行业污染防治减排目标课题组，2009.

[9] 冶金环境监测中心．钢铁企业环境保护统计．1996～2005.

[10] 中国钢铁年鉴编委会．中国钢铁年鉴［M］．2008.

[11] 王绍文，秦华. 钢铁工业节水途径与对策［C］. 中冶集团冶建总院环保设计研究院，2004.

[12] 王维兴. 钢铁工业节水工作的思想与方法［M］. 中国钢铁工业节能减排技术与设备概览. 北京：冶金工业出版社，2008：136～138.

[13] 莱钢技术资源部，莱钢环境保护部，等. 三干多串零排放，节蓄并举破难题——莱钢积极创建节水型企业［C］. 钢铁企业发展循环经济研究与实践. 北京：冶金工业出版社，2008：221～225.

[14] 张宜莓，胡利光，等. 宝钢降低新水消耗节约水资源之路［R］. 北京：2005.

[15] 钱雷，王绍文，等. 大型钢铁企业节水减排新思考［C］. 中国钢铁年会论文集，北京：冶金工业出版社，2007：1-418～1-423.

[16] 王维兴. 钢铁工业节能减排思路及技术［C］. 钢铁企业发展循环经济研究与实践. 北京：冶金工业出版社，2008：293～314.

[17] 王绍文，钱雷，等. 焦化废水无害化处理与回用技术［M］. 北京：冶金工业出版社，2005.

[18] 高宇学，文一波. 缺氧—好氧—膜生物反应器处理高浓度氨氮废水［J］. 中国水世界，2008（10）：20～24.

[19] 郑涛，刘坤. 利用循环经济理念实现中国钢铁工业节水措施的研究［C］. 第三届全国冶金节水、污水处理研讨会文集，2007：34～37.

[20] 中国金属学会，中国钢铁工业协会. 2006～2020年中国钢铁工业科学与技术发展指南［M］. 北京：冶金工业出版社，2006.

[21] 国家发展与改革委员会. 钢铁产业发展政策［S］. 2005.

[22] 王绍文，杨景玲，等. 循环经济与绿色钢铁工业［J］. 冶金环境保护，2006（4）：15～18.

[23] 王绍文，王海东. 发展循环经济，开创生态化绿色钢铁企业［C］. 北京大学人居环境中心. 二十一世纪中国人居环境研究文集. 北京：中国科学文化出版社，2007：123～125.

[24] 郑涛，刘坤. 利用循环经济理念实现中国钢铁工业节水措施的研究［C］. 第三届全国冶金节水、污水处理技术研讨会论文集. 2007：34～37.

[25]“十一五”国家科技攻关课题　大型钢铁联合企业节水技术开发（课题编号2006BAB04B01）［R］. 中冶集团建筑研究总院，2010.

[26] 金亚飚. 城市生活污水作为钢铁工业水源的可行性探讨［J］. 冶金环境保护，2009（4）：24～26.

[27] 高从堦，陈国华. 海水淡化技术与工程手册［M］. 北京：化学工业出版社，2004.

[28] 王绍文，秦华. 城市污泥资源利用与污水土地处理技术［M］. 北京：中国建筑工业出版社，2007.

[29] 王绍文，赵锐锐. 循环经济理论与综合废水处理回用［J］. 冶金环境保护，2006（4）：24～27.

[30] HJ 465—2009：钢铁工业发展循环经济环境保护导则［S］.

[31] 中钢集团武汉安全环保研究院，等.《钢铁工业水污染物排放标准》报批稿，2008.

[32] 王海东. 钢铁企业节水与废水资源化趋势［J］. 冶金环境保护，2009（4）：1～6.

[33]“十五”国家重点攻关课题　钢铁企业用水处理与回用技术集成研究与工程示范（课题编号204BA610A-12）［R］. 中冶集团建筑研究总院，2005.

[34] 钱雷，王绍文. 综合废水处理对钢铁工业节水减排的作用与意义［C］. 中冶集团建筑研究总院，2007.

[35] 孙安武，赵建琼. 工业废水“零排放”在攀成钢公司的实践与应用［C］. 第三届全国冶金节水、污水处理技术研讨会论文集，2007：42～43.

[36] 莱芜钢铁集团有限公司. 发展循环经济建设生态文明［C］. 钢铁企业发展循环经济研究与实践，北京：冶金工业出版社，2008：74～78.

[37] 联合国环境规划署工业与环境中心，国际钢铁协会. 钢铁工业与环境技术和管理问题［M］. 中国

国家联络点,译. 北京:中国环境科学出版社,1998.

[38] 金亚飚. 钢铁企业给排水总体设计浅读 [J]. 冶金环境保护,2008 (5):38~42.

[39] GB 50506—2009:钢铁企业节水设计规范 [S].

[40] GB/T 18916.2—2002:取水定额 第2部分:钢铁联合企业 [S].

[41] 王绍文,杨景玲,赵锐锐,等. 冶金工业减能减排技术指南 [M]. 北京:化学工业出版社,2009.

[42] 金亚飚. 钢铁工业污水处理现状与存在的问题 [J]. 冶金环保情报,2008 (4):22~26.

[43] 莱钢集团有限公司. 系统拓展水资源管理保持吨钢水耗国防先进水平 [C]. 第三届全国冶金节水、污水处理技术研讨会论文集. 2007:24~27.

[44] 黄导. 钢铁行业节水工作"十五"回顾及"十一五"展望 [C]. 第三届全国冶金节水、污水处理技术研讨会论文集. 2007:1~6.

[45] 吕军,杨高峰. 钢铁企业生产废水处理与回用 [J]. 冶金环境保护,2008 (4):15~21.

[46] 林德玉,李连英,等. 首钢水资源的研究与实践 [C]. 第三届全国冶金节水、污水处理技术研讨会论文集. 2007:13~18.

[47] 邹元龙,赵锐锐,等. 钢铁工业综合废水处理与回用技术的研究 [J]. 冶金环境保护,2008 (6):1~5.

[48] "十一五"国家科技攻关课题 大型钢铁联合企业节水技术开发(课题编号2006BAB04B01) 钢铁企业综合污水回用水质指标体系与实施指南 [R]. 中冶集团建筑研究总院,2010.

[49] 张锦瑞,王伟之,等. 金属矿山尾矿综合利用与资源化 [M]. 北京:冶金工业出版社,2006.

[50] 张景来,王剑波,等. 冶金工业废水处理技术及工程实例 [M]. 北京:化学工业出版社,2003.

[51] 钱小青,葛丽英,等. 冶金过程废水处理与利用 [M]. 北京:冶金工业出版社,2008.

[52] 马尧,胡宝群,等. 矿山废水处理的研究综述 [J]. 铀冶炼,2000 (4):200~203.

[53] 王钧扬. 矿山废水的治理与利用 [J]. 中国资源综合利用,2000 (3):4~7.

[54] 孙水裕,缪建成. 选矿废水净化处理与回用研究与生产实践 [J]. 环境工程,2005 (1):7~9.

[55] 《中国钢铁工业环保工作指南》编委会. 中国钢铁工业环保工作指南 [M]. 北京:冶金工业出版社,2005.

[56] 宋国良,傅志华. 烧结环保现状分析与对策 [J]. 冶金环境保护,2008 (3):44~47.

[57] 韩剑宏. 钢铁工业环保技术手册 [M]. 北京:化学工业出版社,2006.

[58] 宝钢环保技术(续篇)编委会. 宝钢环保技术(续篇) 第三分册 烧结环保技术 [M]. 2000.

[59] 吴万林. 水平带式真空过滤机在首钢烧结污水处理中的应用 [J]. 冶金环境保护,2001 (1):59~61.

[60] 王绍文. 我国钢铁工业环保现状与发展目标 [R]. 中冶集团建筑研究总院,2005.

[61] 王绍文,杨景玲,等. 冶金工业节能与余热利用技术指南 [M]. 北京:冶金工业出版社,2010.

[62] 北京水环境技术与设备中心,等. 三废处理工程技术手册(废水卷) [M]. 北京:化学工业出版社,2000.

[63] 王绍文,梁富智,等. 固体废物资源化技术与应用 [M]. 北京:冶金工业出版社,2003.

[64] 魏来生,陈常洲. 连铸机的联合循环水系统 [J]. 冶金环境保护,2000 (2):46~49.

[65] 王绍文,杨景玲. 环保设备材料手册 [M]. 北京:冶金工业出版社,2000.

[66] 冶金部宝钢环保技术编委会. 宝钢环保技术 第五分册 炼钢环保技术 [M]. 1989.

[67] 钢渣热闷处理工艺技术 [P]. 中国. 发明专利. 92112576.3.

[68] 一种热态钢渣热闷处理设备 [P]. 中国. 发明专利. 200420075311.6.

[69] 一种热态钢渣热闷处理方法 [P]. 中国. 发明专利. 200410096981.0.

[70] 时秋颖,祖志诚,等. 转炉烟气除尘水处理技术探索 [J]. 冶金环境保护,2002 (6):4~8.

[71] 贺成，张林，等.攀钢连铸废水处理优化探讨［C］.冶金能源环保技术会议文集.2001：300~303.

[72] 朱锡恩.轧钢含油废水处理新技术探析［J］.冶金环境保护，2000（4）：20~24.

[73] 朱锡恩，徐正.轧钢含油废水处理方法探索［J］.冶金环境保护，2002（2）：26~28.

[74] 倪明亮.应用稀土磁盘分离净化轧钢废水新工艺进展［J］.冶金环境保护，2001（2）：11~13.

[75] 四川冶金环能工程公司.稀土磁盘分离净化技术处理轧钢废水系统工程［J］.冶金环境保护，2001（5）：5~6.

[76] 安彪.稀土磁盘分离净化废水设备应用于不锈钢热轧浊环水处理可行性研究［C］.第三届全国冶金节水、污水处理技术研讨会论文集.2007：292~295.

[77] 葛加坤，倪明亮.活性氧化铁粉—稀土磁盘分离法处理热轧含油废水［J］.冶金环境保护，2001（2）：8~10.

[78] 易宁，胡伟.钢铁企业冷轧厂乳化液废水的几种处理方法［J］.冶金动力，2004（5）：23~26.

[79] Krasnor B P. A treatment of oil-enulsion at the otsm plant by ultrafiltration［J］.Tsvetn. Met. 1992（1）：50.

[80] Bodzek M. The use of ultrafiltration membranes made of various polymers in the treatment of oil-emulsion wastewater［J］.Waste Manage，1992，12（1）：75~80.

[81] Lahiere R J，Goodboy K P. Ceramic membrane treatment of petrochemical wastewater［J］.Environmental Progress，1993，12（2）：86~96.

[82] 李正要，宋存义，等.冷轧乳化液废水处理方法的应用［J］.环境工程，2008（3）：48~51.

[83] 杨丽芬，李友琥.环境工作者实用手册（第2版）［M］.北京：冶金工业出版社，2001.

[84] 魏克巍.超滤技术在乳化含油废水和废乳化液处理中的应用［J］.鞍钢技术，2001（4）：51~53.

[85] 刘万，胡伟.浅谈超滤法处理钢铁企业冷轧厂乳化液废水［J］.工业水处理，2006（7）：24~28.

[86] 沈晓林，杨晶.超滤技术处理轧钢含油废水［J］.冶金环境保护，2002（2）：29~31.

[87] 董金冀，张华，等.超滤技术在冶金废水处理中的应用［C］.第三届全国冶金节水、污水处理技术研讨会论文集.2007：298~300.

[88] 张国俊，刘忠洲.膜过程中膜清洗技术研究［J］.水处理技术，2003（8）：187~190.

[89] 董金冀，陈小青.超滤膜化学清洗技术的探讨与改进［C］.第三届全国冶金节水、污水处理技术研讨会论文集.2007：316~318.

[90] 唐凤君，张明智.无机陶瓷膜处理冷轧乳化液废水［J］.冶金环境保护，2000（4）：38~39.

[91] 张明智.无机陶瓷超滤膜技术在攀钢冷轧废水处理中应用［C］.2004年全国冶金供排水专业会议文集.2005：101~103.

[92] 杜健敏.冷轧乳化液废水处理方法比较的研究［J］.冶金环境保护，2001（2）：16~18.

[93] HYLS钢铁乳化含油废水微生物处理技术［R］.中国.发明专利.02113095.7，2007.

[94] 杨铁生.鲁兹钠法酸洗新工艺及酸的回收技术简介［J］.冶金环境保护，1988（1）：92~94.

[95] 王绍文.减压蒸发法硫酸再生盐酸废液的研究［C］.冶金部建研总院科技成果选编，1985：158~162.

[96] 硫酸置换再生酸法［R］.中国.发明专利.200610081272.

[97] 北京大学，冶金部建研总院.萃取法处理盐酸酸洗废液试验研究［R］.1985.

[98] 李家瑞.工业企业环境保护［M］.北京：冶金工业出版社，1992：283~320.

[99] 王绍文，程志久，等.减压蒸发法再生硝酸、氢氟酸［C］.冶金部建研总院科技成果选编.1985：84~101.

[100] 王绍文.硝酸、氢氟酸酸洗废液再生回收的物料变化与设计计算［C］.冶金部建研总院科技成

果选编 . 1985：102 ~ 111.

[101] 韩志敏 . 包钢带钢厂酸洗废水处理现状与治理方向 [J]. 冶金环境保护，2000（2）：28 ~ 30.

[102] 赵金标，胡伟 . 冷轧酸性废水处理的一种新技术——高密度污泥工艺 [J]. 冶金环境保护，2001
（2）：35 ~ 36.

[103]《宝钢环保技术》（续篇）编委会 . 宝钢环保技术（续篇）　第六分册　轧钢环保技术 . 2000.

[104] 金勇梅，夏曙演，等 . 生物法处理冷轧厂高浓度含铬废水的中试研究 [J]. 冶金环境保护，2006
（2）：41 ~ 44.

[105] 周继鸣 . 生物法处理高浓度含铬废水的研究 [J]. 冶金环境保护，2008（2）：11 ~ 16.

有色金属工业节水减排与废水回用技术指南

 8 有色金属工业节水减排的
技术途径与发展趋势

根据我国对金属元素的正式划分与分类，除铁、锰、铬以外的 64 种金属和半金属，如铜、铅、锌、镍、钴、锡、锑、镉、汞等划为有色金属。这 64 种金属，根据其物理、化学特性和提取方法，又分为重有色金属、轻有色金属、稀有金属与贵金属四大类。其中重有色金属通常是指相对密度在 4.5 以上的有色金属，包括铜、铅、锌、镍、钴、锡、锑、镉、汞等；轻有色金属是指相对密度在 4.5 以下的有色金属，包括铝、镁、钛等；稀有金属，主要是指地壳含量稀少、分散，不易富集成矿或难以冶炼提取的一类金属，如锂、铍、钨、钼、钒、镓、锗、镭等；贵金属主要是指金、银等。

有色金属工业从采矿、选矿、冶炼到成品加工的整个生产过程中均需消耗大量用水，都有废水排出，且其成分复杂，重金属含量高、危害大、毒性强，必须从源头控制，对其节水减排的要求是最少量化、资源化和无害化，最终实现"零排放"。

8.1 有色金属工业废水来源与特征

8.1.1 有色金属工业废水来源与分类

有色金属的种类很多，冶炼方法多种多样，较多采用是火法冶炼和湿法冶炼等。当今世界上 85% 铜是火法冶炼的[1]。在我国处理硫化铜矿和精矿，一般采用反射炉熔炼、电炉熔炼、鼓风炉熔炼和近年来开发的闪速炉冶炼。锌冶炼则以湿法为主；汞的生产采用火法；铅冶炼主要采用焙烧还原法熔炼。轻有色金属中铝的冶炼是采用熔融盐电解法生产等。因此，有色金属冶炼过程中，废水来源主要为火法冶炼时烟尘洗涤废水，湿法冶炼时的工艺过程外排水和跑冒滴漏的废水，以及冲渣、冲洗设备、地面和冷却设备的废水等。

有色金属工业废水是指在生产有色金属及其制品过程中产生和排出的废水。有色金属工业从采矿、选矿到冶炼，以至成品加工的整个生产过程中，几乎所有工序都要用水，都有废水排放。

8.1.1.1 有色金属矿山废水来源

矿山废水包括采矿与选矿两种。矿山开采会产生大量矿山废水，是由矿坑水、废石场淋洗时产生废水。采矿工艺废水由于矿床的种类、矿区地质构造、水文地质等因素不同，矿山废水中常含有大量 SO_4^{2-}、Cl^-、Na^+、K^+、Ca^{2+}、Mg^{2+} 等离子，以及钛、砷、镉、铜、锰、铁等重金属元素。采矿废水分为采矿工艺废水和矿山酸性废水，其中矿山酸性废水能使矿石、废石和尾矿中的重金属转移到水中，造成环境水体的重金属污染。矿山的采矿废水通常是：（1）酸性强且含有多种重金属离子；（2）水量较大，排水点分散；（3）水流时间长，水质波动大。

选矿废水是包括洗矿、破碎和选矿三道工序排出的废水。选矿废水的特点是水量大，约占整个矿山废水的 40% ~ 70%，其废水污染物种类多，危害大，含有各种选矿药剂，如黑药、黄药、氰化物、煤油等以及氟、砷和其他重金属等有毒物，废水中 SS 含量大，通常可达每升数千至几万毫克，因此，对矿山废水应妥善处理方可外排。

8.1.1.2 重有色金属冶炼生产废水来源

典型的重有色金属如 Cu、Pb、Zn 等的矿石一般以硫化矿分布最广。铜矿石 80% 来自硫化矿。目前世界上生产的粗铅中 90% 采用熔烧还原熔炼，基本工艺流程是铅精矿烧结焙烧，鼓风炉熔炼得粗铅，再经火法精炼和电解精炼得到铅；锌的冶炼方法有火法和湿法两种、湿法炼锌的产量约占总产量的 75% ~ 85%。

重有色金属冶炼废水中的污染物主要是各种重金属离子，其水质组成复杂、污染严重，其废水主要包括以下几种：

（1）炉窑设备冷却水是冷却冶炼炉窑等设备产生的，排放量大，约占总量的 40%；

（2）烟气净化废水是对冶炼、制酸等烟气进行洗涤产生的，排放量大，含有酸、碱及大量重金属离子和非金属化合物；

（3）水淬渣水（冲渣水）是对火法冶炼中产生的熔融态炉渣进行水淬冷却时产生的，其中含有炉渣微粒及少量重金属离子等；

（4）冲洗废水是对设备、地板、滤料等进行冲洗所产生的废水，还包括湿法冶炼过程中因泄漏而产生的废液，此类废水含重金属和酸。

8.1.1.3 轻有色金属冶炼生产废水来源

铝、镁是最常见也是最具代表性的两种轻金属。我国主要用铝矾土为原料采用碱法来生产氧化铝。废水来源于各类设备的冷却水、石灰炉排气的洗涤水及地面等的清洗水等。废水中含有碳酸钠、氢氧化钠、铝酸钠、氢氧化铝及含有氧化铝的粉尘、物料等，危害农业、渔业和环境。

金属铝采用电解法生产，其主要原料是氧化铝。电解铝厂的废水主要是由电解槽烟气湿法净化产生的，其废水量、废水成分和湿法净化设备及流程有关，吨铝废水量一般在 $1.5 ~ 15m^3$。废水中主要污染物为氟化物。

我国目前主要以菱镁矿为原料，采用氯化电解法生产镁。氯在氯化工序中作为原料参与生成氯化镁，在氯化镁电解生成镁的工序中氯气从阳极析出，并进一步参加氯化反应。

在利用菱镁矿生产镁锭的过程中氯是被循环利用的。镁冶炼废水中能对环境造成危害的成分主要是盐酸、次氯酸、氯盐和少量游离氯。

8.1.1.4 稀有金属冶炼生产废水来源

稀有金属和贵金属由于种类多（约 50 多种）、原料复杂，金属及化合物的性质各异，再加上现代工业技术对这些金属产品的要求各不相同，故其冶金方法相应较多，废水来源和污染物种类也较为复杂，这里只作一概略叙述。

在稀有金属的提取和分离提纯过程中。常使用各种化学药剂，这些药剂就有可能以"三废"形式污染环境。例如在钽、铌精矿的氢氟酸分解过程中加入氢氟酸、硫酸，排出水中也就会有过量的氢氟酸。稀土金属生产中用强碱或浓硫酸处理精矿，排放的酸或碱废液都将污染环境。含氰废水主要是在用氰化法提取黄金时产生的。该废水排放量较大，含氰化物、铜等有害物质的浓度较高。如某金矿每天排放废水 $100 \sim 2000 m^3$，废水中含氰化物（以氰化钠计）约 $1600 \sim 2000 mg/L$、含铜 $300 \sim 700 mg/L$、硫氰根 $600 \sim 1000 mg/L$。此外，某些有色金属矿中伴有放射性元素时，提取该金属所排放的废水中就会含有放射性物质。

稀有金属冶炼废水主要来源为生产工艺排放废水、除尘洗涤水，地面冲洗水、洗衣房排水及淋浴水。废水特点是废水量较少，有害物质含量高；稀有金属废水往往含有毒性，但致毒浓度限制未曾明确，尚需进一步研究；不同品种的稀有金属冶炼废水；均有其特殊性质、如放射性稀有金属、稀土金属冶炼厂废水含放射性物质，铍冶炼厂废水含铍等。

8.1.1.5 贵金属冶炼生产废水来源

贵金属是以金、银为代表的金属。冶炼是生产金、银的重要方法，我国黄金生产涉及冶炼主要物料有重砂、海绵金、钢棉电积金和氰化金泥。重砂、海绵金、钢棉电积金冶炼工艺较为简单，氰化金泥冶炼工艺较为复杂。

黄金冶炼生产废水来源主要来自氰化浸金、电积和除杂等工序。相应的废水中所含污染物主要是氰化物、铜、铅、锌等重金属离子，其中氰化物含量高、毒性大。

8.1.1.6 有色金属加工废水来源

有色金属加工废水比较复杂，其废水种类和来源主要为：

（1）含油废水。主要来源于油压、水压和其他轧制加工设备的润滑、冷却和清洗等含油废水。

（2）含酸废水。来源于酸洗过程中漂洗水和酸洗废液。其废水成分除含酸性废水外，其他污染物随酸洗加工金属不同而异，废水成分复杂。

（3）含铬废水。主要来源于电镀工序的镀铬漂洗废水。如电镀其他金属，其水质因电镀材料不同而异，但通常以镀铬最为普遍。

（4）氧化着色工艺含酸碱废水。来源于氧化着色工艺的脱脂、碱洗、光化、阳极氧化、封孔、着色等各工序与清洗工序的各种废水。

（5）放射性废水。来源于钨钍和镍钍加工工序，以及同位素试验与放射性原料的废水。

根据上述废水来源和金属产品加工对象不同，有色金属工业废水可分为采矿废水、选矿废水、冶炼废水及加工废水。冶炼废水又可分为重有色金属冶炼废水、轻有色金属冶炼废水、稀有金属冶炼废水和贵金属冶炼废水。按废水中所含污染物主要成分，有色金属冶炼废水也可分为酸性废水、碱性废水、重金属废水、含氰废水、含氟废水、含油类废水和含放射性废水等。

8.1.2　有色金属工业废水的危害性

有色金属工业废水年排污量约9亿吨，其中铜、铅、锌、铝、镍等五种有色金属排放废水约占80%以上。经处理回用后约有2.7亿吨以上废水排入环境造成污染[2]。与钢铁工业废水相比废水排放量虽小，但污染程度很大。由于有色金属种类繁多，生产规模差别较大，废水中重金属含量高，毒性物质多，对环境污染后果严重，必须认真处理消除污染。

重金属是有色金属废水最主要成分，通常含量较高、危害较大，重金属不能被生物分解为无害物。重金属废水排入水体后，除部分为水生物、鱼类吸收外，其他大部分易被水中各种有机和无机胶体及微粒物质所吸附，再经聚集沉降沉积于水体底部。它在水中浓度随水温，pH 值等不同而变化，冬季水温低，重金属盐类在水中溶解度小，水体底部沉积量大，水中浓度小；夏季水温升高，重金属盐类溶解度大，水中浓度高。故水体经重金属废水污染后，危害的持续时间很长。其中铜、铅、铬、镍、镉、汞、砷等重金属的危害性最为严重。

8.1.3　有色金属工业冶炼用水与废水水质

有色金属种类繁多，矿石原料品位差别很大，且冶炼技术与设备先进与落后并存，生产规模各异。因此有色生产企业用水与排水量差别较大。有色工业是用水大户，吨产品用水量较大，见表 8-1[1,3]。

表8-1　有色金属冶炼吨产品平均用水量　　　　　　　　　（m³/t）

产品名称	铜	铅	锌	锡	铝	锑	镁	镍	钛	汞
用水量	290	309	309	2633	230	837	1348	2484	4810	3135

有色金属工业废水的复杂性与多样性的主要原因是有色金属冶炼所用的矿石大多为金属复合矿，含有多种重有色金属、稀有金属、贵金属以及大量铁和硫并含有放射性元素等。在冶炼过程中，往往仅冶炼其中主要有色金属，而对低品位的有色金属常作为杂质以废物形式清除。一般而言，几乎所有有色金属冶炼废水都含有重金属和其他有害物质，成分复杂，毒性强，危害大。

表 8-2 列出国外锌、铜、铅冶炼厂废水水质[4]。表 8-3 列出国内铜、铅锌冶炼厂废水水质[5]。

表8-2　国外有色金属冶炼厂废水水质

冶炼类型	水质指标								
	pH 值	总固体 /mg·L⁻¹	COD /mg·L⁻¹	铜 /mg·L⁻¹	铅 /mg·L⁻¹	锌 /mg·L⁻¹	铁 /mg·L⁻¹	砷 /mg·L⁻¹	锰 /mg·L⁻¹
锌冶炼厂	7.3	39	2.02	0.023	0.78	2.28	0.09	0.01	
铜冶炼厂	6.0	446		0.65	0.26	0.24	0.45		0.99
铅冶炼厂	6.8		1.1	0.03	0.30	1.30	0.03	0.64	

表 8 - 3　国内有色金属冶炼厂废水水质

冶炼厂		单位	Zn	Pb	Cd	Hg	As	Cu	F	SS	Fe	备　注
铜冶炼厂	厂1	g/L	0.70		0.131		4.49	1.86	0.91	0.70	388	富氧快速熔炼法
	厂2	g/L	0.62				6.60	1.47	0.65	1.0	1.46	富氧闪速熔炼法
	厂3	mg/L	200		19.6		83.42	5	282	336	170	电解法
铅锌冶炼厂	厂1	mg/L	80 ~ 150	2 ~ 8	1 ~ 3		0.5 ~ 3.0	0.5 ~ 3.0				火法
	厂2	mg/L	1 ~ 3	0.05 ~ 0.3	0.4 ~ 1.0	0.01 ~ 0.04	0.1 ~ 0.04		1.0 ~ 2.5			火法
	厂3	mg/L	21.3 ~ 2500	0.81 ~ 4.87	0.12 ~ 3.04	0.009 ~ 0.61	<0.05	6.4 ~ 46.2		20 ~ 152		火法

　　同一有色金属冶炼废水水质随工艺方法的差别而异，即使是同一工厂也会因操作情况、生产管理的优劣而差异较大。例如，烧结法生产氧化铝厂的废水含碱量约78 ~ 156mg/L（以 Na_2O 计）；联合法厂为440 ~ 560mg/L，但在管理水平较差的情况下，可达1000 ~ 2000mg/L。几种不同生产工艺的氧化铝厂的废水水质见表8 - 4[4~5]。

　　有色金属工业废水造成的污染主要有有机耗氧物质污染、无机固体悬浮物污染、重金属污染、石油类污染、醇污染、酸碱污染和热污染等。表8 - 5列出有色金属工业废水的主要污染物[6]。表8 - 6列出铜、铅、锌、铝、镍五种有色金属的主要工业污染物种类情况[7]。

表 8 - 4　不同生产工艺的氧化铝厂废水水质

水 质 项 目	生 产 工 艺			
	烧结法	联合法	拜尔法	用霞石生产时
pH 值	8 ~ 9	8 ~ 11	9 ~ 10	9.5 ~ 11.5
总硬度/mg·L^{-1}	9 ~ 15	4 ~ 5		
暂硬度/mg·L^{-1}	11.6			
总碱度/mg·L^{-1}	78 ~ 156	440 ~ 560	84	340 ~ 420
Ca^{2+}/mg·L^{-1}	150 ~ 240	14 ~ 23	40	
Mg^{2+}/mg·L^{-1}	40	13	11.5	
Fe^{2+}/mg·L^{-1}	0.1		0.07	10 ~ 18
Al^{3+}/mg·L^{-1}	40 ~ 64	100 ~ 450	10	10 ~ 18
SO_4^{2-}/mg·L^{-1}	500 ~ 800	50 ~ 80	54	40 ~ 85
Cl^-/mg·L^{-1}	100 ~ 200	35 ~ 90	35	80 ~ 110
CO_3^{2-}/mg·L^{-1}	84	102		
HCO_3^-/mg·L^{-1}	213	339		
SiO_2/mg·L^{-1}	12.6		2.2	
悬浮物/mg·L^{-1}	400 ~ 500	400 ~ 500	62	400 ~ 600
总溶解固体/mg·L^{-1}	1000 ~ 1100	1100 ~ 1400		
油/mg·L^{-1}	15 ~ 120			

表 8 – 5　有色金属废水的主要污染物

废水来源	主要污染物															
	悬浮物	酸	碱	石油类	化学耗氧物	汞	镉	铬	砷	铅	铜	锌	镍	氟化物	氰化物	硫化物	放射性物质
采矿废水	√	√				√	√		√	√	√	√					√
选矿废水	√		√		√	√	√		√	√	√	√		√	√	√	
重冶废水	√					√	√		√	√	√	√		√			
轻冶废水	√	√			√									√			
稀冶废水		√	√		√									√			√
加工废水		√	√	√	√			√				√					

表 8 – 6　我国五种有色金属主要工业污染物种类情况

行业	产品	污染物种类		
		废水	废气	固体废物
铜	铜精矿	Cu、Pb、Zn、Cd、As		废石、尾矿
	粗铜	Cu、Pb、Zn、Cd	SO₂、烟尘	
铅、锌	粗铅	Pb、Cd、Zn	SO₂、烟尘	冶炼渣
	粗锌	Pb、Cd、Zn	SO₂、烟尘	
铝	氧化铝	碱量、SS、油类	尘	赤泥
	电解铝	HF	粉尘、HF、沥青烟	
镍	镍	Ni、Cu、Co、Pb、As、Cd	SO₂、烟尘	废渣

表8-6表头 Cu、Pb、Zn、Cd、As 行废气列为空。

8.2　有色金属工业节水减排现状分析及其减排途径

8.2.1　节水减排现状与差距

近年来，有色金属企业，特别是有色大型冶炼企业节水减排成效显著，行业新水用量呈下降趋势，重复用水率有所提高，吨有色产品和万元产值新水取用量均有下降。几家大型铝企业，如中铝中州分公司、山东分公司、广西分公司、河南分公司和云南铝业公司都实现了工业废水"零排放"，工业废水全部回用，大大减少了新水用量。

据统计，14 个大型重金属冶炼企业和 14 个大型铝企业吨产品和万元产值总用水量和新水用量均有明显下降。14 个大型重金属冶炼企业的有色金属总产量为 291.54 万吨，工业总产值为 750.10 亿元，吨金属产品总用水量、新水用量分别为 550.87m³ 和 91.78m³；万元产值总用水量、新水用量分别为 214.10m³ 和 35.68m³。

14 个大型铝企业年产电解铝 180.88 万吨，氧化铝 679.77 万吨，工业总产值 466.30 亿元。吨产品（电解铝 + 氧化铝）总用水量、新水用量分别为 125.25m³ 和 13.99m³；万元产值总用水量、新水用量分别为 231.18m³ 和 25.82m³，节水减排效果显著。主要表现在：（1）工业用水循环利用率不断提高，主要通过净冷却水循环、串级用水与处理回用；

（2）废水治理从单项治理发展到综合治理与回用；（3）从废水中回收有价金属且成效显著，但与国外相比差距较大。例如俄罗斯锌的冶炼生产中水的循环率达 93.6%，排放率为 1.5%，镍为 90%，排放率为零；有色金属加工厂为 95%，排放率为零；硬质合金厂水循环率为 96.8%，排放率为零。美国、加拿大、日本等有色金属选矿厂废水回用率均达 95% ~ 98%，大部分有色金属冶炼厂废水处理回用，基本实现"零排放"[8,9]。

根据中国有色工业协会统计，我国有色工业水的重复利用率为 58.1%，其中选矿用水重复利用率为 56.6%，冶炼企业的水的重复利用率为 66.6%，机修厂水的重复利用率为 56.3%[8]。我国有色金属工业的"三废"资源化利用程度还很低，固体废弃物利用率仅在 13% 左右，低浓度二氧化硫几乎没有利用；从工业废水中回收有价元素，除几个大型企业外绝大多数企业尚属空白，年排放未处理或未达标废水约 2.7 亿吨以上[2]。我国有色金属工业"三废"资源化利用程度低，已成为制约有色工业的持续发展最突出的问题。

8.2.2 差距分析与技术对策

8.2.2.1 差距形成

有色金属工业节水减排差距形成的原因有：

（1）当前我国有色金属工业的快速发展主要是依靠扩大固定资产投资规模实现的。"十五"期间完成固定资产投资为 2509 亿元，是新中国成立到 2000 年行业累计投资额的 1.6 倍[9]。2009 年电解铝产能达 2000 万吨，还有 200 多万吨在新（扩）建，产能过剩严重[10]，在生产过程中，消耗大量矿石资源、水资源和能源，产生大量废水、废气和固体废弃物，且未能得到有效治理和利用。据统计，有色金属矿山年采剥废石已超过 1.6 亿吨；产生尾矿约 1.2 亿吨，赤泥 780 万吨，炉渣 766 万吨；排放二氧化硫 40 万吨以上，废水 9 亿吨，这些均未做到妥善处置与资源化处理[2]。

（2）产业集中度低，技术能力差，环保设施欠账过多。统计资料表明，目前全国有色金属工业企业接近 1.6 万个，但年销售收入 3 亿元以上的大型企业有 52 个，年销售收入 3000 万元以上中型企业 424 个，大中型企业合计只占企业总数的 3%[11]，且地处我国中西部山区或欠发达地区，绝大多数企业生产技术比较差，节水减排和节能降耗技术能力比较弱，环保设施欠账多，造成污染严重。

（3）产品结构不合理，淘汰落后设备任务重。有色金属工业长期存在技术开发能力不强，产品结构不合理；生产分散，集中度低，集约化程度不高；过多依赖国外市场，资源储备少，企业综合能力弱；生产工艺设备落后，淘汰落后设备任务重；环境保护设施投资少，环保能力弱。

8.2.2.2 解决途径与技术对策

根据国内外有色金属工业产业现状及发展趋势，我国有色金属工业在新的发展时期要适应国家节水减排和节能降耗的目标要求，必须做到：

（1）优化产品结构，提高产业集中度，增强市场竞争力。面对国内外市场的激烈竞争，实现集约化经营，提高产业集中度；依靠科技创新，淘汰缺乏竞争力的落后生产能力，是产业发展的必然选择。当前我国有色金属工业大而不强的一个突出表现就是生产经营高度分散、产业总体规模虽然很大，但是还没有一家企业拥有进入全球有色金属工业企业前 10 名行列的实力，对世界有色金属工业发展的影响力薄弱。解决途径如下：

1）依托九大资源基地发展具有综合生产能力的有色金属企业集团。我国有色金属储量，主要分布在中西部地区的九大有色金属矿产资源基地，占全国相应矿种储量的 80% 以上[11]，并具有伴生性的特点。应鼓励同一资源基地内有色金属企业间联合重组，依托骨干企业，发展企业集团。实行多种金属的品种的联产与企业重组，扩大企业规模、优化产品结构，在提升企业产业水平的同时，提高资源能源利用率，降低环境污染。

2）妥善解决有色金属资源基地的可持续发展。为保护我国有色金属资源，减少浪费和损失，保护环境，应坚决制止滥采乱开。对那些浪费资源，破坏和污染环境的小型采选厂和冶炼厂，坚决清理和关闭，集中优势，合理开发，综合利用，以妥善解决有色金属资源基地的可持续发展。

（2）推动有色金属工业技术进步，鼓励企业一体化经营，提高市场竞争力。当今有色金属工业技术进步的重点，一是以先进实用技术和高新技术改造现有生产工艺设备，大力提升产业水平，解决环境污染与节水降耗问题；二是针对国民经济发展和国防建设对有色金属新材料的要求，大力进行科技攻关研究，以缩短与世界水平的差距；三是加强对有色金属资源综合利用、再生回收、节水减排与节能降耗的新工艺新设备，以及前瞻性重大科技的研究。

近年来，我国有色金属工业改革与发展实践表明，凡是一体化的大型企业，拥有较强技术进步实力，对资源有效利用能力较强，在市场竞争中表现出较强的生存能力，节水减排与节能降耗成就显著。

（3）以节水减排、节能降耗为中心，适度发展。有色金属工业是高耗能产业。我国有色金属工业的年能源消耗总量已超过 8000 万吨标准煤，约占全国能源消耗的 3.5%。其中铝工业万元 GDP 能耗是全国平均水平的 4 倍以上。如果我国有色金属工业继续把扩大生产规模放在发展的首要地位，随着产量的增长，能源消耗和污染物排放进一步增加将是确定无疑的，为实现国家控制的节水减排和节能降耗目标，一定要严格控制总产量，加快淘汰落后产能。今后几年原则上应不再核准新建、改扩建电解铝项目。严格控制铜、铅、锌、钛、镁新增产能。按期完成淘汰反射炉及鼓风炉炼铜产能、烧结锅炼铅产能、落后锌冶炼产能和落后小预焙槽电解铝产能。逐步淘汰能耗高、污染重的落后烧结机铅冶炼产能[12]。

8.2.3 节水减排技术途径与对策

目前，有色金属工业要大幅度提高企业废水回用仍非易事，需要解决一系列比较复杂的工艺、技术及管理问题。

世界各国水污染防治的历史经验与教训证明，由于技术经济等种种条件的限制，单从技术上采取人工处理废水的做法，不能从根本上解决水污染问题。历史的经验与教训，把各行各业都引向综合防治、清洁生产与循环经济发展之路。因此，有色金属工业节水减排技术原则应根据自身分布广、规模小、水质杂、毒性强等特点，采用如下节水减排技术途径与对策。

8.2.3.1 强化清洁生产规划与设计，从源头节水减排

A 预防为主，防治结合，从源头减少污染

有色金属工业产生的废水、废气、废渣对环境污染相当严重，应首先预防与防治结合，采用清洁生产技术与设备减少污染物产生。有色金属选矿中产生大量的尾矿和废水，尾矿颗粒很细，易被风吹散，被雨水冲走，造成对环境和水体的污染。选矿废水的排放量很大，其中含有多种重金属和非金属离子，如铜、铬、镍、砷、锑、汞、锗、硒、锌等，另外还含有黄原酸盐、脂肪酸等选矿药剂，应采用尾矿坝（库）防治与废水回用措施，消除污染。

冶炼过程主要排放的有火法冶炼的矿渣、湿法冶炼的浸出渣以及冶炼废水。冶炼废水的污染成分随所加工的矿石成分、加工方法、工艺流程和产品种类的不同而不同，如镍冶炼厂废水含镍、铜、铁和盐类。有色金属矿大多为高含硫量的硫化矿，因此在冶炼过程中还排出高浓度二氧化硫废气。金属冶炼所产生的二氧化硫气体及含有重金属化合物的烟尘，电解铝产生的氟化氢气体和重金属冶炼、轻金属冶炼及稀有金属冶炼所产生的氯气是废气中污染大气的主要物质。应从设计开始采取清洁生产工艺，从源头减少污染。

B 采用新工艺、新设备，最大限度节水减排

废水及其污染物是一定生产工艺过程的产物。在处理工艺选择上，要选用新工艺、新设备，使其不排或少排废水，不排或少排有害物质，尽可能做到从根本上消除或者减少废水的危害。

例如，采矿工业采用疏干地下水的作业，就可减少井下酸性废水的排放量；选矿方面，采用无毒或低毒选矿药剂和回水选矿技术等，可以减轻选矿废水的危害。冶炼厂采用干法收尘（布袋和电除尘）代替湿法除尘，就不会产生收尘废水；用带副叶轮的泥浆泵或无泄漏的磁力驱动泵取代胶泵，可以消除设备泄漏引起的地面废水；冶金炉窑设备上用风冷或汽化冷却代替水冷，可以大大减少冷却用水量。

革新生产工艺，是从根本上消除或减少废水排放，减少生产废水的总量，也即降低单位产品的排污量并最终降低总排污量。以铅锌生产为例，国外某年产量39.47万吨的铅锌冶炼厂其每小时的废水量为270m^3；国内某大型冶炼厂年产量只有该厂的40%，但每小时的废水量却达1155m^3，是前者的4.3倍。可见，我国有色冶金企业在降低用水总量及单位产品的耗水量方面，有很大潜力。因此，采用新工艺、新设备是节水减排和降低污染的重要途径和措施。

8.2.3.2 技术节水减排的途径与对策

A 在节水减排处理方案选择时要有工程实践依据和技术支撑

有色冶金废水成分复杂，数量又很大，废水处理与节水减排要认真贯彻国家制定的环境保护法律法规和方针政策，要遵循经济效益与环境效益相统一的原则。在节水减排规划与废水处理规划设计中，必须认真做好针对性的验证与实验，通过系统检测、分析综合，寻求比较先进且经济合理的处理方案，加强技术经济管理，抓好综合利用示范工程，技术成熟，方可投入工程应用。我国未经试验和示范，或未取得工程实践依据而设计上马的环

保工程，大都以失败告终，这个经验教训必须吸取。

　　B　清浊分流，分片处理，就地回用

　　有色金属工业废水通常水质差异很大，含金属物较多，因此，应将不同水质、不同冶炼工艺过程的废水进行分类收集与分别处理。按污染程度，一般可分为以下几种：

　　（1）无污染或轻度污染的废水。如冷却水、冷凝水等，水质清洁，可重复利用不外排，实现一水多用，有效利用废水资源。

　　（2）中度污染的废水。如炉渣水淬水、冲渣水、冲洗设备和地面水，洗渣和滤渣洗涤水。这类废水含有较多的渣泥和一定数量的重金属离子，应予以处理回用。

　　（3）严重污染的废水。如湿法冶金废液，各种湿法除尘设备的洗涤废水，电解精炼过程的废水等。这类废水含有较多的重金属离子和尘泥，具有很强的酸碱性，应进行无害化处理和回用。

　　有些企业将采矿、选矿、冶炼废水一起进行处理，这样增加了处理难度。采矿废水金属含量不高或成分较为单一，用简单的方法即可除去大部分的重金属离子，但中和法对含有选矿药剂和放射性元素的废水的处理效果并不佳。所以一般不应将选矿废水与其他的废水混合，使废水总量增加，并使处理回收复杂化，更不能直接向外排放。几种不能混合的废水应当在各厂或各车间分别处理。废水成分单一又可以互相处理的，比如高温废水和低温废水、酸性废水和碱性废水、含铬废水和含氰废水等，应进行分别合并处理，以废治废，减少处理成本，增加效益。这种合并处理可以在厂内合并，也可以分别与外厂联合处理。

　　C　以废治废，发展综合利用技术与效益

　　有色金属工业废水以废治废、综合利用的前景十分广阔，例如酸碱废水相互中和是最常见的。德兴铜矿利用选矿过程中排出的含硫碱性废水作硫化剂，与采矿含铜酸性废水相互作用，回收其中的硫化铜，然后再利用碱性尾矿水与之中和，消除污染并获得良好效益。

　　有色金属工业废水中常常含有重金属，冶金炉冷却水含有大量热能，都可加以回收利用。例如株洲冶炼厂、银山铅锌矿从废水中回收锌、成都电冶厂从废水中回收镍、柏坊铜矿从废水中回收铀，新城金矿从氰化贫液中回收氰化钠和重金属等。有色金属工业废水中，重金属在水环境中难以降解，是有害物质，从废水中分离出来加以利用，变有害物质为有用物质，这是重金属废水处理的最佳途径。近年来，有色金属企业在这方面已取得明显效果，例如：株洲冶炼厂每年可从中和渣中回收锌约数百吨。德兴铜矿用采矿酸性（pH 值 2.5 左右）废水和选矿碱性（pH 值 11 左右）废水中和，每年从采矿废水中回收铜千吨以上。既解决废水治理难题，又回收了重金属，实现环境社会和经济效益协调发展[13]。

　　D　提高废水回用与循环利用率，是实现节水减排的最根本途径

　　为提高废水的循环率和复用率，在企业内部必须做到：严格监测，清浊分流，通过局部处理及串级供水两项措施尽量减少新鲜水的使用量。在废水处理之前，一般是首先进行清浊分流，把未被污染或污染甚微的清水和有害杂质含量较高的废水彻底分开。清水直接返回生产使用，废水也可预先在车间或工序稍加净化（即局部处理），净化水如能满足生

产要求（其中所含有害杂质能达到工艺要求和不影响产品质量），即返回工序使用。也可以将水质要求较高的工序或设备排水作为水质较低的工序或设备的给水，进行串级使用[14]。

处理后的出水应循环利用、就地回用。对于轻污染或无污染的间接冷却水，要循环使用不外排；中等污染的直接冷却水（炉渣水淬水、冲渣水）、冲洗设备和地面水，洗渣和滤渣洗涤水经沉淀除渣后循环使用。对严重污染的废水，要最大化地进行综合利用，尽可能回收废水中的有价成分；处理后的液体返回流程、就地消化，提高水的循环利用率，对必须外排的少量废水要进行集中处理，达标排放。

8.2.3.3　管理节水减排的途径与对策

有色企业环境管理的核心内容是把环境保护融于企业经营管理的全过程之中，使环境保护成为有色企业的重要决策因素；就是要重视研究本企业的环境对策，采用新技术、新工艺、减少有害废弃物的排放，对废旧产品进行回收处理及循环利用。

环境保护是我国的一项基本国策，我国的环境保护实行的是"防治结合，以防为主，综合治理"的方针。对于有色冶金企业所产生的废水，要针对行业的特征和废水的性质，形成科学的管理体系，从而减少有色冶金废水对周围环境的破坏。

加强管理是企业发展的永恒主题。环境管理要贯穿于企业生产过程及落实到企业的各个层次，分解到企业生产过程的各个环节与生产管理紧密相结合。科学管理投资少，但却可以形成显著社会、环境与经济效益。其途径与对策主要为：

（1）健全环境考核指标岗位责任制与管理职责；

（2）强化设备维护、维修，杜绝跑、冒、滴、漏；

（3）安装必需的监测仪表，加强计量监督；

（4）不断改进生产工艺与设备，实现节能降耗与节水减排；

（5）制订可靠的统计与审核办法，建立产品全面质量管理细则；

（6）对原料和产品要合理储存、妥善保管、输送与经营；

（7）加强人员培训，提高员工素质，搞好安全、文明生产，建立生产激励机制与发展规划。

总之，强化科学管理，健全清洁生产运行制度与法规是实现企业持续发展最有效机制，也是企业节水减排最重要的途径和对策。

8.3　有色金属工业节水减排与废水处理回用技术

我国有色工业生产用水量较大，废水排放量与资源化回用效果差，为了实现节水减排和提高水资源利用率，首先应从节水途径与废水资源处理回用技术进行集成、配套，以及对引进技术消化吸收的基础上开发创新。

首先应根据有色金属工业各类废水中污染物质状况及其特性与存在形式，采用分离法的处理与净化技术，将其分离出来，从而使废水得以净化并回用；其次是通过生物或化学转化法将废水中有害、有毒物质转化为无害物质或形成可分离的稳定物质，而后经分离去除，使废水得以净化回用。表8-7、表8-8分别列出分离法和转化法相关技术。

表 8 – 7　水中污染物存在形式及相应的分离技术

污染物存在形式	分　离　技　术
离子态	离子交换法、电解法、电渗析法、离子吸附法、离子浮选法
分子态	萃取法、结晶法、精馏法、浮选法、反渗透法、蒸发法
胶体	混凝法、气浮法、吸附法、过滤法
悬浮物	重力分离法、离心分离法、磁力分离法、筛滤法、气浮法

表 8 – 8　废水处理的转化技术

技　术　机　理	转　化　技　术
化学转化	中和法、氧化还原法、化学沉淀法、电化学法
生物转化	活性污泥法、生物膜法、人工湿地法、氧化塘法

表 8 – 7、表 8 – 8 的处理技术可分为化学法、物理法、物理化学法和生物法 4 种类型，其中化学法、物理化学法应用广泛，膜法与生物法具有发展前景。

8.3.1　化学法

8.3.1.1　中和沉淀法

A　中和沉淀条件的选择

向重金属废水投加碱性中和剂，使金属离子与羟基反应，生成难溶的金属氢氧化物沉淀，从而予以分离。用该方法处理时，应知道各种重金属形成氢氧化物沉淀的最佳 pH 值及其处理后溶液中剩余的重金属浓度。

设 M^{n+} 为重金属离子，若想降低废水中 M^{n+} 浓度，只要提高 pH 值，增加废水中的 OH^- 即能达到目的。究竟应将 pH 值增加多少，才能使废水中的 M^{n+} 浓度降低到允许的含量，可从下式计算：

$$M(OH)_n \rightleftharpoons M^{n+} + nOH^-$$

$$K_{sp} = [M^{n+}][OH^-]^n$$

$$[M^{n+}] = K_{sp}[OH^-]^n$$

两边取对数

$$\lg[M^{n+}] = \lg K_{sp} - n\lg[OH^-] \tag{8 – 1}$$

已知水的离子积

$$K_w = [H^+][OH^-] = 10^{-14}$$

$$[OH^-] = K_w/[H^+] \tag{8 – 2}$$

将式(8 – 2)代入式(8 – 3)中

即
$$\lg[M^{n+}] = \lg K_{sp} - n\lg\frac{K_w}{[H^+]} = \lg K_{sp} - n\lg K_w - n\text{pH} \tag{8 – 3}$$

式中，$[M^{n+}]$ 为重金属离子的浓度；$[OH^-]$ 为氢氧根浓度；K_{sp} 为金属氢氧化物溶度积；K_w 为水的离子积常数，在室温条件下，$K_w = 10^{-14}$。

若以 pM 表示 $-\lg[M^{n+}]$，则式 (8 – 3) 为：

$$pM = npH + pK_{sp} + 14n \qquad (8-4)$$

从式（8-3）可知，水中残存的重金属离子浓度随 pH 值增加而减少。对某金属氢氧化物而言，K_{sp} 是常数，K_w 也是常数，所以式（8-4）为一直线方程式，如以纵坐标表示 $\lg[M^{n+}]$，横坐标表示 pH 值，则可得一直线，如图 8-1 所示[13]。

在一定温度下，各种重金属氢氧化物的溶度积 K_{sp} 是固定的。

根据上述化学平衡式各种氢氧化物溶度积 K_{sp}，可以导出不同 pH 值条件下废水中各种重金属离子浓度。

例如，在含镉离子（Cd^{2+}）的酸性废水中，加入碱性剂后使 pH 值逐渐提高，能够产生 $Cd(OH)_2$ 沉淀：

$$Cd^{2-} + 2OH \Longrightarrow Cd(OH)_2 \downarrow$$

由于常温下（25℃）$Cd(OH)_2$ 的溶度积 K_{sp} 为 2.2×10^{-14}，在 pH = 7 时：

$$[H^+] = [OH^-] = 10^{-7}$$
$$[Cd^{2+}] = K_{sp}/[OH^-]^2$$
$$[Cd^{2+}] = 2.2 \times 10^{-14}/(10^{-7})^2 = 2.2 mol/L$$

在镉离子浓度低于该浓度的情况下，更不会产生氢氧化镉的沉淀。但是，如果进一步加入碱性物质将 pH 值提高到 9 时，废水中镉离子浓度便等于 pH 值为 7 时的 $1/10^4$；若将 pH 值提高到 11 时，镉离子浓度便等于 pH 值为 7 时的 $1/10^8$；若将废水中 pH 值继续提高到 14 时，废水中镉离子残余浓度下降到接近该金属的氢氧化物的溶度积。

显然，不同种类的重金属完成沉淀的 pH 值彼此是有明显的差别，据此可以分别处理与回收各种重金属。但对锌、铅、铬、锡、铝等两性金属，pH 值过高时会形成络合物而使沉淀物发生返溶现象。如 Zn^{2+} 在 pH 值为 9 时几乎全部沉淀，但 pH 值大于 11 时则生成可溶性 $Zn(OH)_4^{2-}$ 络合离子或锌酸根离子（ZnO_2^{2-}）[13]，如图 8-2 所示[13]。因此，要严格控制和保持最佳的 pH 值。

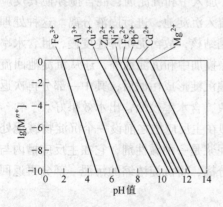

图 8-1 金属氢氧化物对数浓度曲线

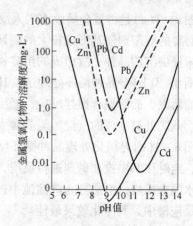

图 8-2 铜、锌、铅、镉的氢氧化物的溶解度与 pH 值的关系

B 含多种重金属废水的中和处理

在废水中和处理时，常有多种重金属离子共存于一废水中，须注意共存离子的影响、

共沉淀现象或络合离子的生成。某些溶解度大的络合物离子对金属离子在水中生成氢氧化物沉淀干扰很大。例如，$Ca(NH_3)_4^{2+}$、$Ca(CN)_4^{2-}$、$CdCl^{3-}$、$CdCl^+$ 等对生成 $Ca(OH)_2$ 沉淀就有干扰。CN^- 离子对于一般重金属干扰很大。氨和氮离子过剩时，也干扰氢氧化物的生成。因此，在选用中和法处理时，应对这些离子进行必要的预处理。另外，在有几种重金属共存时，虽然低于理论 pH 值，有时也会生成氢氧化物沉淀，这是因为在高 pH 值沉淀的重金属与在低 pH 值下生成的重金属沉淀物产生共沉淀现象。例如，含 Cd 1mg/L 的水溶液，将 pH 值调到 11 以上也不沉淀，若与 10mg/L 或 50mg/L 中 Fe^{3+} 共存，则 pH 值只要达到 8 或 7 以上即可沉淀，并使 Cd^{2+} 的去除率接近 100%；当废水 pH 值为 8 以上时，Cu^{2+} 的质量浓度为 1mg/L，$Fe(OH)_2$ 的质量浓度为 5mg/L，其共沉率接近 100%。

共沉淀法能有效地除去废水中的重金属，在碱性溶液中，$Fe(OH)_2$ 能与 Mg^{2+}、Mn^{2+}、Co^{2+}、Ni^{2+}、Cd^{2+} 和 Hg^{2+} 等共沉淀。

中和沉淀法处理重金属废水是调整、控制 pH 值的方法。由于废水中含有重金属的种类不同，因而生成的氢氧化物沉淀的最佳 pH 值的条件也不一样。为此，对于含多种重金属的废水处理方法之一是分步进行沉淀处理。例如，从锌冶炼厂排出废水中，往往含有锌和镉，该废水处理时，Zn^{2+} 在 pH=9 左右时形成的 $Zn(OH)_2$ 溶解度最低，而 Cd^{2+} 在 pH=10.5～11 时沉淀效果最好。然而，由于锌是两性化合物，当 pH=10.5～11 时，锌以亚锌酸的形式再次溶解，因而对此种废水，应先投加碱性物质，使 pH 值等于 9 左右，沉淀除去氢氧化锌后再投加碱性物质。把 pH 值提高到 11 左右，再沉淀除去氢氧化镉。

化学沉淀可认为是一种晶析现象，即在控制良好的反应条件下，可形成结晶良好的沉淀物。结晶的成长速度，决定于结晶核的表面和溶液中沉淀剂浓度与其饱和浓度之差。

中和沉淀反应可采用一次沉淀反应和晶种循环反应。前者是单纯的中和沉淀法，后者是向处理系统中投加良好的沉淀晶种（回流污泥），促使形成良好的结晶沉淀。其处理流程如图 8-3 所示[13,14]。

图 8-3(a) 是将重金属废水引入反应槽中，加入中和沉淀剂，混合搅拌使其反应，再添加必要的凝聚剂使其形成较大的凝絮，随后流入沉淀池，进行固液分离。这种处理方法由于未提供沉淀晶种，故形成的沉淀物常为微晶结核，故污泥沉降速度慢，且含水率高。

图 8-3(b) 是晶种循环处理法。其特点是除投加中和沉淀剂外，还从沉淀池回流适当的沉淀污泥，而后混合搅拌反应，经沉淀池浓缩沉淀形成污泥后，其中一部分再次返回反应槽。此法处理生成的沉淀污泥晶粒大，沉淀快，含水率较低，出水效果好。

图 8-3(c) 是碱化处理晶种循环反应法。即在主反应槽之前设一个沉淀物碱化处理反应槽，定时往其中投加碱剂进行反应，生成的泥浆是一种碱性剂，它在主反应槽内与重金属废水混合反应，而后导入沉淀池中进行固液分离，将沉淀浓缩的污泥一部分再返回碱化处理反应槽中，其净化效果最佳。

8.3.1.2　硫化物沉淀法

A　硫化物沉淀法的基本原理与特点

向废水中投加硫化钠或硫化氢等硫化物，使重金属离子与硫离子反应，生成难溶的金属硫化物沉淀的方法称作硫化物沉淀法。由于重金属离子与硫离子 $[S^{2-}]$ 有很强的亲和

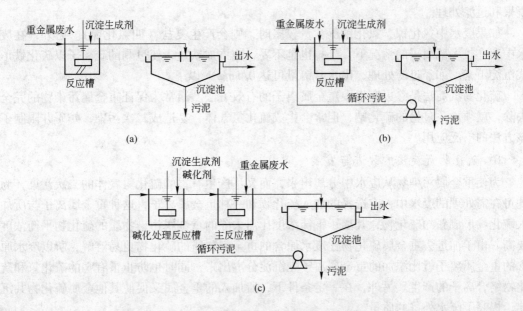

图 8 - 3 重金属废水中和沉淀处理流程

(a) 一次中和沉淀流程；(b) 晶种循环处理流程；(c) 碱化处理晶种循环处理流程

力，能生成溶度积小的硫化物，因此，用硫化物除去废水中溶解性的重金属离子是一种有效的处理方法。

根据金属硫化物溶度积的大小，其沉淀析出的次序为：Hg^{2+}，Ag^+，As^{3+}，Bi^{3+}，Cu^{2+}，Pb^{2+}，Cd^{2+}，Sn^{2+}，Zn^{2+}，CO^{2+}，Ni^{2+}，Fe^{2+}，Mn^{2+}。排序在前的金属先生成硫化物、其硫化物的溶度积越小，处理也越容易。表 8 - 9 为几种金属硫化物的溶度积[15]。

表 8 - 9　几种金属硫化物的溶度积

金属硫化物	K_{sp}	金属硫化物	K_{sp}
MnS	2.5×10^{-13}	CdS	7.9×10^{-27}
FeS	3.2×10^{-18}	PbS	8.0×10^{-28}
NiS	3.2×10^{-19}	CuS	6.3×10^{-36}
CoS	4.0×10^{-21}	Hg_2S	1.0×10^{-45}
ZnS	1.6×10^{-24}	AgS	6.3×10^{-50}
SnS	1.0×10^{-25}	HgS	4.0×10^{-53}

注：K_{sp} 为金属硫化物溶度积（无单位）。

从表 8 - 9 中可以看出，金属硫化物的溶度积比金属氢氧化物的溶度积小得多。因此，硫化物处理法较中和沉淀法对废水中重金属离子的去除更为彻底。

例如，用石灰中和法处理含镉废水，其 pH 值应在 11 左右才能使镉的溶解浓度最小，采用碳酸钠处理时，在 pH 值为 9.5 ~ 10 可得良好的去除效果；采用硫化物沉淀法处理，当 pH 值为 6.5 时，可将原水 0.5 ~ 1.0mg/L 的镉减少到 0.008mg/L。

硫化镉的溶度积比氢氧化镉更小。为除去废水中镉离子，也可采用投加硫化物如 Na_2S、FeS、H_2S 等使之生成硫化镉沉淀而分离。但硫化镉沉淀性能较差，一般还需进行凝聚和过滤处理。

如果废水中氯化镍、氯化钠等含量较多时，则会产生复盐（四氯化镉）。另外，在废水中存在较多硫离子的情况下，外排也是不妥，应添加铁盐，使过剩的硫离子以硫化铁形式沉淀下来。如经过滤处理，出水含镉量可达 0.1mg/L 以下。

硫化物沉淀法是除去废水中重金属离子的有效方法。通常为保证重金属污染物的完全去除，就须加入过量的硫化钠，但常会生成硫化氢气体，易造成二次污染，妨碍并限制了该方法的广泛应用。

B　硫化物沉淀法的改进与发展

为使重金属污染物从废水中分离出来，而又不产生有害的硫化氢气体的二次污染，为此可在需处理的废水中，有选择的加入硫化物和一种重金属离子，这种重金属离子与所加入硫化物形成新的硫化物，其离子平衡浓度比需去除的重金属污染物质的硫化物平衡浓度要高。由于加进去重金属硫化物比废水原含的重金属物质的硫化物更易溶解，所以废水原含的重金属离子就比添加的重金属离子先沉淀分离出来，同时也防止了有害的硫化氢和硫化物络合离子的产生。另外，在一定条件下，所加入的重金属又促使其他金属硫化物共沉淀，提高了废水外排的质量。

表 8-9 是溶度积推算出来的几种重金属硫化物的平衡离子浓度。根据上述原理，表中较前每一种金属离子能用来清除表 8-9 中后面的金属沉淀过程中的过量硫化物。

对于大多数废水处理来说，希望采用一种相对无毒无害的重金属盐。这样，水处理后就可直接排入水质标准要求较高的水体。表 8-9 中前几种重金属盐可优先考虑，因为它们可分离出的重金属离子比较多。锰盐能形成最易溶的硫化物，但常常优先考虑铁盐，因为铁盐一般比锰价格低廉。

在废水中加入重金属盐，待溶解后再加入一种可溶性的硫化物，使各种金属离子沉淀下来。仔细操作这一处理过程，可以把表 8-9 中后面的几种重金属离子有选择地分离出来，方法是使加入的硫化物刚够使最难溶污染物之硫化物形成沉淀。另外，为达到同样的目的，可以用一种重金属盐，这样的金属盐所生成的硫化物具有中等溶解度，该金属的硫化物比要分离的硫化物易溶，而比留在废水中的其他污染物的硫化物难溶。

然而，通常是选择一种其硫化物比所有污染物质的硫化物更易溶的金属盐，并加入足量的硫离子，使所有溶解度较小的污染物以硫化物形式沉淀下来，以达到使废水中重金属污染物质大体都被分离出去的目的。

硫化物加入量一般推荐为废水中重金属离子浓度的 2～10 倍。假定废水中重金属离子浓度为 10mg/L，那么每升废水就要加入 20～100mg 的硫离子。加入废水中的重金属盐的量，通常调整到使大多数所加入的重金属，能以硫化物随原废水所含重金属的硫化物一起沉淀下来。这样，就提供了稍微过量的金属离子来防止产生游离的硫离子及其所带来的问题。

在废水中金属污染物质与加入的重金属盐类共存的情况下，废水中污染物质的去除率甚至比理论上按其溶度积所预计的去除率还要高，这是由于废水中重金属物质与加入的重金属共沉淀作用。例如，要从废水中除去汞、铜等镍而加入的重金属是铁，就可形成 $FeS \cdot HgS$，$FeS \cdot CuS$ 和 FeS，NiS 之类的混合金属硫化物的共沉淀。这些混合硫化物可使废水中汞、铜和镍的浓度比用单纯的硫化物来处理能达到浓度还低，净化效果更好。

此法对含铬废水的处理更有其特点。因为传统的氢氧化物法须先把废水的 pH 值降到

2～3 左右，而后用一种如二氧化硫、亚硫酸盐或金属亚硫酸盐等把六价铬还原成三价铬，然后再把废水的 pH 值提高到 8 左右，形成氢氧化铬沉淀，这样至少需要二级处理流程。而该法可直接将 pH 值为 7～8 的废水中铬分离出来。

金属硫化物的溶度积比金属氢氧化物溶度积小得多，故前者比后者更为有效。与中和法（如石灰法）相比，具有渣量少，易脱水，沉淀金属品位高，有利用贵金属的回收利用等优点。但生成的重金属硫化物非常细微，较难沉淀，故限制了硫化物沉淀法的广泛应用。但在有良好的过滤与沉淀设备条件下，其净化效果是显著的。

8.3.1.3　铁氧体法

铁氧体，即磁铁矿石（Fe_3O_4）。在 Fe_3O_4 中的 3 个铁离子，有两个是三价的铁离子 Fe^{3+}，另一个是二价的铁离子 Fe^{2+}，即 $FeO \cdot Fe_2O_3$。铁氧体的形成需要足够的铁离子，而且和二价铁离子与三价铁离子的比例有关。亚铁离子摩尔数至少是废水中除铁以外所有重金属离子的物质的量的总数的 2 倍；另外在废水中还要加碱，加碱的数量等于废水中所含酸根的 0.9～1.2 物质的量的总数量。这样就形成一种含有亚铁离子和其他重金属的氢氧化物的悬浮胶体。将氧化通入悬浮胶体里，通过搅拌加速氧化，含有三价铁离子的结晶体进而包裹或吸附原来废水中的重金属离子一起沉淀，再分离沉淀的结晶体，就可去除废水中的重金属离子而得到净化。如果废水是碱性的，就不需要再加碱。

上述方法是以下列化学反应为依据：

在含有亚铁离子的废水中，投入碱性物质后即形成氢氧化物：

$$Fe^{2+} + 2OH^- \longrightarrow Fe(OH)_2$$

为阻止氢氧化物沉淀，在投入中和剂的同时，需要鼓入空气进行氧化，使氢氧化物变成铁磁性氧化物：

$$3Fe(OH)_2 + \frac{1}{2}O_2 \longrightarrow FeO \cdot Fe_2O_3 + 3H_2O$$

在这种状态下，废水中的许多重金属离子就取代 Fe_3O_4 晶格里的金属位置，形成多种多样的铁氧体。废水中若有二价的铅离子存在，铅将置换铁磁络合物中 Fe^{2+}，而生成十分稳定的磁铅石铁氧体 $PbO \cdot 6Fe_2O_3$。铅进入铁氧体晶格后，被填充在最紧密的格子间隙中，结合得很牢固，难以溶解，这样就使有害的重金属几乎完全从废水中分离出来。最后，像 Fe_3O_4 一类的铁磁性氧化物，由于具有较大的颗粒尺寸，能很快沉淀下来，而且很容易过滤，易于从废水中分离出来，也不会出现重金属离子从铁氧体沉淀物中再溶解的现象，因为它们已被包含在铁氧体的结晶晶格中。

该方法适用于废水中含有密度为 3.8mg/L 以上的重金属离子，诸如：V、Cr、Mn、Fe、Co、Ni、Cu、Zn、Ca、Sn、Hg、Pb、Bi 等。在处理废水过程中，加入铁盐的最小值与被除去的重金属离子类型有关，对于易转换成铁氧化的重金属，如 Zn、Mn、Cu 等，铁盐加入量为废水中重金属离子摩尔数的 2 倍；对于那些不易于形成铁氧体的重金属，如 Pb、Sn 等，则需增大铁盐投入量。因此，对于被处理的废水，首先要测出所含的除亚铁离子以外的重金属离子的总物质的量，然后再在此废水中加入亚铁离子，使废水中亚铁离子的物质的量为废水重金属离子总物质的量的 2～100 倍。亚铁的盐类如硫酸亚铁、氯化亚铁都可作为亚铁离子的来源。在废水中还要加碱，可在亚铁离子加入到废水中之前、之后或同一时间内加入。至于碱、碱金属或碱土金属的氢氧化物或碳酸盐、含有氮的碱性物质，如 NH_4OH 或者它们的水溶液都可以使用。加碱量应该是加入亚铁离子以后废水中酸根的 0.9 ~ 1.2 物质的量。假如碱加入量在上述范围内，就很容易地提取所有的重金属离子，同时容易形成 Fe_3O_4 等铁氧体。但若加入的碱量小于 0.9mol 时，重金属离子就容易残留在废水中，同时还需要一个很长的氧化周期；若碱量超过 1.2mol 时，那么在形成 Fe_3O_4 等铁氧体的氧化过程就需要更高的温度，并且产生某些剩余碱以致处理后废水呈碱性，这样就需要增加处理工序，废水经处理后才能排放。由于亚铁离子及碱加入到废水中，就形成了一种悬浮胶体，这种悬浮胶体是氢氧化亚铁或氢氧化亚铁和氢氧化物的混合物，或其他重金属和金属的氢氧化物所组成。

为达到处理目的，需将悬浮胶体不断搅拌促使氧化，通常是在一定温度下将氧化气体（空气或氧化）通入废水中，使加入废水中亚铁离子最终氧化成三价铁离子混合物沉淀。

铁氧体法处理重金属废水效果见表 8 – 10[16,17]。从表可见，废水中重金属离子都能有效地从废水中除去，因为金属离子代替了 Fe_3O_4 结晶晶格中 Fe 的位置。

表 8 – 10　铁氧体法处理重金属废水效果　　　　　　　　　　　　（mg/L）

金属离子	处理前废水的质量浓度	处理后废水的质量浓度
Cu	9500	< 0.5
Ni	20300	< 0.5
Sn	4000	< 10
Pb	6800	< 0.1
Cr^{6+}	2000	< 0.1
Cd	1800	< 0.1
Hg	3000	< 0.02

综上所述，铁氧体法处理废水具有如下特征：（1）铁氧体法可一次除去废水中多种重金属离子；（2）铁氧体沉淀物具有磁性并且颗粒较大，既可用磁性分离也适用于过滤，这是其他沉淀法不能比拟的；（3）传统沉淀法一般都具有再溶解，而铁氧体沉淀不再溶解；（4）铁氧体法可处理 Cu、Pb、Zn、Cd、Hg、Mn、Co、Ni、As、Bi、Cr^{6+}、Cr^{3+}、V、Ti、Mo、Sn、Fe、Al、Mg 等废水，对固体悬浮物有共沉淀作用；（5）所得铁氧体是一种优良的半导体材料。

铁氧体法处理重金属废水效果好，投资省，设备简单，沉渣量少，且化学性质比较稳定，在自然条件下，一般不易造成二次污染。

该法的主要缺点是铁氧体沉淀颗粒成长及反应过程需要通空气氧化，反应温度要求 60 ~ 80℃，这对大量废水处理，升温将是很大的困难，且消耗能源过多。

8.3.1.4　氧化法与还原法

A　氧化法

氧化法或还原法在重金属废水处理中常用作废水的前处理。废水的氧化处理，常用一氧化氮、漂白粉、氯气、臭氧和高锰酸盐等氧化剂。

选用氧化剂时应考虑到以下几点：（1）对废水中特定的污染物（重金属）有良好的

氧化作用；（2）反应后生成物应是无害的或易于从废水中分离的；（3）在常温下反应速度较快；（4）反应时不需要大幅度调整 pH 值和药剂来源方便、价格便宜等。

应用氯化法处理时，液氯或气态氯加入废水中，即迅速发生水解反应而生成次氯酸（HOCl），次氯酸在水中电离为次氯酸根离子（OCl⁻）。次氯酸、次氯酸根离子都是较强的氧化剂。分子态次氯酸的氧化性能比离子态次氯酸根离子更强。次氯酸的电离度随 pH 值的增加而增加：当 pH 值小于 2 时，废水中的氯以分子态存在；pH 值为 3 ~ 6 时，以次氯酸为主；pH 值大于 7.5 时，以次氯酸根离子为主；pH 值大于 9.5 时，全部为次氯酸根离子。因此，在理论上氯化法在 pH 值为中性偏酸的废水中最有效。

空气中的 O_2 是最廉价的氧化剂，但只能氧化易于氧化的重金属。其代表性例子是把废水中二价铁氧化成三价铁。因为，二价铁在废水 pH < 8 时，难以完成沉淀，且沉淀物沉降速度小，沉淀脱水性能差。而三价铁在 pH 值为 3 ~ 4 时就能沉淀，而且沉淀物性能较好，较易脱水。因此，欲使在酸性废水中的二价铁沉淀，就得把废水中二价铁氧化成三价铁。常用方法是空气氧化。

臭氧（O_3）是一种强化剂。氧化反应迅速常可瞬时完成，但须现制现用。

B 还原法

含重金属离子的废水同还原剂接触反应，将重金属离子还原成金属或将价数较高的离子变为价数较低的离子，这种方法称为还原法。常用的还原剂有金属铁（Fe）、硫酸亚铁（$FeSO_4$）、亚硫酸钠（Na_2SO_3）、亚硫酸氢钠（$NaHSO_3$）、二氧化硫（SO_2）、硫代硫酸钠（$Na_2S_2O_3$）和过硫酸钠（$Na_2S_2O_5$）等。

还原剂的选用应考虑如下几点：（1）对废水中需处理的重金属污染物应有良好的还原作用；（2）在常温下能易于反应，且易于沉淀分离；（3）还原剂来源方便，价格便宜；（4）还原反应时无需大幅度调整 pH 值，且生成物无毒、无害并有回用价值。

8.3.2 物理法

8.3.2.1 沉淀与过滤法

A 沉淀法处理工艺与回用技术

沉淀是利用废水中悬浮颗粒与水的密度差进行分离的基本方法。当悬浮物的密度大于水时，在重力作用下，悬浮物下沉形成沉淀物与水分离。沉淀法是废水处理的基本方法，通常废水处理第一步都是沉淀工艺。

根据水中悬浮物的密度、浓度及凝聚性，沉淀可分为自由沉淀、絮凝沉淀、成层沉淀和压缩沉淀四种基本类型。

按构造沉淀池可分为普通沉淀池和斜板斜管沉淀池，普通沉淀池应用较广，虽类型较多，但主要为辐流式和竖流式沉淀池，除此之外，还有平流式、斜板（管）式和蜂窝式沉淀池等。

B 过滤法处理工艺与回用技术

过滤是去除悬浮物，特别是去除浓度比较低的悬浊液中微小颗粒的一种有效方法。过滤时，含悬浮物的水流过具有一定孔隙率的过滤介质，水中的悬浮物被截留在介质表面或内部而除去。根据所采用的过滤介质不同，可将过滤分为格筛过滤、微孔过滤、膜过滤和深层过滤等几类。

常用的深层过滤设备是各种类型滤池。按过滤速度不同，有慢滤池（＜0.4m/h）、快滤池（4～10m/h）和高速滤池（10～60m/h）三种；按作用力不同，有重力滤池（水头为4～5m）和压力滤池（作用水头15～25m）两种；按过滤时水流方向分类，有下向流、上向流、双向流和径向流滤池四种；按滤料层组成分类，有单层滤料、双层滤料和多层滤料滤池三种。

8.3.2.2　气浮法

A　气浮法原理与分类

气浮法是在废水处理回用时，使微小气泡附着在重金属氢氧化物或悬浮物上，使其密度小于水而浮上，达到清除废水中重金属的目的。为提高气浮效果，有时还需向废水中投加破乳剂，使难于气浮的离子被聚集成可气浮去除的悬浮物。破乳剂常为硫酸铝、聚合氧化铝、三氧化铁等。

气浮处理根据布气方式的不同分为三类：

（1）电解气浮法。电解气浮法装置如图8-4所示，在直流电的电解作用下，正负极分别产生氢气和氧气微气泡。气泡小于溶气法和散气法。该法具有多种作用，除BOD、氧化、脱色等，去除污染物范围广，污泥量少，占地少，但电耗大。有竖流式装置和平流式装置两类。

（2）散气气浮法。有扩散板曝气气浮法和叶轮气浮法两种：

1）扩散板曝气气浮法。压缩空气通过扩散装置以微小气泡形式进入水中。简单易行，但容易堵塞，气浮效果不高，扩散板曝气气浮法如图8-5所示。

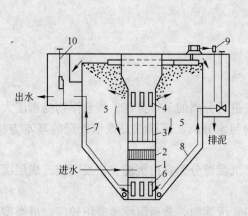

图8-4　电解气浮法装置示意图

1—入流室；2—整流栅；3—电极组；4—出流孔；

5—分离室；6—集水孔；7—出水管；8—排沉淀管；

9—刮渣机；10—水位调节器

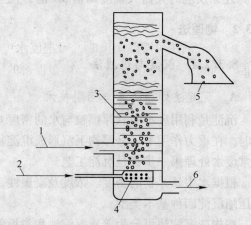

图8-5　扩散板曝气气浮法

1—入流液；2—空气进入；3—分离柱；

4—微孔陶瓷扩散板；5—浮渣；6—出流液

2）叶轮气浮法。适用于处理水量不大，污染物浓度高的废水。

（3）溶气气浮法。根据气泡析出时所处的压力不同，分为溶气真空气浮和加压溶气气浮。加压溶气气浮是利用压力向水中溶入大量空气然后减压释放空气，产出气泡的过程。该方法的特点是水中空气的溶解度大，能提供足够的微气泡，气泡粒径小（20~100μm）、均匀，设备流程简单。加压溶气气浮工艺有三种类型：

1）全溶气法。所有的待处理水都通过溶气罐溶气，该法电耗高，但气浮池容积小。

2）部分溶气法。部分待处理水进入溶气罐溶气，其余的待处理水直接进入气浮室。该法省电，溶气罐小，但若溶解空气多，需加大溶气罐压力。

3）回流加压溶气法。将气浮室的部分出水回流进入溶气罐加压溶气，该法适用于 SS 高的废水，但气浮池容积大。

B　气浮法在有色工业废水处理与回用中的应用

a　电解气浮法

电解浮上法是利用电解反应和二次沉淀，以及浮上、吸附等物理现象进行净化分离的方法。这种方法一般用来除去废水中含有油脂、乳状液和有机悬浮物等比重较轻的物质。

电解浮上法已经比较广泛地应用于废水处理中，如图 8-6 所示[14,18]。

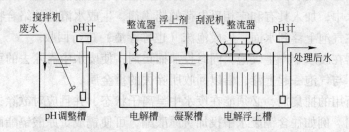

图 8-6　电解浮上装置图

电解浮上法处理重金属废水，具有如下特点：

（1）能把化学处理中沉淀和分离两步合并同时进行，使操作简化。

（2）在采用可溶性阳极时，可把废水中重金属离子基本除净，如处理含镉废水，完全能达到低于排放标准的水平。微量混合的各种重金属络合物也能完全被除去。

（3）对重金属废水处理效果好，微量混合的各种重金属离子在 -pH 接近中性的条件下能较完全地除去。

（4）可对原废液进行处理，如酸性不是过强，可不稀释或调整 pH 值，对水中有机物、油分均能浮上分离或氧化分解。

（5）设备面积小，装置中除设有浮渣清除部件外，无可动部件，不易发生故障，便于维护、操作。

电解浮上法处理废水电耗较高，约为 0.3~0.6kW/m³（废水），因此多作为二级处理使用。为了降低电耗，近年来对絮凝槽和浮上槽的构造做了多方面的改进，使其更加紧凑和小型化。

b　沉淀气浮法

沉淀气浮法就是使用相应抑制剂，使欲去除的重金属离子暂时沉淀，而后投加活化剂和捕集剂，使其上浮而进行回收的方法。该法近年来在国外对处理含重金属离子废水，得到了比较广泛的应用。

例如，往含镉和锌的废水中投加硫化钠（Na₂S），生成沉淀，再用捕集剂 ODAA（Octa Decyl Amine Acetate）十八烷基醋酸胺，进行上浮分离。用这个方法处理镉和锌的结果见表 8 – 11[18]。

表 8 – 11　镉和锌同时去除的结果　　　　　　　　　　　　（mg/L）

编　号	硫化钠浓度	ODAA浓度	pH 值	镉　浓　度			锌　浓　度		
				处理前	处理后	去除率/%	处理前	处理后	去除率/%
1	10	100	8.5	5	0.2	96	10	0.37	96.3
2	20	50	8.5	5	0.034	99.8	10	0.07	99.3
3	30	100	8.5	5	0.001	99.98	10	0.035	99.65
4	40	100	8.5	5	<0.001	>99.98	10	0.1	99

c　离子浮选法

离子浮选法是利用表面活性物质在气—液界面处具有吸附能力的一种方法。如在含有金属离子的废水中，加入具有和它相反电荷的捕集剂，生成水溶性的络合物或不溶性的沉淀物，使其附在气泡上浮到水面，形成泡沫（也称浮渣）进行回收。

通过发生器在废水中产生气泡，同时投加捕集剂，使废水中需除去的重金属离子被吸附在捕集剂上，与气泡一起上浮，借以回收所除去的重金属。

离子浮选所用的捕集剂，必须能在废水中呈离子状态，并且应对欲除去的金属离子具有选择性的吸附。例如往含镉废水中投加黄原酸酯，可使镉成黄原酸镉酯而浮选分离。此法已在冶炼厂废水的处理实践中应用。例如，日本某铜冶炼厂废水量为 1000m³/d，含镉为 1 ~ 3mg/L，含铜为 1 ~ 2mg/L，当戊基黄原酸酯投加量为镉离子的 1.5 ~ 0.2 当量时，处理后出水中含镉为 0.01 ~ 0.05mg/L，铜为 0.4 ~ 0.5mg/L。如向含镉废水中投加烷基苯磺酸钠，处理后出水含镉量可由 2mg/L 降至 0.01mg/L。

8.3.2.3　离心分离法

物体高速旋转时会产生离心力场。利用离心力分离废水中杂质的处理方法称为离心分离法。废水做高速旋转时，由于悬浮固体和水的质量不同，所受的离心力也不相同，质量大的悬浮固体被抛向外侧，质量小的水被推向内层。这样悬浮固体和水从各自出口排除，从而使废水得到处理。

按产生离心力的方式不同，离心分离设备可分为离心机和水力旋流器两类。离心机是依靠一个可随传动轴旋转的转鼓，在外界传动设备的驱动下高速旋转，转鼓带动需进行分离的废水一起旋转，利用废水中不同密度的悬浮颗粒所受离心力不同进行分离的一种分离设备，水力旋流器有压力式和重力式两种。压力式水力旋流器用钢板或其他耐磨材料制造，其上部是直径为 d 的圆筒，下部是锥角为 θ 的截头圆锥体。进水管以逐渐收缩的形式与圆筒以切向连接，废水通过加压后以切线方式进入器内，进口处的流速可达 6 ~ 10m/s。废水在容器内沿器壁向下做螺旋运动的一次涡流，废水中粒径及密度较大的悬浮颗粒被抛向器壁，并在下旋水推动和重力作用下沿器壁下滑，在锥底形成浓缩液连续排出。锥底部水流在越来越大的锥壁反向压力作用下改变方向，由锥底向上做螺旋运动，形成二次涡流，经溢流管进入溢流筒，从出水管排出。在水力旋流中心，形成围绕轴线分布的自下而上的空气涡流柱。

旋流分离器具有体积小，单位容积处理能力高，易于安装、便于维护等优点，较广泛地用于有色金属加工废水处理以及高浊度废水的预处理等。旋流分离器的缺点是器壁易受磨损和电能消耗较大等。器壁宜用铸铁或铬锰合金钢等耐磨材料制造或内衬橡胶，并应力求光滑。重力式旋流分离器又称水力旋流沉淀池。废水也以切线方向进入器内，借进出水的水头差在器内呈旋转流动。与压力式旋流器相比较，这种设备的容积大，电能消耗低。

8.3.3　物理化学法

8.3.3.1　离子交换法

任何离子反应都有三个特征：（1）和其他化学反应一样服从当量定律，即以等当量进行交换；（2）是一种可逆反应，遵循质量作用定律；（3）交换剂具有选择性。交换剂上的交换离子先和交换势大的离子交换。在常温和低温时，阳离子价数越高，交换势就越大；同价离子时原子序数愈大，交换势愈大。强酸阳树脂的选择性顺序为：

$$Fe^{3+} > Al^{3+} > Ca^{2+} > Mg^{2+} > K^+ > H^+$$

强碱阴树脂的选择性顺序为：

$$Cr_2O_7^{2-} > SO_4^{2-} > NO_3^- > CrO_4^{2-} > Cl^- > OH^-$$

当高浓度时，上述前后顺序退居次要地位，主要依靠浓度的大小排列顺序。

由于有色金属废水中的金属大都以离子状态存在，所以用离子交换法处理能有效地除去和回收废水中的重金属。

A　含镉废水处理

采用阳离子交换树脂处理含镉废水，可使废水中镉浓度由 20mg/L 降至 0.01mg/L 以下。镉离子比废水中的一般离子（如钠、钙、镁）具有较强的选择性。据报道，用于处理含镉量低于 1mg/L 的废水时，1kg 树脂能交换镉 21g。经交换吸附饱和后的树脂，用 5% 盐酸再生并回收镉。

当含镉废水中存在较多氰离子、卤素离子时，因形成络合阴离子，如镉氰络合物，可采用适当的阴离子交换树脂进行交换。

值得注意的是，为了消除 Ca、Mg 等离子对交换树脂的影响，在采用交换法处理电镀废水时，漂洗用水应先软化。在实际生产中应防止其他离子的混入，以及采用分级逆流漂洗等措施，以利于提高树脂对镉的实际交换容量。

B　含汞废水处理

汞在废水中以汞的阳离子（Hg^{2+}）、阴离子络合物（$HgCl^{2-}$）和游离的金属汞（Hg）等形式存在。用一般的强碱阴离子交换树脂可以去除汞的络合阴离子，但处理效果差，出水的含汞量仍在 0.1mg/L 以上，而且由于其他阴离子的存在，特别是氯化物含量高时，影响树脂对汞的交换容量。根据汞与硫能化合产生结合力非常强的硫化汞这一特点，合成了一种含有巯基（—SH）的大孔型离子交换树脂（R—SH），除汞的效果很好，出水浓度能达到 0.05 ~ 0.005mg/L，交换容量大，且不受废水中其他盐类的影响。

废水中存在的阴离子络合物成分（$HgCl_4^{2-}$）将按照如下的反应平衡式转变成汞的阳

离子（Hg^{2+}、$HgCl^+$），然后用大孔巯基树脂吸附：

$$Hg^{2+} + 4Cl^- \rightleftharpoons HgCl^+ + 3Cl^- \rightleftharpoons HgCl_2 + 2Cl^-$$

$$HgCl_2 + 2Cl^- \rightleftharpoons HgCl_3^- + Cl^- \rightleftharpoons HgCl_4^{2-}$$

如果废水中含有游离的金属汞，则需用次氯酸钠将金属汞氧化成氯化汞，然后把剩余的氯用活性炭去除，再用大孔巯基树脂处理。

处理工艺流程如图 8 - 7 所示[19]。废水先经氧化使金属汞转变成氧化汞，再通过过滤和除氯，进入树脂床。原水含汞为 20mg/L 的废水，经过处理，出水含汞浓度可小于 0.005mg/L。树脂饱和后用 35% 浓度盐酸再生，再生液可回用。

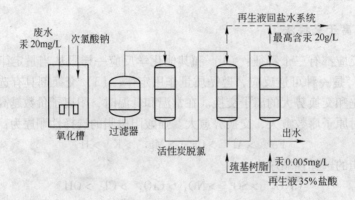

图 8 - 7　大孔巯基树脂回收处理含汞废水

C　含铬废水处理

电镀含铬废水常用离子交换法处理。废水先经过氢型阳离子交换柱，去除水中三价铬及其他金属离子。同时，氢离子浓度增高、pH 值下降。当 pH = 2.3 ~ 3 时，三价铬则以 $HCrO_4^-$、$Cr_2O_7^{2-}$ 的形态存在。从阳柱出来的酸性废水进入阴柱，吸附交换废水中的 CrO_4^{2-}、$HCrO_4^-$、$Cr_2O_7^{2-}$ 等阴离子。交换反应达到终点后，阳柱用盐酸，阴柱用氢氧化钠溶液再生。

为回收铬酐，阴柱再生洗液需通过氢型阳离子交换柱处理：

$$4RH + 2Na_2CrO_4 \rightleftharpoons 4RNa + H_2Cr_2O_7 + H_2O$$

氢型阳离子交换树脂失效后用盐酸再生：

$$RNa + HCl \rightleftharpoons RH + NaCl$$

回收处理含铬废水实践证明，废水中六价铬在中性条件下是以铬酸根形式存在，而在酸性条件下 pH = 2.3 ~ 5.5 时，几乎全部的铬酸根都转变为重铬酸根。铬以重铬酸根形式通过阴树脂柱时，比以铬酸根形式通过有两个显著的优点：一是由于 CrO_4^{2-} 与 $Cr_2O_7^{2-}$ 的价数一样，都是负二价的，但后者多含一个铬原子，因而当与树脂发生交换反应时，同一数量的树脂所吸附的铬要比呈 CrO_4^{2-} 时多一倍；二是阴离子交换树脂对重铬酸根的亲和力非常强。由于废水中常存在硫酸根（SO_4^{2-}）和氯根（Cl^-），所以在中性条件下，树脂不但吸附有 CrO_4^{2-}，而且同时吸附大量的 SO_4^{2-} 和 Cl^-，这样既影响树脂的交换容量，又影响回收铬酸的纯度。当在酸性条件下操作时，由于废水中六价铬均以 $Cr_2O_7^{2-}$ 形式存在，其亲和力远大于树脂对其他阴离子的亲和力，这样，随着废水不断地通过树脂床时，已经吸附在树脂上其他阴离子（SO_4^{2-}、Cl^-）的位置上，又不断地被 $Cr_2O_7^{2-}$ 所代替。因此，在酸性条件下操作时，树脂的工作交换容量要比中性条件时大得多。为了充分利用树脂的上述特性，在实际生产时，较普遍使用双阴柱全饱和流程，如图 8-8 所示[19]。这种流程能使离子交换树脂保持较高的交换容量，大大减少氯与硫酸根离子，增大铬酐浓度。

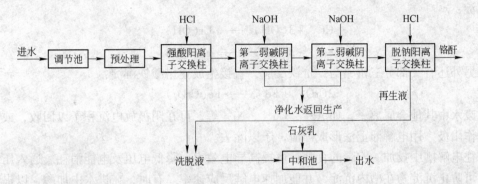

图 8-8 离子交换法处理含铬废水

D 贵重金属废水处理

金、铂和银都是有价值和重要用途的贵金属，这些金属离子在废水中总是以极高选择性络合物存在，如 $Au(CN)_2^-$、$PtCl_6^{2-}$、$Ag(CN)_2^-$、$Ag(S_2O_3)_3^{4-}$ 等，因此，即使废水中含有痕量贵金属，通常也采用离子交换树脂将其回收。由于这些贵金属从树脂洗脱下来比较困难，常采用干燥和焚烧树脂方法回收。当今对贵金属废水处理回收，膜技术更为经济有效。

8.3.3.2 电解法

A 电解法基本原理

电解是利用直流电进行溶液氧化还原反应过程。例如电解处理含氰废水是典型的直接电化学氧化还原过程，废水中的氰在阳极被氧化成氰酸盐、二氧化碳和氮气等物质，其反应式是：

$$CN^- + 2OH^- - 2e \longrightarrow CNO^- + H_2O$$
$$2CNO^- + 4OH^- - 6e \longrightarrow 2CO_2\uparrow + N_2\uparrow + 2H_2O$$

B 电解槽形式与控制条件

电解槽形式有：回流式电解槽、翻腾式电解槽、用铁或铅作阳极的电解槽等。

电解法控制条件有：电流密度、废水 pH 值、空气搅拌状况、阳极钝化状况以及槽电压改善状况与电极材料选择等。

C 电解法在有色金属工业废水处理与回用中的应用

a 电解法处理含铬废水

电解法处理含铬废水，其六价铬（$Cr_2O_7^{2-}$ 及 CrO_4^{2-}）主要在阳极还原。采用铁板作电极，在直流电的作用下，铁阳极溶解的亚铁离子，使六价铬还原为三价铬，亚铁变为三价铁：

$$Fe - 2e \longrightarrow Fe^{2+}$$

$$Cr_2O_7^{2-} + 6Fe^{2+} + 14H^+ \longrightarrow 2Cr^{3+} + 6Fe^{3+} + 7H_2O$$
$$CrO_4^{2-} + 3Fe^{2+} + 8H^+ \longrightarrow Cr^{3+} + 3Fe^{3+} + 4H_2O$$

阴极主要为氢离子放电，析出氢气。由于阴极不断析出氢气，废水逐渐由酸性变为碱性。pH 值由大约为 4.0~6.5，提高到 7~8 左右，因此三价铬、三价铁极易形成氢氧化物沉淀：

$$Cr^{3+} + 3(OH)^- \longrightarrow Cr(OH)_3 \downarrow$$
$$Fe^{3+} + 3(OH)^- \longrightarrow Fe(OH)_3 \downarrow$$

另外还有一部分三价铬与二价铁反应，直接生成亚铬酸铁沉淀：

$$2CrO_4^{3-} + Fe^{2+} \longrightarrow Fe(CrO_4)_2 \downarrow$$

废水中其他金属离子，如 Ag^+、Cu^{2+}、Ni^{2+} 等，可在阴极放电沉积予以回收，或用铝或铁作阳极，用电解浮上法形成浮渣，予以除去。

往电解槽中投加一定量的食盐，可提高导电效率，降低电压及电能消耗。通入压缩空气，可防止沉淀物在槽内沉淀，并能加速电解反应速率。有时，在进水中加酸，以提高电流效率，改善沉淀效果。但是否必要，应通过试验比较确定。

b　凝聚电解法处理技术

凝聚电解法在重金属废水处理回用中应用较广，其特点如下：

（1）废水电解前投加凝聚剂。废水电解前投加凝聚剂——三价铁盐，该铁盐在废水中溶解为 Fe^{3+}，它与废水中 OH^- 直接生成 $Fe(OH)_3$，进行有效的凝聚吸附。由于投加三价铁盐后，把普通电解法仅依靠铁阳极溶出二价铁离子以产生氢氧化铁为主的凝聚反应，转变成为废水改性后由阳极溶出二价铁和新增加的三价铁共同产生凝聚反应。如三价铁盐为三氯化物，还可将普通电解法依靠阳极放电生成氧来氧化分解功能，转变为氯氧化为主的氧化分解功能。其结果可降低电耗与阳极铁消耗量。凝聚电解法与普通电解法相比，电耗可降低 50%，阳极铁耗可降低 70% 左右。

（2）采用气水混合电解处理。工业废水中常含有铁离子，电解出水中如残留二价铁，接触空气后渐渐氧化为三价铁，即出现泛黄现象。消除出水泛黄现象主要是提高废水的溶解氧，可在电解前用射流器将空气吸入输水管中，形成气水混合体流向电解槽。由于水中有大量微气泡和溶氧量增加，阳极溶出的二价铁氧化为三价铁获得了氧源，同时大量产生微气泡又为凝聚产物快速上浮创造了条件。可使废水中含铁量下降至 1mg/L 以内，达到废水回用的目的。

凝聚电解法的设备包括电解槽、电极板组、格板和污泥分离设备。电解槽由隔板隔成若干个串联的折返式电解凝聚反应格，被处理废水在电解凝聚反应隔间折返上、下流动。

c　隔膜电解法处理技术

隔膜电解法是一种改进的电解法，用膜隔开电解装置的阳极和阴极，使电渗析和电解过程同时进行的一种隔膜电解法。根据所用隔膜的性质，可分为选择性离子透过膜电解和非离子透过膜电解。

工业废水经过化学处理后，其中所含的有毒重金属离子转变成氢氧化物，碳酸盐，硫化物、氧化物等难溶性物质，经沉淀后去除。沉淀泥浆中含有有毒重金属，可采用隔膜电解法回收。其回收装置如图 8-9 所示[20]。

泥浆溶解产生的重金属离子通过隔膜转移到阴极室，在阴极还原为金属而析出。这种回收金属方法效率较高。

镀铬大多以铬酐为主。由于杂质阳离子的积蓄，六价铬浓度降低，三价铬浓度增加。当三价铬和杂质离子达到一定浓度，电镀液就失效。如把三价铬氧化成六价铬，把金属杂质除去，废镀液就能再生重新使用。隔膜电解法能有效地再生这种废液，其原理如图 8 – 10 所示[20]。

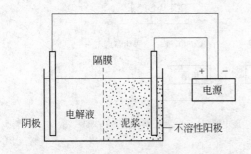

图 8 – 9 从泥浆中回收重金属的隔膜电解法

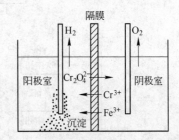

图 8 – 10 隔膜电解法再生镀铬废液原理图

阴极室：
$$Fe_2(CrO_4)_3 \rightleftharpoons 2Fe^{3+} + 3CrO_4^{2-}$$

$$Fe^{3+} + 3e + 3H_2O \longrightarrow Fe(OH)_3 \downarrow + \frac{3}{2}H_2$$

阳极室：CrO_4^{2-} 从阴极室迁移到阳极室
$$Cr^{3+} - 3e \longrightarrow Cr^{6+}$$

8.3.3.3 萃取电积法

萃取电积法是近年来新开发的废水处理方法。萃取电积法的原理是利用分配定律，用一种与水互不相溶，但对废水中某种污染物有溶解度的有机溶剂，从废水中分离去除该污染物。该法的优点是设备简单，操作简便，萃取剂中重金属含量高，反萃取后可以电解得到金属。缺点是要求废水中的金属含量较高，否则处理效率低，成本高。

如来自于某废石场的酸性废水、废水水质状况见表 8 – 12[1]。

表 8 – 12 处理前的废水水质指标　　　　　　　　　　　　（mg/L）

项　目	Fe	Zn	Cu	As	Cd	Pb
浓　度	26858	133	6294	33	7	0.97

注：pH 值小于 4.5。

废水水质表明，废水中含 Fe、Cu 高，pH 值低，适合采用萃取电积法工艺。具体的工艺流程如图 8 – 11 所示。

废水经萃取、反萃取及电积等过程处理后得到含 99.95% Cu 的二级电解铜，萃取和反萃取剂可得到回收。加氨水于萃余相中除铁得到铁渣，铁渣经燃烧后获得用作涂料的铁红，除铁后的滤液因酸度较高，加入石灰连续两次中和，以提高 pH 值，使废水达到排放标准或回用。运行效果见表 8 – 13[1]。

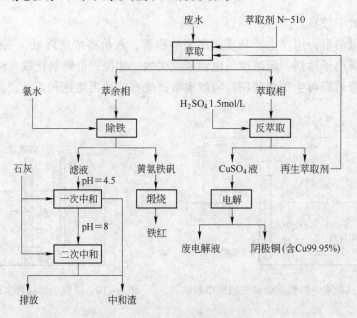

图 8 - 11 萃取电积法处理废水工艺流程

表 8 - 13 处理后废水水质 （mg/L）

项 目	Fe	Zn	Cu	As	Cd	Pb
浓 度	痕量	0.47	0.02	痕量	0.08	痕量

注：pH 值为 8.5。

8.3.3.4 吸附法

吸附法是利用多孔固体吸附剂的表面活性，吸附废水中的一种或多种污染物，达到废水净化的目的。根据固体表面吸附力的不同，吸附可分为以下三种类型：

（1）物理吸附。吸附剂和被吸附物质之间通过分子间力产生的吸附为物理吸附。物理吸附是一种常见的吸附现象。由于吸附是分子间力引起的，所以吸附热较小；物理吸附不发生化学作用，在低温下就可以进行。被吸附的分子由于热运动还会离开吸附表面，这种现象称为解吸，它是吸附的逆过程。降温有利于吸附，升温有利于解吸。由于分子间力是普遍存在的，所以一种吸附剂可吸附多种物质，但由于被吸附物质性质的差异，某一种吸附剂对各种被吸附物质的吸附量是不同的。

（2）化学吸附。吸附剂和被吸附物质之间发生由化学键力引起的吸附称为化学吸附。化学吸附一般在较高温度下进行，吸附热较大。一种吸附剂只能对某种或几种物质发生化学吸附，化学吸附具有选择性，化学吸附比较稳定。

（3）离子交换吸附。离子交换吸附就是通常所指的离子交换。

物理吸附、化学吸附和离子交换吸附这三种过程并不是孤立的，往往是相伴发生的。水处理中，大部分的吸附现象往往是几种吸附综合作用的结果。由于被吸附物质、吸附剂及其他因素的影响，可能某种吸附是主要的。

吸附法处理废水，就是利用多孔性吸附物质将废水中的污染物质吸附到它的表面，从而使废水得到净化，常用的吸附物质有活性炭、磺化煤、矿渣、高炉渣、硅藻土、高岭土及大孔型吸附树脂等。吸附法可去除废水中难以生物降解或化学氧化的少量有机物质、色素及重金属离子。该方法处理成本较高，吸附剂再生困难，一般用于废水深度处理与废水处理回用。

8.3.4 生物法

生物法处理有色金属工业废水是近几年发展的技术，主要用于：（1）生物法处理高浓度含铬废水；（2）利用微生物从重金属污泥中去除重金属；（3）人工湿地法处理有色金属选矿废水等。

8.3.4.1 生物法处理原理

自然界中的细菌分为两类，一类是异养细菌，它从有机物中摄取自身活动所需的能源为构成细胞所需的碳源；另一类是自养细菌，它从氧化无机化合物中取得能源，从空气中的 CO_2 中获得碳源。自养细菌与重金属之间有多种关系，通过利用这些关系，可对含有重金属的矿山废水进行处理。主要机理有：氧化作用，存在有氧化重金属的细菌，如铁氧菌 $Fe^{2+} \rightarrow Fe^{3+}$ 等；吸附、浓缩作用，存在有把重金属吸附到细菌体表面或体内的细菌、藻类。

目前，研究最多的是铁氧菌和硫酸还原菌，进入实际应用最多的是铁氧菌。铁细菌是生长在酸性水体中好气性化学自养型细菌的一种，它可氧化硫化型矿物，其能源是二价铁和还原态硫。该细菌最大特点是，它可以利用在酸性水中将二价铁离子氧化为三价而得到的能量和将空气中的碳酸气体获得碳源从而生长，与常规化学氧化工艺比较，可以廉价地氧化二价铁离子[21,22]。

就废水处理工艺而言，直接处理二价铁离子与二价铁离子氧化为三价离子再处理这两种方法比较，后者可以在较低的 pH 值条件下进行中和处理，可以减少中和剂使用量，并可选用廉价的碳酸钙作为中和剂。且还具有减少沉淀物产生量的优点。

黄铁矿型酸性废水的细菌氧化机理一般来说有直接作用和间接作用两种，主要反应是

$$2FeS_2 + 7O_2 + 2H_2O \xrightarrow{细菌} 2Fe + 4SO_4^{2-} + 4H^+ \qquad (8-5)$$

$$4Fe^{2+} + O_2 + 4H^+ \xrightarrow{细菌} 4Fe^{3+} + 2H_2O \qquad (8-6)$$

$$FeS_2 + 2Fe^{3+} \xrightarrow{细菌} 3Fe^{2+} + 2S \qquad (8-7)$$

式（8-7）中的硫被铁氧化菌进一步氧化，反应如下：

$$2S + 3O_2 + 2H_2O \xrightarrow{细菌} 2SO_4^{2-} + 4H^+ \qquad (8-8)$$

对于微生物的直接作用，Panin 等人认为是电化学上的相互作用为基础，细菌增强了这种作用。细菌借助于载体被吸附至矿物颗粒表面，物理上借助分子间的相互作用力，化学上借助于细菌的细胞与矿物晶格中的元素之间形成化学键。当细菌与这些矿物颗粒表面接触时，会改变电极电位，清除矿物表面的极化，使 S 和 F 完全氧化，并且提高了介质标准氧化还原电位，产生强的氧化条件。

式（8-5）、式（8-8）为细菌直接氧化作用的结果。如果没有细菌参加，在自然条

件下这种氧化反应是相当缓慢的，相反，在有细菌的条件下，反应被催化快速进行。

式（8-6）、式（8-7）为细菌间接氧化的典型反应式。从物理化学因素上分析，pH 值低时，氧化还原电位高，高电位值适合于好氧微生物生长，生命旺盛的微生物又促进了氧化还原过程的催化作用。

总之，伴有微生物参加的氧化还原反应是一个包括物理、化学和生物现象相互作用的复杂工艺过程，微生物的直接作用和间接作用同时存在，有时以直接作用为主，有时以间接作用为主。

铁氧菌是一种好酸性的细菌，但卤离子会阻碍其生长，因此，废水的水质必须是酸性的，此外，废水的 pH 值、水温、所含的重金属类的浓度以及水量的负荷变动等对铁氧菌的氧化活性也具有较大的影响。

8.3.4.2　生物法影响因素

生物法有以下影响因素：

（1）pH 值。pH 值对铁氧菌的影响很大，最佳 pH 值是 2.5 ~ 3.8，但在 1.3 ~ 4.5 的范围时也可以生长，即使希望处理的酸性污水 pH 值不属于最佳范围，也可以在铁氧菌的培养过程中加以驯化。如松尾矿山污水初期的 pH 值仅为 1.5，研究者通过载体的选择，采用耐酸、凝聚性强和比表面积大的硅藻土来作为铁氧菌的载体，很好地解决了菌种的问题。

（2）水温。铁氧菌属于中温微生物，最适合的生长温度一般为 35℃，而实际应用中水温一般为 15℃。研究发现，即使水温低到 1.35℃，当氧化时间为 60min 时，Fe^{2+} 也能达到 97% 的氧化率。这可能是在硅藻土等合适的载体中连续氧化后，铁氧菌大量增殖并浓缩，氧化槽内保持极高的菌体浓度的原因。因此，可以认为，低温废水对铁氧菌的氧化效果影响不大。一般硫化型矿山废水都能培养出适合本身的铁氧菌菌种。

（3）重金属浓度。微生物对产生废水的矿石性质有一定的要求，过量的毒素会影响细菌体内酶的活性，甚至使酶的作用失效。表 8-14 是铁氧菌菌种对金属的生长界限范围[22,23]。

表 8-14　铁氧菌菌种对金属的生长界限范围　　　　（mg/L）

金属	Cd^{2+}	Cr^{3+}	Pb^{2+}	Sn^{2+}	Hg^{2+}	As^{3+}
范围	1124 ~ 11240	520 ~ 5200	2072 ~ 20720	119 ~ 1187	0.2 ~ 2	75 ~ 749

一般说来，铁、铜、锌除非浓度极高，否则不会阻碍铁氧菌的生长。从表 8-14 可以看出，铁氧菌的抗毒性是很强的。值得注意的是，铁氧菌对含氟等卤族元素的矿山很敏感，此种矿山产生的废水不适合铁氧菌菌种的生存。就我国矿山来说，绝大多数矿山废水对铁氧菌不会产生抑制作用。

（4）负荷变动。低价 Fe^{2+} 是铁氧菌的能源，细菌将 Fe^{2+} 氧化为 Fe^{3+} 而获得能量，Fe^{3+} 又是矿物颗粒的强氧化剂，Fe^{3+} 在 Fe^{2+} 的氧化过程中起主导作用。因此，当 Fe^{2+} 的浓度降低时，铁氧菌会将二价铁离子氧化为三价铁离子时产生的能量作为自身生长的能量，相应引起菌体数量及活性的不足、氧化能力的下降。但是，短期性的负荷变动，由于处理装置内的液体量本身可起到缓冲作用，因此不会产生太大的影响。

综上所述，处理重金属废水的方法很多，各种方法均有其优缺点。目前最常用的方法是化学沉淀法，它能快速去除废水中的金属离子，工艺过程简单，但存在出水金属浓度偏高，易产生二次污染，废水回用困难等缺点。特别是当金属离子浓度低到 $1 \sim 10mg/L$ 时，用化学沉淀法难于达到理想的效果。其他方法如离子交换法、活性炭吸附法、电渗析、反渗透等，虽然处理效果较好，但由于运行费用及原材料成本相对过高，如传统的吸附法采用昂贵的活性炭和离子交换树脂等吸附剂，难以适应大规模废水处理的需要。

与传统化学、物理化学方法相比，生物法具有经济高效、环境友好且无回用障碍等优点，已成为公认最具发展前途的方法。

8.4 有色金属工业节水减排与废水处理回用技术发展趋势

对于有色金属工业废水，目前应用石灰中和法最为广泛，基本能实现废水中金属，特别是重金属废水达标排放要求和部分废水回用，对缓解重金属对环境危害起到了积极作用。但石灰中和法除了存在大量石灰渣二次污染问题外，还存在如下问题：一是金属排放总量大，有色资源浪费严重；二是造成净化水中 Ca^{2+} 及碱度升高，废水回用难度大；三是净化水回用过程中结垢现象严重，难以全部回用；四是工艺处理成本日趋升高，使石灰中和法处理优势日渐丧失。因此，要想实现有色金属工业废水"零排放"，必须对现有石灰中和法进行革新，研究开发新工艺，从根本上解决问题。

根据国内外有色金属工业节水减排技术研究动向，其发展趋势为：

(1) 革新传统石灰中和法，降低废水中盐类物质。

(2) 对现有处理技术进行组合创新。

(3) 强化膜分离技术研究，解决废水中金属回收与净化水回用问题。

(4) 开发与扩展生物氧化技术在有色金属废水中的应用。

8.4.1 革新传统石灰中和法

对传统石灰中和法进行革新，可从以下两方面进行：

(1) 开发石灰渣回流新工艺。该工艺可解决传统石灰中和沉淀法处理重金属废水在高 pH 值（pH = 10.5 ~ 11）才能达标排放的技术瓶颈；实现控制 pH 值为 8.5 左右处理达标排放；大大降低净化后废水中钙离子浓度，为废水重复利用奠定基础。

(2) 经中和反应后的废水在沉淀（降）池进行沉淀，其中沉降渣称为中和渣。部分返回中和沉淀池循环使用，形成石灰渣回流工艺。经沉淀处理后上清液，根据生产用水水质要求，部分返回工序或加入水质稳定剂循环使用；部分废水进行深度处理，作为高端生产用水或勾兑循环使用。

采用中和渣回流新工艺与传统石灰中和法相比，浓缩后渣的含水率平均为 77.3%，与传统法的含水率的 97.9% 相比下降了 20.7%；渣中的重金属含量提高到 31% ~ 33%，使渣中重金属回收率提高 25% 左右；净化后水中锌、铅、铜、镉、砷等重金属离子浓度都很低，为废水资源循环回用和有色重金属回收奠定基础。其工艺流程如图 8 - 12 所示[8]。

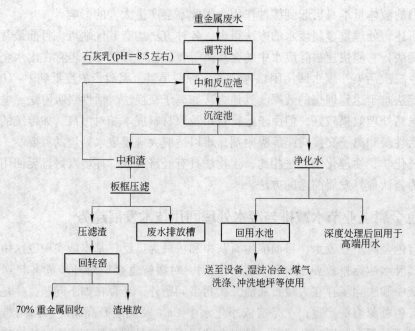

图 8 - 12　改进的石灰中和法处理工艺流程

8.4.2　组合处理工艺与技术

由于有色金属冶炼废水成分复杂，单一的处理技术，未必能实现废水资源化与回用，而需要将多种技术进行组合，充分发挥组合工艺技术。现以某铜业有限公司的冶炼废水为例进行介绍。

8.4.2.1　废水水质水量与处理工艺

某铜业有限公司是我国大型铜冶炼企业，年产铜 10^5 吨，采用先进的富氧闪速冶炼技术，375kt/a 烟气制酸系统采用稀酸洗涤、两转两吸工艺流程。该公司冶炼厂原料铜精矿绝大部分是从国外购进。由于铜精矿来源不一，其杂质（如砷、氟、锌、镉等）含量波动较大，致使废酸及废水中的杂质含量波动较大。公司根据实际情况，在国内首创了铜、砷分步硫化沉淀法处理制酸系统净化工序排出的废酸。结合废水特性，具体的酸性废水处理工艺流程是"石膏制造—硫化脱铜—硫化脱砷—中和—铁盐氧化"等。

A　废酸、废水水质

该公司的废酸、废水主要来源于硫酸车间以及各冶炼车间地面冲洗水、工艺外排水和雨水等。具体的废水水质见表 8 - 15 和表 8 - 16[3]。

表 8 - 15　废水水质　　　　　　　　　　　　　　（mg/L，pH 值除外）

检测项目	pH 值	Zn	Pb	Cu	Cd	F	Fe
浓度	1.93	273.1	0.09	153.2	0.003	76.4	485.7

表 8-16　废酸量及主要成分

项　目	H$_2$SO$_4$	As	Cu	Zn	Fe	Cl	F	SS	SO$_2$
排出量/kg·d^{-1}	43764	1763	390	163	388	282	173	265	265
含量/g·L^{-1}	165	6.60	1.47	0.62	1.46	1.06	0.65	1.0	1.0

B　废酸、废水处理工艺

从制酸系统净化工序一级动力波洗涤器循环液中抽取的废酸，含有大量的硫酸及较高的铜、砷、氟等杂质，采取石膏制造工序和分步硫化沉淀工序对其中有价部分进行回收，废酸处理后，将含酸或尘的地面水或雨水、电解酸雾净化后废水汇集于集中水池，送废水处理系统集中用中和—铁盐氧化工序处理。各工序具体如下：

（1）石膏工序。分离了固体沉淀物（主要成分 PbSO$_4$）及脱除了 SO$_2$ 气体的废酸进入石膏制造工序，在 1 号石膏反应槽与加入的石灰乳反应，生成 CaSO$_4$·2H$_2$O，再进入 2 号石膏反应槽进一步反应后，经浓密机浓缩。石膏浓密机底流经离心分离机分离得到石膏，上清液及离心机滤液送往硫化沉淀工序进行脱铜、脱砷处理。石膏工序的工艺流程如图 8-13 所示。

（2）硫化工序。硫化工序的工艺流程如图 8-14 所示[3]。

经石膏工序除去大部分硫酸的滤液进入原液储槽后，送入硫化氢吸收塔喷淋，吸收硫化氢气体后进入一级硫化反应槽，反应槽控制一定的 pH 值和 ORP 值（氧化还原电位值），使废酸中的铜离子首先发生硫化反应生成硫化铜沉淀物，通过一级浓密机进行沉降分离、底流经铜压滤机压滤，滤饼返回熔炼系统，滤液和一级浓密机上清液一起进入二级硫化反应槽。在二级硫化反应槽中继续加入硫化钠，并控制一定的 pH 值和 ORP 值，使其中的砷离子发生反应生成硫化砷沉淀物，通过二级浓密机进行沉降分离，底流送入砷压滤

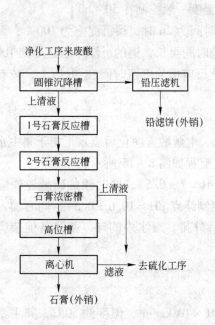

图 8-13　石膏工序的工艺流程

图 8-14　硫化工序工艺流程

机压滤，砷滤饼送砷滤饼库堆存，滤液及二级浓密机上清液一起送往排水处理系统进一步处理后达标排放。硫化反应槽及浓密机等处溢出的少量硫化氢气体，在经过硫化氢吸收塔初步吸收后，再经除害塔用氢氧化钠进一步吸收后排放。

该工艺的先进之处是分步硫化。下面是分步硫化的反应机理：

分步硫化工艺是通过 pH 值、ORP 值对硫化反应进行控制，有选择地回收金属，减少排污量。

经石膏制造工序处理后的废酸中含砷、铜等重金属离子，往废酸中添加 Na_2S、$NaHS$ 等硫化剂，控制 pH 值和 ORP 值，对铜和砷进行有选择性的硫化，优先沉降铜，再沉降砷，达到铜滤饼和砷滤饼分开的目的。以硫化铜为主的滤饼返回熔炼系统，以硫化砷为主的滤饼堆存或用以制作氧化砷。分步硫化主要反应如下：

$$H_2SO_4 + Na_2S \longrightarrow Na_2SO_4 + H_2S$$

$$CuSO_4 + Na_2S \longrightarrow Na_2SO_4 + CuS \downarrow$$

$$2HAsO_2 + 3Na_2S + 3H_2SO_4 \longrightarrow 3Na_2SO_4 + As_2S_3 \downarrow + 4H_2O$$

$$3CuSO_4 + As_2S_3 + 4H_2O \longrightarrow 3CuS \downarrow + 2HAsO_2 + 3H_2SO_4$$

CuS、As_2S_3 沉淀都有各自合适的 pH 值及相应的 ORP 值，而且范围比较宽。为了有利于 Cu^{2+} 与 As_2S_3 进行反应，对铜优先沉降，控制 pH 值是关键。通过实验表明，pH 值小于 2 时，反应的 pH 值越高，铜、砷分离得越好；在 pH 值达到 2 时，铜沉淀率可达 100%，而砷沉淀率仅为 2% ~ 3%。为了实现分步硫化沉淀铜、砷，一级硫化反应槽和二级硫化反应槽的 pH 值和 ORP 值控制如下：

一级硫化反应槽：pH 值 2；ORP 值 200 ~ 250mV（根据具体情况调整）。

二级硫化反应槽：pH 值 1.5 ~ 2；ORP 值 0 ~ 50mV（根据具体情况调整）。

温度越高，Cu^{2+} 与 As_2S_3 的反应越容易进行。温度为 50 ~ 70℃ 时，铜的沉淀率为 80% ~ 100%，砷的沉淀率为 2% ~ 3%。反应温度一般控制在 50 ~ 60℃。

控制适宜的 pH 值（Na_2S 稍过量），反应时间为 2h 时，铜沉淀率为 100%，而砷的沉淀率为 5% 左右；但 Na_2S 加入量不足时，反应时间再长，铜的沉淀率也达不到 100%。由此可判断，Na_2S 加入量稍许过剩，废酸在硫化反应槽的停留时间在 2h 以上，较有利于实现铜、砷的分步沉淀。

C　中和—铁盐氧化工序

废酸处理后液、含酸或尘的地面水或雨水、电解酸雾净化后废水汇集于集中水池，送废水处理系统集中处理。废水处理系统的工艺流程如图 8 - 15 所示。

混合废水用石灰乳一次中和（控制终点 pH = 7 ± 0.5），同时投加硫酸亚铁溶液与砷共沉，经表面曝气氧化，再进行二次中和（控制终点 pH = 10.0 ± 0.5），同时加入絮凝剂（聚丙烯酰胺），中和后经浓密、过滤、澄清后外排，废水中的砷、氟及其他杂质进入中和渣。

8.4.2.2　废酸处理系统技术参数

废酸原液的处理量为 265m³/d，密度 $1.101 \times 10^3 kg/m^3$，温度约 50℃，其主要成分见表 8 - 17。

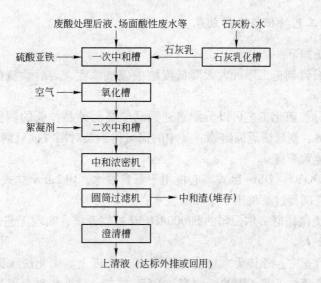

图 8-15 中和—铁盐氧化工序工艺流程

表 8-17 废酸原液的主要成分   (g/L)

成分	H_2SO_4	As	Cu	Zn	Fe	Cl	F	SS	SO_2
含量	165	6.60	1.47	0.62	1.46	1.06	0.65	1.0	1.0

石膏滤饼的产量为 90.6t/d，其主要成分见表 8-18。

表 8-18 石膏滤饼的主要成分   (%)

H_2O	$CaSO_4 \cdot 2H_2O$	H_2SO_4	F	As	不纯物
10.0	83.32	0.02	0.10	0.04	6.52

铜、砷滤饼的产量分别为 1461kg/d、6162kg/d，其主要成分含量见表 8-19。

表 8-19 铜、砷滤饼的主要成分含量   (%)

滤饼种类	H_2SO_4	As	Cu	S	H_2O
铜滤饼	0.014	2.38	25.69	12.94	52.11
砷滤饼	0.012	27.56	0.12	17.64	51.42

石膏滤液量为 480m³/d，铜滤液量为 506m³/d，砷滤液量为 586.6m³/d，其主要成分含量见表 8-20。

表 8-20 滤液的主要成分含量   (mg/L)

滤液种类	H_2SO_4	As	Cu	Zn	Fe	F	SO_2
石膏滤液	1.55	3.61	0.80	0.33	0.79	0.18	0.55
铜滤液	1.47	3.41	0.02	0.32	0.74	0.17	0.05
砷滤液	1.54	0.1		0.30	0.64	0.15	

8.4.2.3　工艺特征与运行效果

该工艺特征如下：

（1）采用石膏制造工序可大大降低废酸中硫酸浓度，为后续硫化工序和设备减轻腐蚀提供条件；

（2）采用分步硫化工艺可以分别得到铜品位高而砷品位低的铜滤饼和砷品位高而铜品位低的砷滤饼，铜滤饼返回熔炼，其中的铜可得到及时回收，只剩砷滤饼入库堆存，且硫化法除铜、砷效率高；

（3）引进 DOYY – Olive 卧式离心机用于石膏脱水，用 Larox 立式压滤机用于铜、砷滤饼脱水；艾姆克圆筒过滤机用于中和渣脱水；

（4）采用美国霍尼韦尔公司的 S9000/R150 控制系统，实现工艺过程高度自动化，每班操作人员仅 2 人。

几年来运行正常，外排废水综合达标率 99.5% 以上。硫化法除铜、砷效率达 99.5% 以上，实施分步硫化工艺，铜的回收率达 95% 左右。对类似重金属冶炼废水具有良好借鉴作用[3]。

8.4.3　膜分离技术开发与应用

随着膜材料的发展，高效膜组件的开发，膜分离技术应用不断扩大，在有色金属工业废水处理回用、有色金属物质分离和浓缩方面，反渗透技术和电渗析技术都发挥了重要作用。

8.4.3.1　反渗透法处理有色重金属废水

A　有色电镀废水

渗透的定义是：一种溶剂（如水）通过一种半透膜进入一种溶液，或者是从一种稀溶液向一种比较浓的溶液的自然渗透。如在浓溶液一边加上适当压力，即可使渗透停止。此压称为该溶液的渗透压，此时达到渗透平衡。

反渗透的定义是：在浓液一边加上比自然渗透压更高的压力（一般操作压力为 2 ~ 10MPa），扭转自然渗透方向，把浓溶液中的溶剂（水）压到半透膜的另一边稀溶液中，这是和自然界正常渗透过程相反的，因此称为反渗透。

反渗透过程必须具备两个条件，一是操作压力必须高于溶液的渗透压；其二必须有高选择性和高渗透性的半透膜。

反渗透法处理镀镍漂洗水始于 20 世纪 70 年代后，此后又用于镀铬、镀铜、镀锌、镀镉、镀金、镀银以及混合电镀废水的处理。由于该技术处理工艺简单，容易回收利用和实现封闭循环，还有不耗用化学药剂、省人工、占地少等优点，且具有较好的经济效益，因此得到了在重金属废水处理中的应用。

由于电镀废水水质相当复杂，有强酸、强碱、强氧化性物质，也有有机和无机络合剂、光亮剂还有少量胶体，因此进入反渗透器前须采取预处理去除杂质。进入反渗透器后把废水分为有较高浓度电镀化学药品的"浓水"和净化了的"透过水"。浓水进一步蒸发浓缩返回电镀槽，透过水返回漂洗槽重复使用。消除了电镀废水排放，而且回收有价值的电镀化学药品,降低了漂洗水用量。表 8 - 21 是对 9 种电镀重金属废水进行反渗透法处理结果[24]。

表 8 - 21 中空纤维反渗透器对各种重金属废水的处理结果

废水名称	质量分数/%		操作条件			透水量 /L·min⁻¹	去除率	
	总可溶固体	废液	压力/MPa	温度/℃	pH 值		可溶固体 去除/%	金属离子 去除/%
NaOH 中和铬酸	0.28 ~ 4.5	0.6 ~ 10	2.75	20 ~ 39	4.5 ~ 6.1	11.4 ~ 4.16	99 ~ 98	Cr^{6+} 95 ~ 99
未中和的铬酸	0.4 ~ 4.11	1.5 ~ 15	2.75	29	1.2 ~ 1.9	9.80 ~ 4.54	84 ~ 95	Cr^{3+} 87 ~ 97
焦磷酸铜	0.18 ~ 5.22	0.55 ~ 16	2.75	28 ~ 31	2.88 ~ 1.34	10.90 ~ 5.07	92 ~ 99	Cu^{2+} 99 $P_2O_7^{4-}$ 98 ~ 99
氨基磺酸镍	0.5 ~ 4.11	1.6 ~ 13	2.75	29 ~ 30	2.02 ~ 0.96	7.65 ~ 3.63	95 ~ 97	Ni^{2+} 91 ~ 98 Br^- 91 ~ 100 硼酸 40 ~ 62
氟酸镍	0.88 ~ 5.8	3.4 ~ 23	2.75	19 ~ 23	2.06 ~ 10.9	77.97 ~ 41.26	65 ~ 60	Ni^{2+} 70 ~ 78
铜氰化物	0.57 ~ 3.71	1.6 ~ 10	2.75	26	1.82 ~ 0.26	6.89 ~ 2.35	98 ~ 97	Cu^{2+} 99 CN^- 92 ~ 99
罗谢尔铜的 氰化物	0.13 ~ 3.8	1 ~ 23	2.75	25 ~ 28	2.5 ~ 1.6	9.46 ~ 6.06	99	Cu^{2+} 98 ~ 99 CN^- 94 ~ 98
镉的氰化物	0.31 ~ 3.12	1 ~ 12	2.75	27 ~ 28	2.1 ~ 0.24	7.95 ~ 0.91	89 ~ 98	Cd^{2+} 99 CN^- 83 ~ 97
锌的氰化物	0.47 ~ 4.05	4 ~ 36	2.75	27	1.8 ~ 0.21	6.81 ~ 0.79	97 ~ 70	Zn^{2+} 98 ~ 99 CN^- 85 ~ 99
锌的氯化物	0.16 ~ 4.19	0.8 ~ 21	2.75	27 ~ 29	2.06 ~ 0.11	7.80 ~ 0.42	96 ~ 84	Cl^- 52 ~ 90

B 酸性有色尾矿水处理

反渗透处理矿山废水是很有前途的方法,通过半透膜的作用可以回收有用物质,水得到重复利用。矿山废水多呈酸性,含有多种金属离子和悬浮物,经过滤后,抽入反渗透器,处理水加碱调整 pH 值后即可作为工业用水,浓缩水部分循环,部分用石灰中和沉淀。沉淀池上清液再回流入处理系统,沉淀污泥可以送回矿坑,整个处理系统出来的只有水和污泥。为防止反渗透膜被沉淀玷污,原废水与上清液量之比应控制在 10 : 1,同时应使水流处于湍流状态。实用结果表明,在 4.2 ~ 5.6MPa 的操作压力下,溶质去除率达 97% 以上,水回收率为 75% ~ 92%。

8.4.3.2 电渗析法处理有色金属工业废水

电渗析法较成功应用于处理含有 Cd^{2+}、Ni^{2+}、Zn^{2+}、Cr^{6+} 等金属离子废水,根据废水性质及工艺特点,电渗析法操作主要有两种类型:一是普通的电渗析工艺,阳膜与阴膜交换排列,主要用于从废水中单纯分离污染物离子,或者把废水中的非电解物质污染物与污染物离子分离开，再应用其他工艺加以处理实现回用；另一种电渗析工艺是由复合膜与阳膜构成的特殊工艺，利用复合膜的极化反应和极室中的电极反应产生 H^+ 和 OH^- 离子，从废水中制取酸和碱。

8.4.3.3　膜分离技术在有色金属工业废水中的应用

A　膜法回收稀土废水中水和铵盐

我国国家科技部在"十五"期间设立了膜法处理稀土废水的科技计划项目，旨在相关企业建立示范工程。稀土冶炼厂排放的含铵盐（硫酸铵、氯化铵）废水，首先进行预处理过程去除废水中的悬浮物、泥砂和有机物、油类、胶体等杂质，使其水质达到膜法工艺处理所要求达到的水质指标。将预处理过的废水放入原水池，匀质后送入膜法水处理设备（离子交换膜 ED 装置），进行铵盐溶液的预浓缩。为了防止浓缩过程中硬度离子在膜组件内结垢，往浓缩液中自动计量加入特种阻垢剂。经 ED 处理后的铵盐预浓缩液再经蒸发浓缩，然后采用结晶工艺或喷雾干燥技术回收铵盐固体，而将从ED 产生的脱盐液，在一定的浓度范围内，再经 NF 或 RO 膜分离设备进行进一步脱盐和浓缩处理。其脱盐液水质达到或优于工业用水水质指标，予以回用，而浓缩液再经 RO装置浓缩，以此形成稀土工业废水处理的清洁生产工艺。其工艺流程如图 8 - 16所示[24]。

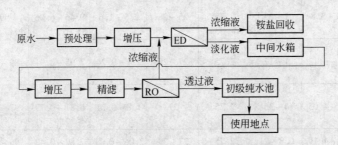

图 8 - 16　稀土工业废水膜法处理工艺流程

B　膜法处理冶金工业废水的效益分析

美国一家铜矿的废矿坑内积存的低浓度铜浸出液，其浓度约为 0.6 ~ 0.8g/L，总量在$1.5 \times 10^7 m^3$ 以上。由于铜含量太低，无法用已有的处理工艺回收。曾进行处理含铜废水的膜法和石灰法对比试验，结果表明，膜法比较经济。膜法处理后的浓缩液送往萃取工序回收铜，而透过液作为工艺用水，解决了另一矿厂生产的缺水问题。膜设备安装成本 1.5美元/（gal 水・d）（1gal = 3.78541dm³，下同），操作成本（不含膜更换费）0.4 美元/1000gal 水，投资回收期不超过 2 年。运行一年半后，未发现膜组件失效问题。从矿坑内已处理的 1/2 废水中，回收了价值 1000 万美元的铜。若用石灰法处理同样的废水，不但不能回收铜，反而要付出 700 万美元的处理费用[24]。

在加拿大埃德蒙顿市的金条加工废水处理厂内，二级废水经过中空纤维膜过滤后达到回用标准，膜法处理规模为日处理废水 40000m³。该工程成为北美地区工业废水处理最大规模的膜法三级处理典范。

膜法稀土废水回用技术可将废水中的氯化铵、硫酸铵等化工原料综合利用。据估算，

每处理 $1m^3$ 浓度为 6% 的氯化铵废水, 至少可回收 55kg 氯化铵。据初步估算, 对于一个规模为年处理量 $1.0 \times 10^5 m^3$ 含氯化铵废水的工程, 仅回收水和氯化铵这两项的年产值可达 250 万元以上[24]。

8.4.4　生物法开发与应用

国内外许多研究机构从自然界中分离出一类古细菌——硫酸盐还原菌（SRB），应用到重金属废水的治理中，取得了良好的成功，极大地推动了用生物沉淀法来处理重金属离子废水技术的进展。一般来说，微生物与重金属离子的相互作用过程包括生物体对金属的自然吸附、生物体代谢产物对金属的沉淀作用、生物体内的蛋白与金属的结合以及重金属在生物体内酶作用下的转化[25~27]。

8.4.4.1　生物吸附技术

生物吸附法主要是生物体借助物理、化学的作用来吸附金属离子，又称生物浓缩、生物积累、生物吸收，作为近年来发展起来的一种新方法，具有价廉、节能、易于回收重金属等特点，对 $1 \sim 100mg/L$ 的重金属废水则表现出良好的重金属去除性能[28,29]。

由于细胞组成的复杂性，目前对生物吸附（biosorption）的机理研究并不深入，普遍认同的说法是，生物吸附金属的过程由两个阶段组成：第一个阶段是金属在细胞表面的吸附，在此过程中，金属离子可能通过配位、螯合、离子交换、物理吸附及微沉淀等作用中的一种或几种复合至细胞表面；该阶段中金属和生物物质的作用较快，典型的吸附过程数分钟即可完成，不依赖能量代谢，被称为被动吸附。第二阶段为生物积累过程，该阶段金属被运送至细胞内，速度较慢，不可逆，需要代谢活动提供能量，称为主动吸附。

活性细胞两者兼有，而非活性细胞则只有被动吸附。值得注意的是，重金属对活细胞具有毒害作用，故能抑制细胞对金属离子的生物积累过程。

目前的研究仅局限于游离细菌、藻类及固定化细胞对重金属废水的处理，处理废水的浓度范围一般在 $1 \sim 100mg/L$，而且工业化扩大还存在许多亟待解决的问题。

8.4.4.2　生物沉淀技术

生物沉淀法（bioprecipitation）指的是利用微生物新陈代谢产物使重金属离子沉淀固定的方法。用硫酸盐还原菌（SRB）处理重金属废水是近年发展很快的方法，利用 SRB 在厌氧条件下产生的 H_2S 和废水中的重金属反应，生成金属硫化物沉淀以去除重金属离子，大多数重金属硫化物溶度积常数很小，因而重金属的去除率高[15,30]。

该技术对含铅、铜、锌、镍、汞、镉、铬（Ⅳ）等的废水处理实验室研究方面取得了较好的效果，成都微生物所建立了一个利用 SR 系列复合功能菌治理电镀废水中试示范工程，运行良好，国内已有工程应用。

8.4.4.3　活性污泥 SRB 法处理技术

活性污泥法主要是利用污泥作为微生物生长的载体，快速促进微生物的生长和代谢，其中微生物以硫酸盐还原菌（SRB）为代表。污泥在厌氧条件下能促进 SRB 还原硫酸盐将硫酸根转化为硫离子，从而使重金属离子生成不溶的金属硫化物沉淀而去除[15,30]。由于是以其代谢产物与水中金属离子发生作用，因此与生物吸附法不同，它能处理高浓度的重金属废水，废水中的金属离子浓度可达 g/L 级水平。另外，它还具有处理重金属种类多、处理彻底、处理潜力大等特点。活性污泥 SRB 法在处理高硫酸盐的有机废水、矿山酸性废水、电镀废水处理等方面研究取得了较大进展。

有色金属工业节水减排规定与设计要求

9.1 有色金属工业总体布置与环境保护的规定与要求

9.1.1 厂址选择与总体布置的规定与要求

（1）进行厂址与总体布置方案比较时，必须把环境保护及水土保持作为重要的条件与要求，力求对自然环境、自然资源和生态系统产生的影响最小化，防治水土流失，避免地质灾害。防止对附近居民区、学校、医院和公园和公众集中地产生环境污染。

（2）凡排放有害废气、废水、固体废物和受噪声及放射性元素影响的建设项目，严禁在城市规划确定的名胜风景区和自然保护区等界区内或周边选址，也不得在集中的居住区选址。

（3）厂址的选择应有利于气体扩散，不应设在重复污染区、窝风地段、居住区常年主导风向上风侧、生活饮用水源保护区的上游 1000m 和周边 100m 以内；总体布置时，应有利于废气的扩散[31]。

（4）选矿尾矿库、采矿废石和冶炼废渣的堆置场，当与工业场地和居住区相距较近时，宜位于工业场地和居住区常年主导风向的下风侧。

（5）产生有害废水的废石堆场和赤泥堆场（含尾矿库），在选址前，应充分了解和获取相应的水文地质资料，不得选在有渗漏的地区。

（6）地下开采矿山的抽出式通风机房和出风井，应位于工业场地和居住区常年主导风向下风侧。

9.1.2 厂区总平面布置有关规定与要求

（1）厂区总平面布置除应满足生产、安全、卫生的要求外，尚应按环境保护和水土保持要求，合理布置，防止或减轻相互污染，并控制挖填土方平衡，减少水土流失。

（2）散发粉尘、酸雾、有毒有害气体和产生放射性物质的厂房、仓库、储罐、堆场和主要排气筒，应布置在厂区常年主导风向的下风侧。

（3）产生高噪声的车间，宜布置在厂区夏季主导风向的下风侧，并应合理利用地形、建筑物或绿化林带的屏蔽作用。

（4）有爆炸危险的车间和库房布置，应符合国家民用爆破安全有关规定的要求。

（5）应预留环境治理工程的发展场地，一般可按 50% ~100% 预留，先用于绿化[31]。

9.1.3 环境保护规定与要求

（1）有色金属工业建设项目的卫生防护距离，应符合国家现行标准的规定；或根据环境影响报告书，并与环境保护行政主管部门或卫生主管部门共同确定卫生防护距离。宜利用现有的山谷、河流、绿地等荒地作为防护隔离带。在卫生防护距离内不得设置居住区或养殖区。

（2）有色金属工业建设项目应防止对附近居民区、学校、医院和公园等环境产生光污染。

（3）污染治理措施应保证排放的污染物符合有关排放标准的要求，国家明确实行总量控制的污染物和本行业的特征污染物排放总量应控制在允许的范围内。

（4）各类有色金属冶炼项目，以及产生污染物数量多、危害大的有色金属矿山和加工项目宜列出清洁生产的规定与指标，并对主要生产工艺过程中的主要有毒、有害物质进行清洁生产审计。

（5）向环境排放任何液态放射性物质之前应根据需要完成以下工作，并将结果书面报告审管部门：

1）确定拟排放物质的特性与活度及可能的排放位置和方法；

2）确定所排放的放射性核素可能引起公众照射的所有重要照射途径；

3）估计计划的排放可能引起的关键人群组的受照剂量。

9.2　有色金属工业节水减排一般规定与设计要求

9.2.1　节水减排一般规定

（1）有色金属采矿、选矿、冶炼和加工生产用水应清污分流、分质利用、串级使用和循环回用。尾矿库排水应返回选矿、采矿工艺使用。生产用水的重复利用率应符合有关标准要求。

（2）车间及设备用水计量率，应符合现行国家标准《评价企业合理用水技术通则》（GB 7119）的规定，其中车间用水计量率应达到100%，设备用水计量率不低于90%[31]，废水总排放口、废水量大和污染较严重的车间排放口应设计量装置。

（3）煤气站洗涤污水应去除焦油、悬浮物，并经降温处理后循环使用；必要时，应抽出部分处理后的废水进行脱氰、脱酚和脱硫后，返回再用或达标排放。

（4）事故或设备检修的排放液和冲洗废水，以及跑冒滴漏的溶液，应设收集处理或回用的设施。

（5）有毒有害或含有腐蚀性物质废水的输送沟渠和地下管线检查井等，必须采取防渗漏和防腐蚀措施。上述废水严禁采用渗井、渗坑或废矿井排放。

（6）大、中型建设项目的试验室、化验室的废水应进行处理。

（7）大、中型建设项目的生活污水，宜根据当地条件进行处理。

（8）职工医院的污水应净化处理。

9.2.2　节水减排设计规定

节水减排工程设计依据如下：

（1）应有经过环境保护行政主管部门审批的环境影响报告书（表）及批文。

（2）应有经过鉴定的主体工程新工艺和新型设备试验报告中有关污染源的测定数据

与符合环境要求的防治措施的试验资料。

（3）环境治理工程新工艺和新型设备的选用，应有经过鉴定的试验报告或验收资料。

（4）引进或转让的新工艺、新技术和新设备应有相关技术保证合同或协议。

有色金属工业建设项目的排水及废水处理系统的设计，应贯彻清污分流、分质处理、以废治废、一水多用的原则，并应符合下列规定：

（1）含污染物的性质相同或相近的废水，宜合并处理。

（2）含第一类污染物，且浓度超过国家排放标准的废水，应在车间处理设施处理或与其他车间同类废水合并处理，达到排放标准后，方可排放，不得稀释处理。

（3）湿式除尘废水，酸雾、碱雾或其他有害气体湿法净化的废液（水）以及冲渣水，应分别循环利用。定期排放的废水当其所含污染物超过排放标准时，应进行处理，达标后排放。

（4）仅温度升高，而未受其他有害物质污染的废水，应设专门的循环利用系统；当外排可能造成热污染时，应采取防治措施。

（5）废水中的金属具有回收价值时应先回收，后处理。

（6）含有多种金属离子的废水，可采取分步沉淀或共沉淀的措施处理回收。

（7）冶炼厂区地面冲洗水和初期受污染的雨水应收集处理。

矿山和冶炼企业生产用水的重复利用率分别为：矿山为80%以上，冶炼和加工为90%以上，新建氧化铝厂为95%以上[31]。逐步实现废水全部回用与“零排放”。

9.3　有色金属矿山采选工序节水减排规定与设计要求

9.3.1　采矿工序

露天采矿与废石堆场的设计要求如下：

（1）露天采矿场和废石场的废水，均含较多有害物质，应设置集水设施，集中进入废水调节池（库）。避免废水漫流造成污染环境。设置废水调节池（库），一是起到储存废水功能与作用；二是均衡水量与水质，有利于废水处理回用。

（2）废水调节池（库）边缘应设置截洪沟，截留洪水雨水或其他山水流入调节池（库），可减少汇水面积和废水处理量。

（3）废水调节池容积设计，应包括淤泥沉积和清泥措施。

（4）采矿场废水与废石堆场废水，其水质比较接近，故可合并进行处理。

（5）采矿废水除返回本身生产和绿化使用外，还可用于选矿、直接或经处理后排入尾矿库，尾矿库溢流水返回选矿使用。

地下开采产生的废水由于有凿岩、爆破防尘等废水，含悬浮物较高，经沉淀处理后，可返回采矿、选矿等生产使用。对于原生硫化矿床，坑内水还含有大量的金属离子，而且pH值较低，经论证，有回收价值时，应回收利用。该项水在回收金属、用于洗矿或作选矿补充用水等方面都有成功的经验，酸性水可以用于选硫，以减少硫酸量。

洗矿废水应沉降处理，并应根据废水中的金属和酸、碱含量，确定进一步处理和回用方案。具体要求如下：

（1）当矿石中含细泥或氧化矿高，而影响破碎或选别作业时，则需要洗矿。洗矿废水一般含有较高的悬浮物，经过沉淀后可循环使用，有时需要投加凝聚剂经沉淀后回用。

（2）选矿废水经浓密机沉淀处理后，排入尾矿库中净化后再回用。

（3）洗矿废水 pH 值较低又含有重金属离子时，经沉淀处理后，可与矿山酸性废水合并处理与回用。

9.3.2 选矿工序与采选联合工序

（1）选矿厂的废水由尾矿水，精矿和中矿浓密、过滤水，湿式除尘废水，设备冷却水以及冲洗水等组成。其中一部分如精矿和中矿浓密、过滤水可直接返回生产使用，其余应尽量排入尾矿库净化。

（2）采选联合企业在确定废水治理方案时，宜利用酸、碱废水中和，并应注意两种废水的酸碱当量平衡，实现以废治废的目的。

（3）在选矿废水处理与回用方案设计时，应充分考虑尾矿库的作用与发挥其自净能力。由于具有较大水面和储水库容，废水在其中停留时间较长，能较充分地产生自然曝气氧化、吸附、沉淀等作用，因而除能沉淀悬浮物以外，还对一些其他污染物有一定的净化能力。现在有不少矿山企业充分利用这个特点，把尾矿库当作处理生产废水的一个重要的净化设施使用，有的选矿厂把厂区内的废水，包括各类地面水，均排入尾矿库，有的矿山甚至把矿坑水和废石堆淋溶水与尾矿水一道排入尾矿库，使全矿只有尾矿库溢流口一处排水。这样，既较好地解决了废水的污染问题，又能大幅度提高水的回用率。因此，矿山废水治理设计中，只要条件适合，就应充分利用和发挥尾矿库的作用与自净能力。

（4）尾矿输送系统的事故设备的设计，应符合《选矿厂尾矿设施设计规范》的规定。

9.4 重有色金属冶炼工序节水减排规定与设计要求

9.4.1 一般规定

（1）湿法冶炼（如电解精炼、电解液净化、阳极泥湿法处理等）以及火法冶炼烟尘的湿法回收等生产过程排出的废液，设备，管道和车间内小范围的地面冲洗水以及极板、滤布的洗水等含有重金属和酸，应予收集，并返回车间使用或实行综合回收。

（2）冶炼烟气制酸过程中，当用稀酸洗涤方法时，稀酸中的砷应回收或处理。大多数有色金属冶炼厂的原料都含有砷，在冶炼过程中，原料中的砷大部分进入烟气。当烟气中含有二氧化硫而用来制造硫酸时，通常是采用稀酸洗方法，此时，烟气中的砷绝大部分转入到洗涤稀酸中。其最佳回收方法是采用硫化钠处理废酸，使砷呈硫化砷进入滤饼，并用从日本引进的住友法，即"置换—氧化—还原"的全湿法处理砷滤饼，以制取高质量的三氧化二砷产品，实现全回收利用[31]。

（3）厂内运载精矿和其他含金属成分的物料的车辆，卸载后进行冲洗产生的废水应沉淀处理，必要时投加药剂，并应回收沉积的物料。

9.4.2 设计要求

（1）大、中型冶炼项目的废水工程设计应采取分散与集中相结合的方式处理，除适应废水性质的要求设置车间废水处理站外，全厂尚宜建立废水处理总站。其原因为：

　　1）分散处理与集中处理相结合的方式，可兼收两种方式的优点，而互补其不足，是我国大、中型冶炼厂多年来治水的一条重要经验。

　　2）车间设废水处理站，进行分散处理的必要性为：第一，重有色金属冶炼厂主要生产车间废水大都含有第一类污染物，现行排放标准要求在车间排放口达标；第二，能适应废水的特征，采取有针对性的处理方法；第三，能够控制废水量，减少集中处理的复杂性。

　　3）全厂设集中处理站，其必要性为：第一，厂内有一些生产车间和辅助车间产生废水但无必要单独处理；第二，分散处理后的废水进入集中处理系统，可进一步减少污染物的排放量，同时可减少排放口的数量或集中于一个总排放口，便于对水污染物的排放总量的控制；第三，有利于集中返回使用，对回水水质容易进行全面控制。

　　（2）制酸系统的烟气湿法净化工序，宜采用封闭稀酸洗涤方法。稀酸洗涤方法排放的废酸量少，便于砷的脱除与回收，故适合于大、中型有色金属冶炼厂的制酸系统。水洗涤方法排放的含酸废水量比稀酸洗涤方法大 100 倍甚至更高[31]，特别当烟气中含砷高时，排放的废水含砷浓度很难达到排放要求，同时金属和硫的损失较大，故不宜采用。

　　（3）阳极泥熔炼烟气和脱铜炉烟气采用湿法处理时，其洗涤水经一级中和处理后，应循环使用；少量的废水应进一步处理，脱除残余的砷、氟及部分重金属，处理达标后排放。

　　（4）含汞废水宜采用硫化沉淀—机械过滤联合法处理，投加药剂时，严禁采用空气搅拌。其原因为：废水中的汞，一般都呈金属形态，在常温下也可挥发。当采用化学法处理时，投药搅拌若采取鼓风搅拌方式，则废水中的汞会随水的强力翻动及空气的逸出而加剧挥发，造成对大气的二次汞污染。若采用机械搅拌，可稳定地生成硫化汞沉淀，可控制汞挥发，减少汞污染。

　　（5）重金属冶炼冲渣水一般含悬浮物、重金属离子及显热，直接排放会污染环境，应设沉淀池、中和池，冷却处理后循环使用。

9.5　轻有色金属冶炼工序节水减排规定与设计要求

9.5.1　一般规定

　　（1）氧化铝生产系统的碱性废水应全部回收利用；清洗设备、容器、管道和冲洗车间地面的碱性废水以及跑冒滴漏的碱性废液，应设置废水（液）的收集、储存并简易处理后返回生产工序回用。

　　（2）氟化盐厂制盐过程产生的废水中含有冰晶石颗粒，应先经沉淀池进行回收，再对废水进一步处理除去溶在水中的氟，使废水达标后排放。

　　（3）炭素生产时在炭块冷却水中含有焦油，产生含油废水和焦油废颗粒，该废水应经除油处理后循环回用，应严格控制补水量，防止溢流排放与污染环境。废焦油等应回收利用，不得外排。

9.5.2　设计要求

　　（1）要严格控制氧化铝生产各工序用水量与废水排放量。应设计全厂性生产废水集中处理站，处理后废水应回收利用，并逐步实现废水"零排放"。

（2）赤泥堆场澄清液含碱量大，pH 值均大于 12，必须全部返回氧化铝厂回用，不得外排。设计时要考虑该废液水量的平衡，杜绝赤泥澄清液外排造成碱污染与碱资源的损失。

（3）镁、钛冶炼厂的酸性废水量较大，pH 值很小，腐蚀性强，设计废水中和处理设施时，应单独进行处理，以便废水处理回用。

（4）镁锭酸洗镀膜工艺产生含铬废液属重金属一类污染物。应设计铬盐回收设施，如铬盐再生装置回收铬酸钾返回镀膜工艺重复利用，回收铬盐与废液。

9.6 稀有金属冶炼工序节水减排规定与设计要求

9.6.1 一般规定

（1）稀土金属冶炼产生的酸性废水，应与一般生产废水分别处理，并应回收盐酸、草酸等副产品。

（2）钽、铌生产过程中产生的萃余液、沉淀废液及其他废水，应进行处理，可采用石灰—三氯化铁沉淀、软锰矿交换吸附等方法处理排放或回用。

（3）锂生产过程中产生的废液，应在生产过程中循环使用，外排水应进行中和处理回用。

（4）钨氧化物生产，当采用压煮法时，产生的萃余液应采用蒸发结晶回收元明粉。白钨酸分解时，产生的母液应生产回收氧化钙，其他酸性废水应中和处理达标排放或回用。

（5）钼酸生产过程中产生的酸沉母液，应全部利用并回收氯化铵，其他酸性废水应进行中和处理达标排放或回用。

（6）有色金属冶炼过程产生的放射性废液，不得排入市政下水道；除非经审管部门确认是满足下列条件的低放射性废液，方可直接排入流量大于 10 倍排放流量的市政下水道，并应对每次排放做好记录[31]。具体要求如下：

1）每月排放的总活度不超过 $10ALI_{min}$ ❶；

2）每一次排放的活度不超过 $1ALI_{min}$，并且每次排放后用不少于 3 倍排放量的水进行冲洗。

（7）处理后的含放射性物质的废水的排放，应符合下列规定：

1）不超过审管部门认可的排放限值，包括排放总量限值和浓度限值；

2）有适当的流量和浓度监控设备，排放是受控的且是最优化的；

3）含放射性物质的废液是采用槽式排放的；

4）排放使公众中有关关键人群组的成员所受到的年有效剂量不应超过 $1mSv$[31]。

9.6.2 设计要求

（1）稀有金属冶炼废水成分复杂，常含有稀有稀土和放射性物质，如处理不当，其危害很大。因此在处理方案选择与设计时，首先要进行废水的最小量化，使其在生产工序中排出尽可能少的废水；而后对产生的废水进行综合利用，循环使用，串级回用，尽可能

---

❶ ALI_{min} 是相应于职业照射的食入和吸入 ALI 值中的较小者，ALI 是年摄入量限值。

使其资源化；在此基础上，对已产生而又无法资源化的废水，进行无害化最终处理回用或达标排放。

（2）铍生产过程中产生的含铍废气经湿法净化产生的废水，中和沉淀处理后返回使用，对湿法净化的通风系统，应设计收集含铍凝集水装置，送往铍废水处理站进行处理回用。

（3）锗生产过程中排出的硫酸和盐酸混合液和废水，应设计回收利用装置，不得外排。

（4）半导体材料生产废水处理与回用设计中的规定与要求：

1）多晶硅生产过程中产生的含氯和氯化氢废气，经水洗涤后产生酸性废水，以及硅芯腐蚀时产生的酸性废水，当浓度很高时，应返回生产工艺回用；若废水中氯化物较低，可用碳酸钠或氢氧化钠溶液吸收回收次氯酸钠。或用碱性物质中和，使 pH 值为 6～9 时方可外排或作为其他水资源回用。

2）多晶硅传统生产工艺过程中的粗馏、精馏产的高（低）沸点氯化物以及还原炉尾气冷凝液，在保证硅半导体材料纯度的条件下，应分别返回蒸馏系统再提纯利用。

3）单晶硅腐蚀时产生的含铬废液，应先在车间内进行铬还原处理后再送废水处理站达标排放或回用。

4）三氯氢硅提纯以及单晶硅、单晶锗及其化合物半导体晶体进行切片、磨片、外延时产生的废液，应先分别回收利用，再将废水汇集中和处理达标排放或回用。

9.7 有色金属加工工序节水减排规定与设计要求

有色金属加工过程中产生 3 种类型废液或废水：一是加工设备的润滑和冷却以及设备和地面冲洗等产生的含油废液和废水；二是有色金属加工过程中酸洗和碱洗产生酸碱性废液和漂洗废水；三是铝带材涂层、钝化、氧化着色以及电解铜箔加工产生的含铬等重金属废水等。由于废水水质各异，故其节水减排规定与设计要求也不相同。

9.7.1 含油废水（液）

（1）高浓度含油废液（水），应先采用隔油预处理回收浮油，再进行含油废水处理，处理方法应采用分离法、吸附法或凝聚法等。

（2）含乳化液的废水应先进行破乳预处理，经回收后再进行处理。处理方法应采用浮选、混凝、过滤等方法。

9.7.2 酸洗和碱洗过程

（1）铝、镁、钛、钨、钼等金属加工均有酸洗、碱洗过程，产生的废液应回收利用，其废水应采用中和处理。

（2）铜材加工过程，采用无酸洗工艺；当采用酸洗工艺时，产生的含铜、锌、镍和砷等重金属离子的漂洗废水，宜采用中和沉淀、絮凝、气浮、过滤和吸附等处理工艺，在设计时应根据废水水质状况进行工艺选择或工艺组合处理。

（3）铍、铜、含镉合金酸洗产生的含铍、镉、铜漂洗废水，应单独处理；处理方法有电解还原、中和沉淀、铁氧体法和离子交换法等，应根据废水水质状况，进行处理方法的选择。

（4）有色金属加工的酸洗和碱洗废液应回收利用：

1）铜材的硫酸酸洗液中回收硫酸铜；

2）硝酸酸洗时，采用碳酸法回收碳酸铜和硝酸钠，用硫酸铜和碳酸铜可制取电解铜；

3）钛材的酸洗废液中，采用氟化钠法，可回收硝酸和氢氟酸后循环用于酸洗，并可回收产品氟钛酸钠（Na_2TiF_6），可作为焊条包料或搪瓷底料；

4）镉合金材常用盐酸酸洗，废液经蒸发后可回收盐酸循环用于酸洗，残液用电解法回收金属镉。

9.7.3 铝带材和电解铜箔加工

（1）铝材氧化着色产生的酸性或碱性含铝离子废水，宜采用中和沉淀法处理；镁材氧化着色的酸性或碱性含铬废水应除铬处理，采用离子交换法回收铬酸，循环回用。

酸、碱废液应回收利用。如硫酸液有扩散渗析、树脂吸附和硫酸铵冷冻等方法；碱液采用晶析法，处理回收后的硫酸和氢氧化钠溶液循环使用。如碱液不回收时，应将废液作为其他方法回收利用。

（2）铝带材涂层前经表面钝化后，宜采用烘干法工艺；当采用喷洗法工艺时，产生的含铬废水应单独处理。铝罐表面处理产生的酸性含油、氟化物和铝离子等废水应采用除油、中和、混凝沉淀和曝气法处理工艺流程，为确保废水达标排放或回用，应用活性炭吸附装置。

（3）电解铜箔在酸洗、镀铜粗化和表面钝化时产生的含铜、含铬漂洗废水，应分别处理。如铜箔酸洗的含铜酸性废水可采用中和沉淀处理；氰化镀铜的含氰、铜废水可采用电解、沉淀法处理；铬盐钝化的含铬废水可采用离子交换法处理。回收铬酸后循环使用或采用其他合适的方法回收利用。

10 有色金属工业节水减排与废水回用技术

在矿山开采过程中，会产生大量矿山废水，其中包括矿坑水、废石场淋滤水、选矿废水、尾矿池（库）废水，以及废矿井排水等。

采矿工业中最主要和影响最大的液体废物来源于矿山酸性废水。无论什么类型矿山，只要存在透水岩层并穿越地下水位或水体，或只要有地表水流入矿坑且在矿体或围岩中有硫化物（特别是黄铁矿）存在，都会产生矿山酸性废水。

选矿工业遇到的主要液体处理问题就是从尾矿池排出的废水。该排出水中含有一些悬浮固体，有时候还会有低浓度的氧化物和其他溶解离子。氧化物是由各种不同矿物进行浮选和沉淀时所用药剂带来的。选矿厂排出的废水量很大，约占矿山废水总量的 1/3。

矿山废水由于排放量大，持续性强，而且其中含有大量的重金属离子、酸、碱、悬浮物和各种选矿药剂，甚至含有放射性物质等，对环境的污染十分严重。控制矿山废水污染的基本途径有：改革工艺，消除或减少污染物的产生；实现循环用水和串级用水；净化废水并回用。

有色金属冶炼废水，具有较强的共性，特别是废水中含有重金属的废水，约占有色金属工业废水的 60% ~ 80%，因此，有色金属工业废水处理技术工艺，有其相同之处，因此，本章在介绍各种有色金属工业废水节水减排与废水处理回用时，仅对特殊的有色金属工业废水进行较详细的介绍，而对有共性的废水只做简介。请参考本书 8.3 节相关内容。

10.1 有色金属矿山采选工序节水减排与废水回用技术

10.1.1 废水特征与水质水量

10.1.1.1 采矿工序

采矿废水按其来源可以分为矿坑水、废石堆场排水和废弃矿井排水。矿坑水的来源可分为地下水、采矿工艺废水和地表进水。矿坑水的性质和成分与矿床的种类、矿区地质构造、水文地质等因素密切相关。矿坑水中常见的离子有 Cl^-、SO_4^{2-}、HCO_3^-、Na^+、K^+、Ca^{2+}、Mg^{2+} 等数种；微量元素有钛、砷、镍、铍、镉、铁、铜、钼、银、锡、碲、锰、铋等。可见，矿坑水是含有多种污染物质的废水，其被污染的程度和污染物种类对不同类型的矿山是不同的。矿坑水污染可分为矿物污染、有机物污染及细菌污染，在某些矿山中还存在放射性物质污染和热污染。矿物污染有泥沙颗粒、矿物杂质、粉尘、溶解盐、酸和碱等。有机污染物有煤炭颗粒、油脂、生物代谢产物、木材及其他物质氧化分解产物。矿坑水不溶性杂质主要为大于 $100\mu m$ 的粗颗粒以及粒径在 $0.1 \sim 100\mu m$ 和 $0.001 \sim 0.1\mu m$ 的固体悬浮物和胶体悬浮物。矿井水的细菌污染主要是霉菌、肠菌等微生物污染。

采矿废水按治理工艺可分为两类：一是采矿工艺废水；二是矿山酸性废水。前者主要是设备冷却水，如矿山空压机冷却水等，这种废水基本无污染，冷却后可以回用于生产；另一种工艺废水是凿岩除尘等废水，其主要污染物是悬浮物，经沉淀后可回用。

采矿工业中最主要和影响最大的液体废物，来源于矿山酸性废水。无论什么类型的矿山，只要赋存有透水岩层并穿越地下水位，或只要有地表水流入矿坑，且在矿体或围岩中有硫化物（特别是黄铁矿）存在，都会产生矿山酸性废水。

矿山酸性废水能使矿石、废石和尾矿中的重金属溶出而转移到水中，造成水体的重金属污染。矿山酸性废水可能含有各种各样的离子，其中可能包括 Al^{3+}、Mn^{2+}、Zn^{2+}、Cd^{2+}、Pb^{2+} 等。此外，这些废水中还含有悬浮物和矿物油等有机物。

采矿废水具有如下特征：

（1）酸性强并含有多种金属离子。有色金属矿，特别是重有色金属矿，大部分属硫化物金属矿床。这类矿床含有多种矿物，矿体和围岩往往含有相当数量的黄铁矿；矿床的表层和上部一般都有不同程度的氧化，在开采过程中受外界环境因素的影响，构成一个复杂的氧化还原体系，特别是在水中溶解氧和细菌的作用下，硫化铁被氧化，分解生成硫酸，使开采过程中产生的废水呈酸性。这些含硫酸的采矿酸性废水，使矿体和围岩中的重金属浸出而转移到水中，形成含有多种金属离子的酸性废水。这是因为矿山废水通常是因氧（空气中的氧）、水和硫化物发生化学反应生成的，细菌微生物能发挥作用：

$$2MeS_2 + 2H_2O + 7O_2 \longrightarrow 2MeSO_4 + 2H_2SO_4$$
$$4MeSO_2 + 2H_2SO_4 + 5O_2 \longrightarrow 2Me_2(SO_4)_3 + 2H_2O$$
$$Me_2(SO_4)_3 + 6H_2O \longrightarrow 2Me(OH)_3 \downarrow + 3H_2SO_4$$

（2）水量大，污染时间长。采矿废水量大，每开采 1t 矿石，约排废水量 $1m^3$ 以上。由于采矿废水主要来源于地下水和地表降水，矿山开采完毕，这些废水仍然继续排出，如不采取治理措施，将长期污染环境和水体。

（3）排水点分散，水质及水量波动大。采矿废水的水量与水质，随矿床类型、赋存条件，采矿方法和自然条件不同而异，即使同一矿山，在不同季节也有很大差别。废水的来源不同，其水质、水量的变化规律也不相同。水量波动较大，例如，某矿山的井下水流量，旱季最小月流量为 3.2 万立方米，雨季最大月流量为 74.4 万立方米。水的成分与含量变化也很大，例如，永平、东乡、武山、柏坊、铜官山和德兴都是铜矿，但是，由于各矿的矿石组成、形成条件等因素的差别，采矿过程中所形成的废水的组成及其浓度均不相同。

采矿工序废水水质水量见表 10-1[1,4] 和表 10-2[3]。

表 10-1 某矿山酸性废水的水质指标 （mg/L，pH 值除外）

项目	平均值	最小值	最大值	排放标准	项目	平均值	最小值	最大值	排放标准
pH 值	2.87	2	3	6~9	Cr	0.21	0.11	0.29	0.5
Cu	5.52	2.3	9.07	1.0	SS	32.3	14.5	50	200
Pb	2.18	0.39	6.58	1.0	SO_4^{2-}	43.40	2050	5250	
Zn	84.15	27.95	147	4.0	Fe^{2+}	93	33	240	
Cd	0.74	0.38	1.05	0.1	Fe^{3+}	679.2	328.5	1280	
S	0.73	0.2	2.65	0.5					

表10-2　我国部分有色金属矿山采矿废水水质水量情况　（mg/L，pH值除外）

矿山编号	水量/m³·d⁻¹	Cu	Pb	Zn	Fe	Cd	As	F	Ca	Cr	S⁻	SO₄²⁻	pH值
1	720~6400	3.73~9.07	0.39~5.78	73.6~147		0.7~1.05	0.02~1.5	1.27~9.8	18.9			3000	2.5~3
2		15.8~270	0.8~0.47	2.86~22.1				34~58	73.48			1298~4570	2.3~2.6
3	7964	9~78.4	0.1~0.25	0.28~1.77	6~201.9	0.02~0.49	0.005~1			0.004			2~5.2
4		1~982	0.5~1.2	19~149	20~6360	0.5~7	0.1~38.75	0.6~11.98					2~4.5
5	12000	13.0	0.48	6.15	22.2	0.048	0.14		246.93	0.083		379.44	5
6	615	224			746		505		310				2.55
7			0.5~1	2~90		0.1~5		5~100			2~10		
8	2978	3.83	0.204	146.24	105	0.837	0.535				200		3.3
9		0.1~1.68	0.14~0.36	0.2~6		0.14~0.9		5~100			4~5		
10	5550	0.1~112.18	0.2~2.0	0.7~2220.09		0.015~5	0.01~0.4			0.056~0.29			2.5~6.35

10.1.1.2　选矿工序

选矿废水包括洗矿废水、破碎系统废水、选矿废水和冲洗废水四种，表10-3列出了选矿工序各工段废水的特点[1,4]。

表10-3　选矿工序各工段废水特点

选矿工段		废水特点
洗矿废水		含有大量泥沙矿石颗粒，当pH<7时，还含有金属离子
破碎系统废水		主要含有矿石颗粒，可回收
选矿废水	重选和磁选	主要含有悬浮物，澄清后基本可全部回用
	浮选	主要来源于尾矿，也有来源于精矿浓密溢流水及精矿滤液，该废水主要含有浮选药剂
冲洗废水		包括药剂制备车间和选矿车间的地面、设备冲洗水，含有浮选药剂和少量矿物颗粒

选矿废水具有如下特征：

（1）水量大，约占整个矿山废水量的 30% ~ 80%，一般选矿用水量为矿石处理量的 4 ~ 5 倍，因此选矿过程中，废水的排放量较大。例如浮选法处理 1t 原矿石，废水的排放量一般在 3.5 ~ 4.5t 左右；浮选—磁选法处理 1t 原矿石，废水排放量为 6 ~ 9t；若采用浮选—重选法处理 1t 原铜矿石，其废水排放量可达 27 ~ 30t。

（2）废水中的悬浮物主要是泥沙和尾矿粉，含量高达每升几千至几万毫克，悬浮物的粒度极细，呈细分散的近胶态，不易自然沉降。含有大量泥沙和尾矿粉的选矿废水可使近矿区水源严重变质。含有重金属的悬浮物沉降下来，不但淤塞河道，而且造成河水水质受铜、铅、汞、砷、铬等重金属的污染。尾矿中的重金属在酸、碱、有机络合剂或水中细菌的作用下，逐渐融溶出水体，溶出的重金属又能通过生物富集作用，经食物链对人体造成危害。

（3）污染物种类多，危害大。选矿废水中含有各种选矿药剂（如氰化物、黑药、黄药、煤油、硫化钠等），一定量的金属离子及氟、砷等污染物若不经处理排入水体，危害很大。选矿药剂是选矿废水中另一重要的污染物，选矿药剂中，有的化学药剂属于剧毒物质（如氰化物），有的化学药剂虽然毒性不大，但由于用量大更会污染环境，如大量使用有机选矿药剂（如各类捕收剂、起泡剂等表面活性剂物质等）会使废水中生化需氧量（BOD）、化学需氧量（COD）迅速增高，使废水出现异臭；大量使用硫化钠会使硫离子浓度增高；大量使用水玻璃会使水中悬浮物难以沉淀；大量使用石灰等强碱性调整剂，会使废水 pH 值超过排放标准。因此，选矿废水的污染通常是很严重的，必须进行处理回用或达标排放。

选矿工序遇到的主要问题，就是从尾矿池排出的废水。该排水中含有一些悬浮固体、氰化物和其他溶解离子。这些物质是选矿过程中产生的。选矿厂的尾矿水含有害物质，其来源于选矿过程中加入的浮选药剂及矿石中的金属元素，通常有氰化物、黄药、黑药、松醇油、铜、铅、锌、砷，有时还有酚、汞和放射性物质。一般而言，选矿废水中的重金属元素大都以固态物存在，如能充分发挥尾矿坝的沉降作用，其含量可降至达标排放要求。所以多数选矿废水的危害主要是可溶性选矿药剂所致。

选矿生产用水量较大，一般处理 1t 矿需用水量为：浮选法 4 ~ 6m³，重选法 20 ~ 27m³，重浮联选 20 ~ 30m³。其中重选、磁选回水率高，排放废水较少；浮选废水回水率低，一般为 50% 左右。选矿废水的水质是与矿石组成和选矿工艺而异。表 10 - 4 和表 10 - 5 分别列出我国部分矿山选矿厂和某多金属矿的"重选—浮选、磁选—浮选"选矿流程废水水质情况[3,32]。上述所列水质表明，有色金属矿山选矿废水水质变化较大，污染与危害性都很强，必须引起高度重视并采取无害化处理措施。

表 10 - 4　部分矿山选矿厂废水中污染物

企业编号	污染物/t										
	汞	镉	六价铬	砷	铅	酚	石油类	COD	铜	锌	氟
1								4.21	0.02		
2				0.285	0.023					6.23	9.68
3	0.001	0.106		0.229	3.62					9.90	
4			0.209	0.043	0.998			57.18	0.42	48.42	54.76

企业编号	污染物/t										
	汞	镉	六价铬	砷	铅	酚	石油类	COD	铜	锌	氟
5		0.037		0.037	0.037				0.07	0.26	9.80
6		0.041	0.014	0.027	0.136		25.8	16.08	0.10	2.38	3.31
7		0.151	1.007	0.106					2.32	0.05	19.16
8		0.08	0.062	0.243	0.509	0.135	1.5	9.48	0.02	0.54	5.49
9		0.015		0.071	0.428				0.09	0.33	5.58
10		0.010		0.010	0.03		2.1	5.58	0.05	0.01	

表 10 - 5   某多金属矿"重选—浮选、磁选—浮选"选矿流程废水水质

序号	废水名称	pH值	悬浮物/mg·L^{-1}	COD/mg·L^{-1}	S^{2-}/mg·L^{-1}	F$^-$/mg·L^{-1}
1	硫黄矿溢流水	12.12～12.84	318～760	975～1509	133～488	0.96～3.68
2	硫精矿溢流水	10.48～11.30	294～1410	175～275	17.2～23.7	0.48～3.40
3	萤石精矿溢流水	9.56～9.96	256～1444	66.4～95.5	0.51～1.17	0.64～3.72
4	萤石中矿溢流水	10.70～11.18	3188～4772	77.9～167	0.62～4.20	1.64～9.60
5	石药选精矿冲洗水	8.52～9.2	146～466	6.2～13.7	0.43～1.78	0.76～5.12
6	总尾矿水	9.72～10.30	1504～3910	12.5～74.7	0.54～240	1.16～6.4
7	白钨精溢流水	7.5～8.98	236～614	5.7～7.5	0.18～1.09	0.52～2.2
8	铜精矿溢流水	7.82～9.58	166～388	5.26～16.2	0.58～1.24	0.42～3.0
9	铋精矿溢流水	9.32～10.82	106～496	66.4～241	6.6～11.9	0.35～3.0
10	钨中矿浓密溢流水	10.61～10.96	3774～4862	73.7～167	0.78～4.96	1.84～8.4
11	钨加温脱药溢流水	11.48～11.64	1900～8121	22.7～27.1	1.35～11.2	1.28～5.8
12	钨加温精选中矿溢流水	10.26～10.66	260～1812	9.53～11.5	0.54～1.17	1.9～10.84
13	镍泥尾矿水	7.84～7.94	110～260	27.9～42.9	0.96～3.56	0.52～2.0
14	选矿总废水	9.78～10.46	1764～3566	74.7～119	1.19～3.85	1.24～5.4

注：废水中的 Hg、Cd、Pb、Fe、Cr^{6+}、Mn、WO$_3$、Cu、As 含量较小。

10.1.2 废水控制与节水减排技术措施

10.1.2.1 采矿工序

采矿工序应注重工艺革新，提倡清洁生产，以减少废水量，并减少污染物排放量。具体技术措施有：

(1) 更新设备，加强管理，减少整个采矿系统的排污量。如采用疏干地下水的作业，就可减少井下酸性废水的排放量；做好废石堆场的管理工作，避免地表水浸泡、淋雨等，以减少其排水量；对废弃矿井也要做好管理工作，应截断地下径流及地表水渗滤，避免废弃矿井长时间污染附近水域。

(2) 开展系统内有价金属的回收工作，这既可以减少污染物的排放量，同时又降低了废水的污染程度。

(3) 加强整个系统各个废水排放口的监测工作，做到分质供水，一水多用，提高系统水的复用率和循环率；同时也可以利用废弃矿井等作为矿山废水的处理场所，达到因地制宜、以废治废的目的。

10.1.2.2 选矿工序

选矿工业在清洁生产方面，应做到：尽量采用无毒或低毒选矿药剂替代剧毒药剂（如含氰的选矿剂等），避免产生含毒性的难治理废水；采用回水选矿技术，使选矿系统形成密闭循环体系，达到零排放；加强内部管理，做到分质供水，一水多用，提高系统水的复用率和循环率。

如永平铜矿，将铜硫混合浮选、混合精矿进行铜硫分选的选矿工艺改进为优先选铜、选铜尾矿选硫的工艺，并根据选矿工艺过程各工段废水水质的差异进行废水回用，保障了在缺水期生产的顺利进行，同时又降低了中和剂石灰的用量（约降低22%）。

10.1.2.3 采选工序

有许多有色金属矿山往往是采选并举，这时应充分利用采选废水水质的差异进行清污分流，回水利用，达到消除污染、综合治理、保护环境的目的。

如辽宁省红透山铜矿采选废水的综合治理，其具体措施为：清污分流，硫精矿溢流水返回利用；在硫精矿溢流水分流后，矿区混合废水由矿口外排水、生活废水、自然水组成，将这部分废水截流沉淀后用于选矿生产。该措施省能耗，节约新鲜水，回水利用率达85%以上。

关于有色矿山废水处理与废水资源处理回用，应考虑到：有色金属矿山废水应包括矿山采矿酸性废水和选矿废水两大组成部分，前者处理重点是酸性废水中重金属物质，后者重点是浮选药剂。因此，二者处理工艺应有较大的不同。

10.1.3 采矿工序

目前我国矿山采矿酸性废水处理回用方法有中和法、硫化物沉淀法、金属置换法、萃取电积法、离子交换法、沉淀浮选法等，以及近年来发展起来的生化法与膜分离法等。其中，中和沉淀法因其工艺成熟，效果较好，且费用低、管理方便而成为最常用的处理方法。但对于成分复杂的矿山酸性废水，对其中有些金属需要回收利用，只用中和法、硫化法、置换法、沉淀法、生化法等其中一方法处理回用是困难的，需要多种方法联合运行。因此，对于水质复杂的矿山废水而言，要根据实情，进行合理的工艺流程组合。

10.1.4 选矿工序

选矿废水排放量大，废水中含有多种化学物质，这是由于选矿时投加大量和多种表面活性剂和品种繁多的各类化学药剂而造成的。选矿药剂中，有的属于剧毒性物质，如氰化物、酚类化物；有的毒性虽不大，但用量较大，也会造成污染，如大量使用起泡剂、捕集剂等表面活性物质，会使废水中 BOD、COD 明显增大，废水出现异味，变质发臭；废水中含有大量有机物和无机物的细小颗粒，沉降性能差，污染环境和危害水体自净能力。

选矿废水中的重金属元素大都以固态存在，如能采取物化方法和合理的沉降技术措施是可以降低和避免重金属污染的。但废水中可溶性的选矿药剂如何去除，则是多数选矿废水的主要处理目标。

从选矿废水处理而言，最有效的措施是尾矿水返回使用，减少废水总量与选矿药剂浓度，其次才是净化处理问题。

根据水质水量的不同，选矿工序节水减排与废水处理回用应采用不同的方法。对以悬浮物为主的多采用自然沉淀法或絮凝沉淀法；对含重金属和其他有害成分较高的废水，分别采用中和法、硫化法、铁氧体法、氧化法、还原法、离子交换法、人工湿地法等。目前，在选矿废水治理上，仍以自然沉淀法、中和沉淀法、絮凝沉淀法和硫化物沉淀法为主，人工湿地法也有工程应用实例。上述方法，既可单独使用，也可联合使用。

10.2　重有色金属冶炼工序节水减排与废水回用技术

重有色金属指的是铜、铅、锌、镍、钴、锡、锑、汞等有色金属。其冶炼方法，根据矿石的性质、伴生有价金属种类、建厂地区经济与特殊要求而异，一般分为火法与湿法两种冶炼方法。火法冶炼是利用高温，湿法冶炼是利用化学溶剂，使有色金属与脉石分离，但火法与湿法不是绝对分开的，许多生产工艺都是综合的。重有色金属冶炼废水主要来自炉套、设备冷却、水力冲渣、烟气洗涤净化以及湿法、制酸等车间排水。其水质则随金属品种、矿石成分、冶炼方法不同而异。

10.2.1　用水与废水特征

通常，典型的重有色金属如 Cu、Pb、Zn 等的矿石均包括硫化矿和氧化矿两种，但一般是以硫化矿分布最广。铜矿石 80% 来自硫化矿，冶炼以火法生产为主，炉型有白银炉、反射炉、电炉或鼓风炉以及近年来发展的闪速炉。目前世界上生产的粗铅 90% 采用焙烧还原熔炼。基本工艺流程是铅精矿烧结焙烧，鼓风炉熔炼得粗铅，再经火法精炼和电解精炼得电铅。锌的冶炼方法有火法湿法两种，湿法炼锌的产量约占总产量的 75% ~ 85%。表 10 - 6 列出了我国几种铜、铅、锌冶炼工艺用水量状况[3,4]。

表 10 - 6　重金属冶炼工艺用水状况

行业	炉型	产量/t·a^{-1}	用水量①/m^3·t^{-1}	行业	炉型	产量/t·a^{-1}	用水量①/m^3·t^{-1}
铜冶炼	白银炉	34090	100.0	铅冶炼	烧结鼓风炉	73493	41.50
	鼓风炉	40050	221.0			55904	107.6
		10198	209.8		密闭鼓风炉	26102	20.14
	电炉	70301	13.98			10510	80.81
	反射炉	54003	123.69	锌冶炼	湿法炼锌	110098	41.50
	闪速炉	80090	611.0		竖罐炼锌	11372	128.0
					密闭鼓风炉	55005	20.14
						22493	80.81

① 铜冶炼以 1t 粗铜计，铅、锌冶炼以 1t 产品计。

铜冶炼废水来源与特征如下：

（1）各种酸性的冲洗液、冷凝液和吸收液。这种废水包括湿式除尘洗涤水；硫酸电除雾的冷凝液和冲洗液；铜电解的酸雾冷凝液、吸收液等；阳极泥湿法精炼的浸出液、分离液、还原液和吸收液等。例如，洗涤 SO_2 烟气或其他各种湿法收尘系统废水含有大量悬浮物。如某铜冶炼厂的烟气洗涤水经澄清后的成分为：pH = 1.8、砷 7mg/L、锌 12mg/L、铜 0.13mg/L 和铁 0.1mg/L。

（2）冲渣水。这种废水不仅温度高，而且含重金属污染物和炉渣微粒，需处理后才能循环回用。如某厂冲渣水沉淀后的水质为：pH = 7.0，悬浮物 30～115mg/L，铜 6.3mg/L，铅 0.7mg/L，锌 2.1mg/L，镉 0.06mg/L。

（3）烟气净化废水。洗涤二氧化硫烟气或其他各种湿法收尘系统的废水，含大量悬浮物和其他重金属污染物。如某铜冶炼厂的烟气洗涤塔废水澄清后的成分为：pH = 1.8，砷 7mg/L，锌 12mg/L，铜 0.13mg/L，铁 0.1mg/L。

（4）车间清洗排水。电解车间清洗极板排水，跑、冒、滴、漏电解液及地面冲洗水，此类废水含重金属及酸。如某厂铜电解车间排放的废水成分为：铜 2500～3500mg/L，锌 25～30mg/L，铅 0.1～0.2mg/L，砷 5～10mg/L，镍 9～13mg/L。

铅冶炼废水来源与特征如下：

（1）冷却水。冷却水包括鼓风炉水套冷却水等生产设备和附属设备的冷却水，这类废水只受热污染。

（2）冲渣水。在水淬炉渣时炉渣细粒和粉尘呈悬浮物带入水中，使其受到污染，这类废水除悬浮物外，还有其他污染物。如某厂水淬渣池溢流水流量 $42m^3/h$，其中含锌 0.35mg/L，铅 0.25mg/L，镉 0.18mg/L，砷 0.11mg/L。

（3）烟气净化废水。铅烧结车间、鼓风炉车间等排放的废气。经过各种烟气净化设备净化除尘后排放。其中湿式收尘的烟气净化用水直接与烟尘接触，使其严重污染。此种废水含可溶性污染物与悬浮物。如某厂收尘废水，其流量为 $5～7m^3/h$，澄清后水中含锌 1.78mg/L，镉 0.089mg/L，铅 0.35mg/L，砷 0.25mg/L。

锌矿石分为硫化矿和氧化矿两大类。目前锌冶炼工业所采用的原料，绝大部分是硫化矿石。锌冶炼废水来源与特征如下：

（1）火法炼锌废水主要为烟气净化废水。锌精矿在焙烧过程中铁、铜、镉、砷、锑等硫化物被氧化成氧化铁、氧化铜、氧化镉、三氧化二砷、二氧化二锑等的微尘烟气。这些烟气经过收尘，再经水洗降温，用以制酸，洗涤制酸过程中产生大量的废水。如某炼锌洗涤制酸的废水中含：锌 47mg/L，镉 6～8mg/L，铅 13～17mg/L，汞 0.84mg/L，砷 4～5mg/L，氟 25～27mg/L。

（2）锌精矿经焙烧后，在浸出、净化、电解过程中以及清洗压滤机滤布，冲洗操作现场均有含重金属的废水产生。特别是浸出液、净化液、废电解液等的跑、冒、滴、漏，形成含大量重金属离子的酸性废水。

其他镍、钴、汞、锡、锑等重有色金属的冶炼方法与铜、铅、锌的冶炼方法基本相似，废水来源及污染也相类似。

10.2.2　节水减排与废水回用技术

10.2.2.1　废水处理原则与处理要求

重金属废水无论采用何种方法处理都不能使其中的重金属分解破坏，只能转移其存在的位置和转移其物理和化学形态。例如，经化学沉淀处理后，废水中的重金属从溶解的离子状态转变为难溶性化合物而沉淀，于是从水中转入污泥中；经离子交换处理后，废水中的重金属离子转移到离子交换树脂上，经再生后则又转移到再生废液中。由此可知，重金属废水经处理后常一分为二的形成两种产物：一种是基本上脱除了重金属的处理水；另一种是含有从废水中转移出来的大部或全部的重金属浓缩产物，如沉淀污泥、失效的离子交换剂、吸附剂，或再生液、洗脱液等。因此，无论从杜绝对环境的污染，还是从资源合理利用来考虑，重金属废水最理想的处理原则应是水与重金属两者都回收利用。但是，重金属废水的处理，单靠废水处理是不行的，必须采取多方面的综合性措施。首先，最根本是改革生产工艺，不用或少用毒性大的重金属；其次是采用合理的工艺流程，科学的管理和操作，减少重金属用量和随废水流失量，尽量减少外排废水量；第三，重金属废水应当在产生地点就地处理，不应同其他废水混合，以免使处理复杂化，更不应未经处理就直接排入城市下水道或天然水体，以免扩大重金属污染。

重金属废水的处理方法可分为两大类。

第一类，使废水中呈溶解状态的重金属转变为不溶的重金属化合物，经沉淀和浮上法从废水中除去。具体方法有中和法、硫化法、还原法、氧化法、离子交换法、离子浮上法、活性炭法、铁氧体法、电解法和隔膜电解法等。

第二类，将废水中的重金属在不改变其化学形态的条件下进行浓缩和分离，具体方法有反渗透法、电渗析法、蒸发浓缩法等。

通常大都采用第一类方法，在特殊情况下才采用第二类方法。从重金属回收的角度看，第二类处理方法比第一类方法优越，因为前者是重金属以原状浓缩直接回用于生产工艺中，比后者需要使重金属经过多次化学形态的转化才能回用要简单得多。但是，第二类方法比第一类方法处理废水耗资大，有些方法目前还不适于处理大流量工业废水，如矿山废水。通常是根据废水的水质、水量等情况，选用一种或几种处理方法组合使用。

目前我国大多数重金属废水处理设施，只注意废水本身的处理，而忽视浓缩产物的回收利用或无害化处理，任其流失于环境中，造成二次污染。这是目前我国重金属废水处理中存在的最突出、最严重的问题。

在重有色金属冶炼过程中，砷污染往往是比较严重的，因此含砷废水处理回用与节水减排不可忽视。

10.2.2.2　废水处理回用与节水减排技术

A　中和沉淀法

a　铜的去除与回收技术

废水中的铜可以采用沉淀法去除，也可以采用离子交换、蒸发、电解等方式回收．采用什么方法主要看废水中铜的含量。铜浓度小于 200mg/L 时，采用离子交换是适宜的；当铜的浓度为 1~1000mg/L，沉淀法是较好的；电解和蒸发回收在铜浓度大于 10000mg/L 时才为有利。

在 pH = 9.0~10.3 时，铜的氢氧化物具有最小的溶解度，在此 pH 值范围内，在实际应用中由于反应速度慢，形成的胶体颗粒难以分离，pH 值的波动及其他离子的存在等因素，很难达到理论值。除铜的效果及 pH 值与出水铜含量见表 10 - 7 和表 10 - 8[33]。

表 10 - 7　废水除铜方法

污水来源及处理方法	起始铜浓度/mg·L⁻¹	处理后铜浓度/mg·L⁻¹
金属加工（石灰沉淀）	204～385	1.4～7.8（砂滤前） 0～0.5（砂滤后）
有色金属加工（石灰）	—	0.2～2.3（砂滤前）
电镀（烧碱、苏打＋肼）	6～15.5	0.3～0.45
铜生产厂（石灰）	10～20	1～2
木材防腐（石灰）	0.25～1.1	0.1～0.35
铜生产厂（肼＋NaOH）	75～124	0.25～0.85

表 10 - 8　pH 值与出水铜含量关系

石 灰 处 理				苛 性 钠 处 理			
No. 1		No. 2		No. 1		No. 2	
pH 值	铜含量/mg·L⁻¹	pH 值	铜含量/mg·L⁻¹	pH 值	铜含量/mg·L⁻¹	pH 值	铜含量/mg·L⁻¹
5.2	93	3.1	211	3.1	211	2.5	10
6.6	35	—	—	—	—	—	—
7.0	5.3	7.0	2.6	7.0	7.6	—	—
8.0	<0.1	8.0	2.5	8.0	9.7	—	—
—	—	9.0	3.5	9.0	9.6	9.0	<0.1
9.5	<0.1	—	—	—	—	9.5	<0.1
—	—	10.0	4.7	10.0	13.4	10.0	<0.1
—	—	—	—	—	—	10.5	<0.1
11.0	<0.1	—	—	—	—	—	—

　b　铅的去除与回收技术

　　铅的去除基本采用药剂沉淀法，通常是形成 $PbCO_3$ 或 $Pb(OH)_2$，可选用碳酸盐或氢氧化物作为沉淀剂，处理效果取决于 pH 值，理论的溶解度计算和工程的实际运行资料说明，铅的氢氧化物沉淀最有效的 pH 值为 9.2～9.5，出水铅含量为 0.01～0.03mg/L。铅的处理方法及效果见表 10 - 9[33]。

表 10 - 9　铅处理方法及效果实例

处 理 方 法	pH 值	铅浓度/mg·L⁻¹		去除率/%
		初　始	最　终	
离子交换	5.0～5.2	0.1	0.01	90
		126.7	0.02～0.05	99.9
	8.3	11.7	0.27	97.7
	8.2	1.2	0.15	87.5
石灰＋沉淀		30	1	96
	6.5	0.1		98.5

处理方法	pH值	铅浓度/mg·L⁻¹		去除率/%
		初　始	最　终	
石灰 + 硫酸铁 + 沉淀 + 过滤	10.0	5.0	0.25	95
石灰 + 沉淀 + 过滤	11.5	5.0	0.2	96
碳酸钠 + 过滤	9.0 ~ 9.5	50.0	0.03	99
硫酸铁 + 沉淀 + 过滤	6.0	5.0	0.03 ~ 0.25	99.4
硫酸亚铁 + 沉淀	10.4	45	1.7	96.2

c　锌的去除与回收技术

锌的去除通常采用化学沉淀法，但是硫化法的去除效果不如氢氧化物法好。一般直接采用投加氢氧化物产生沉淀即可达到满意的效果。石灰沉淀法除锌效果见表 10 - 10[33]。

表 10 - 10　石灰沉淀法除锌效果实例

项目源	pH 控制值	原始锌浓度/mg·L⁻¹	沉淀出水/mg·L⁻¹	过滤出水/mg·L⁻¹
电镀漂洗水	8.75	90.0	1.00	0.210
	9.0	11.0	2.15	0.167
	8.5	13.0	0.625	0.010
	8.75	253	0.40	0.295
	10.0	290	1.20	0.510
	8.5	930	9.6	1.4
有色冶炼	8.5	114	0.511	0.03

d　镉的去除与回收技术

镉的去除方法包括化学沉淀法和物化沉淀法两类。可采用碱性药剂形成镉的氢氧化物沉淀，或投加硫化氢、硫化钠或硫化亚铁形成镉的硫化物沉淀。硫化法比氢氧化物法的投资高 10% ~ 20%，运行费用高 30% ~ 40%，但硫化法的镉去除率可高达 99%。物化分离法可采用离子交换、反渗透、蒸发、冰冻等技术对镉进行分离并回收，但没有明显的回收经济效益时是不可考虑采用的。

在碱性条件下，镉可形成很稳定的不溶性的氢氧化镉，氢氧化镉大部分可在 pH = 9.5 ~ 12.5 时，沉淀去除，在 pH = 8 时，剩余镉离子浓度为 1mg/L，在 pH = 1.0 时，则为 0.1mg/L，当 pH > 11 时可降为 0.00075mg/L，通过砂滤还可略有下降为 0.00070mg/L。当存在氢氧化铁，pH = 8.5 时，可改善镉的去除效果，若与氢氧化铝共沉也可改善去除效果。

当处理含有多种污染物的废水时，必须针对其中最主要污染物的去除确定处理工艺，同时也必须考虑是否能同时将其他污染物去除或降低。而当冶炼厂生产废水中最主要污染物是酸时，处理工艺应以中和为主。对以上 4 种污染物质的去除方法讨论可以看出，4 种污染物都可以采用石灰法进行处理。表 10 - 11 是采用石灰作为处理药剂时处理这 4 种污染物的最佳 pH 值。

表 10 –11　石灰沉淀法最佳 pH 值

污染物种类	最佳 pH 值	可达到的处理效果/mg·L^{-1}
Cd	pH > 11	pH = 10，0.1；pH = 11，0.0075
Pb	pH = 9.2 ~ 9.5	< 0.3
Cu	pH = 9.0 ~ 10.3	0.01
Zn	pH = 9.0	< 0.5

从技术经济两方面综合考虑，冶炼厂酸性生产废水采用石灰中和沉淀法是最适宜的处理工艺。

B　硫化物沉淀法（硫化法）

硫化物沉淀法是向含金属离子的废水中投加硫化钠或硫化氢等硫化剂，使金属离子与硫离子反应，生成难溶的金属硫化物，再予以分离除去。硫化物沉淀法的优点：通过硫化物沉淀法把溶液中不同金属离子分步沉淀，所得泥渣中金属品位高，便于回收利用；此外，硫化法还具有适应 pH 值范围大的优点，甚至可在酸性条件下把许多重金属离子和砷沉淀去除。但硫化钠价格高，处理过程中产生的硫化氢气体易造成二次污染，处理后的水中硫离子含量超过排放标准，还需作进一步处理；另外，生成的细小金属硫化物粒子不易沉降。这些都限制了硫化法的应用。

C　铁氧体法

铁氧体法是往废水中添加亚铁盐（如硫酸亚铁），再加入氢氧化钠溶液，调整 pH 值至 9 ~ 10，加热至 60 ~ 70℃，并吹入空气，进行氧化，即可形成铁氧体晶体并使其他金属离子进入铁氧体晶格中。由于铁氧体晶体密度较大，又具有磁性，因此无论采用沉降过滤法、气浮分离法还是采用磁力分离器，都能获得较好的分离效果。铁氧体法可以除去铜、锌、镍、钴、砷、银、锡、铅、锰、铬、铁等多种金属离子，出水符合排放标准，可直接外排。铁氧体沉渣经脱水、烘干后，可回收利用（如制作耐蚀瓷器等）或暂时堆存。

D　药剂还原法

药剂还原法是向废水中投加还原剂，使金属离子还原为金属或还原成价数较低的金属离子，再加石灰使其成为金属氢氧化物沉淀。还原法常用于含铬废水的处理，也可用于铜、汞等金属离子的回收。

含铬废水主要以六价铬的酸根离子形式存在，一般将其还原为微毒的三价铬后，投加石灰，生成氢氧化铬沉淀分离除去。

根据投加还原剂的不同，可分为硫酸亚铁法、亚硫酸氢钠法、二氧化硫法、铁粉或铁屑法等。

硫酸亚铁法的处理反应如下：

$$6FeSO_4 + H_2Cr_2O_7 + 6H_2SO_4 \longrightarrow 3Fe_2(SO_4)_3 + Cr_2(SO_4)_3 + 7H_2O$$
$$Cr_2(SO_4)_3 + 3Ca(OH)_2 \longrightarrow 2Cr(OH)_3 + 3CaSO_4$$

处理流程如图 10 – 1 所示。废水在还原槽中先用硫酸调 pH 值至 2 ~ 3，再投加硫酸亚铁溶液，使六价铬还原为三价铬；然后至中和槽投加石灰乳，调节 pH 值至 8.5 ~ 9.0，进入沉淀池沉淀分离，上清液达到排放标准后排放。

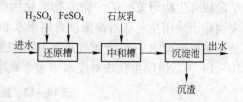

图 10 - 1　硫酸亚铁法处理流程

还原法处理含铬废水，不论废水量多少，含铬浓度高低，都能进行比较完全的处理，操作管理也较简单方便，应用较为广泛。但并未能彻底消除铬离子，生成的氢氧化铬沉渣，可能会引起二次污染，沉渣体积也较大，低浓度时投药量大。

　　E　电解法

电解法是在处理含铬废水时，采用铁板作电极，在直流电作用下，铁阳极溶解的亚铁离子，使六价铬还原为三价铬，亚铁变为三价铁：

$$Fe - 2e \longrightarrow Fe^{2+}$$
$$Cr_2O_7^{2-} + 6Fe^{2+} + 14H^+ \longrightarrow 2Cr^{3+} + 6Fe^{3+} + 7H_2O$$
$$CrO_4^{2-} + 3Fe^{2+} + 8H^+ \longrightarrow Cr^{3+} + 3Fe^{3+} + 4H_2O$$

阴极主要为氢离子放电，析出氢气。由于阴极不断析出氢气，废水逐渐由酸性变为碱性。pH 值由大致为 4.0 ~ 6.5 提高至 7 ~ 8，生成三价铬及三价铁的氢氧化物沉淀。

向电解槽中投加一定量的食盐，可提高电导率，防止电极钝化，降低槽电压及电能消耗。通入压缩空气，可防止沉淀物在槽内沉淀，并能加速电解反应速率。有时，在进水中加酸，以提高电流效率，改善沉淀效果。但是否必要，应通过比较确定。电解法处理含铬废水的技术指标见表 10 - 12。

表 10 - 12　电解法处理含铬废水的技术指标

废水中六价铬的质量浓度/mg·L^{-1}	槽电压/V	电流浓度/A·L^{-1}	电流密度/A·dm^{-2}	电解时间/min	食盐投加量/g·L^{-1}	pH 值
25	5 ~ 6	0.4 ~ 0.6	0.2 ~ 0.3	20 ~ 10	0.5 ~ 1.0	6 ~ 5
50	5 ~ 6	0.4 ~ 0.6	0.2 ~ 0.3	25 ~ 15	0.5 ~ 1.0	6 ~ 5
75	5 ~ 6	0.4 ~ 0.6	0.2 ~ 0.3	30 ~ 25	0.5 ~ 1.0	6 ~ 5
100	5 ~ 6	0.4 ~ 0.6	0.2 ~ 0.3	35 ~ 30	0.5 ~ 1.0	6 ~ 5
125	6 ~ 8	0.6 ~ 0.8	0.3 ~ 0.4	35 ~ 30	1.0 ~ 1.5	5 ~ 4
150	6 ~ 8	0.6 ~ 0.8	0.3 ~ 0.4	40 ~ 35	1.0 ~ 1.5	5 ~ 4
175	6 ~ 8	0.6 ~ 0.8	0.3 ~ 0.4	45 ~ 40	1.0 ~ 1.5	5 ~ 4
200	6 ~ 8	0.6 ~ 0.8	0.3 ~ 0.4	50 ~ 35	1.0 ~ 1.5	5 ~ 4

电解法运行可靠，操作简单，劳动条件较好。但在一定的酸性介质中，氢氧化铬有被重新溶解、引起二次污染的可能。出水中氯离子含量高，对土壤和水体会造成一定程度的危害。此外，还需定期更换极板，消耗大量钢材。

对于其他金属离子（如 Ag^+、Cu^{2+}、Ni^{2+} 等）可在阴极放电沉积，予以回收；或用铝或铁作阳极，用电凝聚法形成浮渣，予以除去。

　　F　生物法

生物法处理重金属废水是近几年开发与研究的并在工程上获得成功的新技术。中国科学院成都生物研究所的"微生物净化回收电镀污泥及废水重金属研究"获得专利。上海宝钢集团采用生化法对高浓度含铬废水和其他重金属废水进行试验。广东汕头市环海工程公司对电镀废水中重金属处理回用均获得良好效果，其净化结果见表 10 – 13[34,35] 和表 10 – 14[35]。说明生化法对废水中重金属净化效果是显著的。

表 10 – 13　重金属废水处理试验结果　　　　　　　　　　　　　（mg/L）

编 号	pH 值	SS	总 Cr	Cr^{6+}	Pb	Zn
1	7.5	38	1.31	<0.01	—	—
2	7.0	47	1.15	0.04	0.15	1.45
3	7.2	35	0.46	0.01	0.15	1.20
4	7.3	31	0.45	0.01	—	—
5	7.0	38	0.70	0.06	0.16	1.53
6	7.5	30	0.73	0.04	—	—
7	7.5	38	0.53	<0.01	0.11	0.245
8	7.4	39	0.54	<0.01	0.15	0.261
9	7.1	35	0.32	<0.01	0.09	0.481
平均值			0.69	0.022	0.14	0.86
去除率/%			99.973	99.999	95.364	99.822

表 10 – 14　工程运行处理结果　　　　　　　　　　　　　（mg/L）

编 号	原 水		处 理 出 水		去除率/%	
	Cu	Ni	Cu	Ni	Cu	Ni
1	10.60	11.60	0.16	0.46	98.5	98.6
2	14.30	8.90	0.09	0.33	99.4	96.3
3	5.80	9.56	0.23	0.05	96.5	99.5
4	45.90	15.60	0.18	0.14	99.6	99.1
5	89.67	13.70	0.22	0.44	99.8	96.7
6	38.80	7.90	0.11	0.21	99.7	97.3
7	75.20	18.80	0.13	0.57	99.8	97.0

10.3　轻有色金属冶炼工序节水减排与废水回用技术

　　铝镁是轻有色金属最常见的也是最有代表性的两种轻金属。钛金属也属于轻有色金属。因此，轻有色金属冶炼工序的节水减排与废水处理回用是主要解决铝、镁冶炼与电解生产的节水减排以及钛生产的氯化炉气尘与冲渣废水和尾气淋洗等问题。

10.3.1　废水来源与特征

10.3.1.1　铝冶炼废水来源与特征

A　氧化铝生产废水来源与特征

氧化铝是用电解法生产金属铝的主要原料。氧化铝生产的主要原料为铝矾土、明矾、霞石等;我国是以铝矾土为主要原料。世界各国几乎都采用碱法（用碱浸出铝矾土中的氧化铝）生产氧化铝,其生产工艺流程有拜耳法、烧结法与联合法三种,我国主要为联合法和烧结法。

铝冶炼生产过程中,废水产生于各类设备冷却水,各类物料泵的轴承封润水,石灰炉排气的洗涤水,各类设备储槽及地坪的清洗水,生产过程中物料的跑、冒、滴、漏以及赤泥输送和浓缩池排水等。废水中主要有碳酸钠、氢氧化钠、铝酸钠、氢氧化铝以及含有氧化铝的粉尘、物料等。

氧化铝厂生产废水量大,含碱浓度高,对水体和环境危害大。

B　电解铝生产废水来源与特征

电解法生产金属铝的主要原料是氧化铝,电解过程中产生大量的含有氟化氢和其他物料烟尘的烟气,而电解过程本身并不使用水也不产生废水。电解铝厂废水主要来源于硅整流、铝锭铸造、阳极车间等工段的设备冷却水和产品冷却洗涤水;另外,湿法烟气净化废水中含有大量的氟化物。电解铝厂的废水主要是由电解槽烟气湿法净化产生的,其废水量、废水成分和湿法净化设备及流程有关,吨铝废水量一般在 $1.5 \sim 15m^3$。废水中主要污染物为氟化物。如某铝厂有 22 台 40kA 电解槽,每槽排烟量 $1000m^3/h$,相当于 $300000m^3/t$（铝）,烟气在洗涤塔内用清水喷淋洗涤,循环使用,洗涤液最终含氟 $100 \sim 250mg/L$,同时还含有沥青悬浮物等杂质成分。若采用干法净化含氟烟气,废水量将大大减少。

铝冶炼工业废水特征见表 10-15。

表 10-15　铝冶炼工业废水特征

生产方法	废水特点	废水状况
碱法生产氧化铝	废水中含有碳酸钠、NaOH、铝酸钠、氢氧化铝及含有氧化铝的粉尘、物料等,危害农业、渔业和环境	量大,碱度高
电解铝生产金属铝	包括含氟的烟气净化废水、设备冷却水和产品冷却洗涤水、阳极车间废水等	含氟的烟气净化废水、阳极车间废水需处理,冷却水可以做到循环利用

总之,轻有色金属冶炼废水中主要污染物为氟化物、次氯酸、氯盐、盐酸以及煤气发生站产生的含有悬浮物、硫化物、酚氰等物质。

10.3.1.2　镁金属冶炼废水来源与特征

镁生产以含有 $MgCl_2$ 或 $MgCO_3$ 的菱镁矿、白云石、光卤石、卤块或海水为主要原料。其生产方法有电解法和热法(还原法)等。我国目前采用氯化电解法生产镁,以菱镁矿为原料。

菱镁矿的主要成分是 $MgCO_3$。在菱镁矿经过破碎（制团）、氯化、电解、铸锭等工序制成成品镁的过程中,氯在氯化工序作为原料参与生成 $MgCl_2$ 的反应,而在 $MgCl_2$ 电解过程中从阳极析出,再被送往氯化工序参与氯化反应,这样氯被往复循环使用。因此,氯和氯化物是镁冶炼（电解法）废水的主要污染物。

镁厂的整流所、空压站及其他设备间接冷却排水未受污染,仅温度升高。氯化炉(竖式电炉)尾气洗涤废水,排气烟道和风机洗涤废水以及氯气导管冲洗废水均呈酸性

（盐酸），其中还含有氯盐。电解阴极气体在清洗室用石灰乳喷淋洗涤，排出废水含有大量氯盐。镁锭酸洗镀膜虽废水量少，但含有重铬酸盐和氯化物等。

镁冶炼废水的特征见表 10 – 16。

表 10 – 16 镁冶炼废水特征

废水类别	来源	废水特点
间接冷却水	镁厂的整流所、空压站及其他设备间接冷却	未受污染，仅温度升高
尾气洗涤水	氯化炉尾气	
洗涤水	排气烟道和风机洗涤水	呈酸性（盐酸），含有氯盐
氯气导管冲洗废水	氯气导管	
电解阴极气体洗涤水	电解阴极气体经石灰乳喷淋洗涤而得	排出的废水含有大量氯盐
镁锭酸洗镀膜废水	镁锭酸洗镀膜车间	量少，但含有重铬酸钾、硝酸、氯化铵等

10.3.1.3 钛生产废水来源与特征

目前，我国主要用镁热还原法生产海绵钛。主要原料有砂状钛铁矿、石油焦、镁锭和液氯等。钛精矿首先在电炉中用石油焦作还原剂，分离出铁（副产品）和高钛渣，高钛渣（主要成分是 TiO_2）和氯气在氯化炉中反应生成 $TiCl_4$；TiO_2 精制后在还原器中用镁锭还原产出海绵钛并生成 $MgCl_2$。经蒸馏工序分离出的 $MgCl_2$，再用电解法得到金属镁和氯气，它们返回分别用于还原和氯化工序。

钛生产废水主要来自氯化炉收尘渣冲洗和尾气淋洗废水，粗四氯化钛浓密机沉泥冲洗、铜屑塔酸洗、还原器和蒸馏器酸洗等废水。废水中的主要污染物是盐酸和铀、钍等放射性元素。

由于钛铁矿中一般共生有铀和钍，在冶炼过程中，收尘渣、尾气、沉渣、设备等都要用水冲洗或淋洗，放射性物质被转移至废水中。

钛生产废水特征见表 10 – 17。

表 10 – 17 钛生产废水特征

序号	废水来源	废水特征
1	氯化炉收尘渣冲洗废水	含盐酸及放射性物质
2	氯化炉尾气淋洗废水	用清水洗涤时含盐酸及固形物，用石灰乳洗涤时含大量 $CaCl_2$
3	浓密机沉淀渣冲洗废水	含 HCl、$TiCl_4$ 及放射性物质
4	铜屑塔中的铜屑，还原器及蒸馏器表面酸洗废水	含盐酸、氯化物等

注：钛冶炼厂一般都建有氯化镁电解车间生产镁锭和氯气，该车间废水的特点与镁冶炼厂有关工序相同。

10.3.1.4 氟化盐生产废水来源与特征

氟化盐是电解铝工艺过程中电解质的主要成分。氟化盐生产有酸法和碱法，我国一般采用酸法生产工艺。其简要流程是采用萤石（含 97% ~98% 氟化钙）和浓度 90% 左右的浓硫酸在反应炉内加热生成含 HF 的烟气，烟气经除尘后至吸收塔被水吸收并经冷却制成浓度 28% 的氢氟酸。为获得精制氢氟酸脱除粗液中的四氟化硅，需加入碳酸钠生成氟硅酸钠沉淀，清液即为精酸。精酸分别与碳酸钠、氢氧化铝、碳酸镁等溶液反应，再经过滤和干燥即得到冰晶石、氟化钠、氟化铝及氟化镁等氟化盐产品。在生产过程中产生大量的氟化盐母液。

为了消除废气和废渣的危害，氟化盐厂还需设置回收 SO_2、石膏和硫酸铝的生产系统。

氟化盐生产废水的特征见表 10-18。

表 10-18　氟化盐生产废水的特征

序号	废水来源	废水特征
1	真空泵、氢氟酸槽、干燥窑冷却筒、反应炉头燃烧室夹套及排风机轴承冷却水	较清洁，水温升高 5~15℃
2	真空泵水冷器、化验室、设备清洗及地面冲洗废水	含氟浓度一般低于 15mg/L
3	石膏母液	含氟浓度一般低于 15mg/L，并含有硫酸盐
4	冰晶石、氟化铝、氟化钠及氟化镁母液	含氟浓度 0.36~25g/L，并含有硫酸盐和悬浮物
5	硫酸仓库废酸及地面冲洗废水	含硫酸

10.3.2　废水与水质水量

10.3.2.1　铝冶炼生产废水的水质水量

A　氧化铝生产废水的水量水质

氧化铝生产废水量见表 10-19，其水质情况见表 10-20[32]。

表 10-19　每吨氧化铝生产废水量

项目名称	联合法	烧结法	拜耳法
废水量/$m^3 \cdot t^{-1}$	24~40	20~24	12

表 10-20　氧化铝生产废水水质

序号	项目	全厂总排出口废水			循环水			石灰炉 CO_2 洗涤排水
		烧结法	联合法	拜耳法①	烧结法	联合法	拜耳法①	
1	pH 值	7~8	9~10	9~10	7~9	7~11	>10	6.2~8.0
2	悬浮物/$mg \cdot L^{-1}$	400~500	400~500	62	800	300		400
3	总固形物/$mg \cdot L^{-1}$	1000~1100	1100~1400	354	900~1300	4000		180~1100
4	灼烧残渣/$mg \cdot L^{-1}$	300~400	1200	230	—	—		—
5	总硬度/$mmol \cdot L^{-1}$	3.21~5.35	1.43~1.79	—	2.14~12.5	0.29	0.8	10~16.1
6	碱度/$mmol \cdot L^{-1}$	2~4	7.86~10	3	9.26	50	12.5	3.93~7.86

续表 10-20

序号	项 目	全厂总排出口废水			循 环 水			石灰炉 CO_2 洗涤排水
		烧结法	联合法	拜耳法[①]	烧结法	联合法	拜耳法[①]	
7	SO_4^{2-}/mg·L^{-1}	500~300	50~80	54	170~600	180		500~900
8	Cl^-/mg·L^{-1}	100~200	35~90	35	17~60	44		60
9	HCO_3^-/mg·L^{-1}	183	122~732		336~488	0		506~610
10	CO_3^{2-}/mg·L^{-1}	84	102~270		360	750	6.8	
11	SiO_2/mg·L^{-1}	13~15	1.5	2.2	7~12	10		8.0
12	Ca^{2+}/mg·L^{-1}	150~240	14~23	3.4	16~180	0		160~300
13	Mg^{2+}/mg·L^{-1}	40	13	11.5	12~42	0.3		36
14	Al^{3+}/mg·L^{-1}	40~64	90	5.3	9~37	170	65	
15	K^+/mg·L^{-1}		25~45	—		140		
16	Na^+/mg·L^{-1}	170~190	180~270	—	60~190	460	276	38~160
17	总 Fe/mg·L^{-1}	0.02~0.1	0	0.07		微量		
18	耗氧量/mg·L^{-1}	8~16	21	5.6	—	—		
19	酚/mg·L^{-1}	—	—		—	—		3.1
20	游离 CO_2/mg·L^{-1}	—	—		—	—		160

① 为俄罗斯某厂赤泥堆场回水水质。

氧化铝生产过程中产生的赤泥量较多，赤泥堆场回水量是随赤泥洗涤、输送等情况而异，其回水水质见表 10-21，回收水量见表 10-22[32]。

表 10-21 赤泥堆场回水水质

序号	项 目	烧结法	联合法	拜耳法
1	pH 值	14	14	12
2	悬浮物/mg·L^{-1}	50	38~140	177
3	总固形物/mg·L^{-1}	2600~7600	12000	8065
4	灼烧残渣/mg·L^{-1}	1800	—	6430
5	总硬度/mmol·L^{-1}	0	0	—
6	碱度/mmol·L^{-1}	110	120	129
7	SO_4^{2-}/mg·L^{-1}	600	70	136
8	Cl^-/mg·L^{-1}	20~260	18	55
9	HCO_3^-/mg·L^{-1}	0	0	—
10	CO_3^{2-}/mg·L^{-1}	1320	96	—
11	SiO_2/mg·L^{-1}	17	30	4.5
12	Ca^{2+}/mg·L^{-1}	0	0	3.6

序号	项　目	烧结法	联合法	拜耳法
13	$Mg^{2+}/mg \cdot L^{-1}$	0	0	0.9
14	$Al^{3+}/mg \cdot L^{-1}$	250 ~ 530	700	580
15	总 Fe/mg · L^{-1}	0.6 ~ 2.0	微量	0.1
16	$K^+ + Na^+/mg \cdot L^{-1}$	1600	1740	—
17	$Ga^{3+}/mg \cdot L^{-1}$	0.18 ~ 0.67	—	—
18	耗氧量/mg · L^{-1}	96	—	33

表 10 - 22　生产每吨氧化铝所产生的赤泥量及赤泥堆场回收水量

指 标 项 目	拜耳法	烧结法	联合法
赤泥量/t · t^{-1}	1.0 ~ 1.2	1.8	0.65 ~ 0.80
赤泥输送水/m^3 · t^{-1}	4	7.2	2.6 ~ 3.2
赤泥堆场回收水/m^3 · t^{-1}	2.4	4.3	1.6 ~ 1.9

B　电解铝生产废水的水量水质

根据贵州铝厂引进电解铝工程以及相关铝厂的有关资料,生产每吨金属铝的废水量为 14 ~ 20m^3/t。其水质在电解生产工序中的情况,见表 10 - 23、表 10 - 24。

表 10 - 23　电解铝厂铸造及阳极车间水质

车间名称	硫化物/mg · L^{-1}	酚/mg · L^{-1}	油/mg · L^{-1}	悬浮物/mg · L^{-1}	备　　注
铸造	—	无	2.65	—	拉丝铝锭排水
阳极	1.78	0 ~ 0.02	7.5	4 ~ 110	糊块冷却池排水

表 10 - 24　电解铝厂燃气湿法净化废水水质

序号	项　目	电解铝厂焙烧炉烟气净化废水		电解铝厂电解车间烟气净化废水	
		处理前	处理后	处理前	处理后
1	废水量/m^3 · h^{-1}	13.0	13.2	6.35	6.35
2	pH 值	7.8	7 ~ 8	6.5 ~ 7.0	7 ~ 8
3	$F^-/mg \cdot L^{-1}$	463	25	230	26
4	$Na_2SO_4/mg \cdot L^{-1}$	3058	—	7000	—
5	$NaHCO_3/mg \cdot L^{-1}$	—	—	310	—
6	$Al^{3+}/mg \cdot L^{-1}$	—	—	10	—
7	焦油/mg · L^{-1}	340	13.4	—	—
8	粉尘/mg · L^{-1}	783	15.4	—	—

10.3.2.2　镁冶炼生产废水的水质水量

镁生产废水通常是含酸性较强和浓度较高的氯盐废水,其水质见表 10 - 25[32]。

表 10 - 25 竖式电炉（氯化炉）尾气洗涤废水水质

序号	项目	含量	序号	项目	含量
1	pH 值	0.5 ~ 2.0	13	总铁/mg · L^{-1}	30 ~ 200
2	嗅味	刺激性氯臭	14	溶解性铁/mg · L^{-1}	50
3	悬浮物/mg · L^{-1}	150 ~ 500	15	铬/mg · L^{-1}	0.03
4	总固形物/mg · L^{-1}	—	16	锰/mg · L^{-1}	2.2
5	总固形物灼烧减重/mg · L^{-1}	350 ~ 810	17	砷/mg · L^{-1}	0.4
6	总酸度/mmol · L^{-1}	35 ~ 150	18	硫酸盐/mg · L^{-1}	100 ~ 216
7	总硬度/mmol · L^{-1}	6.43 ~ 7.86	19	氯化物/mg · L^{-1}	1400 ~ 2500
8	K$^+$/mg · L^{-1}	4.25	20	游离氯/mg · L^{-1}	34
9	Na$^+$/mg · L^{-1}	48.1	21	酚/mg · L^{-1}	10 ~ 20
10	Ca^{2+}/mg · L^{-1}	16 ~ 70.72	22	油/mg · L^{-1}	70 ~ 80
11	Mg^{2+}/mg · L^{-1}	16 ~ 99	23	EOD$_5$/mg · L^{-1}	28
12	Al^{3+}/mg · L^{-1}	6.0 ~ 45.0	24	吡啶/mg · L^{-1}	13

10.3.3 节水减排与废水回用技术

10.3.3.1 铝冶炼工序节水减排与废水回用技术

铝冶炼工序节水减排通常采取以下措施：（1）对用水加压泵系统采取变频措施，使供水量与水压匹配，以减少高压供水造成的水量与电力的浪费；（2）根据各生产系统水质水量要求，采用串级用水，提高水的利用率；（3）用循环水替代新水，减少新水用量与废水外排量，例如原高、低空气压缩机与二氧化碳压缩机的油冷却系统以及焙烧炉风机冷却用水均可采用循环冷却用水[36]；（4）废水处理回用。

铝冶炼废水的治理途径有两条：一是从含氟废气的吸收液中回收冰晶石；二是对没有回收价值的浓度较低的含氟废水进行处理，除去其中的氟再回用。

含氟废水处理方法有混凝沉淀法、吸附法、离子交换法、电渗析法及电凝聚法等，其中混凝沉淀法应用较为普遍。按使用药剂的不同，混凝沉淀法可分为石灰法、石灰—铝盐法、石灰—镁盐法等。吸附法一般用于深度处理，即先把含氟废水用混凝沉淀法处理，再用吸附法做进一步处理以便废水回用。

石灰法是向含氟废水中投加石灰乳，把 pH 值调整至 10 ~ 12，使钙离子与氟离子反应生成氟化钙沉淀。这种方法处理后水中含氟量可达 10 ~ 30mg/L，其操作管理较为简单，但泥渣沉淀缓慢，较难脱水。

石灰—铝盐法是向含氟废水中投加石灰乳把 pH 值调整至 10 ~ 12，然后投加硫酸铝或聚合氯化铝，使 pH 值为 6 ~ 8，生成氢氧化铝絮凝体吸附水中氟化钙结晶及氟离子，经沉降而分离除去。这种方法可将出水含氟量降至 5mg/L 以下。此法操作便利，沉降速度快，除氟效果好。如果加石灰的同时，加入磷酸盐，则与水中氟离子生成溶解度极小的磷灰石沉淀（Ca$_5$(PO$_4$)$_3$F），可使出水含氟量降至 2mg/L 左右。

例如，某铝冶炼厂废水含氟 200 ~ 3000mg/L，加入 4000 ~ 6000mg/L 消石灰，然后加

1.0 ~ 1.5mg/L 的高分子絮凝剂，经沉降分离后上清液用硫酸调整 pH 值至 7 ~ 8，即可排放。采用此法处理，出水氟含量可降至 15mg/L 以下。

10.3.3.2 镁冶炼工序节水减排与废水回用技术

镁冶炼工序节水减排主要体现在两个方面：

一是采用清洁能源实现清洁生产。如采用焦炉煤气炼镁解决炉窑烟尘对环境污染。采用水煤浆代替煤在精炼炉、回转窑上应用，燃烧效果好，达到环境保护要求。

二是改进皮江法生产工艺，有效控制环境污染。如将配料、制球工序放在地下封闭，减少粉尘排放，将还原炉排出的高温烟气，直接利用发电，减少废水冷却量等。

工业炼镁方法有电解法和热法两种。电解法以菱镁矿（$MgCO_3$）为原料，石油焦作还原剂，在竖式氯化炉中氯化成无水氯化镁或用去除杂质和脱水的合成光卤石（含 $MgCl_2$ >42.5%）作原料，加入电解槽，在 680 ~ 730℃下熔融电解，在阴极上生成金属镁，在阳极上析出氯气，这部分氯气经氯压机液化后回收利用。每炼 1t 精镁约耗氯气 1.5t，其中一部分消耗于原料中的杂质氯化，一部分转入废渣及被电解槽和氯化炉内衬吸收，大约有 1/2 氯随氯化炉烟气和电解槽阴极气体排出，较少部分泄漏到车间内，无组织散发到环境中。热法炼镁原料是白云石（MgO），煅烧后与硅铁、萤石粉配料制球，在还原罐 1150 ~ 1170℃下以镁蒸气状态分离出来。生产过程中产生的烟尘，采用一般除尘装置去除。

镁冶炼烟气中主要污染物是 Cl_2 和 HCl 气体，氯化炉以含 HCl 为主，镁电解槽阴极气体中主要是 Cl_2。一般治理方法是先用袋式除尘器或文丘里洗涤器去除氯化炉烟气中的烟尘和升华物，然后与电解阴极气体汇合，引入多级洗涤塔，用清水洗涤吸收 HCl，再用碱性溶液洗涤吸收 Cl_2。常用的吸收设备有喷淋塔、填料塔、湍球塔等，吸收效率可达 99% 以上。

进一步处理循环洗涤液，可以回收有用的副产品。一般循环水洗涤可获得 20% 以下的稀盐酸；加入 $MgCl_2$、$CaCl_2$ 等镁盐能获得高浓度 HCl 蒸气，再用稀盐酸吸收可制取 36% 浓盐酸；或用稀盐酸溶解铁屑制成 $FeCl_2$ 溶液，用于吸收烟气中的 Cl_2 生成 $FeCl_3$，经蒸发浓缩和低温凝固，制得固态 $FeCl_3$，作为防水剂、净水剂使用。用 NaOH、Na_2CO_3 吸收 Cl_2 可生成次氯酸钠，作为漂白液用于造纸等部门。如果这些综合利用产品不能实现，则应对洗涤液进行中和处理后排放。

还原法冶炼镁过程产生的各种排水基本不污染水环境，可以直接或经沉淀后外排。电解法冶炼镁过程产生气体净化废水和氯气导管及设备冲洗废水，含盐酸、硫酸盐、游离氯和大量氯化物，常用石灰乳或石灰石粒料作中和剂中和后排放。

10.3.3.3 氟化盐生产废水与含氟废水处理与回用技术

A 氟化盐生产废水处理技术

从萤石中制取的冰晶石（Na_3AlF_6）、氟化铝（AlF_3）和氟化镁（MgF_2）等氟化盐是冶炼镁和铝的重要熔剂和助剂。氟化盐生产过程产生的废水包括含低浓度氢氟酸、氟化物和悬浮物的真空泵水冷器排水，设备和地面冲洗水，石膏母液，含高浓度氢氟酸、氟化物、硫酸盐和悬浮物的各种氟化盐产品母液。含氟酸性废水一般用石灰乳进行中和反应生成氟化钙和硫酸钙等沉淀物，经沉淀后上清液外排或回用，沉渣经浓缩过滤后堆存或再经干燥成为石膏产品。在干旱地区，含氟酸性废水可送往石膏堆场，利用石膏中过剩的

Ca(OH)$_2$中和，废水在堆场内澄清后回用。

B 含氟废水处理与回用技术

含氟废水处理方法一般分为混凝沉淀法及吸附法。其中混凝沉淀法使用最为普遍。根据所用药剂的不同，又可分为石灰法、石灰—铝盐法、石灰—镁盐法、石灰—过磷酸钙法等。吸附法一般用于深度处理。混凝沉淀法，可使氟含量下降到 10 ~ 20mg/L 左右。

a 石灰法

向废水中投加石灰乳，使钙离子与氟离子反应，生成氟化钙沉淀。

$$Ca^{2+} + 2F^- \longrightarrow CaF_2 \downarrow$$

18℃时，氟化钙在水中的溶解度为 16mg/L，按氟计则为 7.7mg/L，故石灰法除氟所能达到的理论极限值约为 8mg/L。一般经验，处理后水中氟含量为 10 ~ 30mg/L。石灰法处理含氟废水的效果见表 10 – 26[37]。

表 10 –26　石灰法处理含氟废水效果　　　　　　　　　　（mg/L）

进水氟含量	1000 ~ 3000	1000 ~ 3000	500 ~ 1000	500
出水氟含量	20	7 ~ 8（沉淀24h）	20 ~ 40	8

石灰法除氟国内应用较为普遍，具有操作管理简单的优点。但泥渣沉降缓慢，较难脱水。

用电石渣代替石灰乳除氟，效果与石灰法类似，但沉渣易于沉淀和脱水，处理成本较低。

为提高除氟效率，在石灰法处理的同时投加氯化钙，在 pH > 8 时，可取得较好的效果。

b 石灰—铝盐法

向废水中投加石灰乳，调整 pH 值至 6 ~ 7.5。然后投加硫酸铝或聚合氯化铝，生成氢氧化铝絮凝体，吸附水中氟化钙结晶及氟离子，沉淀后除去。其除氟效果与投加铝盐量成正比。

某厂酸洗含氟废水含氟 63.5g/L，投加石灰 98 ~ 127.4g/L，搅拌 45min，搅拌速度 150 ~ 170r/min，出水含氟量降至 17.4 ~ 10.4mg/L。

若在含氟 10.8mg/L 的出水中投加硫酸铝 0.6 ~ 2g/L，搅拌 3min，搅拌速度 120 ~ 150r/min，出水含氟量可降至 4 ~ 2.2mg/L。

若兼投水玻璃，既可减少硫酸铝用量，又可提高除氟效果。某试验资料报道，原水含氟 4.8mg/L，投加硫酸铝 57.48mg/L，水玻璃 53.6mg/L，可使氟含量降至 1 ~ 0.65mg/L[37]。

c 石灰—镁盐法

向废水中投加石灰乳，调整 pH 值至 10 ~ 11。然后投加镁盐，生成氢氧化镁絮凝体，吸附水中氟化镁及氟化钙，沉淀除去。镁盐加入量一般为 F：Mg = 1：（12 ~ 18）。

镁盐可采用硫酸镁、氯化镁、灼烧白云石及白云石硫酸浸液。

某厂含氟废水采用投加石灰、白云石硫酸浸液处理试验，反应终点 pH 为 8.5，镁盐投加量按 F：Mg = 1：（12 ~ 18）控制。当搅拌 5min，沉淀 1h 后，含氟量由处理前的 23.0mg/L 降至 3.0mg/L，每 1m^3 废水药剂耗量为白云石（含 MgO 20%）3.6kg、工业硫酸（相对密度 1.78）2.4kg、石灰（有效氧化钙大于 60%）1.5kg。

该法处理流程简单，操作便利，沉降速度较快。但出水硬度大，循环使用时，管道容易结垢；硫酸用量大，成本较高。

d　石灰—磷酸盐法

向废水中投加磷酸盐，使之与氟生成难溶的氟磷灰石沉淀，予以除去。

$$3H_2PO_4^- + 5Ca^{2+} + 6OH^- + F^- \longrightarrow Ca_5F(PO_4)_3 \downarrow + 6H_2O$$

磷酸盐有磷酸二氢钠、六偏磷酸钠、化肥级过磷酸钙等。

某厂废水含氟 25.7mg/L，采用化肥级过磷酸钙作处理试验，当石灰和磷酸钙用量分别为理论量的 1.3 倍和 2~2.5 倍时，出水含氟量可降至 2mg/L 以下。试验用过磷酸钙由于本身含氟 0.5%，游离酸 4%，当投加量达理论量的 3 倍时，出水呈弱酸性，氟的去除率反而降低。

药剂投加顺序对除氟也有较大的影响。先投加过磷酸钙，后投加石灰，出水含氟量较低。

e　其他方法

含氟废水还有许多处理方法，如活性氧化铝法、离子交换法、电渗析法、电凝聚法等。

当含氟废水中共存硫酸根、磷酸根等其他离子时，对用活性氧化铝法除氟有严重影响。而离子交换法由于离子交换树脂价格较贵，以及氟离子交换顺序比较靠后，因而树脂交换容量容易迅速消失，使用上也受到一定限制。

电渗析法可用于含氟废水的深度处理。某厂含氟废水经石灰—聚合氯化铝处理后，出水含氟 10~24mg/L，pH=7。再用 400mm×1600mm 400 对膜两极两段电渗析器进行处理试验，处理量为 30m³/h，总电压 448~420V，总电流 40~43A，出水含氟量小于 1mg/L。但膜表面易于结垢，尚待进一步研究。

电凝聚法用于含氟废水处理效果较好。某厂烟气除尘废水含氟 20mg/L，投加石灰乳调 pH 值至 8.5，氟含量为 15.5mg/L，进入用铝板作电极的电解槽电凝聚处理，电流密度 0.25A/dm²，出水含氟 6.25~7.75mg/L。

10.4　稀有金属冶炼工序节水减排与废水回用技术

稀有金属是根据其物理、化学性质或矿物原料中共生状况分为：稀有轻金属，如锂、铷、铯、铍等；稀土金属，如钪、钇、镧及镧系元素；稀有高熔点金属，如钛、锆、钒、铌、钽、钼、钨、铼等；稀有分散性金属，如镓、铟、铊、锗、硒、碲等；稀有放射性金属，如钋、铀及锕系元素以及稀有贵金属如铂、铱等 6 类。

10.4.1　废水来源与水质特征

稀有金属由于种类多、原料复杂，金属及化合物性质各异，再加上现代工业技术对这些金属产品的要求各不相同，故其冶炼方法相应较多，废水来源的种类也较为复杂。

在天然状态下，稀土元素与钍结合紧密，如独居石中含有钍约 1.4%~3.0%；铌、钽、钒等矿石常与铀、钍伴生。故稀土金属冶炼排水、设备冲洗、尾气淋洗排水，均会含有放射性元素污染物。

在稀有金属的提取和分离提纯过程中，常使用各种化学药剂，这些药剂就有可能以"三废"形式污染环境。例如在钽、铌精矿的氢氟酸分解过程中加入氢氟酸、硫酸，排出水中也就会有过量的氢氟酸。稀土金属生产中用强碱或浓硫酸处理精矿，排放的酸或碱废液都将污染环境。某些有色金属矿中伴有放射性元素时，提取该金属所排放的废水中就会含有放射性物质。

稀有金属冶炼厂放射性废水一般属低水平放射性废水。

半导体材料生产废水中含砷、氟等有害元素，砷主要取决于原材料的成分，氟来自腐蚀工序洗涤排水。

铍主要来自铍冶炼工艺排水；钒来源于五氧化二钒车间、钒接触车间及化验室排出的废水；硒、铊、碲来源于高纯金属生产排出的废水。

稀有金属冶炼废水的主要特点为：

（1）废水量较少，有害物质含量高，对环境、水体和人身健康危害性较大。

（2）由于有色金属矿石中有伴生元素存在，废水含有多种毒性物质。但这些物质致毒浓度限制标准至今尚难完全明确规定。

（3）不同品种的稀有金属冶炼废水，均有其特殊特征。如放射性稀有金属、稀土金属冶炼废水均含有放射性，铍冶炼废水含铍，半导体材料冶炼废水含砷、氟以及硒、铊、碲等稀有金属离子有害物质。应按《稀土工业污染物排放标准》（GB 26451—2011）进行严格控制与处理回用。

根据不完全统计，稀有金属冶炼废水水质见表10-27[32]。

表10-27　稀有金属冶炼厂生产工艺废水中污染物含量　　　　　（mg/L）

编号	冶炼厂	污染物名称								
		镉	六价铬	砷	铅	石油类	COD	锌	氟	汞
1	有色金属冶炼厂	0.000	0.000	0.000	0.000	0.0	19.10	0.00	5.32	0.000
2	有色金属冶炼厂	0.010	0.005	0.116	0.048	5.8	0.00	0.27	4.54	0.001
3	单晶硅厂	0.000	0.017	0.000	0.000	0.0	54.89	0.00	0.00	0.000
4	硬质合金厂	0.018	0.103	0.140	0.079	32.5	224.10	0.32	30.70	0.017
5	半导体材料厂	0.000	0.000	0.000	0.005	0.0	0.00	0.00	0.82	0.000
6	有色冶炼厂	0.000	0.000	0.000	0.000	0.0	0.00	0.00	28.41	0.000
7	硬质合金厂	0.002	0.006	0.016	0.201	0.0	6.42	0.10	0.00	0.002
8	半导体材料厂	0.000	0.036	0.048	0.036	0.0	0.00	0.00	3.36	0.000
9	钛厂	0.000	0.050	0.000	0.000	0.0	0.00	0.00	0.00	0.000
10	半导体材料厂	0.000	0.006	0.000	0.000	0.0	0.00	0.00	0.72	0.000
11	稀土公司	0.000	0.000	0.000	0.000	69.9	392.30	0.00	6.90	0.000
12	有色金属冶炼厂	0.000	0.000	0.000	0.000	0.0	0.00	0.00	0.12	0.000

10.4.2　节水减排基本原则与处理工艺选择

稀有金属冶炼废水量少、污染大、毒性强，因此节水减排原则，首先应采用清浊分流，减少废水量，对生产工艺中产生有毒有害物质，如含量高的母液，应采用蒸发浓缩法回收其中有用物质。如从钨母液中回收氯化钙，钼母液中回收氯化铵，铌、钽母液中回收氟化铵、氟硅酸钠等。或返回生产中使用，如采用硫酸萃取法萃取氢氧化铍流程中，反萃后的含铍沉淀废液返回使用。

对必须外排的少量废水，一般采用化学法处理。根据废水水质不同，分别投加石灰、氢氧化钠、三氯化铁、硫酸亚铁、硫酸铝等化学药剂。

含铍废水用石灰中和处理，经沉淀、澄清后去除率可达 97.8%，过滤后可提高至99.4%，水中铍余量可达 $1\mu g/L$ 以下，处理效果较用三氯化铁、硫酸铝等为好。

含钒废水用三氯化铁处理，混凝、澄清后钒去除率可达 93%，过滤后去除率可提高到 97%，处理效果较石灰、硫酸铝好。

中、低水平放射性废水用石灰、三氯化铁处理，可除去铌 97%～98%，锶 90%～97%，用硫酸铝可除去锶 56%，铯 20%。对去除铀冶炼废水中的镭等低水平放射性废水用锰矿过滤处理，去除率约为 64%～90%。

离子交换及活性炭吸附多用于最后处理。

生物处理一般用于含有大量有机物质、稀有金属浓度较低的废水。生物法用于铍的二级处理时，废水含铍浓度不能超过 0.01mg/L。用活性污泥处理含钒废水，活性污泥每克吸收钒达 6.8mg，未出现不利影响；超过此量，则开始影响生物群体。

10.4.3　节水减排与废水回用技术

10.4.3.1　含砷废水处理与回用技术

砷又是一种在性质上介于金属与非金属之间的物质，在考虑含砷废水处理技术时，还必须充分认识到砷的这种独有的特征。

在废水中，砷多以 3 价、5 价或砷化氢（AsH_3）的形态存在，而由 pH 值决定它们存在的形态。

通过理论分析和实验验证，在不同的酸、碱度条件下，砷所处的形态如下：

在强酸条件下，砷多以 As^{3+}、As^{5+} 的形态存在；

在弱酸条件下，砷存在的形态为 H_3AsO_3、H_3AsO_4 及 $H_2AsO_3^-$；

在从弱酸到中性条件下，砷存在的主体形态为 AsO_3^{3-}、AsO_4^{3-}；

在碱性条件下，砷仅以 AsO_3^{3-}、AsO_4^{3-} 的形态存在。

A　化学沉淀处理法

对含砷及其化合物废水，现广泛应用的仍是化学沉淀处理法，就此，效果显著的是氢氧化铁共沉处理法和不溶性盐类共沉处理法。

a　氢氧化铁共沉处理法

对含砷废水大量的处理实验和运行实践结果证实，氢氧化铁的效果最为显著，而其他金属氢氧化物的效果则较差。

含砷废水中所含有的砷多以砷酸或亚砷酸的形态存在，单纯使用中和处理不能取得良好的去除效果。氢氧化物具有良好的吸附性能，利用它的这一性质能够取得较高的共沉效果。而与其他类型金属相较，氢氧化铁有更高的吸附性能，这也是多使用氢氧化铁处理含砷废水的主要原因之一。

铁盐的投加量，应根据原废水中砷含量而定。原水中砷的浓度与投加的铁盐浓度之比称为"砷铁比"（Fe/As）。处理水中砷的残留浓度与砷铁比值有关。氢氧化铁处理含砷废水过程最适宜的 pH 值介于较大的范围，当砷铁比值较小时，最适 pH 值为弱酸性，而当砷铁比值较大时，则为碱性。

在考虑含砷废水中含有其他金属，存在着某些干扰因素的条件下，采用 5 以上的砷铁比，使 pH 值介于 6.9 ~ 9.5 之间，处理水中砷的残留量可满足排放标准 0.5ppm（1ppm = 10^{-4}%，下同）的要求。

如使用铁以外的氢氧化物，处理过程的边界条件应另行确定。

b　不溶性盐类共沉处理法

氢氧化铁共沉法处理含砷废水的效果较好，但也存在下列两项问题，一是金属盐的投加量过高，当原废水中砷含量高达 400ppm 时，金属盐的投加量可能高达 4000ppm，即砷含量的 10 倍以上；而且处理水中的砷含量还不能达到排放标准；其次是在处理过程中产生大量的含砷污泥，这种污泥难于处理与处置，而且易于形成二次污染，贻害环境。

针对氢氧化铁共沉处理法存在这两项弊端，人们应寻求予以解决的对策，就此，考虑下列两项因素，其一，砷能够与多数金属离子形成难溶化合物，除铁盐外，作为沉淀剂的还有钙盐、铝盐、镁盐以及硫化物等；其二，亚砷酸盐的溶解度一般都高于砷酸盐，因此，在进行化学沉淀处理前，应将溶解度高的亚砷酸盐氧化成为砷酸盐，并以此作为氢氧化铁共沉处理法的前处理。

某含砷废水以砷（As）计砷酸含量为 400ppm，投加 400ppm 以铁计的氯化铁，经沉淀分离后处理水中尚残有浓度为 3mg/L 的砷，向澄清液再投加约 50 倍的铁盐，即 150mg/L，两者共用铁盐 550mg/L，处理水中砷含量可能降至 0.5mg/L，但是铁盐投加总量达 550mg/L，为原废水中砷含量的 1.375 倍，但是，所产生的污泥产量，只占氢氧化铁共沉法产泥量的 1/7，取得了缩减污泥产量的效果。

曾进行过使用两种沉淀剂接续处理的试验，如氢氧化钙—硫化钙；氢氧化钙—硫化钠；氢氧化钙—铝盐；氢氧化钙—氯化铁等，其中处理效果最好的是氢氧化钙—氯化铁处理方案，在 pH 值为 10 ~ 12 的条件下，氯化铁投加量介于 500 ~ 1000mg/L，除砷效果可达 99%。

B　石灰法

石灰法一般用于含砷量较高的酸性废水。投加石灰乳，使与亚砷酸根或砷酸根反应生成难溶的亚砷酸钙或砷酸钙沉淀。

$$3Ca^{2+} + 2AsO_3^{3-} \longrightarrow Ca_3(AsO_3)_2 \downarrow$$
$$3Ca^{2+} + 2AsO_4^{3-} \longrightarrow Ca_3(AsO_4)_2 \downarrow$$

某厂废水含砷 6315mg/L，处理流程如图 10 - 2 所示[37]。

废水先与回流沉渣混合，分离沉渣后上清液再投加石灰乳混合沉淀。当石灰投加量为 50g/L 时，出水可达排放标准。如先不与回流沉渣混合即用石灰法处理，出水含砷往往超过排放要求。

石灰法操作管理简单，成本低廉；但沉渣量大，对三价砷的处理效果差。由于砷酸钙和亚砷酸钙沉淀在水中溶解度较高，易造成二次污染。

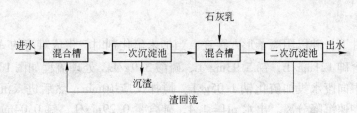

图 10 - 2　石灰法二级处理流程

C　石灰—铁盐法

石灰—铁盐法一般用于含砷量较低、接近中性或弱碱性的废水处理。砷含量可降至 0.01mg/L。

利用砷酸盐与亚砷酸盐能与铁、铝等金属形成稳定的络合物，并为铁、铝等金属的氢氧化物吸附共沉的特点除砷。

$$2FeCl_3 + 3Ca(OH)_2 \longrightarrow 2Fe(OH)_3 \downarrow + 3CaCl_2$$

$$AsO_4^{3-} + Fe(OH)_3 \rightleftharpoons FeAsO_4 + 3OH^-$$

$$AsO_3^{3-} + Fe(OH)_3 \rightleftharpoons FeAsO_3 + 3OH^-$$

当 pH > 10 时，砷酸根及亚砷酸根离子与氢氧根置换，使一部分砷反溶于水中，故终点 pH 值最好控制在 10 以下。

由于氢氧化铁吸附五价砷的 pH 值范围要较三价砷大得多，所需的铁砷比也较小，故在凝聚处理前，将亚砷酸盐氧化成砷酸盐，可以改进除砷效果。铁、铝盐除砷效果见表 10 - 28[37]。

表 10 - 28　铁、铝盐使用条件及除砷效果

药　剂	最佳 pH 值	最佳铁砷、铝砷比	去除率/%
$FeSO_4 \cdot 7H_2O$	8	$Fe^{2+}/As = 1.5$	94
$FeCl_3 \cdot 7H_2O$	9	$Fe^{3+}/As = 4.0$	90
$Al_2(SO_4)_3 \cdot 18H_2O$	7 ~ 8	$Al^{3+}/As = 4.0$	90

某厂废水含砷量 400mg/L，pH = 3 ~ 5，处理流程如图 10 - 3 所示。

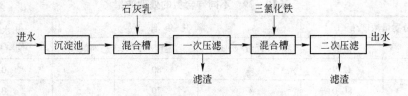

图 10 - 3　石灰—铁盐法处理流程

向废水中投加石灰乳调整 pH 值至 14，经压缩空气搅拌 15 ~ 20min，用压滤机脱水，滤出液砷含量降至 7.6mg/L，砷除去率 98%。然后投加三氯化铁，压缩空气搅拌 15 ~ 20min，再用板框压滤机压滤，出水含砷 0.44mg/L。处理 1m³ 废水生石灰耗量为 3kg，三氯化铁耗量为 1.3kg。

石灰—铁（铝）盐法除砷效果好，工艺流程简单，设备少，操作方便。但砷渣过滤较困难。

D　硫化法

在酸性条件下，砷以阳离子形式存在。当加入硫化剂时，生成难溶的 As_2S_3 沉淀。

某厂废水含砷 121mg/L，锑 5.93mg/L，硫酸 3.9g/L，处理流程如图 10-4 所示。

在混合槽中向废水投加硫化钠 1.05g/L，搅拌反应 10min；然后进入沉淀池投加高分子絮凝剂，以加速沉降分离。出水 pH=1.4，砷含量 0.29mg/L，锑 0.04mg/L。在混合槽投加硫化钠时产生的硫化氢气体，需用氢氧化钠溶液吸收。处理 1m³ 废水药剂消耗工业硫化钠为 0.75kg，高分子絮凝剂为 0.004kg。

硫化法净化效果较好，可使废水中砷含量降至 0.05mg/L；但硫化物沉淀需在酸性条件下进行，否则沉淀物难以过滤；上清液中存在过剩的硫离子，在排放前需进一步处理。

E　软锰矿法

利用软锰矿（天然二氧化锰）使三价砷氧化成五价砷，然后投加石灰乳，生成砷酸锰沉淀。

$$H_2SO_4 + MnO_2 + H_3AsO_3 \longrightarrow H_3AsO_4 + MnSO_4 + H_2O$$
$$3H_2SO_4 + 3MnSO_4 + 6Ca(OH)_2 \longrightarrow 6CaSO_4 \downarrow + 3Mn(OH)_2 + 6H_2O$$
$$3Mn(OH)_2 + 2H_3AsO_4 \longrightarrow Mn_3(AsO_4)_2 \downarrow + 6H_2O$$

某厂废水含砷 4~10mg/L、硫酸 30~40g/L，处理流程如图 10-5 所示。

图 10-4　硫化法处理流程　　　　　图 10-5　软锰矿法处理流程

废水加温至 80℃，曝气 1h；然后按每克砷投加 4g 磨碎的软锰矿（MnO_2 含量为 78%~80%）粉，氧化 3h；最后投加 10% 石灰乳调整 pH 值至 8~9，沉淀 30~40min，出水含砷可降至 0.05mg/L。不同砷含量的处理效果见表 10-29[37]。

表 10-29　不同砷含量的处理效果

废水成分质量浓度/g·L⁻¹		氧 化 条 件			出水砷质量浓度/mg·L⁻¹
砷	硫酸	MnO_2 耗量/g·L⁻¹	温度/℃	时间/h	
12.37	42.9	4	80	3	0.05
8.5	80.0	4	70	2.5	0.06
4.4	49.1	4	80	2	0.035
3.55	23.1	4	70	3	0.05
2.74	31.4	4	80	3	0.02

10.4.3.2　放射性废水处理与回用技术

有色金属伴生铀钍矿开采及选冶过程中的放射性物质控制要求为：

（1）强化管理。建立健全各项防污染、防扩散规章制度，谨防放射性物质对环境的污染和人体的危害。

（2）通风防尘。在铀矿开采和选冶过程生成的粉尘中二氧化硅含量可达 30% ~70%，而且铀与硅酸的结合能力极强。此外，空气中含有氡及其子体，而且与游离二氧化硅同时作用时可使矽肺发病加快。因此，首先应做好尘源的控制。

（3）对气体及气溶胶控制。选冶工艺中的放射性气体主要来自天然放射性物质（镭、钍、锕）衰变时产生的氡、钍、锕射气。它们进入空气并进一步衰变形成固态子体，成为放射性气溶胶。在选冶场所的卸矿场、破碎车间和尾矿坝等处的空气中都有。因此要有良好的通风设备。

产生放射性气体、气溶胶或粉尘的工作场所，应根据工作性质装配必要的通风橱、操作箱等设备。放射性气体及气溶胶排向大气的排放口应超过周围建筑物数米以上。通风设备的进风口应避免排出气体倒流造成污染。有些气体要经过净化过滤后才能排入烟囱。

A 离子交换法处理与回收技术

在伴生矿开采及加工生产过程中，产生大量的工业废水。这种废水中含有大量的有价放射性元素铀，用离子交换树脂吸附法可有效地从这种废水中除去铀，并可选择适宜的工艺技术从负载铀的树脂上解吸回收铀。这种方法的优点是可处理大量的含铀矿坑废水及采冶工艺废水，不仅可回收有价金属铀，而且可极大地降低外排工业生产废水中的总放射性活度，以达到铀工业废水的排放标准。

离子交换技术作为一种先进而独特的新型化学分离技术被广泛应用于铀的提取工艺中。离子交换法和萃取法是从水相中提取铀的两大主要方法，采用离子交换法既能从铀矿石浸出液及浸矿浆中提取铀，也能从铀矿山废水中回收铀。到目前为止，在我国从矿石提取铀的全部企业中（不含碱法水冶厂），离子交换法与萃取法大致上各占一半（其中尚有部分企业是采用离子交换、萃取联合法），并且随着今后所处理矿石品位的日益下降，必然会使离子交换法所占比例日益上升；而从矿山废水回收铀的所有企业中，则全部采用离子交换法（这是因为该类废水中铀浓度低的缘故）。

离子交换法的工业应用是通过以离子交换设备为主体组合配套而成的离子交换装置来实现的。经过数十年的发展，当今已投产应用的离子交换设备种类繁多，特点各异。比如，按操作制度分，有间歇式（含周期性循环式）和连续式（含半连续式）；按树脂床层形态分，有固定床、搅拌床、流化床和密实移动床等。在我国铀水冶厂和铀矿山废水处理厂中应用的离子交换设备主要有以下五种：水力悬浮床、密实固定床、空气搅拌床、塔式流化床和密实移动床。

我国采用离子交换树脂处理铀矿山废水已有较多的生产实践经验：无论是酸性或碱性废水，也无论铀浓度高或低，采用阴离子交换树脂回收铀，都可获得满意的结果。如我国一矿山采用 201×7 强碱性阴离子交换树脂流化床，处理铀浓度为 0.4mg/L 的弱碱性矿坑废水，树脂吸附铀的饱和容量为 10mg/g 干树脂，处理尾液铀浓度小于 0.05mg/L；采用 7% NaOH + 0.3% $NaHCO_3$ 淋洗剂，当液固比为 1.5：1 时，铀回收率为 95%；同样的采用通型树脂固定床处理，铀的回收率亦达到 95% 的效果。

B 放射性废水中镭的去除技术

a 二氧化锰吸附法

二氧化锰吸附法除镭方法中应用最多的是软锰矿吸附法。软锰矿是一种天然材料，来源广, 容易得到, 适合处理碱性含镭废水。

天然软锰矿吸附废水中镭的过程属于金属氧化物的吸附过程, 软锰矿中的二氧化锰与废水接触时, 软锰矿表面水化, 形成水合二氧化锰, 它带有氢氧基, 这些氢氧基在碱性条件下能离解, 离解的氢离子成为可交换离子, 对碱性水中镭表现出阳离子交换性能。

影响软锰矿除镭的因素包括粒度、接触时间、pH 值等, 粒度、接触时间以及 pH 值的变化对废水中镭的去除均产生相应的影响。研究表明, 在碱性条件下, pH 值对软锰矿去除镭的影响很大, 当进水 pH 值为 8.8 时, 穿透体积为 1500 床体积; 当进水 pH 值为 9.25 ~ 9.90 时, 穿透体积为 6000 床体积, 后者比前者大 4 倍。

软锰矿除镭的工艺如图 10 - 6 所示。

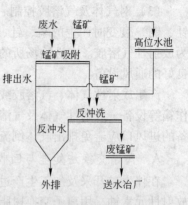

图 10 - 6　软锰矿除镭工艺流程

b　石灰沉渣回流处理含镭废水

就低放射性废水而言, 核素质量浓度常常是微量的, 其氢氧化物、硫酸盐、碳酸盐、磷酸盐等化合物的浓度远小于其溶解度, 因此它们不能单独地从废水中析出沉淀, 而是通过与其常量的稳定同位素或化学性质近似的常量稳定元素的同类盐发生同晶或混晶共沉淀, 或者通过凝聚体的物理或化学吸附而从废水中除去, 这即为采用石灰沉渣处理微量含镭废水的理论基础。

长沙有色冶金设计院提出了图 10 - 7 所示的含镭废水处理工艺流程。矿井废水首先进入沉淀槽, 加入氯化钡进行一级沉淀, 二级沉淀采用石灰乳沉淀; 在两级沉淀中间设一混合槽, 将二级沉淀的石灰沉渣回流进入混合槽, 在废水进行二级沉淀前与沉渣混合。

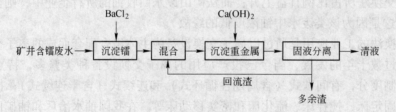

图 10 - 7　石灰沉渣回流处理含镭废水工艺流程

实际长期运行的结果表明, 采用石灰沉渣回流处理铀矿山含镭废水是可行的, 处理出水中的各种有害元素的含量均低于国家标准, 见表 10 - 30[1,3]。

表 10 - 30　石灰沉渣处理含镭废水长期运行结果

运行时间/h	出水中金属离子浓度/mg · L^{-1}							浊度 NTU
	U	Ra/(Bq/L)	Pb	Zn	Cu	Cd	Mn	
0 ~ 24	0.005	1.49×10^{-1}	0.063	0.090	0.016	0.000	0.050	2.3
24 ~ 48	0.000	1.25×10^{-1}	0.063	0.150	0.026	0.003	0.000	0
48 ~ 72	0.001	1.49×10^{-1}	0.073	0.193	0.013	0.003	0.070	0.7
72 ~ 96	0.000	1.74×10^{-1}	0.090	0.200	0.000	0.000	0.170	5.5

运行时间/h	出水中金属离子浓度/mg·L^{-1}							浊度 NTU
	U	Ra/(Bq/L)	Pb	Zn	Cu	Cd	Mn	
96~120	0.000	1.67×10^{-1}	0.000	0.256	0.006	0.000	0.180	5.3
120~144	0.000	1.78×10^{-1}	0.050	0.310	0.010	0.000	0.013	5.8
144~168	0.000	1.7×10^{-1}	0.040	0.220	0.000	0.000	0.000	5.8

c 其他技术

除软锰矿吸附除镭、石灰—钡盐法除镭以外,除镭的方法还有重晶石法等。这些除镭方法各有利弊,具体应用时可根据所处理的对象而加以选择。软锰矿来源广,适合处理碱性废水;硫酸钡—石灰沉淀法能有效地去除镭,适合处理铀矿山酸性废水;而重晶石法适合处理 SO_4^{2-} 含量高的碱性废水;相比之下,重晶石的价格稍微低于软锰矿;硫酸钡沉淀法的工艺操作过程要比吸附法复杂。

此外,沸石、树脂、其他天然吸附剂、乳蒙脱土、蛭石、泥煤或一些表面活性剂,都可从废水中吸附或从泡沫中分离镭。

10.5 黄金冶炼工序节水减排与废水回用技术

10.5.1 黄金浸出废水来源与特征

用氰化物从矿石中浸出金银已有100多年历史,它的缺点是要使用有毒的氰化物,如处理不当,会严重污染环境。虽然各国冶金专家长期以来,致力于研究新的金银溶剂(如硫脲、硫代硫酸铵、丙二腈等),但是,迄今还未能大规模地用于工业生产。目前,国内外都仍然广泛使用氰化物。可以预见,在今后的相当长时间内,氰化物仍将是金的主要溶剂。另外,在近百年的黄金生产实践中也证明了氰化法比其他提金方法有着无可比拟的优越性。氰化法工艺简单,生产费用低,金回收率高。至今仍是湿法提金的主要方法。

近几十年来,人们在致力于用细菌浸出金矿提取金的研究,其原理是通过细菌将 $FeCl_2$ 氧化成 $FeCl_3$,而 $FeCl_3$ 能溶解金,且 Fe^{3+} 被还原成 Fe^{2+},特殊的菌种能起到氧化 Fe^{2+} 成 Fe^{3+} 使浸出液再生的作用,但用细菌浸出单独处理金矿提金的工业生产尚在试验阶段。

鉴于氰化浸出液的成分随不同的矿石而各有特性,黄金生产中也针对不同的氰化浸出液选用不同的回收金银的方法。如炭浆法通常适用于低品位的选金厂,如果矿石中存在有机碳,则该法最为适合。可是当矿石中存在有黏土,或精矿中存在有浮选药剂或焙砂中有赤铁矿细粒存在时,离子交换树脂可能比炭浆法效果更好。由于要从氰化浸出液中提高含金浓度,需采用锌粉置换法、炭浆法和离子交换法等,故产生如下各种废水。

10.5.1.1 锌粉置换法产生的废水与特征

当锌与含金氰化溶液作用时,金被锌置换而沉淀,锌则溶解于碱性 NaCN 溶液中。

$$2[Au(CN)_2]^- + Zn \longrightarrow 2Au\downarrow + [Zn(CN)]^{2-}$$

$$4NaCN + Zn + 2H_2O \longrightarrow Na_2[Zn(CN)_4] + 2NaOH + H_2\uparrow$$

被置换的贫液中其主要成分为 NaCN、$[Zn(CN)_4]^{2-}$、$[Fe(CN)_6]^{4-}$、$[Cu(CN)_4]^{2-}$、$Cu_2(CN)_2$、NaCNS 及其他杂质，这种贫液由于水量比浸出氰化需用量大，所以生产中仅部分返回氰化循环使用，其余外排。即使循环使用的部分贫液，由于杂质及耗氰物质的积累，导致循环使用时，大量地消耗氰化物和抑制浸出速度，生产中往往还要排放一部分，这些即形成了锌置换法生产黄金的含氰废水。

10.5.1.2 炭浆法产生的废水与特征

炭浆法工艺是在常规的氰化浸出、锌粉置换法基础上改革后的回收金银的新工艺，主要由原料制备、搅拌浸出与逆流炭吸附、载金炭解吸、电积电解或脱氧锌粉置换、熔炼铸锭及活性炭的再生使用等主要作业组成。炭浆法与普通的氰化法相比，只是在用氰化钠溶解金以后的各阶段才有所不同。在氰化法中，含金氰化物母液与废弃脉石必须彻底进行固—液分离，而在炭浆法中则不必。氰化后将活性炭加入矿浆中（有时在氧化时加入），炭可以与离子交换过程相似的方式吸附金。含金炭粒要比处理的矿粒粗得多，可以简单地从矿粒中分离出来，通常采用筛分的办法就行了。吸附在炭上的金通常用解吸和电积的办法来回收，活性炭循环使用。

炭浆法流程省去了逆流洗涤和贵液净化作业，取消了多段浓密、过滤洗涤设备。同时由于载金炭与浸渣的分离能在简单的机械筛分设备上进行，既可冲洗也易于分离，并排除了泥质矿物的干扰，因而炭浆法工艺对各类矿石有更广泛的适应性。对含泥多的矿石、低品位矿石以及多金属矿副产金的回收，能较大幅度地提高金的回收率。

炭浆法生产黄金的这种优越性，虽然可以从杂质含量更高的溶液中回收金以及适用于处理其他方法不能处理的含砷等杂质的复杂矿石，但它却给环境带来了更大的污染威胁。因为加炭矿浆吸附金后，过滤剩下的尾矿浆除含氰化物外，还含大量尾砂和其他矿物杂质，一般不能返回用于浸出，不得不直接外排。另外，从吸附活性炭上解吸的含金溶液经过电沉积或锌置换后变成贫液，除一部分循环使用外，剩余的外排，而且循环使用的部分，随着耗氧杂质的富集，也要随时部分外排。这样就造成了炭浆法黄金生产外排大量的含氰污水。

10.5.1.3 离子交换法产生的废水与特征

金在氰化过程中呈金氰络阴离子 $[Au(CN)_2]^-$ 进入溶液中，通常用锌粉从含金溶液中置换沉淀金。但处理含泥金矿石或含金复杂矿石时，不仅氰化矿浆的浓缩和过滤有困难，而且锌粉置换沉淀金的效果也差，在这种情况下，离子交换法（又称树脂浆化法）从不用固液分离的氰化矿浆中吸附金就有很大的实际意义。这种情况亦可用炭浆法，但两者比较树脂浆化法具有如下优点：（1）树脂的解吸和再生要比活性炭简单，因而矿浆树脂法适于小型生产厂使用；（2）当矿浆中存在有机物（如浮选药剂、粉末炭等）时，矿浆树脂法仍然有效；（3）树脂不容易被可能存在于含金溶液中的钙和有机物中毒；（4）活性炭需要很高的解吸温度，还需要高温活化，而树脂却不需要活化；（5）有些树脂具有较高的吸附容量，能够保证有效地吸附贱金属氰化物，因此有利于控制污染，同时还能从废水中回收这些金属和氰化物。

在氰化矿浆中，由于大量其他的离子存在，用离子交换树脂从矿浆溶液中选择性吸附金和银的问题相当复杂。要知道，溶液中其他的离子含量比贵金属离子含量往往高出许多倍。吸附过程中要注意的是，其他的离子有类似于金和银阴离子的性质，也就是说，都是有色金属（Cu、Zn、Ni、Co等）氰化络阴离子。

在吸附浸出过程中，贵金属和杂质离子都有可能按下面反应被阴离子交换树脂吸附：

$$ROH + [Au(CN)_2]^- \rightleftharpoons RAu(CN)_2 + OH^-$$

$$ROH + [Ag(CN)_2]^- \rightleftharpoons RAg(CN)_2 + OH^-$$

$$2ROH + [Zn(CN)_4]^{2-} \rightleftharpoons R_2Zn(CN)_4 + 2OH^-$$

$$4ROH + [Fe(CN)_6]^{4-} \rightleftharpoons R_4Fe(CN)_6 + 4OH^-$$

除了氰化络阴离子外，树脂还吸附简单的氰离子：

$$ROH + CN^- \rightleftharpoons RCN + OH^-$$

由于副反应的进行，部分活性基团被杂质金属的阴离子所占据，降低了阴离子交换树脂吸附金的操作容量。在饱和树脂中所含的杂质量与矿石的化学成分及其氰化制度有关。当采用离子交换树脂时，从矿浆溶液中吸附到树脂上的杂质比金高几倍。

经树脂交换后的矿浆外排的含氰废水是离子交换法产生的废水的主要组成部分。

当离子交换树脂从吸附过程卸出时，它实际上不再起作用，因几乎所有的树脂活性基团都被矿浆溶液中吸附的离子所占据，此外还附着有泥状脉石。对饱和树脂的处理，先经清水洗泥，然后采用4%～5% NaCN溶液进行氰化处理，以解吸吸附在树脂上的Cu、Fe络合物。

$$R_2Cu(CN)_3 + CN^- \rightleftharpoons 2RCN + [Cu(CN)_2]^-$$

$$R_4Fe(CN)_6 + 2CN^- \rightleftharpoons 4RCN + [Fe(CN)_4]^{2-}$$

再用清水洗除树脂上的氰化物，接着下步用硫酸除去树脂中的锌氰络合物：

$$R_2Zn(CN)_2 + H_2SO_4 \rightleftharpoons R_2SO_4 + Zn(CN)_2$$

$$2RCN + H_2SO_4 \rightleftharpoons R_2SO_4 + 2HCN$$

最后才用硫脲解吸贵金属：

$$2RAu(CN)_2 + 2H_2SO_4 + 2CS(NH_2)_2 \rightleftharpoons R_2SO_4 + [AuCS(NH_2)_2]_2SO_4 + 4HCN$$

最终得到富集的含金溶液，以后即按常规方法电积或锌置换处理。对饱和树脂的一系列处理过程中，产生了洗泥废水，氰化除Cu、Fe和洗除树脂上的残留氰化物废水及硫酸除锌产生的氰废水，还有后处理中排放的部分贫液加上树脂交换后的矿浆等组成了离子交换法生产黄金的含氰废水。

10.5.2　黄金冶炼废水处理与工艺选择

冶炼是生产黄金的重要手段，我国黄金系统涉及冶炼的主要物料有重砂、海绵金、钢棉电积金和氰化金泥。重砂、海绵金、钢棉电积金其冶炼工艺简单，而氰化金泥冶炼工艺多样。

黄金冶炼的废水主要是含有氰和重金属离子，对于废水中的重金属离子，一般都是从除杂工序产生的，故含量不会太高，通常采用中和法处理。如有回收价值时，也可采用中和沉淀法、硫化物沉淀法、氧化还原法等处理回收技术。对于废水中氰的去除，要根据废水中氰离子浓度进行相应的处理。含氰量高的废水，应首先考虑回收利用；氰含量低的废水才可处理排放。回收的方法有酸化曝气—碱吸收法回收氰化钠溶液，解吸后制取黄血盐等。处理方法有碱性氯化法、电解氧化法、生物化学法等。对于含金废水,由于金是贵金属,应首先提取和回收利用。

10.5.3　节水减排与废水回用技术

10.5.3.1　含金废水处理与回用技术

金是一种众所周知的贵金属,从含金废液或金矿沙中回收和提取金,既做到了含金资源的充分利用,又可创造出极好的经济效益。常用的含金废水处理和利用方法有电沉积法、离子交换法、双氧水还原法以及其他技术。对废水中氰化物因毒性强,必须处理达标或回用。

A　电沉积法

电沉积法是利用电解的原理,利用直流电进行溶液氧化还原反应的过程,在阴极上还原反应析出贵金属,如金、银等。

采用电沉积法回收金的过程,是将含金废水引入电解槽,通过电解可在阴极沉积并回收金。阴极、阳极均采用不锈钢,阴极板需进行抛光处理;电压为 10V,电流密度为 $0.3 \sim 0.5 A/dm^2$。电解槽可与回收槽兼用,阴极沿槽壁设置,电解槽控制废水含金浓度大于 0.5g/L,回收的黄金纯度达 99% 以上,电流效率为 30% ~75%。为提高导电性,可向电解槽中加少量柠檬酸钾或氰化钾。采用电解法可以回收废水中金含量的 95% 以上。

上述电解法回收金是普遍应用的传统方法。利用旋转阴极电解法提取废水中的黄金,回收率可以达到 99.9% 以上,而且金的起始浓度可低至 50mg/L,远远低于传统法最低 500mg/L 的要求。该方法可在同一装置中实现同时破氰,根据氰的含量,向溶液中投加 NaCl 1% ~3%,在电压 4 ~4.2V,电解 2 ~2.5h,总氰破除率大于 95%。进一步采用活性炭吸附的方式进行深度处理,出水能实现达标排放或回用[1,3]。

B　离子交换树脂法

离子交换树脂的具体应用可以归为五种类型:转换离子组成、分离提纯、浓缩、脱盐以及其他作用。采用离子交换树脂处理含金废水即是利用其转换离子组成的作用进行的。在氰化镀金废水中,金是以 $KAu(CN)_2$ 的络合阴离子形式存在的,可以采用阴离子交换树脂进行处理。

用 HCl 和丙酮对树脂进行洗脱可得满意的效果,洗脱率可达到 95% 以上。在洗脱过程中,$Au(CN)_2$ 络合离子被 HCl 破坏,变成 AuCl 和 HCN,HCN 被丙酮破坏,AuCl 溶于丙酮中,然后采用蒸馏法回收丙酮,而 AuCl 即沉淀析出,再经过灼烧过程便能回收黄金。

在实际应用过程中,多采用双阴离子交换树脂串联全饱和流程,处理后废水不进行回用,经过破氰处理后排放。常用的阴离子交换树脂为凝胶型强碱性阴离子交换树脂 717,其对金的饱和交换容量为 170 ~190g/L,交换流速为小于 20L/(L·h)。

C　双氧水还原法

在无氰含金废水中,金有时以亚硫酸金络合阴离子形式存在。双氧水对金是还原剂,对亚硫酸根则是氧化剂。因此,在废水中加入双氧水时,亚硫酸络合离子被迅速破坏,同时使金得到还原。反应过程如下:

$$Na_2Au(SO_3)_2 + H_2O_2 \longrightarrow Au \downarrow + Na_2SO_4 + H_2SO_4$$

双氧水用量根据废水的含金量而定。一般投药比为 $Au : H_2O_2 = 1 : (0.2 \sim 0.5)$，加热 $10 \sim 15min$，使得过氧化氢反应完全析出金。

10.5.3.2　含氰废水处理与回用技术

A　酸化曝气—碱液吸收法

向含氰废水投加硫酸，生成氰化氢气体，再用氢氧化钠溶液吸收。

$$2NaCN + H_2SO_4 \rightleftharpoons 2HCN + Na_2SO_4$$

$$HCN + NaOH \longrightarrow NaCN + H_2O$$

处理流程如图 10 - 8 所示[37]。

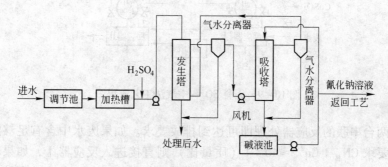

图 10 - 8　酸化曝气—碱液吸收处理流程

废水经调节、加热和酸化后，由发生塔顶部淋下；来自风机和吸收塔的空气自塔底鼓入，在填料层中与废水逆流接触。吹脱的氰化氢气体经气水分离器后，由风机鼓入吸收塔底部，与塔顶淋下的氢氧化钠溶液接触，生成氰化钠溶液，汇集至碱液池。碱液不断循环吸收，直至达到回用所需浓度为止。发生塔脱氰后的排水，首先排至浓密机沉铜（如含有金属铜离子时），然后用碱性氯化法处理废水中剩余的氰含量，达到排放标准后排放。

某厂废水 pH = 12，含氰化钠 $500 \sim 1500mg/L$，铜 $300 \sim 500mg/L$，锌 230mg/L，平均流量 130m³/d。采用本法处理，氰化钠回收率 93%，铜回收率 80%。物耗：硫酸为 7kg/m³，工业烧碱为 1.5kg/m³，煤为 7kg/m³，电耗为 6kW·h/m³。

发生塔脱氰后的废水含氰 $40 \sim 60mg/L$，用碱性氯化法处理。回收费用大体与处理费用相当，略有盈余。

发生塔的效果与进水温度、水量、加酸量等因素有关。当废水氰化钠含量 $900 \sim 1700mg/L$、淋水量 2.5m³/(m²·h)、加酸量 $4.5 \sim 5g/L$（废水）、温度 $16 \sim 18℃$ 时，发生塔出口排水氰化物余量为 $30 \sim 60mg/L$。当加温到 $35 \sim 40℃$ 时，发生塔出口排水氰化物余量为 $10 \sim 40mg/L$。吸收塔的吸收效果一般不受条件影响，吸收率大于 98%。

B　因科 SO_2—空气法/烧结烟气净化法

用 SO_2—空气脱除氰化物的方法，是加拿大因科（InCQ）工艺研究所 G. J. Borely 等发明，美国、加拿大等国已在几个金银选冶厂工程应用。中冶集团建筑研究总院采用烧结烟气中的 SO_2 替代因科法的纯 SO_2，并与空气混合物作氧化剂，用石灰来调节 pH 值，并要求溶液中有 Cu^{2+} 作催化剂。废水中的游离氰被氧化成 CNO^-，CNO^- 再水解成 CO_2 和 NH_3；铁氰络合物 $[Fe(CN)_6]^{3-}$ 中的 Fe^{3+} 被还原为 Fe^{2+}，形成 $Me_2Fe(CN)_6 \cdot xH_2O$ 沉淀去除（Me 代表 Zn、Cu、Ni 等重金属离子）；Zn、Cu、Ni 等含氰络合物，先是解离出 CN^-，CN^- 继而被氧化成 CNO^-，而金属离子通过调整溶液 pH 值呈氢氧化物沉淀去除；As、Sb 等氰化络合物，同样能在有铁存在的情况下通过氧化沉淀去除[39]。该法可处理含氰范围几十至几百毫克/升的废水。因科法不仅用来处理选冶厂排放的含氰废水，也适用于处理炼焦洗涤水、鼓风炉洗涤水等含氰废水。经过对 50 多种含氰废水的试验证明都获得了满意的效果。

因科 SO_2—空气法工艺流程图如图 10 - 9 所示。

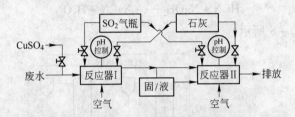

图 10 - 9　因科 SO_2—空气法工艺流程图

废水经两台串联的反应器处理即可达到排放要求。如果废水中含有足够的作为催化剂的 Cu^{2+}，要求 $CN_{总}^- : Cu^{2+} \approx 40 : 1$（质量比）则直接进入反应器 I，如果不够，在进入反应器前，则补加硫酸铜溶液。SO_2 由气瓶供给，并鼓入空气进行充分搅拌，在 SO_2 与空气的混合气体中，SO_2 的体积百分数可以控制在 $1\% \sim 10\%$，使 CN^- 被氧化成 CNO^-：

$$CN^- + SO_2 + O_2 + H_2O \xrightarrow{Cu^{2+}} CNO^- + H_2SO_4$$

由 pH 控制系统指令石灰水阀门向反应器投加石灰以中和生成的 H_2SO_4。保持系统反应 pH 值在 $8 \sim 10$，同时废水中的铁氰络合物形成 $Me_2Fe(CN)_6 \cdot xH_2O$ 沉淀，其他金属氰络合物也同时被分解处理。脱除各种氰化物的顺序为：游离 $CN^- >$ 络合 $CN^- > SCN^-$，脱除金属氰络合物的顺序为 $Zn > Fe > Ni > Cu$。

经一段反应的废水往往不能达到处理要求，将反应器 I 出水经沉淀分离出沉淀物后进入反应器 II 进行二段处理，即可达到处理要求。根据废水水质情况亦可采用三段或更多段的处理。因科 SO_2—空气法除氰的药剂消耗量之比大致为：$CN^- : SO_2 : CuSO_4 \cdot 5H_2O : CaO = 1 : (3 \sim 5) : 0.1 : 8$，$SO_2$ 的供给，根据废水处理厂的地理位置、交通条件和处理方式加以选择。最为理想的是采用烟囱排出 SO_2 废气，以实现以废治废。

因科 SO_2—空气法与碱性氯化法药剂费用比较见表 10 - 31[39]。

表 10 - 31　两种处理方法药剂费用比较

项　目		低 SCN⁻		高 SCN⁻	
		碱氯法	SO_2—空气法	碱氯法	SO_2—空气法
废水	流量/$m^3 \cdot h^{-1}$	100	100	100	100
	$CN_{总}^-/mg \cdot L^{-1}$	100	100	100	100
	$SCN^-/mg \cdot L^{-1}$	50	50	200	200
	$Cu/mg \cdot L^{-1}$	50	50	50	50
	$Fe/mg \cdot L^{-1}$	4	4	4	4

项 目		低 SCN⁻		高 SCN⁻	
		碱氯法	SO₂—空气法	碱氯法	SO₂—空气法
费用 /加元·时⁻¹	氯	45		105	
	石灰	8	10	20	10
	SO₂		9		9
	CuSO₄		8		8
	压缩空气		2		2
	总 计	53	29	125	29

从表 10-31 可见，不论是低 SCN⁻ 还是高 SCN⁻ 的废水，因科法药剂费用都比碱性氯化法低，尤其高 SCN⁻ 的废水，因科法低得更多，约为碱氯法的 1/4，原因是它不能处理 SCN⁻ 而减少了试剂消耗，因科 SO_2—空气法处理含氰废水具有能处理多种含氰废水，处理效果好，药剂费用低，操作安全可靠，能脱除铁氰化物和其他重金属氰络合物等优点。但此法不能回收氰等有益成分，某些地方 SO_2 等药剂不易获得。

C 自然降解法

对某些含氰浓度较低的选矿废水可以送往尾矿池进行自然降解处理，可单独泵至接收池，也可作为固体浸渣的输送介质泵至尾矿池。有的用单独的储液池接收废液，但一般都是把这些废液排放到接收所有采选工艺废水用的污水池中集中处理。

如果废水在池中有足够的停留时间，又能进行循环的话，那么依靠自然环境力的作用就能使包括氰化物在内的很多污染物的浓度有所下降。这些自然环境力包括阳光引起的光分解，由空气中的 CO_2 产生的酸化作用、由空气中的氧引起的氧化作用、在固体介质上的吸附作用、生成不溶性物质的沉淀作用以及生物学作用等。太阳光能使亚铁氰络合离子中的一部分氰解离出来。这种解离出来的氰，从其他金属络合物中释放出来的氰以及游离的 CN^-，通过空气中 CO_2 的作用逐渐降低废水的 pH 值，能转化成挥发性的 HCN。如果对池中废水施以机械或热搅动，以及空气对流作用，又进一步加速了 HCN 的挥发。

随着过剩的氰离子浓度的降低，又会发生 ZnOH、Cu(CN)₂、ZnFe(CN)₄ 等沉淀反应。可见氰化物的降解是物理、化学和生物作用的综合结果。但废水在尾矿池中停留时间比较短，所以由空气中的氧产生的氧化作用和生物降解作用不可能成为很重要的因素。

自然降解受许多因素的影响，包括废水中氰化物的种类及其浓度、pH 值、温度、细菌存在、日光、曝气及水池条件（面积、深度、浊度、紊流、冰盖等），目前对此做定量研究的不多。

D 碱性氯化法

向含氰废水中投加氯系氧化剂，使氰化物第一步氧化为氰酸盐（称为不完全氧化），第二步氧化为二氧化碳和氮（称为完全氧化）。

$$CN^- + ClO^- + H_2O \longrightarrow CNCl + 2OH^-$$

$$CNCl + 2OH^- \longrightarrow CNO^- + Cl^- + H_2O$$

$$2CNO^- + 4OH^- + 3Cl_2 \longrightarrow 2CO_2 + N_2 + 6Cl^- + 2H_2O$$

pH 值对氧化反应的影响很大。当 pH > 10 时，完成不完全氧化反应只需 5min；pH < 8.5 时，则有剧毒催泪的氯化氰气体产生。而完全氧化则相反，低 pH 值的反应速度较快。pH = 7.5 ~ 8.0 时，需时 10 ~ 15min；pH = 9 ~ 9.5 时，需时 30min；pH = 12 时，反应趋于停止。

在处理过程中，pH 值可分两个阶段调整。即第一阶段加碱，在维持 pH > 10 的条件下加氯氧化；第二阶段加酸，在 pH 值降至 7.5 ~ 8 时，继续加氯氧化。但也可一次调整 pH = 8.5 ~ 9，加氯氧化 1h，使氰化物氧化为氮及二氧化碳。后一方法投氯量需增加 10% ~ 30%，操作管理简单方便。

氧化剂投量与废水中氰含量有关，大致耗量见表 10 - 32。当废水中含有有机物及金属离子时，耗氯量还要增高。

表 10 - 32 氧化剂投加量 （g/g 氰化物）

氧 化 剂	不完全氧化	完全氧化
Cl_2	2.75	6.80
$CaOCl_2$	4.85	12.20
$NaClO$	2.85	7.15

处理流程按水量大小确定。有间歇处理和连续处理两种。间歇处理要设两个反应池，交替使用。连续处理流程如图 10 - 10 所示。

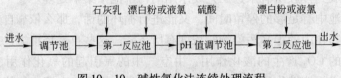

图 10 - 10 碱性氯化法连续处理流程

某厂废水含氰 200 ~ 500mg/L，pH = 9，排入密闭反应池中投加石灰乳，调整 pH > 11，通入氯气，用塑料泵使废水循环 20 ~ 30min，即可排放。反应池中的剩余氯气用石灰乳在吸收塔中吸收，石灰乳再用泵送至反应池作调 pH 值用。氯气投加量 $CN^- : Cl_2 = 1.4 : 8.5$。

碱性氯化法是目前普遍使用的方法，适用于废水中氰含量较低的情况。此外，解吸法电解氧化法、加压水解法、生物化学法以及生物—铁法等对含氰废水处理与回用均有良好效果。

11　有色金属工业节水减排与废水回用技术应用实例

11.1　有色金属矿山采选工序

11.1.1　紫金山铜矿矿山废水处理实例

紫金山铜矿位于福建省上杭县北部，探明铜储量为 1.2×10^6 t，黄金储量为 140 多吨，为我国近 10 年来发现的特大型重要有色金属矿产之一。目前采铜与采金同时进行，金矿生产中氰化物污染已基本解决，但由于铜矿的开采，重金属污染和酸性废水污染日趋严重，需及时解决以实现废水回用，保护环境。

11.1.1.1　废水来源与水质

紫金山铜矿的矿山废水来源有以下几部分：

(1) 矿坑含铜废水。该区域属于铜矿区域，矿坑被揭露后，铜矿物经过矿坑原生菌的作用及矿坑酸烟气等作用逐渐氧化所产生的铜离子，大部分于 520 硐涌出，Cu^{2+} 含量在 6~20mg/L 之间，pH 值为 4~5，流量 2000m³/d。

(2) 废渣场废水。原 520 硐、518 硐掘进及原铜矿采矿所副产的含铜矿渣，矿渣中含 Cu 0.2% 以下，经长期风化及原生菌作用，Cu^{2+} 含量在 300~450mg/L，pH 值为 2~3，流量 100m³/d。主要分布在原选矿五车间范围。

(3) 铜矿试验厂废水。主要为铜试验厂浸出池渗漏，贫液有害杂质过多或贫液量过多时外排产生，Cu^{2+} 含量在 100~500mg/L，pH 值小于 2，流量 20~100m³/d。

(4) 肚子坑金矿堆浸渣场废水。由 517 硐及金矿浸渣场淋滤水汇聚，原 517 硐出水量大时铜较高，可达 36mg/L，目前在 16mg/L 左右，pH = 8，铜主要以 Cu^{2+} 及 $Cu(CN)^-$ 形式存在。

(5) 金矿现役尾矿库外排废水。主要为金矿浆及库区潜水，尾矿坝排渗井及母坝渗水组成，含 Cu^{2+} 在 16~30mg/L 之间，为间隙外排，pH 值为 6~9，铜主要以 Cu^{2+} 及 $Cu(CN)^-$ 形式存在。

11.1.1.2　废水处理工艺与效果

根据实验室实验及金矿已有废水的处理经验，针对各路废水的特性，采用不同的废水处理方法，分别进行治理。

A　肚子坑废水治理

肚子坑废水主要为金矿堆浸渣场淋滤水，水中含 Au 较高，铜及氰化物相对较少，采用硫化法进行处理，其工艺流程如图 11 - 1 所示[3,6]。

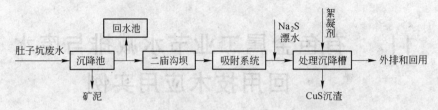

图 11 - 1　肚子坑废水治理工艺流程

废水经肚子坑透水坝后，经过收集沉淀池沉淀，澄清液尽量抽回作金矿生产循环用水，当水量较大时，进入二庙沟大坝澄清，再经过活性炭吸附系统吸附回收金，处理槽处理达标后，沉淀物回收，达标废水外排或回用。

B　矿坑废水治理

矿坑废水，主要污染物为铜等重金属、悬浮物等杂质，采用先中和沉淀后硫化沉淀的工艺，其工艺流程如图 11 - 2 所示。

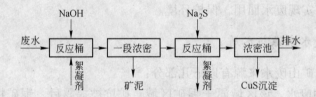

图 11 - 2　矿坑废水治理工艺流程

矿坑废水平时作为金矿生产用水尽量回用，多余水进入原五车间吸附系统改造的废水处理系统处理；经反应桶加入碱及絮凝剂处理，到 1 号浓密机进行浓缩沉淀，沉淀物因含有大量污泥，铜品位小于 0.5%，无回收价值，排入尾矿库，溢流水 pH 值在 7 以上，进入反应桶，加入 Na_2S、絮凝剂反应后进入 2 号浓密机，沉淀物 CuS 可回收，溢流水达标外排或回用。

C　尾矿库、原五车间堆渣场废水处理

废渣场废水，其 Cu^{2+} 含量较高，共两股，若铜试验厂能承接时可直接引入铜试验厂作生产用水，否则经合并收集沉淀后，通过铁屑置换槽进行置换海绵铜，置换余液 Cu^{2+} 降到 5mg/L 以内。此时废水中铁离子将大大超标。通过与三车间炭浆尾矿浆合并，大部分铜离子及铁离子在合并输送过程及库区内与 OH^- 形成 $Cu(OH)_2$、$Fe(OH)_3$ 沉淀，少量形成 $Cu(CN)_2$，经尾矿库澄清后溢流到坝下回水池，一般情况下返回金矿作生产循环用水，外排时处理池加入 Na_2S、漂白粉处理，沉淀后达标排放。其工艺流程如图 11 - 3 所

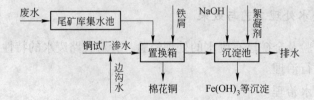

图 11 - 3　铜试验厂废水处理工艺流程

示。使剩余铜、铁及其他重金属形成氢氧化物沉淀，加入絮凝剂加强沉淀效果，澄清液外排，或用水泵将置换贫液送至尾矿库与炭浆尾矿混合，使各金属离子与碱性尾矿浆中和，以废治废。具体的废水处理工艺流程见图 11-3。

经过对各个污染点废水处理，均达到良好效果，基本实现循环回用，不再影响并可保护该矿地区生态环境和周围水体水质。

11.1.2 凡口铅锌矿选矿废水处理实例

广东凡口铅锌矿位于韶关市仁化县境内，该区属于潮湿多雨的亚热带气候，海拔高度为 100~150m，年平均气温约 20℃，最低为 -5℃，最高为 40℃，年降雨量平均为1457mm 左右，地下水资源丰富，土壤为红壤。

11.1.2.1 废水水质

凡口铅锌矿是中国乃至亚洲最大的同类型矿之一，日排放废水量达 60000t，未经处理的废水中含有大量的废矿砂以及 Pb、Zn、Cu、Cd 和 As 等重金属。具体水质见表 11-1[3]。

表 11-1　未处理水质指标　　　　　　　　　　　（mg/L）

项　目	pH 值	Pb	Zn	Cd	Hg	As
标　准	6~9	1.0	2.0	0.01	0.001	0.1
实　际	8.225	11.4900	14.4673	0.04875	0.00034	0.0765

11.1.2.2 废水处理工艺及效果

为了治理废水污染，凡口铅锌矿委托中山大学生命科学学院对废水进行处理。中山大学经过细致的调查，根据水质指标，采用人工湿地进行治理。

具体流程为：废水经湿地系统处理，停留时间为 5d，流入一个深水稳定塘，再经出水口排入周围的农田和池塘，供农田灌溉用水。

在尾矿填充坝上种植了宽叶香蒲，经十余年的自然生长和人工扩种，逐步形成了以宽叶香蒲为主体的人工湿地。人工湿地的平面布置图如图 11-4 所示[3]。

人工湿地法的工艺原理如下：

（1）水生植物的净化作用：

1）水生植物的过滤作用。宽叶香蒲人工湿地生物多样性逐渐提高，种群结构渐趋复杂，生产力水平高，大片密集的植株以及它们发达的地下部分形成的高活性根区网络系统和浸水凋落物，使进入湿地的污水流速减慢，这样有利于废水中悬浮颗粒的沉降，及吸附于水中重金属的去除。

2）湿地植物发达的通气组织不断向地下部分运输氧，使周围微环境中依次呈现好氧、缺氧和厌氧状态，相当于常规生物处理方式的原理，保证了废水中的 N、P 不仅被植物和微生物作为营养成分直接吸收，还可有利于硝化作用、反硝化作用及 P 的积累。同时水生植物对氧的传递释放以及植物凋落物有利于其他微生物大量繁殖，生物活性增加，

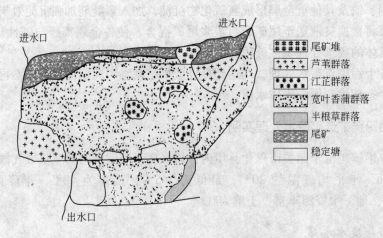

图 11-4　人工湿地平面布置图

加速废水中污染物的去除。

3）植物本身对重金属的吸收和累积作用。对宽叶香蒲人工湿地的宽叶香蒲根、茎、叶中重金属含量测定可知，它们具有极强的吸收和富集重金属能力。

（2）土壤的富集作用。由于土壤的物理、化学、生物协同作用，废水中污染物被固定下来。土壤中黏粒及有机物含量高，对污染物吸附能力强。土壤胶粒对金属的吸附是重金属由液相变为固相的主要途径。

（3）微生物降解作用。湿地废水净化过程中，微生物起着重要作用。它们通过分解、吸收废水中的有机污染物，达到改善水质、净化水体目的。

经人工湿地处理后，出水口水质明显改善，其中 Pb、Zn、Cd 的净化率分别达到99.0%、97.3% 和 94.9%，见表 11-2[3]。

表 11-2　处理后水质指标　　　　　　　　　　　　　　　　　　（mg/L）

项　　目	pH 值	Pb	Zn	Cd	Hg	As
标　　准	6~9	1.0	2.0	0.01	0.001	0.1
实　　际	7.674	0.1110	0.3855	0.00247	0.00014	0.01589
净化率/%		99.0	97.3	94.9	58.5	79.2

通过 10 年的监测结果表明，湿地受周围环境的影响较小。具体指标如下：

（1）pH 值。pH 值与入水口相比有减小的趋势，年变化范围不大，在 7.6 左右波动。呈弱碱性，符合国家工业废水排放标准。

（2）有害金属元素。对出水口有害金属元素（Pb、Zn、Cd、Hg、As）浓度年动态分析结果表明，水样中不同的重金属元素的质量分数年变化趋势不同，但都已达到国家废水排放标准。

凡口铅锌矿选矿废水经填充坝净化处理后，出水口水样主要指标（pH 值，Pb，Zn，Cd，Hg，As）大大降低，已达到国家工业废水排放标准，且水质的年变化和月变化较小，最大变幅都在国家工业废水排放标准之内。证明宽叶香蒲湿地处理金属矿废水的稳定性很高，对铅锌矿废水具有明显的净化能力，用人工湿地法处理选矿废水是成功的。

11.1.3 南京栖霞山锌阳选矿废水处理实例

11.1.3.1 废水水量与水质

南京栖霞山锌阳矿业有限公司所属选矿厂处理硫化铅锌铁矿石 1300t/d，总用水量为 5900m³/d，3 种精矿产品及尾矿充填等带走水 500m³/d，最终产生 5400m³/d 的废水。选矿废水由铅精矿溢流水、锌精矿溢流水、硫精矿溢流水、锌尾浓缩水和尾矿水混合而成，其中锌尾浓缩水占 52.06%，尾矿水占 23.05%，铅精矿溢流水占 10.40%，锌精矿溢流水占 11.58%，硫精矿溢流水占 2.91%。该水水质见表 11-3[40]。

表 11-3 选矿废水的水质测定结果 （mg/L）

指标	pH 值	COD$_{Cr}$	SS	浊度	总硬度	色	气味	起泡性
数值	11~11.8	400~650	380~410	210~230	1514	混浊	有	强

指标	Pb	Zn	Cu	Fe	Cr	Cd	SO$_4^{2-}$	Cl
数值	60~80	2~8	0.12	1.5~3	<0.01	<0.01	900~1000	60~70

11.1.3.2 废水回用方案确定与工程设计

回用目标的废水适度净化处理技术为混凝沉淀 + 活性炭吸附，达标排放目标的废水处理技术为混凝沉淀 + 加入硫酸调节 pH 值到 3 + H$_2$O$_2$ 氧化 + 加碱调节 pH 值到 7[40,41]。研究中发现，如果将其处理到达标排放，一是处理难度较大，二是处理成本特别高，而选矿生产还需用新鲜水 5900m³/d。因此，经过大量的处理试验和选矿对比试验研究，最终提出了废水优先直接回用，其余适度净化处理再回用，废水 100% 回用于选矿生产的方案。

根据试验研究结果，设计了废水净化处理与回用工程系统，2001 年 4 月初完成了系统的施工和设备安装，开始进行现场调试，系统一直正常运行到现在，废水全部回用，实现了废水的"零排放"。

11.1.3.3 部分选矿废水优先直接回用

A 尾矿水直接回用于选硫作业

尾矿废水 pH 值为中性，废水量 650t/d，其本身为选矿作业出水，直接回用选硫作业是可行的。

通过对尾矿水路进行了改造和近 2 年的生产使用表明，尾矿水直接回用于选硫后，硫的作业回收率由 91.7% 提高到 96.43%，尾矿硫品位由 2.97% 降低到 2.23%，选硫捕收剂 310 复合黄药由 370g/t 降低到 310g/t，见表 11-4。全年节省选硫 310 复合黄药费用 10 万元，选硫作业回收率提高 4.73%，每年多回收硫元素量 2850t/a，多创收入 57 万元/年。

表 11 −4 尾矿水直接回用于选硫作业的工业生产指标对比表

水 源	硫作业回收率/%	尾矿硫品位/%	310 复合黄药用量/g·t⁻¹
尾矿浓缩废水	96. 43	2. 23	310
新鲜水	91. 70	2. 97	370

B 部分锌尾矿水优先直接回用于选锌作业和精矿冲矿

锌尾矿废水量约 2700t/d，废水 pH = 12.40 左右，其本身为选锌作业出水，直接回用选锌作业是可行的。另外，锌尾矿水直接用作硫精矿、锌精矿、铅精矿泡沫冲矿水，使精矿在碱性条件下用陶瓷过滤机过滤，这对改善脱水效果有好处。如果将锌尾矿水作为选锌作业补加水和各种精矿泡沫冲矿水，可以用掉 1800t/d 左右，还能大大减少选矿过程中石灰加入量。在完成了锌尾矿水直接回用于选锌和精矿冲矿作业的改造，回用后节约了选锌药剂成本和适当提高了锌选矿指标，见表 11 −5。

表 11 −5 锌尾矿水直接回用于选锌作业的工业生产指标对比表

工业生产平均值	石灰/kg·t⁻¹	选锌药剂用量/g·t⁻¹			选锌补加水	名称	品位/%		回收率/%	
		捕收剂	硫酸铜	起泡剂			Pb	Zn	Pb	Zn
120d	9. 5	351	387	49	混合废水	锌精矿	1. 57	53. 39	4. 8	90. 7
						原矿	4. 47	7. 99	100	100
150d	7. 4	264	353	52	锌尾矿水	锌精矿	1. 25	53. 25	3. 9	91. 9
						原矿	4. 47	8. 00	100	100

从锌尾矿水直接回用于选锌作业的生产实践可以看出，锌尾矿水直接回用较混合废水回用更好。由于锌尾矿水中含有选锌的药剂，回用后选锌作业捕收剂用量由 351g/t 降低到 264g/t，硫酸铜的用量从 387g/t 降低到 353g/t，石灰总量由 9.5kg/t 降低到 7.4kg/t，节约选锌药剂 1.1 元/吨，节约成本 33 万元/年；锌回收率从 90.7% 提高到 91.9%，每吨原矿多收入 3.84 元/吨，增加锌销售收入 133 万元/年。

C 选矿废水经过适度净化处理后再回用

铅精矿溢流废水、锌精矿溢流废水，根据其水质特点也可以返回到各自的作业，但由于铅、锌精矿的溢流水量较小，水量不够稳定，生产较难控制。对于硫精矿溢流水，由于呈碱性，对选硫不利。多余的锌尾矿浓缩溢流水为高碱性水，由于含有较多的选矿药剂，如铜离子等对选铅十分有害、高 pH 值环境对选硫极为不利等。因此这些水必须经过处理后再回用。

从用水点来看，选硫作业和破碎除尘作业可以用尾矿废水，选锌作业和各种精矿冲矿可以用锌尾矿浓缩废水，选铅快选和溶药必须用新鲜水，其余的 3000t/d 左右的废水如果回用，只有用于磨矿作业、选铅粗扫选、石灰乳化、脱水作业、充填作业、冲地等。

磨矿用水在所有用水点中属于用水量最多的地方（2250t/d），根据水量平衡，把不直接回用的多余的 3000t/d 左右的废水全部自流到废水处理站进行适度处理后再回用，能够全部解决选矿废水的出路问题，但是这部分废水必须处理到对选铅指标没有大的影响的程度，见表 11 −6。

表 11-6 适度净化处理后的选矿废水回用铜精矿指标影响的试验结果　　（％）

磨矿和选铅作业用水	产率	品　位				回　收　率			
		Pb	Zn	S	Ag/g·t^{-1}	Pb	Zn	S	Ag
新鲜水	9.43	69.43	5.59	17.18	563	90.04	4.90	7.35	59.28
适度净化处理后的选矿废水	9.49	65.29	5.81	17.42	564	90.72	4.89	6.95	66.30
未经处理的选矿废水	13.02	50.20	10.76	22.39	398	92.61	10.54	11.78	61.06

由表 11-6 可知，这部分废水经过适度处理后再回用于磨矿和选铅是可行的，铅的品位虽然较低，主要是由于经过适度处理的废水中仍然含有一定量的选矿捕收剂，但可以通过降低选铅捕收剂用量的办法来解决这一问题，铅、银回收率较高。而未经处理的混合废水直接回用于选铅作业，对铅主品位影响很大，不可回用。

经过对 3500t/d 选矿废水处理站建设投产运行，废水净化与回用工程系统的设备运行正常，混凝沉淀效果很好，出水清澈，出水中重金属含量降低明显，粉末活性炭吸附对 COD$_{Cr}$ 降低有较好效果，消泡剂对降低废水回用起泡性能效果显著，净化处理后出水的回用对浮选生产指标影响很小，基本达到了设计要求，见表 11-7、表 11-8[40]。

表 11-7 工业生产废水净化处理结果与药剂用量表

废水水质指标/mg·L^{-1}				净化后水质指标/mg·L^{-1}				净化处理药剂用量/g·m^{-3}				
Pb	Zn	COD$_{Cr}$	pH	Pb	pH	Zn	COD$_{Cr}$	硫酸	硫酸铝	PAM	消泡剂	粉末活性炭
40~60	2~8	400~650	11~11.8	<1	11~11.2	<1	300~523	1000	135	0.2	11	50

表 11-8 净化出水回用对浮选生产指标的影响表　　（％）

运行情况	精矿产品	精矿品位		精矿回收率	
		Pb	Zn	Pb	Zn
调试运行	铅精矿	65.60	5.64	89.67	4.17
	锌精矿	1.42	53.13	4.47	91.56
生产运行	铅精矿	66.02	5.37	91.25	3.92
	锌精矿	1.33	53.19	4.38	92.86

11.2　重有色金属冶炼工序

11.2.1　韶关冶炼厂废水处理实例

韶关冶炼厂随着铅、锌冶炼能力大幅度提高，生产废水量与重金属酸性废水日渐增加，经不断提高废水处理技术与设备能力和扩建改造后，目前已大部分达到循环回用。

11.2.1.1　韶关冶炼厂一期废水治理情况

一期废水水质见表 11-9，处理工艺如图 11-5 所示[3,6]。

表 11 – 9　酸性废水水质指标　　　　　　　　　　（mg/L）

项　目	Zn	Pb	Cd	Hg	As
浓　度	133 ~ 238	5.5 ~ 195	3.7 ~ 15.0	0.004 ~ 0.135	0.265 ~ 2.601

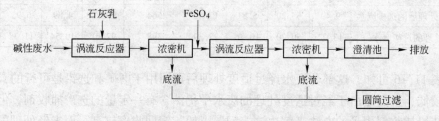

图 11 – 5　一期废水处理工艺流程

其废水处理工艺是根据废水水质，采用两段中和—絮凝沉降工艺流程处理，设计处理能力为 310m³/d。

工艺参数与处理效果如下：

（1）水处理量为 310m³/d。

（2）一段中和 pH 值为 11.0 左右，沉淀锌、铜、镉、汞等，二段中和 pH 值约 10.5，沉淀铅、砷。

（3）污泥经浓密机浓缩，采用圆筒真空过滤。

（4）处理效果：污水经过两段中和—絮凝沉降工艺流程处理后，污水达标率达 85% 以上。

11.2.1.2　韶关冶炼厂二期废水治理情况

韶冶二期废水处理工程包括湿法冶炼所排放的重金属污水处理系统和废酸废水处理系统。两个处理系统工艺流程基本相同，均采用中和—絮凝沉淀工艺流程，只是操作条件有所差异。韶冶二期重金属酸性废水处理工艺流程如图 11 – 6 所示[3,6]。

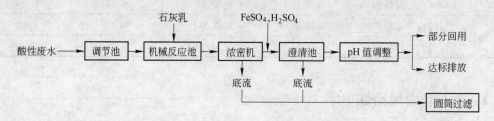

图 11 – 6　二期酸性废水处理工艺流程

工艺参数如下：

（1）重金属酸性废水处理量为 450m³/h，酸性废水量 8.5m³/h。

（2）重金属酸性废水调节池停留时间 2.2h。

（3）重金属酸性废水中和 pH 值控制在 10.0 ~ 11.0，酸性废水为 11.5 ~ 12.0。

（4）澄清池前加入硫酸亚铁和硫酸，控制 pH 值在 9.0 ~ 10.0，有效地除去废水中铅离子。

通过两个系统对冶炼酸性废水和酸性废水处理后，废水达标排放和部分回用。该工艺流程简单易操作，运转稳定。

11.2.1.3 韶关冶炼厂三期废水处理情况

近年来由于生产规模日益扩大，水资源日益紧张与水污染事件不断发生，迫使该厂对废水资源利用进行新的研究与开发应用。

新处理工艺流程为：生产废水及厂区初期雨水经两段化学沉淀工艺处理后进入组合工艺处理系统，处理后的水→水质调节池→冷却塔→机械过滤器→超滤膜系统→保安过滤器→纳滤系统→回用系统。

本技术针对铅锌冶炼废水温度高、成分复杂、含钙离子浓度高，还含有循环冷却水系统中需要严格控制的氯离子、氟离子、硫酸根离子等的特点，进行了合理的工艺组合，使本技术与类似膜技术相比具有以下特点：（1）预处理采用冷却塔将中水由52℃冷却至35℃以下，确保系统有较高的除盐率，以满足回用水质要求；（2）机械过滤器前投加絮凝剂，可以极为有效地控制对纳滤系统非常敏感的胶体、悬浮物的去除；（3）超滤系统具有独特的均匀布水方式。使过滤达到最大效果，能较长期满足纳滤膜对污染的耐受；带空气清洗的反洗装置，能力强、时间短、水耗低。

减污减排情况见表 11 - 10[6]。

表 11 - 10 减污减排与效益情况

序 号	项 目	数 量		改造后增减量	
		现 状	改 造 后		
1	工业废水排放总量/m³·a⁻¹	1980×10^4	198×10^4	-1782×10^4	-90%
2	废水中铅排放量/kg·a⁻¹	12760	869	-11891	-93.2%
3	废水中镉排放量/kg·a⁻¹	853	50	-803	-94%
4	废水中砷排放量/kg·a⁻¹	342	21	-321	-93.8%
5	废水中汞排放量/kg·a⁻¹	84	6	78	-93%
6	总用水量/m³·a⁻¹	21568×10^4	21367×10^4	-201×10^4	-0.9%
7	新水量/m³·a⁻¹	2578×10^4	1386×10^4	-1192×10^4	-46.2%
8	重复用水量/m³·a⁻¹	18989×10^4	19981×10^4	992×10^4	5.2%
9	水重复利用率/%	88	93.5	5.5	

该工程实施后年节省生产用水量1190万立方米，每年可节约取水费274万元。

该技术产水综合成本1.22元/吨，与国内大部分地区企业生产用水价格比较，具有良好的技术优势。目前所有工艺收尘水、环保收尘水、冲渣水都已实现循环回用，取得良好的环境和社会效益。

11.2.2 株洲冶炼厂废水处理实例

株洲冶炼厂是我国目前最大的铅锌冶炼企业之一，主要生产锌、铅、铜、镉及锌合金、硫酸等产品。其锌冶炼系统采用传统的沸腾—焙烧—两段浸出—净液—电积工艺，因此生产过程产生大量含锌、铅、铜、镉、汞、砷等有毒重金属的酸性污水。随着新建 $10 \times 10^4 t/a$ 电锌系统的投产，排放废水量越来越大，各种酸性废水经明沟混合后一并进入污水处理车间。重金属酸性废水采用消化石灰乳中和（污泥回流）—沉降处理工艺，处理能力为 $800 \sim 1200 \ m^3/h$。处理后废水基本达标排放。在完成锌系统扩建后，同时还上马了年产 $18 \times 10^4 t$ 硫酸的系统，与此相配套，新建了废水综合治理二期工程，包括废酸废水处理系统、废水处理后净化水回用等设施。

11.2.2.1 株洲冶炼厂一期重金属废水处理实例

株冶一期重金属废水处理工程处理能力为 $800 \ m^3/h$，采用消化石灰中和部分污泥回流处理工艺流程。

废水水质指标见表 11 – 11。

表 11 – 11 处理前酸性废水水质 （mg/L，pH 值除外）

项 目	pH 值	Zn	Pb	Cu	Cd	As
实 际	2.0 ~ 5.4	80 ~ 150	2 ~ 8	0.5 ~ 3.0	1 ~ 3	0.5 ~ 3.0
标 准	6 ~ 9	4	1	0.5	0.1	0.5

根据废水的水质，采用消石灰乳中和—部分污泥回流沉降工艺。其化学反应如下。

中和反应：

$$H_2SO_4 + Ca(OH)_2 \longrightarrow 2H_2O + CaSO_4 \downarrow$$

水解反应：

$$Zn^{2+} + 2OH^- \longrightarrow Zn(OH)_2 \downarrow \qquad K_{sp} = 1 \times 10^{-17}$$
$$Pb^{2+} + 2OH^- \longrightarrow Pb(OH)_2 \downarrow \qquad K_{sp} = 6.8 \times 10^{-13}$$
$$Cu^{2+} + 2OH^- \longrightarrow Cu(OH)_2 \downarrow \qquad K_{sp} = 5.6 \times 10^{-20}$$
$$Cd^{2+} + 2OH^- \longrightarrow Cd(OH)_2 \downarrow \qquad K_{sp} = 2.4 \times 10^{-13}$$

砷和石灰反应：

$$Ca^{2+} + 2AsO_2^- \longrightarrow Ca(AsO_2)_2 \downarrow$$

废水处理后其水质见表 11 – 12。

表 11 – 12 处理后废水水质 （mg/L，pH 值除外）

项 目	pH 值	Zn	Pb	Cu	Cd	As
实 际	8.5 ~ 10.0	0.95 ~ 3.1	0.39 ~ 0.73	0.15 ~ 0.28	0.003 ~ 0.065	0.026 ~ 0.15
标 准	6 ~ 9	4	1	0.5	0.1	0.5

11.2.2.2 株洲冶炼厂二期废水处理实例

随着该厂生产能力扩大，续建二期废水处理综合工程，包括原一期废水处理站扩建、硫酸生产的废酸废水处理、处理后废水回用，以及锌系统扩建场地废水清污分流等。全厂废水、废酸处理流程如图 11 – 7 所示[43]。

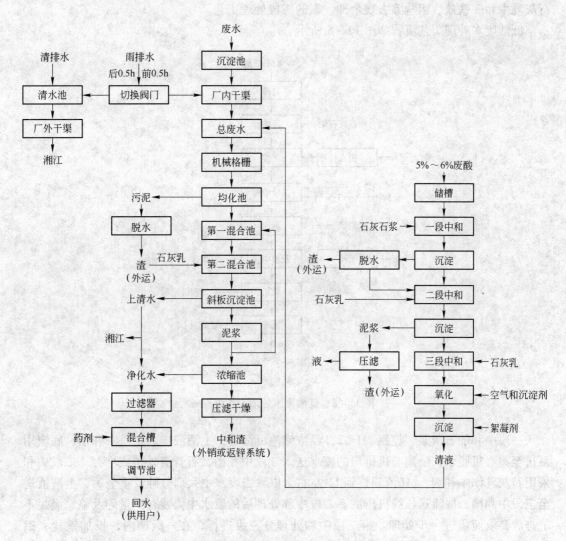

图 11-7　废水、废酸处理工艺流程

A　废酸处理

硫酸生产采用绝热蒸发稀酸洗涤双接触制酸工艺。

废酸、废水水质见表 11-13。

表 11-13　废酸、废水水质指标　　　　　　　　　　　　　（mg/L）

项目	H₂SO₄	Cu	Pb	Zn	Cd	Hg	As	F
浓度	5% ~6%	7.11	33.77	989.9	8.11	116.5	716	319.9

该废酸为含有大量重金属及 As、Cl、F 的酸性废水。对于重金属离子的去除仍采用石灰中和法，同时利用砷酸盐与亚砷酸盐能与铁、铝等金属形成稳定络合物，并与铁、铝等的氢氧化物吸附共沉淀的特性可从废水中去除砷。总之，废酸处理工艺采用石灰石中和—

石灰乳中和—铁盐、铝盐除去残余砷、氟的三段处理工艺。

低酸废水处理工艺流程如图 11 -8 所示[43]。

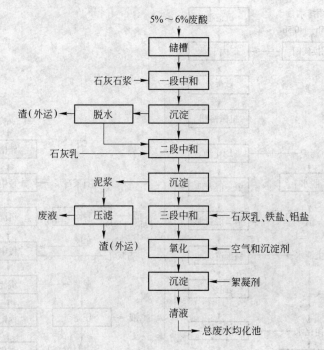

图 11 -8 低酸废水处理工艺流程

一段中和加石灰浆，控制 pH≤2，经浓缩池沉淀后，上清液排入二段中和槽，底流用泵送至离心机脱水，经离心机排出的废水送入二段中和槽，石膏渣外销或堆存。二段中和采用石灰乳作中和剂，pH 值调整到 11 左右，以除去废水中大部分砷及重金属，上清液送至三段中和槽，底流送压滤机压滤。二段中和处理后的废水中仍残存少量砷及氟，满足不了排放要求而需进一步处理。第三段中和处理分三级进行，在一级槽内，投加铁盐、铝盐进行搅拌反应，pH 值控制在 8.0~8.5，为使反应充分，在二级槽内加空气进行氧化，然后在三级槽内加 3 号絮凝剂，絮凝反应后的废水进浓密机进行沉淀分离，底流与二段浓密后的底流一并送压滤机压滤，渣返回冶炼系统以回收有价金属。经处理后的上清液，pH 值为 6.5~9.5，砷的含量可控制在 10mg/L 以内，送至总废水处理站进行最后深度处理。

工艺参数如下：（1）处理水量为 20m³/h；（2）一段中和采用石灰石浆中和，pH 值为 2；二段中和用石灰乳中和，pH 值为 11 左右；三段中和加铁盐、铝盐、石灰乳，中和 pH 值至 8.0~8.5，目的是较彻底地去除污水中砷和氟；（3）三段中和后废水送到一期总废水均化池，再由处理站进行最后把关处理。

B 废水处理

由于冶炼厂规模扩大，原废水处理厂已不能适应生产废水处理量需求，故进行废水处理扩建。

废水水质主要成分见表 11 -14。

表 11-14 废水水质主要成分 （mg/L，pH 值除外）

项目名称	SS	pH 值	Zn	Pb	Cu	Cd	As
含量	190~550	1~6	60~180	3~15	1~5	1~6	1~5

从废水水质看，与扩建前水质类同，仍采用石灰乳中和工艺。为了保证净化水质，采用两段石灰乳中和工艺。一段主要中和酸，二段调节水解沉淀终点 pH 值；一段可起 pH 值粗调作用，二段起细调作用，有利于处理成分波动大而频繁的废水。两段中和工艺的另一个特点是：可分流沉淀产物，控制一段中和沉淀物量而减小二段中和的沉淀物量。这有效地提高了该工艺处理高浓度废水能力及净化水质。具体的工艺流程如图 11-9 所示[43]。经过改造，废水处理能力达到 1200m³/h，废水水质达到国家排放标准并回用。

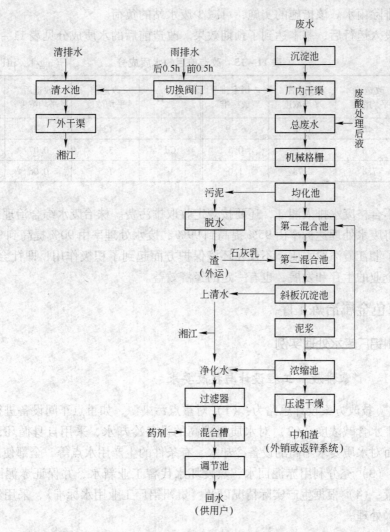

图 11-9 废水处理工艺流程

经废水处理站处理后的废水，尽管已经达到国家排放标准，但并没有减少废水排放量，按达标浓度计算，每年随废水排放的金属锌仍将达到 42t，因此净水回用具有重要的经济与社会效益。由于废水处理采用石灰中和法，致使净化水中钙浓度增大，回用中存在着严重结垢问题。故必须进行阻垢处理，以达到各用水点的要求。首先将过滤后废水引入混合槽，在此投加水质稳定剂，然后进入调节池，再由泵送至各用水点使用。其用水点主要是杂用水和部分冷却水用户，约占新水用量的60%，杂用水（地面冲洗水、冲渣用水、冲厕用水、除尘用水等）约占新水用量的20%，工艺用水（主要指电解、浸出、软化水等）约占新水用量的20%。故考虑杂用水和部分冷却水、净化水回用50%，即$500m^3/h$。

由于厂区内排水粉尘含有可回收金属成分，因此清、废排水均设沉淀调节池，沉淀物人工清挖返回冶炼系统进行有价金属回收。又因前0.5h雨水不能直接外排，故在清水及废水压力排水管道上设置切换阀门。清排水在池内设潜污泵两组，一组排除生产、生活污水，另一组排除雨水。该措施的实施，可减少废水站的负荷。

该工程投入运行后，基本达到了预期效果。改造前后的水质成分见表11-15。

表 11-15　改造前后的水质成分　　　　（mg/L，pH 值除外）

项　目	改造前平均浓度	改造后平均浓度	国家排放标准	项　目	改造前平均浓度	改造后平均浓度	国家排放标准
pH 值	<6	8.0	6~9	Zn	134	2.0	2.0
Cu	2.8	0.2	0.5	Cd	3.7	0.07	0.10
Pb	7.8	0.78	1.0	As	1.5	0.06	0.5

原来，不合格废水排入湘江，还要按规定收取排污费。株冶废水综合治理二期工程的建成投产，将废水处理达标率由95%提高到99%，废水处理率由90%提高到98%，从而有效地改善了湘江霞湾段水质，不仅在环境保护方面起到了积极作用，即社会效益显著，而且有利于企业的生存和发展，也有一定的经济效益。

11.3　轻有色金属冶炼工序

11.3.1　贵州铝厂废水处理实例

11.3.1.1　"零排放"工程设计与技改要求

"零排放"技改方案设计思路为：（1）对重点污染源，如重点车间设备进行防跑碱改造，以降低废水含碱浓度；（2）对水质要求高的设备冷却水，采用自身循环，以减少废水排放量，而对水质要求不高的设备冷却水、有条件的生产用水点等，全部使用再生水代替工业新水；（3）充分利用赤泥回水、蒸发坏水代替工业新水，并保证赤泥回水量不低于赤泥附液量；（4）根据生产实际情况以及《贵州铝厂工业用水标准》，采用经济实用的方法进行废水处理。

11.3.1.2　用水系统改造降低废水排放的质与量

用水系统改造的要求如下：

（1）抓源治本，降低废水含碱浓度。在氧化铝生产过程中，有高浓度的含碱废水进入排水系统，使废水含碱度升高，影响再生水回用。因此，加强和完善管理及设备维护，对重点车间进行防跑碱设施改造，是降低外排废水含碱浓度的关键。首先在工艺上采用新技术设备，如水泵采用先进的机械密封替代传统的填料密封，用密封性能较好的浆液阀、注塞阀替代传统的闸阀、截止阀等；其次对各生产车间大型槽罐（如沉降槽等）增设防跑碱设施，将泄漏的高浓度含碱废水引入收集槽后再返回工艺回用，有效的防止碱液外泄。

（2）完善改造部分设备冷却水，减少废水排放量。对水质要求较高的回转窑托轮、排风机、煤磨、格子磨、管磨、溶出磨等设备冷却水，原设计均用工业新水冷却后直接排放（排水量 $100 \sim 200 m^3/h$）。为减少废水排放量，进行相应的改造：

1）窑磨循环水系统的改造。针对烧成车间煤磨、排风机、烧成窑托轮以及熟料溶出磨、配料格子磨、管磨等设备相对集中的特点，将这些设备的冷却水集中回收循环使用，形成独立的窑磨循环水系统，有利于管道铺设和经济运行。

2）焙烧窑托轮、风机冷却水改造。焙烧车间焙烧窑托轮、风机冷却水耗水量约 $40 \sim 80 m^3/h$，由于采用单一水源——工业新水供水，一旦发生停水事故，焙烧窑就停运。根据生产实际情况，充分利用现有空压循环水系统的富余能力供水，将焙烧窑托轮、风机冷却水纳入空压循环水系统，不增加水泵开启台数，而且改造时保留原有工业水供水流程，形成双水源供水，不仅减少了废水的排放量，而且提高了供水的可靠性，保证了焙烧窑可靠稳定地运行。

11.3.1.3　废水处理系统完善改造

氧化铝废水"零排放"技术开发与研究中，废水的再生处理、循环利用，是实现废水"零排放"的基础。原废水处理系统将废水处理后作为全厂循环水和烧结循环水的补水，沉淀池底流利用虹吸泥机吸出，但实际排放的废水量远远大于循环水的补水量，加之原设计中只有一个平流沉淀池，当吸泥机出现故障或清理沉淀池时，整个废水处理系统就停止工作，大量废水直接排入环境，其流程如图 11-10 所示[44]。因此，有针对性地对废水处理系统进行了完善改造：

（1）废水处理系统沉淀池改造。据测定统计，现有的一个废水平流沉淀池的处理能力远不能满足生产需求，故应新建平流沉淀池1座。

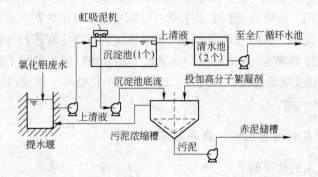

图 11-10　改造前氧化铝厂污水处理系统流程图

新建平流沉淀池的底流污泥采用虹吸泥机连续排放，平均污泥流量 $80m^3/h$ 左右。改造后的两个平流沉淀池，随废水量的变化既可互为备用又可同时运行，其最大处理能力为 $1000\ m^3/h$，确保污泥沉淀效果。

（2）沉淀池污泥处理流程改造。在废水处理系统的改造中，沉淀池污泥的处置是系统能否正常稳定运行的关键。原设计对沉淀池污泥投加聚丙烯酸钠，在浓缩槽中经 2h 沉淀后，送至二赤泥储槽与赤泥一起送赤泥堆场。但实际运行时因赤泥外排储槽控制性较差和输送量不稳定等因素的影响，污泥浓缩系统的稳定性和可靠性得不到保证。另外，受污泥输送流程的影响，虹吸泥机时常间断运行，造成虹吸泥机堵塞，使废水处理系统不能正常工作。为此，对平流沉淀池污泥处置作了如下改造，如图 11 - 11 所示[44]。

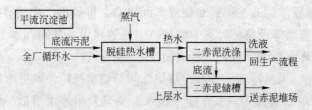

图 11 - 11　废水处理底流污泥处置流程

氧化铝生产过程中，排弃的赤泥，需用热水（$300\ m^3/h$）洗涤，原利用全厂循环水在脱硅热水槽中加热后洗涤赤泥，由于该流程对水质的要求不高，故改用未浓缩的平流沉淀池底流送脱硅热水槽代替部分全厂循环水加热后用于赤泥洗涤。该技术实践表明，用平流沉淀池的底流代替部分循环水参与洗涤赤泥，并随赤泥一起沉降后送赤泥堆场，对赤泥的输送系统不产生任何波动，同时还解决了虹吸泥机因间断运行造成虹吸管易堵塞的难题。由于简化了流程，节省了对污泥浓缩、絮凝沉降、干化等一系列的设备投资、管理和运行维护费用，达到了污泥处置经济运行的目的，为废水处理系统稳定运行提供了保证。

（3）增设沉砂池及配套设施。氧化铝厂的排水系统为"合流制"，废水中夹带大量砂石，易造成虹吸泥机堵塞或因砂石比重较大无法排出而在平流沉淀池内淤积。所以在平流沉淀池的前端增设了两个沉砂池。运行结果表明，这样安排既解决堵塞问题，沉淀池清池周期也明显延长。

（4）氧化铝废水的深度净化。要使氧化铝废水达到"零排放"，就意味着所有废水经处理后必须全部回用，而处理后再生水水质的好坏是循环使用的基本前提。根据铝厂工业用水标准，以及氧化铝厂各再生水用水点的实际情况，对再生水进行深度净化处理的目的是降低再生水的悬浮物浓度（$\leqslant 20mg/L$）。为此，结合该厂废水处理系统的特点，增加了4 套高效纤维过滤器及配套设施，对再生水进行深度净化处理。扩建改造后的废水处理系统流程如图 11 - 12 所示[44]。

11.3.1.4　开发利用再生水，提高循环利用率

开发利用再生水的途径如下：

（1）完善再生水输送管道。充分利用原有废弃的工艺物料输送管道，完善再生水输

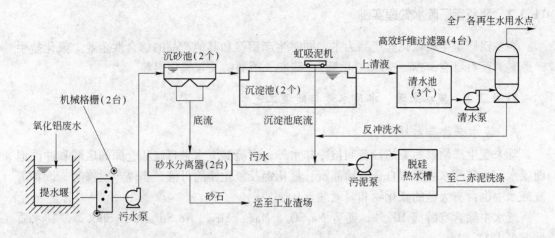

图 11 - 12　扩建改造后的废水处理系统流程图

送管网改造，形成全厂范围内的再生水树状输水管网布局。

（2）再生水代替工业新水补水。氧化铝生产过程中，需要大量的碱，用含碱的再生水代替工业新水，不但节约工业新水，还可减少碱的损失，逐步降低再生水的含碱浓度（至少可在一定浓度范围内形成平衡点）。再生水代替工业新水补水有 5 种途径：1）用于全厂循环水池补水；2）用于 4 号蒸发循环水补水；3）各车间清洗槽、罐、刷车、冲洗滤布等均改用再生水；4）用于石灰炉湿式电除尘清灰、石灰炉循环水池补水；5）用于过滤真空泵循环水池补水以及多品种车间热水槽补水等。

（3）再生水用于洗涤氢氧化铝。由于洗涤氢氧化铝的热水，通常是用"新水 + 蒸汽"制作而成。经过试验改用蒸发坏水（因蒸发器串料等影响被污染而含碱的蒸汽冷凝水，水温约为 70℃）和真空泵使用后的再生水（水温约为 40℃），代替原来的新水，这不仅节约了工业新水，还充分利用了余热。

11.3.1.5　充分利用赤泥回水，完全实现"零排放"

由于氧化铝生产过程中排出的赤泥带有一定数量的附着液，随赤泥排至赤泥堆场的水量约为 140m³/h，只有将赤泥的附着液全部回收利用，才能达到真正意义的"零排放"。经过增设赤泥回水中间加压及大力开发赤泥回水利用等技术改造项目的实施，使赤泥回水用量逐年增加，现回用量已达 180 ~ 220m³/h，达到了完全回收赤泥附液的目的，不仅节约了大量新水，同时还可回收大量的碱和氧化铝。

11.3.1.6　氧化铝废水"零排放"技术实施效益

"氧化铝废水'零排放'技术开发与研究"项目的实施，使氧化铝厂废水处理系统能稳定、连续、持久运行，经深度净化后，出水水质悬浮物含量不高于 20mg/L，达到铝厂工业用水标准；废水处理量及再生水回用量大幅增加，节水减排效果显著。年均减少用水 264.47 万立方米；减少碱的流失，降低氧化铝生产成本，年实现经济效益 1500 万元以上，社会、环境效益显著。

11.3.2 湘乡铝厂废水处理实例

湘乡铝厂是生产氟化盐产品为主，同时生产铝锭和其他产品的综合性企业。氟化盐生产原料为萤石（含97%~98%氟化钙）、硫酸、碳酸钠及氢氧化铝等。

11.3.2.1 废水来源、水质水量与处理工艺

A 废水来源与水质

除未受生产物料污染的设备间接冷却水外，含硫酸废水来自硫酸仓库的废酸和冲洗地面废水，含氟废水主要来自合成冰晶石、氟化铝及氟化镁的母液，当停产检修时，设备清洗废水中也含有大量的氟化物和氢氟酸。

废水中除含有游离 HF 外，还有 Na_2SO_4、NaF、AlF_3、Na_2SiF_6 和 H_2SiF_6 等，其水质情况见表 11-16。

表 11-16 湘乡铝厂含氟废水治理前水质 (g/L)

项 目	总酸度(HF)	F^-	Al^{3+}	Na^+	SO_4^{2-}	SiO_2	Na_2SiF_6	SO_2	Cl^-
波动范围	0.05~2.20	0.76~6.05	0.02~2.25	1.88~7.66	5.36~10.49	0.15~3.10	0.16~4.88	0.1~0.83	0.28~0.80
平均	0.95	2.78	0.27	4.16	7.92	0.79	1.26	0.14	0.52

B 废水处理工艺

（1）改造前处理流程。该厂氟化盐生产排出的含氟废水首先进入废水混合池，再依次流入三个中和反应槽，与从石灰乳储槽投加的石灰乳发生下列反应：

$$2HF + Ca(OH)_2 \longrightarrow CaF_2 \downarrow + H_2O$$
$$2NaF + Ca(OH)_2 \longrightarrow CaF_2 \downarrow + 2NaOH$$
$$2AlF_3 + 3Ca(OH)_2 \longrightarrow 3CaF_2 \downarrow + 2Al(OH)_3 \downarrow$$
$$MgF_2 + Ca(OH)_2 \longrightarrow CaF_2 \downarrow + Mg(OH)_2 \downarrow$$
$$H_2SO_4 + Ca(OH)_2 \longrightarrow CaSO_4 \downarrow + 2H_2O$$
$$H_2SiF_6 + Ca(OH)_2 \longrightarrow CaSiF_6 \downarrow + 2H_2O$$
$$Na_2SiF_6 + 3Ca(OH)_2 \longrightarrow 3CaF_2 \downarrow + SiO_2 \downarrow + 2NaOH + 2H_2O$$

中和反应后的废水进入废水池，再用泵送往露天沉淀池，沉淀后的清液排往工厂废水渠道，沉渣和废水均未被利用。

（2）改造后工艺流程。改进后的废水治理工艺流程如图 11-13 所示。其前半段沿用了处理站原有的构筑物和设备，仅用浓缩机替代了原自然沉淀池。浓缩机中的沉泥间断放入底流泥浆槽，经泵入缓冲槽再入过滤机，滤渣进入干燥炉干燥成石膏产品，滤液回流入废水池。浓缩机的澄清液流入清液池，用泵送至石灰消化工段作消化用水。

11.3.2.2 主要处理构筑设施与处理效果

主要处理构筑设施见表 11-17。

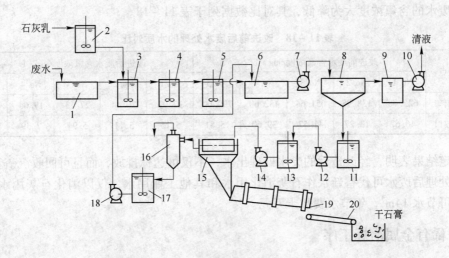

图 11 – 13　改进后的废水治理工艺流程

1—废水混合池；2—石灰乳储槽；3～5—中和槽；6—废水池；7—砂泵；8—浓缩机；9—清液池；
10—清水泵；11—底流槽；12，14—泥浆泵；13—泥浆缓冲槽；15—过滤机；16—气水分离器；
17—滤液缓冲槽；18—滤液泵；19—干燥炉；20—运输皮带

表 11 – 17　改进后治理工艺的主要构筑物和设备

名　称	数量	规格或设计参数	尺寸/m	结构形式
废水混合池	1 座	有效容积 400m³	20 ×10 × 2	钢筋混凝土
石灰乳储槽	2 个	容积 5m³，搅拌机功率 4.5kW	φ2.0 ×1.9	钢筋混凝土
中和槽	3 个	每个容积 18m³，搅拌机功率 7.5kW	φ2.8 ×3.0	钢
废水池	1 座	有效容积 158m³，搅拌机功率 7.5kW		钢筋混凝土
浓缩机	1 台		φ18	钢筋混凝土
清液池	1 座	有效容积 85m³		钢筋混凝土
底流槽	1 个	容积 19m³，搅拌机功率 7.5kW	φ3 ×2.8	钢
泥浆缓冲槽	1 个	容积 18m³，搅拌机功率 7.5kW	φ2.8 ×3.0	钢
过滤机	1 台	39m²		
气水分离罐	1 个		φ0.61 ×1.2	钢
滤液缓冲槽	1 个	容积 19m³，搅拌机功率 7.5kW	φ3 ×2.8	钢
干燥炉	1 台		φ2.1 ×25.0	钢
皮带输送机	1 台	B650mm，L10m		
泥浆泵	2 台	φ4″砂泵		
污水泵	3 台	φ4″砂泵		
清水泵	2 台	AP-60 水泵		

　　按照原废水治理工艺流程，废水在与石灰乳中和反应后用泵送至自然沉淀池进行液固分离。由于沉渣量大且清挖不便，池内泥渣不断增多，导致沉淀分离效果越来越差，厂总排放口废水中含氟浓度超过国家标准 1 倍左右。

　　通过技术改进工程的实施，用 φ18m 浓缩机取代了自然沉淀池，使废水处理站及厂总排放口废水的含氟浓度大为降低，其对比数据列于表 11-18。

表 11-18　改进前后废水处理的水质对比

取样地点	改进前废水含氟浓度/mg·L⁻¹					改进后废水含氟浓度/mg·L⁻¹				
	No. 1	No. 2	No. 3	No. 4	No. 5	No. 1	No. 2	No. 3	No. 4	No. 5
处理站出口	625.78	138.98	651.64	452.60	790.00	12.97	20.44	27.13	19.64	18.66
厂总排放口	46.67	13.27	41.57	39.60	15.81	5.15	5.11	5.94	7.39	5.11

测定结果表明，经改造后的废水处理出水，不仅可达标排放，而且可回收沉渣和废水回用。处理后废水可代替新水作石灰消化用水和其他工业用水，仅以消化石灰用水为例，每小时可节水 14m³，年节水费数十万元。

11.4　稀有金属冶炼工序

11.4.1　中和吸附法处理稀土金属冶炼废水应用实例

11.4.1.1　废水来源与水质水量

江西某稀土金属冶炼厂系生产钽、铌和稀土金属。钽铌生产工艺为钽铌精矿经球磨、酸分解、萃取、沉淀、结晶、还原。产品为金属钽和金属铌。稀土生产工艺为稀土精矿经酸溶、萃取分离、沉淀、烘干、煅烧，产品为多种稀土氧化物。

废水主要来自钽铌湿法车间和稀土车间，其次是钽车间、铌车间和分析化验车间。废水中的 pH 值、氟及天然放射性元素铀、钍等。废水排放量为 600m³/d。废水水量及水质见表 11-19[6]。

表 11-19　废水水量及水质

废水名称		水量/m³·d⁻¹	主要成分
湿法车间	萃取残渣	3	pH<1，含铀 2.85mg/L，钍 0.6mg/L
	氢氧化铌沉淀母液	4	pH=8~9，氟 80g/L
	氟钽酸钾结晶母液	4	pH<3，氟 15g/L
	氢氧化钽沉淀母液	2	pH=7~8，氟 20g/L
	氢氧化铌洗水	80	pH=8~9，氟 700mg/L
	氢氧化钽洗水	20	pH=9~10，氟 700mg/L
	分析废水	8	含酸、碱等
	废气净化洗涤废水	5	含 NaOH、NaF
	冲洗设备和地面废水	50	含少量酸、碱、氟等
	合　计	176	
稀土车间	萃取残液	2	pH<1，含 HCl，微量铀、钍等
	沉淀废水	5	pH≈3，含草酸、NH₄⁺ 等
	除钙、洗有机物废水	20	pH≈3，含草酸、NH₄⁺ 等
	冲洗设备、地面废水	50	微酸性
	合　计	77	

废水名称		水量/m³·d⁻¹	主要成分
钽车间	钽粉洗水	50	碱性，含 NaF、NaOH、氟 2g/L
	冲洗设备	10	碱性，含 NaF、NaOH、NaCl、KF 等
	合计	60	
铌车间	钽铌材加工酸洗废水	10	pH≈5，含 HF、H_2SO_4、HCl
分析车间	化验分析废水	30	含酸、碱、有机物

11.4.1.2　废水处理技术与处理效果

采用石灰中和两次沉淀除氟和软锰矿吸附放射性工艺。一次中和沉淀为间断工作，其他为连续作业，其工艺流程如图 11－14 所示。

当混合废水泵入中和沉淀池后，加入石灰乳，并用压缩空气搅拌，至 pH＝9～11 时，停止加石灰乳，继续搅拌 15min，然后静置沉淀 6h 以上，将氟、铀、钍等化合物沉淀下来。在沉淀过程中取上清液作中间控制分析，达到规定标准后，排上清液入二次沉淀池，继续沉淀 2～3h，上清液含氟达 10mg/L 以后，放入软锰矿石过滤柱，吸附放射性物质后，出水入排放池，与全厂其他废水混合，通过厂总排放口外排。如中间控制分析结果水质未达到规定标准，继续加石灰乳中和，再次沉淀取样分析，直到达到规定标准，才可排入二次沉淀池。

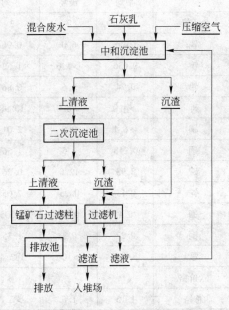

图 11－14　废水处理工艺流程

中和沉淀池、二次沉淀池内的沉渣送至板框压滤机脱水，滤渣 2～3t/d，用翻斗车运往专用堆场覆盖存放。

废水处理效果见表 11－20。

表 11－20　废水处理效果

名称	pH 值	F/mg·L⁻¹	U/mg·L⁻¹	Th/mg·L⁻¹
处理前废水	1～9	25～1600	约 0.4	约 0.1
处理后废水	6～9	1.5～11.75	约 0.05	约 0.01
长江下游饮水站	6.5～7	0.2～0.78	0.008～0.013	0～0.008

11.4.2　混凝沉淀法处理含氟与重金属废水应用实例

11.4.2.1　废水来源与水质水量

峨嵋某半导体材料厂研制多晶硅、单晶硅、硅片、硅外延片、高纯金属半导体化合物等。

　　废水来自高纯金属和半导体化合物生产排放的含重金属酸性废水；多晶硅、单晶硅、硅外延片和硅片加工生产排放的含氟酸性废水，单晶硅检验、电镀生产的含铬废水；淋洗治理三氯氢硅、四氯化硅、氯化氢尾气和四氯化硅残液等。废水中含有重金属、砷、氟等离子及盐酸、氢氟酸等。

　　工艺废水水质见表 11 –21。

表 11 –21　工艺废水水质　　　　（mg/L，pH 值除外）

名　称	No. 1		No. 2		No. 3		No. 4	
	平均	最高	平均	最高	平均	最高	平均	最高
pH 值	3	2	3	2	3	2	2.8	2
镉	1.458	6.0	0.96	>2.0	0.5	0.8	0.006	0.013
镍	0.636	>1.6	1.52	>3.2	0.15	3.2	0.15	0.29
铅	0.74	1.6	0.86	2.2	0.4	0.94	0.15	0.29
砷	>4.0	>8.0	10.98	50.0	3.0	>3.0	0.36	1.89
锑	>6.1	9.0	2.01	>5.0	1.1	3.0	0.50	1.90
硒	0.213	0.5	1.56	10.05	0.03	0.05		
碲	3.93	12.0	0.26	0.6	0.4	0.7		
铊	0.13	0.25	2.05	0.05	0.06	0.15		
铟	0.4	0.07	0.005	0.05	0.15	0.2		
铜	0.22	0.3	1.35	3.42	0.9	1.35		
氟	>68.5	>100	182.4	360	43	320	87.73	355
六价铬							6.08	19.9
总铬	1.15	1.6	>2.7	>3.2	4.3	>6.4	15.28	43.3

　　注：No. 1 ~ No. 4 均为年平均值，下同。

　　淋洗水水质见表 11 –22。

表 11 –22　淋洗水水质　　　　（mg/L，pH 值除外）

名　称	No. 1		No. 2		No. 3	
	平均	最高	平均	最高	平均	最高
pH 值			4	3	4	2.7
镉	<0.05	<0.05	<0.01	<0.01	0.002	0.003
镍	<0.16	0.66	<0.1	<0.1		
铅	<0.05	<0.1	<0.1	<0.1	0.03	0.05
砷	<0.13	0.5	<0.05	0.05	0.01	0.03
锑	<0.13	0.5	<0.05	<0.05	<0.05	<0.05
硒	<0.05	<0.05	<0.01	<0.01		
碲	<0.16	0.4	<0.05	<0.05		
铊	<0.05	0.05	<0.05	<0.05		

名 称	No. 1		No. 2		No. 3	
	平均	最高	平均	最高	平均	最高
铟	0.05	0.05	<0.1	<0.1		
铜	<0.05	0.1	<0.1	<0.64		
氟	4.5	11.3	1.0	1.5	3.0	11.5
六价铬					0.19	1.17
总铬	0.13	0.4	<0.1	<0.1	0.78	4.75

废水水量与污染物见表 11-23。

表 11-23 废水水量及主要污染物

废 水 名 称		废水量/$m^3 \cdot d^{-1}$	主 要 成 分
工艺废水	高纯金属，半导体化合物生产排放的含重金属酸性水	30	pH = 1~2，含 NO_3^-、SO_4^{2-}、F^-、As、Cu、Pb、Se 等
	硅腐蚀、抛光等工序排出的含氟酸性废水	20	含 F^-、NO_3^- 等
	单晶硅检验，电镀等工序排出的含铬酸性废水	20	含 Cr^{6+}、Cr^{3+}、F^-、NO_3^- 等
淋洗水	淋洗三氯氢硅，四氯化硅及氯化氢气体	3000	pH = 3~5

11.4.2.2 处理工艺流程与处理效果

废水处理工艺流程如图 11-15 所示。

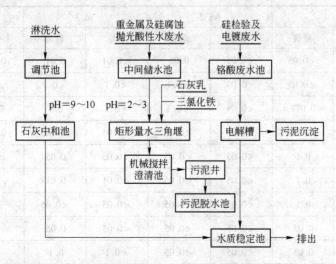

图 11-15 废水处理工艺流程图

含重金属、砷、氟等酸性废水采用石灰乳、三氯化铁法处理。废水经由泵送至矩形量水三角堰，投加石灰乳及三氯化铁，经加速澄清池澄清后，上清液返回调节池，与淋洗水混合后排入水质稳定池。淋洗水经调节池调节后，一般 pH = 3~5，经石灰中和后进入稳定池中。

单晶硅检验和电镀废水，经电解槽处理后六价铬可小于 0.01mg/L。

澄清池沉渣排至污泥脱水池，脱水后按一定比例与锅炉炉渣拌和，用以制砖。

工艺废水处理效果见表 11 - 24。

表 11 -24　工艺废水处理效果

名称	No. 1		No. 2		No. 3		No. 4	
	平均/mg·L^{-1}	去除率/%	平均/mg·L^{-1}	去除率/%	平均/mg·L^{-1}	去除率/%	平均/mg·L^{-1}	去除率/%
镉	0.06	95.9	<0.05	>95.0	<0.01	>98	0.004	33.3
镍	0.265	58.4	<0.2	>86.9	0.1	33.3		
铅	0.085	88.5	<0.1	>88.4	0.1	75	0.05	66.7
砷	0.15	96.3	<0.05	>99	0.05	98	0.02	94.4
锑	0.25	95.9	0.76	62.2	0.07	93	0.05	95
硒	0.05	76.6	<0.057	>96.3	0.01	66		
碲	0.9	77.2	<0.12	>54.0	0.1	75		
铊	0.087	33.0	<0.05	>97.5	0.05	—		
铟	0.02	95	<0.05	—	<0.1	—		
铜	0.055	74.8	<0.08	>94.1	0.4	88		
氟	17.41	74.6	22.7	87.5	20	53	23.77	72.9
六价铬							4.0	34.2
总铬	0.326	71.3	>2.1	22.3	2	53	9.87	35.4

稳定池出口水质见表 11 - 25。

表 11 -25　稳定池出口水质分析　　　　　　　　　　（mg/L）

名称	No. 1		No. 2		No. 3		No. 4	
	平均	最高	平均	最高	平均	最高	平均	最高
镉	<0.05	<0.05	<0.05	0.05	<0.01	0.01	0.002	0.003
镍	<0.05	<0.05	<0.09	<0.1	<0.1	<0.1		
铅	0.077	0.077	<0.08	<0.1	<0.1	0.1	0.02	0.03
砷	<0.05	0.05	<0.05	<0.05	<0.05	<0.05	0.003	0.01
锑	<0.085	0.1	<0.05	<0.05	<0.05	0.05	<0.05	0.05
硒	<0.06	0.1	<0.05	<0.05	<0.01	0.01		
碲	<0.067	0.1	<0.05	<0.05	<0.05	<0.05		
铊	<0.05	0.05	<0.05	<0.05	<0.05	0.05		
铟	<0.05	0.05	<0.05	<0.05	<0.1	0.1		
铜	<0.044	0.1	<0.08	<0.1	<0.1	0.1		
氟	2.355	3.53			1.5	3.4	0.88	2.08
六价铬							0.02	0.11
总铬	0.044	0.05			<0.1	0.1	0.07	0.22

铬酸废水处理效果见表 11-26。

表 11-26　铬酸废水处理效果　　　　　　（mg/L，pH 值除外）

名　称	处 理 前		处 理 后	
	平　均	最　高	平　均	最　高
六价铬	74.4	180.0	0.001	0.01
pH 值	2.72	2.37	4.79	3.73

工程实践表明，采用石灰乳、三氯化铁处理重金属的酸性废水是可行的、有效的，砷、铬去除率均达 95% 以上，但对氟去除效率要差一些，主要原因是 pH 值控制问题。

11.5　黄金冶炼工序

辽宁省黄金冶炼厂位于辽宁朝阳市北郊 5km 处，始建于 1985 年。1997 年形成 100t/d 浮选金精矿和 50t/d 高品位金块矿的生产能力，2000 年又建设了规模为 100t/d 的焙烧—制酸—制铜的冶炼厂。

11.5.1　废水来源及水质

废水主要来源于氰化浸出和地面冲洗水，废水中主要污染物为氰化物和 Cu、Pb、Zn、Fe 等杂质离子。

11.5.2　废水处理工艺

根据废水水质，采取以下措施。用箱式压滤机对氰化尾矿浆进行压滤，压滤后的氰化尾渣采用干式堆存方式进行尾渣堆存管理，压滤后的含氰废水采用硫酸酸化处理—石灰中和沉淀净化方法循环使用。具体的工艺流程如图 11-16 所示。

11.5.3　工艺原理

酸化反应及有效氰的回收：

$$2CN^- + H_2SO_4 \longrightarrow 2HCN + SO_4^{2-}$$

$$HCN + NaOH \longrightarrow NaCN + H_2O$$

铜氰络合物的沉降反应（其他金属杂质也发生沉降反应）：

$$2Cu(CN)_3^{2-} + 4H^+ \longrightarrow Cu_2(CN)_2 + 4HCN$$

$$Cu_2(CN)_2 + 2SCN^- \longrightarrow Cu_2(SCN)_2 + 2CN^-$$

酸性液的中和反应（CaO 过量）：

$$CaO + H_2O \longrightarrow Ca(OH)_2$$

$$2H^+ + Ca(OH)_2 \longrightarrow Ca^{2+} + 2H_2O$$

11.5.4　运行效果

前后四次对本处理工艺进行实测，实测结果见表 11-27。实际运行证明，通过酸化

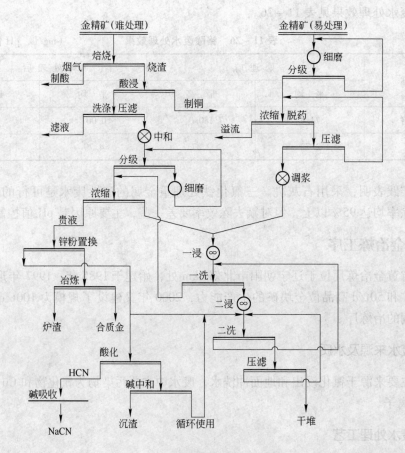

图 11-16　废水循环利用工艺流程

处理后,除铜效果明显,对铅、锌、铁等杂质也有一定的控制,完全实现了含氰废水综合
处理后闭路循环使用,既可实现含氰废水的零排放,又确保贫液循环使用,不影响正常生
产。为了保护环境,对尾矿进行干式封存。

表 11-27　贫液综合治理前后杂质质量浓度的对比　　（mg/L,pH 值除外）

项目名称	总氰	游离氰根	铜	铅	锌	铁	pH 值
净化前	1989.40	900.03	1201.64	300.66	276.81	243.60	10
净化后	1034.75	450.27	48.24	56.08	87.15	34.77	3
项目名称	总氰	游离氰根	铜	铅	锌	铁	pH 值
净化前	1635.54	809.96	1019.97	415.64	203.01	197.86	10
净化后	1234.15	459.39	67.08	75.64	63.79	20.58	3
项目名称	总氰	游离氰根	铜	铅	锌	铁	pH 值
净化前	1579.96	904.37	1356.09	279.43	246.72	121.43	10
净化后	909.44	421.64	30.01	53.48	41.74	18.18	3

参 考 文 献

[1] 钱小青，葛丽英，等. 冶金过程废水处理与利用 [M]. 北京：冶金工业出版社，2008.

[2] 中国有色工业协会信息发布会新闻稿. 节能降耗减排，有色金属工业发展重点. 2007年4月9日.

[3] 张景来，王剑波，等. 冶金工业污水处理技术及工程应用 [M]. 北京：化学工业出版社，2003.

[4] 张自杰. 环境工程手册——水污染防治卷 [M]. 北京：高等教育出版社，1996.

[5] 王绍文，杨景玲，等. 冶金工业节能减排技术指南 [M]. 北京：化学工业出版社，2009.

[6] 王绍文，邹元龙，等. 冶金工业废水处理技术及工程实例 [M]. 北京：化学工业出版社，2009.

[7] 北京水环境技术与设备研究中心，等. 三废处理工程技术手册（废水卷）[M]. 北京：化学工业出版社，2000.

[8] 罗胜联. 有色重金属废水处理与循环利用研究（博士学位论文）[D]. 长沙：中南大学，2006.

[9] 赵武壮. 有色金属必须转变发展模式 [J]. 世界有色金属，2007 (2).

[10] 陈学森. 有色金属产业升级刻不容缓 [J]. 稀土信息，2010 (2)：30~33.

[11] 汪晓春. 我国有色金属工业布局和结构的现状、问题及对策 [J]. 中国经贸导刊，2005 (13)：20~21.

[12] 中国有色金属工业网站. 有色金属产业调整与振兴规划 [J]. 有色金属节能，2009(6)：13~15.

[13] 王绍文. 中和沉淀法处理重金属废水的实践与发展 [J]. 环境工程，1993，11 (5)：13~18.

[14] 王绍文，姜凤有. 重金属废水治理技术 [M]. 北京：冶金工业出版社，1993.

[15] 王绍文. 硫化物沉淀法处理重金属的实践与发展 [J]. 城市环境与城市生态，1993(3)：41~44.

[16] 王绍文. 铁氧体法处理重金属的实践与发展 [J]. 城市环境与城市生态，1992 (2)：21~25.

[17] Wang Shaowen, Gao Jinsong. Practice and application of ferrite treatment to heavy metal lone wastewater [C] // International Symposium on Global Environment and Iron and Steel Industry (ISES'98) Proceedings. Beijing：China Science and Technology Press，1998.

[18] 王绍文. 重金属废水的浮上法处理实践与评价. 冶金部建筑研究总院，2002.

[19] 王绍文. 重金属废水离子交换法处理与回用技术. 冶金工业部建筑研究总院，2001.

[20] 王绍文. 电解法处理重金属废水的实践与发展. 冶金部建筑研究总院，2002.

[21] 沈晴，解庆林. 三种处理重金属废水的生物方法 [J]. 广西科学院学报，2005，21(2)：122~126.

[22] 陈志强，温沁雪. 重金属废水生物处理技术 [J]. 给水排水，2004，30 (7)：49~52.

[23] Lim P E, Tay M G, Mak K Y, et al. The effect of heavy mentals on nitrogen and oxygen demand removal in constructed vetlands [J]. The Science of the Total Environment，2003，301：13~21.

[24] 刘茉娥，蔡邦肖，等. 膜技术在污水治理及回用中的应用 [M]. 北京：化学工业出版社，2005.

[25] 闵小波，于霞，等. 生物法处理重金属废水研究进展 [J]. 中南工业大学学报，2003，33 (2)：90~97.

[26] Ridyan S, Adil D, Yakup A M. Biosorption of cadmium, lead and copper with the filamentous fungus Phanerochaete Chrysosporium [J]. Bioresource Technology，2001，76：67~79.

[27] Patricia T A, Wendy S. Biosorption of cadmium and copper contaminated water by Scenedesmus abundans [J]. Chemosphere，2002，47：249~251.

[28] 王建龙，韩英健，钱易. 微生物吸附金属离子的研究进展 [J]. 微生物学通报，2000，27 (6)：449~455.

[29] Xie J Z, Chang Hsiaolung, Kilbane John J. Removal and recovery of metal ions from wastewater using biosorbents and chemically modified biosorbents [J]. Bioresource Technology，1996，57 (2)：127~136.

[30] Song Y Ch, Piak B Ch, Shin H S. Influence of electron donor and toxic materials on the activity of sulfate reducing bacteria for the treatment of electroplating wastewater [J]. Water Science and Technology, 1998, 38: 187 ~ 194.

[31] YS 5017—2004: 有色金属工业环境保护设计技术规范 [S].

[32] 国家环境保护局. 有色金属工业废水治理 [M]. 北京: 中国环境科学出版社, 1991.

[33] 李德生, 张金萍. 冶炼厂酸性生产废水处理方法的研究 [J]. 环境工程, 2003 (增刊): 255 ~ 258.

[34] 周继鸣. 生物法处理高浓度含铬废水 [C]. 第三届全国冶金节水、污水处理技术讨论会, 2007: 306 ~ 311.

[35] 谢可蓉. 微生物在重金属离子废水处理中的研究与应用 [C]. 第三届中国水污染防治与废水资源化技术交流会论文集, 2003: 165 ~ 168.

[36] 张立业, 陈志敏. 氧化铝厂节水减排综合治理措施 [J]. 有色冶金节能, 2009 (4): 55 ~ 57.

[37] 杨丽芬, 李友琥. 环保工作者实用手册 (第二版) [M]. 北京: 冶金工业出版社, 2001.

[38] 张自杰. 废水处理理论与设计 [M]. 北京: 中国建筑工业出版社, 2003.

[39] 烧结烟气与含氰废水综合治理工艺与技术 [P]. 中国. 发明专利. 87101217. 0.

[40] 孙水裕, 缪建成. 选矿废水净化处理与回用的研究与生产实践 [J]. 环境工程, 2005 (1): 7 ~ 9.

[41] 袁增伟, 孙水裕, 等. 选矿废水净化处理与回用试验研究 [J]. 水处理技术, 2002, 28 (4): 232 ~ 234.

[42] 孙水裕, 谢光炎, 等. 硫化矿浮选废水净化与回用的研究 [J]. 有色金属, 2001 (4): 33 ~ 37.

[43] 国家先进污染防治示范技术申请报告. 重金属废水处理技术 [R]. 株洲冶炼集团有限公司, 2007.

[44] 李桂贤, 邓邦庆, 等. 氧化铝厂废水 "零排放" 探讨 [C]. 中国环境科学学会环境工程分会, 2002: 36 ~ 43.

冶金工业出版社部分图书推荐

书 名	定价(元)
冶金工业节能与余热利用技术指南	58.00
钢铁工业废水资源回用技术与应用	68.00
焦化废水无害化处理与回用技术	28.00
固体废弃物资源化技术与应用	65.00
高浓度有机废水处理技术与工程应用	69.00
环保设备材料手册（第2版）	178.00
钢铁冶金的环保与节能（第2版）	56.00
铝合金生产安全及环保技术	29.00
中国钢铁工业环保工作指南	180.00
环保工作者实用手册（第2版）	118.00
金属矿山环境保护与安全	35.00
矿山环境工程（第2版）	39.00
钢铁产业节能减排技术路线图	32.00
中国钢铁工业节能减排技术与设备概览	220.00
工业废水处理工程实例	28.00
冶金过程废水处理与利用	30.00
现代采矿环境保护	32.00
冶金企业环境保护	23.00
冶金企业污染土壤和地下水整治与修复	29.00
冶金资源综合利用	46.00
矿山固体废物处理与资源化	26.00
绿色冶金与清洁生产	49.00
湿法冶金污染控制技术	38.00
钢铁行业清洁生产培训教材	45.00
工业水再利用的系统方法	14.00